REFA-Fachbuchreihe Unternehmensentwicklung

Prof. Dr. Alexander Neumann

Führungsorientiertes Qualitätsmanagement

REFA-Fachbuchreihe Unternehmensentwicklung

Prof. Dr. Alexander Neumann

Führungsorientiertes Qualitätsmanagement

7. Auflage

HANSER

Die Deutsche Bibliothek – CIP-Einheitsaufnahme
Ein Titelsatz für diese Publikation ist bei der Deutschen Bibliothek erhältlich.

Print ISBN 978-3-446-47793-3
E-PDF ISBN 978-3-446-47793-0

7. Auflage

Printed in Germany. Druck: Druckhaus Beltz, Bad Langensalza

Vorwort des Herausgebers

Der Anspruch an hohe Qualität gilt längst nicht mehr nur für Produkte und deren Erzeugung. Auch Prozesse aller Art, Arbeitsplätze und Arbeitsbedingungen, ja das gesamte Managementsystem selbst sind oder werden Gegenstand eines umfassend verstandenen Qualitätsmanagements im Interesse des Kunden und nicht zuletzt zur Sicherung und Stärkung der Wettbewerbsfähigkeit.

Das neue REFA-Fachbuch „Führungsorientiertes Qualitätsmanagement" ist von dieser Auffassung durchdrungen. Es vermittelt Inhalte und Instrumente eines zeitgemäßen Qualitätsmanagements und gibt einen Überblick über wichtige Zusammenhänge mit Zuschnitt auf die Erfüllung der Forderungen einschlägiger Normen oder deren Beschreibung. Verdeutlicht wird die Entwicklung einer Unternehmens-Vision und deren Umsetzung in und durch ein integriertes, prozessorientiertes Managementsystem unter Verwendung der neuen QM-Werkzeuge, aber auch die Entwicklung von Methoden der Prozess- und Arbeitsgestaltung sowie der Auditierung und Zertifizierung als Anleitung zum Handeln.

Konzeptionell ist das Buch darauf gerichtet, den Aufbau und die Weiterentwicklung eines umfassenden, unternehmensgerechten Managementsystems zu unterstützen. Hierbei wird nicht nur auf einschlägige Normen zurückgegriffen. Es erfolgt beispielsweise auch eine deutliche Bezugnahme auf Ansprüche und Chancen einer prozessorientierten Arbeitsorganisation, ein Umstand, der in der aktuellen Literatur zur Zeit kaum berührt wird.

Das Buch richtet sich an Führungskräfte sowie an mit Aufgaben der Unternehmensorganisation und des Managements befasste Mitarbeiter im Unternehmen, z.B. Industrial Engineers. Weiter kann es Studierenden unterschiedlicher Richtungen, wie der Betriebswirtschaftslehre, des Wirtschaftsingenieurwesens und des Maschinenbauwesens wichtige Einblicke in modernes Unternehmens-Management vermitteln. Es ist Bestandteil von REFA-Ausbildungen, die sich mit Unternehmensentwicklung oder Qualitätsmanagement befassen. So ist es auch die inhaltlich-methodische Grundlage der attraktiven REFA-Ausbildung „Prozessorganisator". Dort wird an einem weiteren Unternehmensbeispiel die Umsetzung der folgenden Bereiche geübt:

- von der Vision zu operativen Zielen
- Unternehmens- und Management-Planung
- Aufbau eines Managementsystems
- Auditierung und Management-Bewertung sowie
- Zertifizierung.

Zugleich ist dieses Buch ein Band einer dreibändigen Reihe, zu der weiter die Titel „Statistik in der Arbeitsorganisation“ und „Anwendung statistischer Qualitätsmethoden“ gehören.

Diese neuen Produkte sind Ergebnis angestrengter Arbeit erfahrener Fachleute im Rahmen eines REFA-Entwicklungsprojektes. Sie werden dazu beitragen, die Attraktivität der REFA – Aus- und Weiterbildung in einem für die Wirtschaft wichtigen Arbeitsfeld gegenüber den Wettbewerbern deutlich zu steigern.

Prof. Dr.-Ing. habil. E. Kruppe
Vorsitzer REFA-Entwicklungsausschuss

Vorwort des Autors zur siebten Auflage

Nachdem in der dritten Auflage des vorliegenden Werkes der neu an Bedeutung gewonnenen Teil des Informationssicherheitsmanagements aufgenommen worden ist, ging es in der vierten Auflage um eine Aktualisierung des Buches im Hinblick auf das EFQM-Modell 2010 und in der fünften Auflage um die Vorbereitung auf den anstehenden massiven Wechsel von der ISO 9001:2000/2008 auf die ISO 9001:2015. In der sechsten Auflage wurde nunmehr der Wechsel endgültig abgeschlossen und es werden die weiteren Entwicklungen der ISO 14001 sowie der ISO/IEC 27001 aufgenommen. Zur siebten Auflage wurde die Veränderung im Arbeitssicherheitsmanagement hin zur DIN ISO 45001 und das neue EFQM-Modell 2020 aufgenommen.

Sulzbach, den 01.01.2023

Prof. Dr. Alexander Neumann

Vorwort des Autors zur ersten Auflage

Qualität erwarten wir, aber das Management der Qualität überlassen wir gerne anderen. Dies darf nicht sein! Ziel des Buches ist, Fach- und Führungskräfte aus dem produzierenden Gewerbe und der Dienstleistung für ein umfassendes, praxisorientiertes Qualitätsmanagement und ein integriertes Managementsystem zu gewinnen und Ihnen das dazu nötige Wissen zu vermitteln.

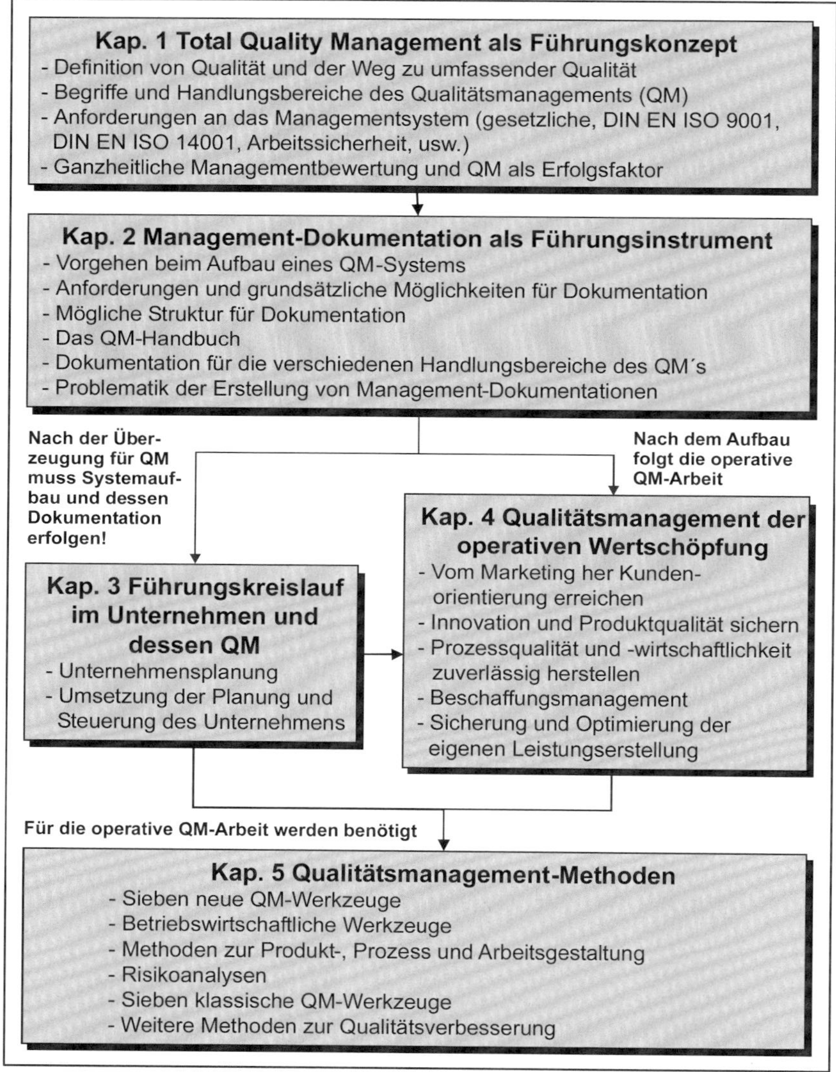

Bild 1: Gliederungssystematik des Buches

Nach einer Darstellung der Begriffe und der Handlungsbereiche hin zu einem ganzheitlichen Management (Total Quality Management) (Kapitel 1) werden der Aufbau und die Strukturierung eines integrierten Managementsystems und seine Dokumentation (Kapitel 2) beschrieben.

Anschließend werden an einfachen Beispielen knapp die wesentlichen Schritte des Qualitätsmanagements, des Führungskreislaufes und der operativen Wertschöpfungsprozesse aufgezeigt (Kapitel 3 und 4). Dabei wird sehr stark auf den Einsatz möglicher QM-Methoden (Kapitel 5) verwiesen, die eine Grundlage für die fundierte Umsetzung des aufgezeigten führungsorientierten Qualitätsmanagements im Unternehmen darstellen.

Die Umwelt und die Unternehmen sind heute komplex und ändern sich häufig rapide. Spezifische Lösungen veralten damit sehr schnell. Einfache Kochrezepte sind auch für das führungsorientierte Qualitätsmanagement heute nicht mehr tragfähig.

Ziel des Buchs ist es, dem Leser Hilfestellung zu geben zur selbständigen Problemlösung und kontinuierlichen Verbesserung, dargestellt anhand von Beispielen und Erläuterungen zum Einsatz praxisorientierter Methoden. Damit soll allen, die sich mit Qualität beschäftigen eine Unterstützung gegeben werden, ihren eigenen Weg des führungsorientierten Qualitätsmanagements zur Zufriedenheit von Kunden, Mitarbeitern und Gesellschaftern zu finden, zu gestalten und erfolgreich zu gehen.

In eigener Sache: Trotz aller vorbeugenden Anstrengungen stellt man fest, dass Fehler menschlich sind und Qualität gerade im Dienstleistungsbereich recht subjektiv ist. Auf Ihre Korrekturhinweise und Anregungen freue ich mich im Sinne eines kritischen Dialogs, um das vorliegende Werk in der nächsten Auflage voranzubringen.

Danken möchte ich Herrn Bühler für die konzeptionellen Diskussionen, Herrn Prof. Kruppe und Herrn Adam für die vielen konstruktiven Hinweise und last but not least meiner Frau für das Lektorat und die Geduld mit mir während der Zeit der Manuskripterstellung.

Sulzbach, den 01.11.2003
Prof. Dr. Alexander Neumann

Inhaltsverzeichnis

1 Qualitätsmanagement als Führungskonzept

1.1 Qualität als umfassende Kenngröße

1.1.1 Der Qualitätsbegriff

Mit dem Begriff „Qualität“ wird spontan meist ein „gutes“ Produkt verbunden. Viel komplexer ist die Definition der DIN EN ISO 9000:2015.

Qualität ist der Grad, in dem ein Satz inhärenter (also innewohnender) Merkmale Anforderungen erfüllt (DIN EN ISO 9000:2015). Qualität ist damit die Übereinstimmung des vorliegenden Ist-Zustandes (Beschaffenheit) mit dem gewünschten Soll-Zustand ((An-)Forderung).

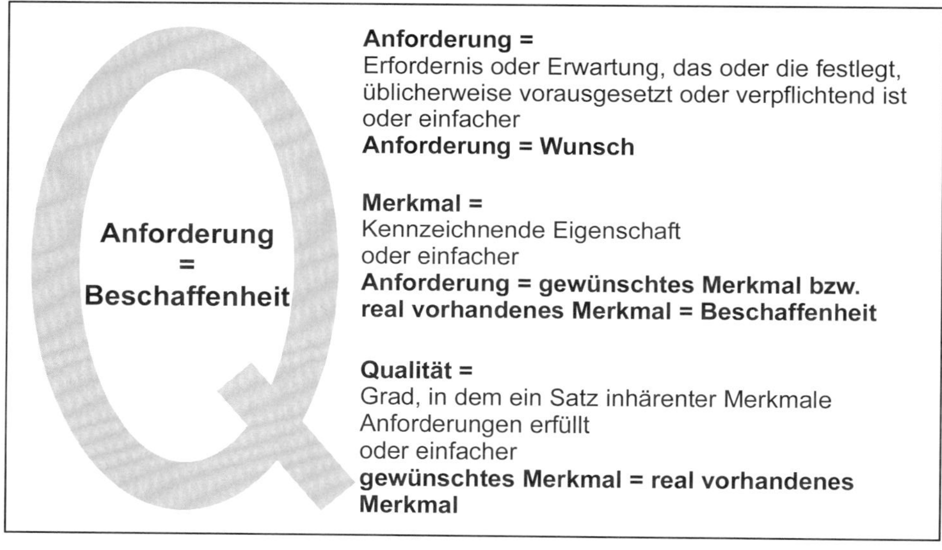

Bild 2: Qualitätsbegriff aus der DIN EN ISO 9000:2015

Die Qualität hängt immer von der jeweiligen Anforderung des Betrachters ab. Ein Produkt ist nicht grundsätzlich immer gut bzw. immer schlecht. Dies zeigt folgendes Bild durch die Unterscheidung zwischen positivem Testergebnis und subjektiver Ablehnung.

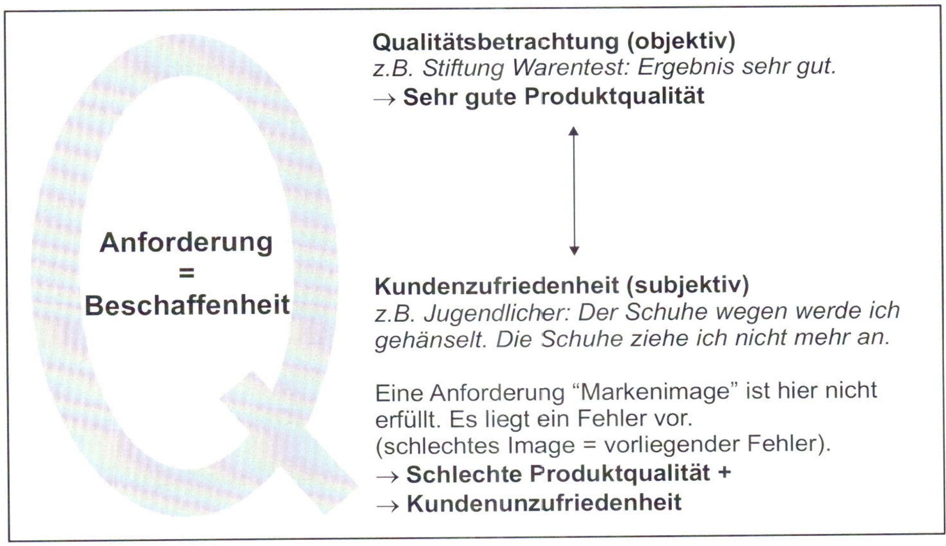

Bild 3: Objektivität versus Subjektivität der Qualität.

Man muss zwischen der objektiv vorliegenden Qualität und der subjektiven, also individuell wahrgenommenen Qualität unterscheiden. Die subjektiv wahrgenommene Qualität ist die **Kundenzufriedenheit**.

Kundenzufriedenheit ist Wahrnehmung des Kunden zu dem Grad, in dem die Erwartungen des Kunden erfüllt worden sind (DIN EN ISO 9000:2015).

„Qualität ist, wenn der Kunde zufrieden ist“. Dies geht deutlich über die Aussage **„Qualität ist, wenn der Kunde zurückkommt und nicht das Produkt“** hinaus. Beim Vorliegen eines zu knappen Warenangebotes, also einem Verkäufermarkt, auch Mangelwirtschaft genannt, wird der Kunde zurückkommen, auch wenn er mit dem Produkt nicht wirklich zufrieden ist.

Die Komplexität des Qualitätsbegriffes zeigt sich in der Vielfalt möglicher Qualitätsforderungen, in der DIN EN ISO 9000:2015 ausgedrückt über verschiedene **Klassen von Merkmalen** (Bild 4). Je besser diesen Anforderungen entsprochen wird, desto höher ist folglich die Qualität.

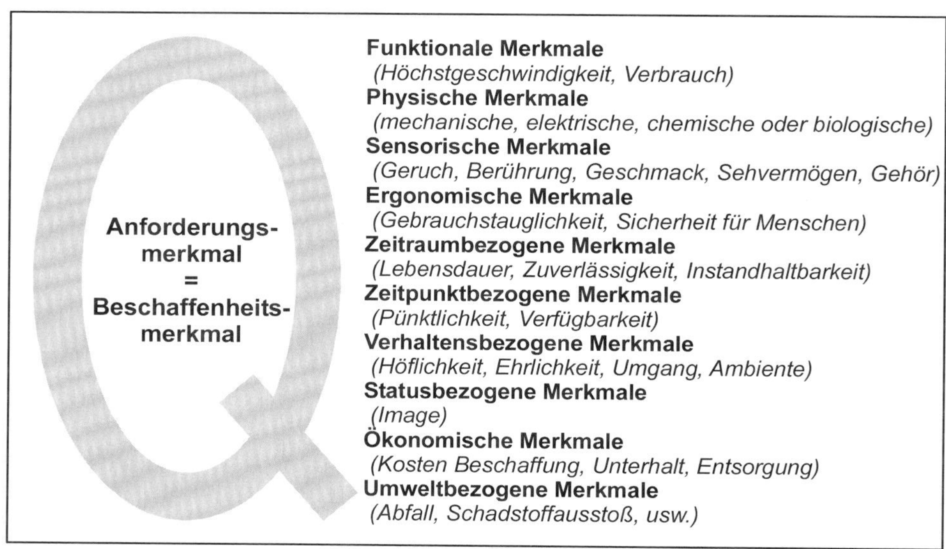

Bild 4: Klassen von Merkmalen bzw. der Forderung (in Anlehnung an DIN EN ISO 9000:2015)

Die Beurteilung der Qualität ist im Bereich der persönlichen Dienstleistungen – von Menschen an Menschen durchgeführten Dienstleistungen – besonders schwierig, da jede Person ein unterschiedliches Empfinden besitzt, den Umgang bei der Dienstleistung anders empfindet und deren Beschaffenheit anders beurteilt.

Qualität stellt eine umfassende Bewertung dar. Das Qualitätsurteil umfasst dabei auch die Bewertung der wirtschaftlichen Faktoren. Je besser die Qualität einzelner technischer Merkmale ist, umso größer sind die Absatzmöglichkeiten und der erzielbare Verkaufspreis. Je niedriger der Preis und die Folgekosten (z.B. Unterhalt) sind, umso besser wird die Gesamtqualität beurteilt. **Qualität und Wirtschaftlichkeit sind also sehr eng miteinander verknüpft**.

Betrachtet man den Begriff Qualität, so stellt man fest, dass dieser sehr allgemein formuliert und damit auf die verschiedensten Objekte gut anwendbar ist. Einige dieser möglichen Anwendungsbereiche des Qualitätsbegriffes und **Handlungsbereiche zu umfassender Qualität** findet man in Bild 5.

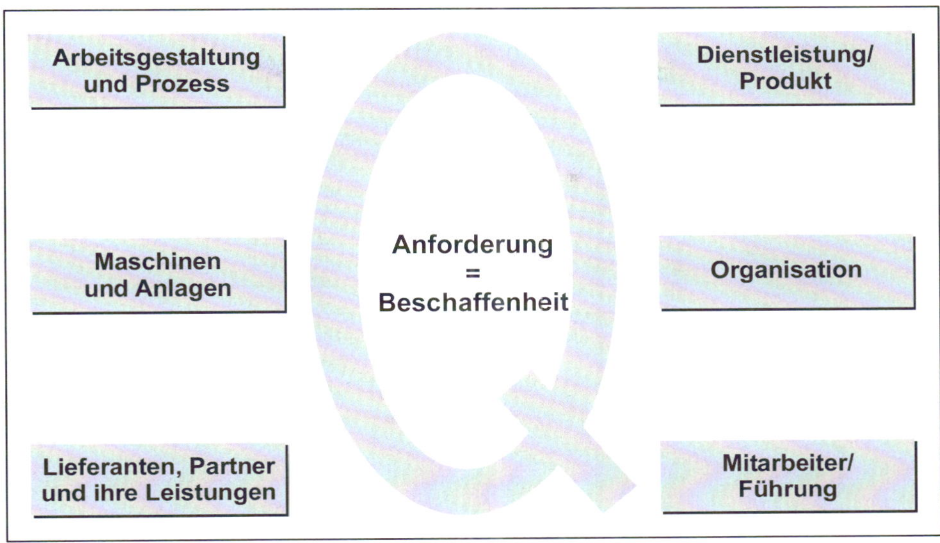

Bild 5: Mögliche Objekte der Qualitätsbetrachtung

1.1.2 Der Weg zu umfassender Qualität

Jedes Unternehmen lebt von seinen Kunden, und diese bezahlen nur für gute Produkte. Deswegen muss man sich Gedanken um die Produktqualität und den Weg dahin machen. Dieser führt über die in Bild 5 dargestellten „Objekte der Qualitätsbetrachtung", die miteinander in Wechselwirkungen stehen. Nur wenn man in allen Objektbereichen Qualität erzielt, gelangt man zu höchster Qualität. Dies zu erreichen ist Ziel des umfassenden Qualitätsmanagements, auch TQM genannt.

Total Quality Management (TQM) ist ein ganzheitliches, auf Qualität gerichtetes Management, welches

- **über die Mitarbeiter und die Mitarbeiter- und Führungsqualität,**
- **die Organisationsqualität,**
- **beste Lieferanten und Partner, hervorragende Einsatzstoffe und zugekaufte Dienstleistungen sowie**
- **herausragende Maschinen und Anlagen**
- **mit optimal arbeitsorganisatorisch gestalteten und effizienten Prozessen**
- **hervorragende Produkte und Dienstleistungen**

entwickelt, vertreibt, herstellt und betreut und damit

- **vollste Kundenzufriedenheit,**
- **gesellschaftliche Akzeptanz und**
- **herausragenden wirtschaftlichen Erfolg gleichzeitig erzielt.**

Bild 6 zeigt die TQM-Definition in graphischer Form mit den Zusammenhängen zwischen den verschiedenen Handlungsbereichen.

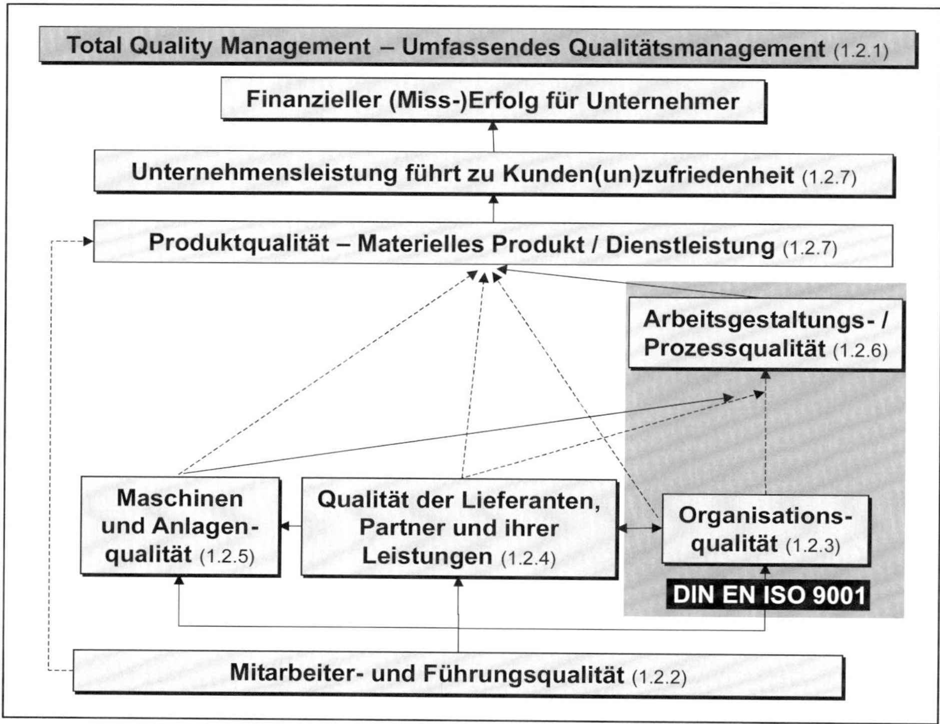

Bild 6: Handlungsbereiche und Zusammenhänge eines umfassenden Qualitätsmanagements

Die Bedeutung der Mitarbeiter als Basis des unternehmerischen Erfolgs wird hier deutlich. Die Führungskräfte gestalten die Organisation des Unternehmens als Grundlage für die erfolgreiche Zusammenarbeit aller Mitarbeiter im Unternehmen.

Die Mitarbeiter entscheiden beim Einkauf über die Auswahl von Partnern und Lieferanten sowie die bezogenen Produkte und Dienstleistungen. Die beschafften Maschinen, Anlagen und EDV beeinflussen durch ihre Leistungsmerkmale die Produktivität und Qualität der erstellten Produkte und Dienstleistungen.

Der erreichte Nutzungsgrad hochproduktiver Anlagen hängt aber auch direkt von den Bedienern, ihrer Motivation, Qualifikation und Erfahrung ab. Dies gilt gleichermaßen für den EDV-Einsatz. Die Arbeits- und Prozessgestaltung erfolgt durch die Mitarbeiter.

Viele Mitarbeiter sind zudem direkt beteiligt an der Produktion der Güter beziehungsweise die Dienstleistungserbringung (z.B. Kundenberatung, Montage usw.).

Gerade bei persönlichen Dienstleistungen, in der Beratung, klassischen Seminaren, im Handwerk, zum Beispiel beim Frisör, ist der Mensch mit seinem individuellen Auftreten entscheidend für die Produktqualität und die Kundenzufriedenheit. Die Individualität des Menschen sorgt aber auch dafür, dass die Qualität der persönlichen Dienstleistung vom Empfänger auch höchst unterschiedlich empfunden und beurteilt werden kann. Während die eine Person eine Äußerung als scherzhaft und positiv empfindet, kann eine andere bereits persönlich beleidigt sein. Gerade darin liegt die Problematik von Qualitätsmessungen im Dienstleistungsbereich.

Im folgenden Kapitel werden die Strukturen und die in der Abbildung 6 dargestellten Handlungsbereiche zum umfassenden (Qualitäts-)Management detaillierter aufgezeigt.

1.2 (Qualitäts-)Management und seine Handlungsbereiche

1.2.1 Begriffe des umfassenden (Qualitäts-)Managements

Qualität ist ein sehr anspruchsvolles, nur sehr schwer zu erreichendes Ziel. Sie kommt nicht von alleine, sondern muss auf allen Ebenen und in allen Bereichen „gemanagt" werden.

(Qualitäts-)Management umfasst nach der DIN EN ISO 9000:2015 die aufeinander abgestimmten Tätigkeiten zum Führen und Steuern einer Organisation (bezüglich Qualität).

Es umfasst die Maßnahmen zur
1) Definition der (Qualitäts-)Politik,
2) Definition der (Qualitäts-)Ziele,
3) Durchführung einer (Qualitäts-)Planung,
4) Lenkung und Steuerung bei der Ausführung,
5) Sicherung und
6) Verbesserung.

(Qualitäts-)Management ist eine kontinuierliche Aufgabe, die systematisch als Spirale der ständigen Verbesserung abläuft, in der Literatur auch Deming-Kreis genannt (vgl. Bild 7). Erkennbar ist die Analogie zur sechsstufigen REFA-Planungssystematik.

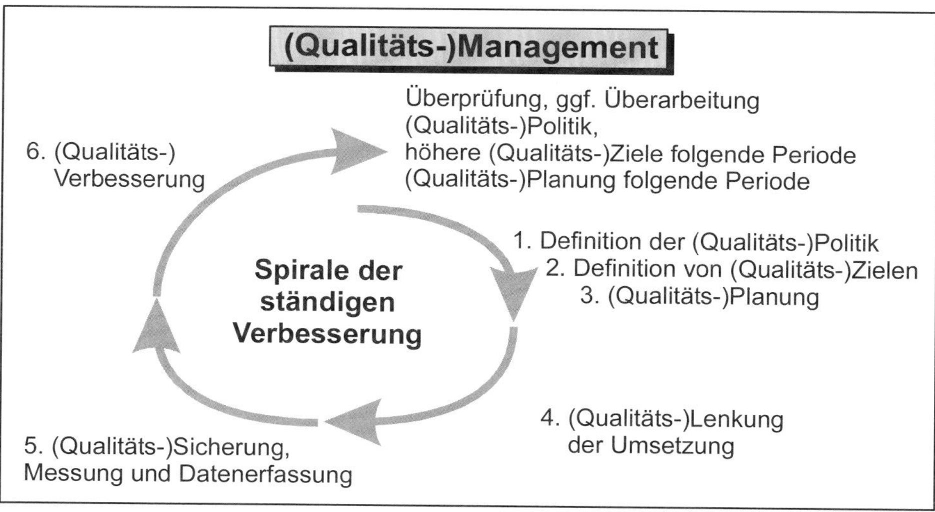

Bild 7: Management als Spirale der ständigen Verbesserung [nach Deming]

1. Qualitätspolitik

Beginnen sollte man mit der Erarbeitung einer (Qualitäts-) Politik, in den Unternehmen auch als (Unternehmens-)Vision, Strategie oder Philosophie bezeichnet.

(Qualitäts-)Politik ist die übergeordnete Absicht und die Ausrichtung einer Organisation (zur Qualität), wie sie von der obersten Leitung formell ausgedrückt wird (DIN EN ISO 9000:2015).

Beispiel: Technologisch führendes Unternehmen im Bereich Verbindungstechnik.

2. Qualitätsziele

Basierend auf dieser generellen Zielsetzung kann man darüber nachdenken, was konkret erreicht werden soll. Dann sind die Visionen in den (Qualitäts-)Zielen zu operationalisieren.

(Qualitäts-)Ziel ist etwas (bezüglich Qualität) zu Erreichendes (DIN EN ISO 9000:2015).

Beispiel: Entwicklung eines neuen, über Patente abgesicherten, Produktes in den nächsten fünf Jahren.

3. Qualitätsplanung

Nachdem man sich Ziele gesetzt hat, gilt es zu überlegen, mit Hilfe welcher Maßnahmen die Ziele erreichbar sind. Es gilt, ausführende Aktivitäten zu planen.

(Qualitäts-)Planung ist der Teil des (Qualitäts-)Managements, der auf das Festlegen der Ziele und der notwendigen Ausführungsprozesse sowie der zugehörigen Ressourcen zum Erreichen der (Qualitäts-)Ziele gerichtet ist (DIN EN ISO 9000:2015).

Die Planung muss den Zielen und den zu erledigenden Aufgaben angemessen erfolgen. Sie darf einerseits nicht zu umfangreich sein, wodurch ein unwirtschaftlicher Aufwand entsteht und die Realisierung behindert wird, andererseits aber auch nicht zu kurz geraten, um hohen Aufwand, Fehler und Verschwendung von Ressourcen bei der Realisierung wirksam verhindern zu können.

Die Planung beschreibt mindestens die für die Umsetzung und Erreichung der Ziele notwendigen Maßnahmen mit Terminen und Verantwortung, also die auszuführenden Aufgaben.

Beispiel: Patentantrag zu Entwicklungsvorhaben XY fertig stellen und einreichen Termin: 30.10., Verantwortlich: Herr Müller.

4. Qualitätslenkung und -steuerung

Es folgt die Realisierung der geplanten Maßnahmen, um die festgelegten Ziele zu erreichen. Die Realisierung ist zu lenken, um Fehlentwicklungen zu vermeiden.

(Qualitäts-)Steuerung ist der Teil des (Qualitäts-)Managements, der auf die Erfüllung von (Qualitäts-)Anforderungen gerichtet ist (DIN EN ISO 9000:2015).

Beispiel: Herrn Müller wird noch ein Mitarbeiter zugeordnet, um den Termin 30.10. einhalten zu können.

5. Qualitätssicherung

Schließlich ist über die Messung der Ergebnisse der Realisierung (Datenerfassung) zu prüfen, ob die gestellten Ziele erreicht werden. Dieser Teil wird „Sicherung" genannt.

(Qualitäts-)Sicherung ist der Teil des (Qualitäts-)Managements, der auf das Erzeugen von Vertrauen gerichtet ist, dass die (Qualitäts-)Anforderungen erfüllt werden (DIN EN ISO 9000:2015).

Beispiel: Patentantrag wird nach der Vorprüfung durch den Patentanwalt noch überarbeitet. Termin wurde deswegen nicht eingehalten.

6. Qualitätsverbesserung

Leider wird man nicht immer feststellen, dass die Anforderungen auch wirklich erfüllt worden sind. Es treten immer wieder Fehler auf. Werden diese erkannt, so ist der erste Schritt zur Fehlerfreiheit gemacht. Man kann diese für den speziellen Einzelfall verbessern, was Teil der Lenkung sein sollte. Noch wichtiger ist es aber, für die Zukunft vorbeugend tätig zu werden. Es gilt, das Produkt und den Prozess so zu verbessern, dass die Fehler in Zukunft nicht mehr auftreten.

(Qualitäts-)Verbesserung ist der Teil des (Qualitäts-)Managements, der auf die Erhöhung der Eignung zur Erfüllung der (Qualitäts-)Anforderung gerichtet ist (DIN EN ISO 9000:2015).

Beispiel: Aufgrund der Erfahrung wird beschlossen, künftig den Patentanwalt früher, gegen Ende des Entwicklungsprozesses, mit einzubinden, um die Unterlagen direkt entsprechend seinen Wünschen zu erstellen.

Der Verbesserungsprozess ist im Sinne der umfassenden Qualitätsdefinition auf die Verbesserung der Wirksamkeit und der Effizienz gerichtet um die Leistung zu verbessern. Es gilt zudem, den Prozess der Sicherung und Lenkung zu optimieren, indem man die Rückverfolgung besser gestaltet. Häufig stellt man Fehler fest, kann aber die Fehlerursache aufgrund fehlender Informationen nicht eingrenzen. Daher ist die Datenermittlung, insbesondere die systematische Anwendung der Methoden der Datenermittlung nach REFA, eindeutig der erste Schritt zur Verbesserung.

Leistung ist das messbare Ergebnis (DIN EN ISO 9000:2015).

Wirksamkeit ist das Ausmaß, in dem geplante Tätigkeiten verwirklicht und geplante Ergebnisse erreicht werden (DIN EN ISO 9000:2015).

Effizienz ist das Verhältnis zwischen dem erreichten Ergebnis und den eingesetzten Ressourcen (DIN EN ISO 9000:2015).

Rückverfolgbarkeit ist die Möglichkeit, den Werdegang, die Verwendung oder den Ort eines Objektes zu verfolgen (DIN EN ISO 9000:2015).

In regelmäßigen Abständen sind die Erkenntnisse und Ergebnisse des abgelaufenen Zeitraums zusammenzutragen und im Vergleich zu den eigenen Zielen und Planungen auszuwerten. Daraus resultiert dann eine Reflektion über die eigene Politik, das Setzen neuer, in der Regel höherer, anspruchsvoller und gleichzeitig doch erreichbarer Ziele für die folgende Periode (in der Regel ein Jahr), gekoppelt mit einer entsprechenden Planung der Aktivitäten. Damit ist der Regelkreis geschlossen und man beginnt von Neuem mit der Umsetzung.

1.2.2 Handlungsbereich Mitarbeiter – (Qualitäts-)Management lebt von und mit den Menschen

Der Mensch beeinflusst als Führungskraft oder als Mitarbeiter direkt oder indirekt alle anderen Objekte der Qualitätsbetrachtung und damit alle Handlungsbereiche des Qualitätsmanagements (siehe Bild 6).

Leistungsfähigkeit und Leistungsbereitschaft aller Beschäftigten des Unternehmens, vom Top-Management über alle Funktionsbereiche bis zum Mitarbeiter selbst – sind für das Erreichen von Qualität und Kundenzufriedenheit von ausschlaggebender Bedeutung. Führung, Motivation und Anerkennung sollten daher – untereinander abgestimmt – so gestaltet sein, dass alle Voraussetzungen für Qualitätsarbeit gegeben sind. Information, Beteiligung und Honorierung der Beschäftigung im Sinne einer umfassenden Mitarbeiterorientierung sind unerlässliche Voraussetzungen für den wirtschaftlichen Erfolg. Dazu kommt die Notwendigkeit der Qualifizierung der Mitarbeiter für ihre Tätigkeit und das Qualitätsmanagement. Das Qualitätsmanagement lebt mit und durch Mitarbeiter.

Die Führung eines Unternehmens ist zielbezogen individuell so zu gestalten, dass jeder Mitarbeiter optimal eingesetzt wird und seine Fähigkeiten voll für das Unternehmen und das Qualitätsmanagement ausgeschöpft und weiterentwickelt werden. Die Mitarbeiter sind das Erfolgspotenzial des Unternehmens.

1.2.3 Handlungsbereich Organisation – Management und Organisation als Erfolgsgrundlage

Qualitätsmanagement ist nur ein Teil des Managements. Man findet Begriffe wie

- „Finanz- und Investitionsmanagement“ – für die Beschaffung von Geldern und Anlagen,
- „Forschungs- und Entwicklungsmanagement“ – für Innovation und neue Produkte,
- „Marketingmanagement“ – für den Vertrieb der Produkte,
- „Beschaffungsmanagement“ – für die Beschaffung von Roh-, Hilfs- und Betriebsstoffen sowie Dienstleistungen,
- „Personalmanagement“ – für die Beschaffung und Betreuung von Personal,
- „Produktionsmanagement“ – für die Produktion,
- „Instandhaltungsmanagement“ – für die Wartung der Maschinen und Anlagen und
- „Absatzmanagement“ – für Lagerung und Versand der Waren.

Diese bezeichnen Management-Aufgaben und betriebliche Funktionen der Wertschöpfungskette, charakterisiert durch bestimmte Prozesse im Unternehmen.

In jüngerer Zeit haben sich Begriffe wie
- „Qualitätsmanagement" – für die Qualität der Prozesse und Produkte,
- „Chancen- und Risikomanagement" – als Teil des Qualitätsmanagements für die korrekte Abwägung von Möglichkeiten,
- „Logistikmanagement"" – für die Termintreue der Prozesse,
- „Kostenmanagement" – für die Kosten und Effizienz der Prozesse,
- „Umweltmanagement" – für die Umweltfreundlichkeit der Prozesse und Produkte,
- „Arbeitssicherheitsmanagement" – für die Sicherheit der Prozesse,
- „Informationsmanagement" – für die Datenverfügbarkeit im Unternehmen

herausgebildet.

Diese Begriffe beschreiben Serviceprozesse, die helfen, bestimmte Zielsetzungen durchgängig im Unternehmen zu optimieren. Es handelt sich um Querschnittsfunktionen.

Sucht man nach Gemeinsamkeiten aller Managementaufgaben, stößt man sofort auf den „Wertschöpfungsprozess", der – jeweils aus einem anderen Blickwinkel – von allen Management-Aufgaben aus betrachtet, gestaltet, durchgeführt und optimiert wird.

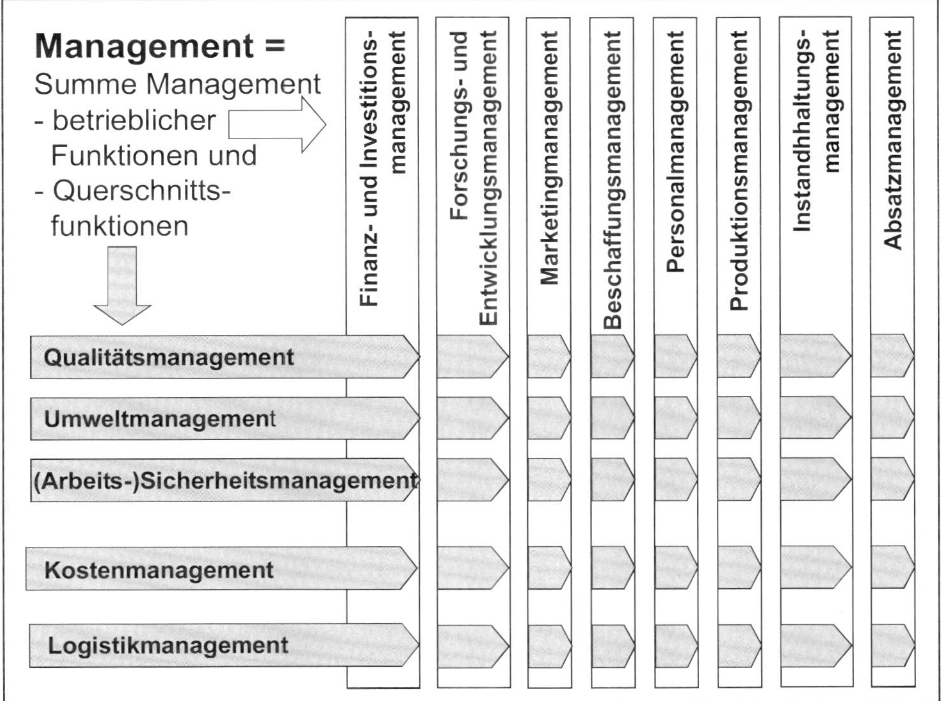

Bild 8: Managementbereiche des Unternehmens im Überblick

Im Unternehmen sind die einzelnen Managementaufgaben wie die operativen Realisierungsaufgaben auf die spezifischen Bedürfnisse, die Situation und die Ziele hin als Teile eines Ganzen zu strukturieren, also zu organisieren.

Die Organisation als ein spezifisches System ist nach der DIN EN ISO 9000:2015 eine Person oder eine Gruppe von Personen, die eigene Funktionen mit Verantwortlichkeiten, Befugnissen und Beziehungen hat, um ihre Ziele zu erreichen. Somit muss zielgerichtet die optimale Organisation installiert werden.

Die Organisation ist die Grundlage für das Zusammenwirken der Mitarbeiter im Unternehmen und damit auch die Basis für Erfolg und Misserfolg. Die Güte und Qualität der Unternehmensorganisation beeinflusst alle anderen Handlungsbereiche im Unternehmen, natürlich auch die Mitarbeiter und deren Motivation. Es ist notwendig, die Organisation des Unternehmens nach den Erfordernissen auszulegen bzw. weiterzuentwickeln.

1.2.4 Handlungsbereich Umfeld, Partner und Lieferanten – deren Leistungen beeinflussen die eigene Qualität

Unternehmen werden sehr stark von ihrem Umfeld und den Leistungen der vorgelagerten Lieferantenketten beeinflusst. Dies kann positiv für das Unternehmen wirken, wenn die Gesellschaft Unternehmer fördert oder man gemeinsam mit Partnern neue Kunden gewinnt.

Das Umfeld trägt auch häufig Probleme ins Unternehmen, zum Beispiel:

- Ausfall von Maschinen und Anlagen, die in der Regel gekauft sind, führt zu Produktionsausfällen und damit zu Lieferverzug.
- Fehlerhafte Maschinen und Anlagen wirken sich bei der Leistungserstellung aus.
- Fehlerhafte Rohstoffe führen zu Qualitätsproblemen bei den eigenen Produkten.
- Technisch rückständische Komponenten entwerten die eigenen Produkte.
- Verzug bei der Lieferung von Komponenten führt zum Stillstand der eigenen Produktion.
- Ausbleibende Genehmigungen staatlicher Behörden für Betriebserweiterungen führen zum Verlust möglicher zusätzlicher Aufträge.
- Die schlechte Räumung der Straßen im Winter durch die Gemeinde führt zur Unpünktlichkeit einer Just-in-time-Anlieferung zum Kunden. Es fallen hohe Konventionalstrafen und eine Rückstufung bei der Lieferantenbeurteilung mit der Gefahr des Verlustes weiterer Aufträge an.

Der Umgang mit der Gesellschaft, dem kommunalen Umfeld, den Partnern und Lieferanten ist systematisch so zu gestalten, dass die möglichen positiven Einflüsse voll ausgenützt und gleichzeitig negative Beeinflussungen effizient ausgeschlossen bzw. reduziert werden.

1.2.5 Handlungsbereich Maschinen und Anlagen – Voraussetzung einer effizienten und qualitativ hochwertigen Leistungserstellung

Die Entwicklung immer neuer technischer Hilfsmittel und die voranschreitende Automatisierung ermöglichen eine zunehmend effizientere Produktion.

Die Bedeutung von Maschinen und Anlagen für die Qualität ist jedoch abhängig vom jeweiligen Unternehmen und kann sehr stark variieren. Bei hohen Anschaffungs- und Unterhaltskosten von Maschinen und Anlagen ist heute die Anlageneffizienz und -qualität die entscheidende Größe für den Unternehmenserfolg. Ziele sind hier:

- geringer Umrüstaufwand und damit Flexibilität
- hohe Produktivität je Stunde
- hohe Laufzeiten der Maschine (pro Jahr) (möglichst viele Schichten)
- geringe Störungs- und Wartungszeiten.

Ein zentraler Faktor für die Zielerreichung ist die gelieferte Maschinenqualität. Mit dem technischen Fortschritt verbessern sich die grundsätzliche Leistungsfähigkeit von technischen Systemen und ihre Genauigkeit ständig. Gleichzeitig aber nimmt auch die Komplexität der Systeme zu, wodurch die Ausfall- und Qualitätsrisiken stark ansteigen.

Der Umgang mit den Maschinen und Anlagen muss beachtet werden. Die mit einer Maschine realisierte Leistung hängt erfahrungsgemäß sehr stark vom Benutzer ab. Es muss eine Unterweisung und Qualifizierung der Beschäftigten bezüglich des sachgemäßen Umgangs mit den Maschinen erfolgen. Weiterhin sind Maßnahmen zur Anlagen- und Qualitätsüberwachung und zur planmäßig vorbeugenden Instandhaltung, Wartung und Pflege zu erarbeiten. So lassen sich die Störungen minimieren und die Produktivität erhöhen.

Zu beachten sind auch die Maschinenlaufzeiten. Sehr teure Anlagen müssen möglichst intensiv genutzt werden, um trotz hoher Maschinenkosten zu annehmbaren Maschinenstundensätzen zu gelangen. Dieser Faktor ist gerade für ein Hochlohnland wie Deutschland, welches von seinem Know-how und dem effizienten Kapitaleinsatz in Maschinen und Anlagen lebt, von noch größerer Bedeutung.

Zusammenfassend gilt: Die technischen Ressourcen sind – bezogen auf die Qualität – sorgfältig auszuwählen und optimal zu managen.

1.2.6 Handlungsbereiche Prozessmanagement und Arbeitsgestaltung als zentrale Managementbestandteile

In den folgenden beiden Abschnitten werden zuerst die eingeführten REFA-Begriffe zu Arbeitsgestaltung und Prozessmanagement in die Qualitätsbegriffe der DIN EN ISO 9000:2015 eingeordnet, um dann die Handlungsbereiche Arbeitsgestaltung und Prozessmanagement mit den Zielen der Qualitätsverbesserung und wirtschaftlichen Optimierung zu betrachten.

1.2.6.1 System und Prozess

Ein System ist nach DIN EN ISO 9000:2015 ein Satz zusammenhängender und sich gegenseitig beeinflussender Elemente.

Die Organisation im Sinne von DIN EN ISO 9000:2015 umfasst im Wesentlichen die Aufbauorganisation, also die Stellen mit Verantwortung und Befugnissen und ihre hierarchischen Beziehungen, dargestellt in Organigrammen und Stellenbeschreibungen.

Das System ist aber charakterisiert über die (Aufbau-)Organisation und die ablaufenden Prozesse, die klassische Ablauforganisation.

Ein Prozess ist nach DIN EN ISO 9000:2015 ein Satz zusammenhängender oder sich gegenseitig beeinflussender Tätigkeiten, der Eingaben zum Erzielen eines vorgesehenen Ergebnisses verwendet.

Heute umfasst ein ganzheitliches Prozessmanagement sowohl die Aufbau- als auch die Ablauforganisation. Kernanliegen ist die Überwindung des Abteilungs- und Bereichsdenkens durch Denken und Handeln in Prozessen bzw. Abläufen. Das verändert die Aufbaustrukturen. Nach dem Motto „structure follows process“, also Struktur – gleich Organisation – orientiert sich am Prozess, werden Abteilungen vielfach durch Prozessteams ersetzt, denen ganzheitlich Aufgaben obliegen. Mitarbeiter werden zu Mitgestaltern der Arbeitsprozesse im Unternehmen und erhalten meist einen hohen Verantwortungs- und Entscheidungsspielraum.

Aufbau- und Ablauforganisation werden ganzheitlich über das Prozessmanagement gestaltet, um über fehlerfreie Prozesse gute Produkte zu erhalten. Die Organisation, das Prozessmanagement und die Arbeitsgestaltung, sind heute ein zentraler Teil des Qualitätsmanagements.

1.2.6.2 Arbeitssystem und Arbeitsablauf

Das Arbeitssystem ist nach REFA ein System, welches der Erfüllung einer Aufgabe dient. Es wird mit Hilfe der folgenden sieben Systembegriffe beschrieben:

- **Arbeitsaufgabe**
- **Arbeitsablauf**
- **Mensch**
- **Betriebs- bzw. Arbeitsmittel**
- **Eingabe**
- **Ausgabe**
- **Wechselwirkungen mit der Umwelt (Umwelteinflüsse).**

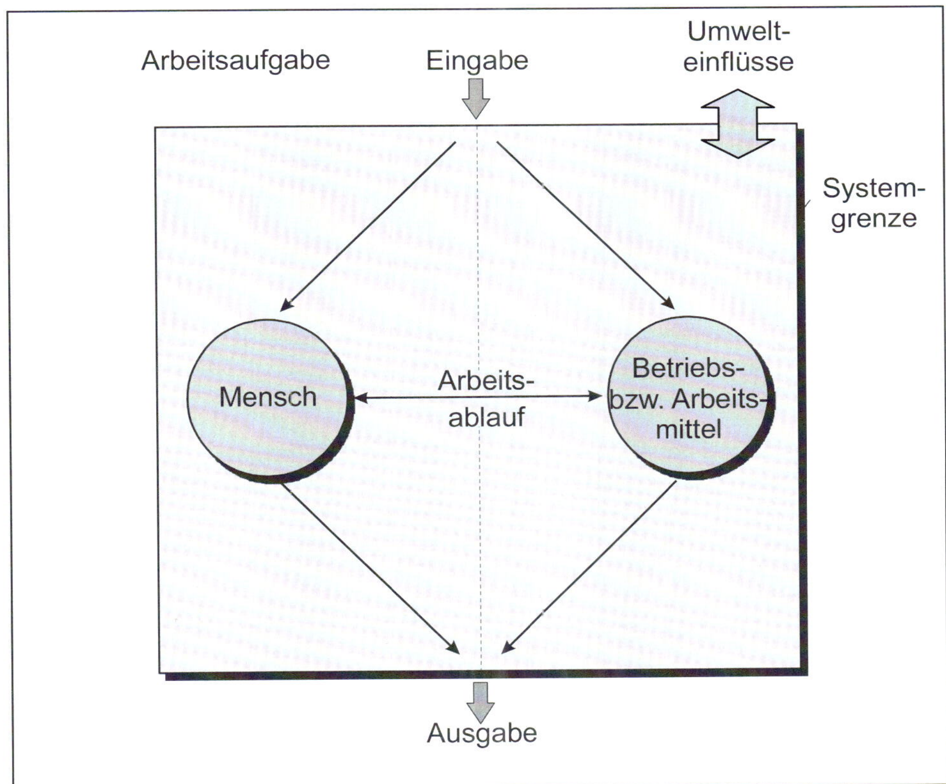

Bild 9: Arbeitssystem in Anlehnung an REFA [REFA1]

Der Arbeitsablauf ist nach REFA das räumliche und zeitliche Zusammenwirken von Mensch und Betriebs- beziehungsweise Arbeitsmittel, durch das die Eingabe gemäß der Arbeitsaufgabe in die Ausgabe überführt wird.

Das Arbeitssystem nach REFA kann einen oder mehrere Arbeitsplätze und Mitarbeiter mit ihren Arbeitsaufgaben und Arbeitsmitteln umfassen, weshalb in Makro- und Mikroarbeitssysteme zu unterteilen ist. Arbeitssysteme sind letztlich Bausteine von ganzen Unternehmungen wie auch die in ihnen ablaufenden Prozesse. Der Arbeitsablauf umfasst jene Aktivitäten, die zur Realisierung von Aufträgen auszuführen sind, und zwar sowohl im einzelnen Arbeitssystem als auch über eine Kette von Arbeitssystemen hinweg. Arbeitsabläufe über mehrere Arbeitssysteme sind nach REFA Prozesse.

Der Prozess ist nach REFA ein Arbeitsablauf über mehrere Arbeitssysteme.

1.2.6.3 Arbeitsgestaltung

Arbeitsgestaltung nach REFA richtet sich vorrangig auf die Arbeitssystemgestaltung, die ihrerseits als ein Teilgebiet der Prozessgestaltung betrachtet werden kann.

Arbeitsgestaltung ist nach REFA das Schaffen von Bedingungen für das Zusammenwirken von Mensch, Technik, Information und Organisation im Arbeitssystem. Ziel ist die Erfüllung der Arbeitsaufgabe unter Berücksichtigung der menschlichen Eigenschaften und Bedürfnisse und der Wirtschaftlichkeit des Systems.

Prozess und Prozessmanagement stehen für die Makrobetrachtung der Ablauforganisation. Im praktischen Sprachgebrauch werden aber Arbeitsgestaltung und Prozessgestaltung häufig auch synonym verwendet.

Die Arbeitsgestaltung hat nach REFA zwei wesentliche Zielsetzungen:

1) **Humanisierung der Arbeit:** Die Humanisierung ist dabei nicht Selbstzweck, sondern sie führt durch hohe Arbeitssicherheit und günstige Arbeitsbedingungen (z.B. Beleuchtung, richtige Arbeitsmethoden, usw.) zu hoher Qualität, geringeren Ausfallzeiten und ökonomischen Effekten.
2) **Wirtschaftlichkeit:** Die Effizienzsteigerung resultiert einerseits aus einer Verkürzung der Arbeitszeiten, andererseits auch aus einer Reduktion der Fehlerrate.

Im Vordergrund steht zuerst einmal eine **objektive, personenunabhängige Betrachtung**. Welche Arbeit ist wie zu erledigen? Hier gilt es, die Aufwand-/Nutzen-Relation zu optimieren. Wert ist dabei darauf zu legen, dass die Belastung im erträglichen Rahmen bleibt und vom durchschnittlichen Mitarbeiter dauerhaft, also über das gesamte Berufsleben, erbracht werden kann.

Auf der anderen Seite sind die **personenbezogenen Auswirkungen der Belastungen im Rahmen der realen Arbeitsausführung** zu beobachten. Man erkennt, wie die Belastung vom betroffenen Mitarbeiter ertragen wird. Die objektiv gleiche Belastung führt bei jedem Einzelnen zu ganz unterschiedlicher Belastung, abhängig von den individuellen Eigenschaften und Fähigkeiten sowie der jeweiligen Bereitschaft zur Leistungserbringung (Motivation).

Arbeitssysteme sind grundsätzlich so zu gestalten, dass sie dem betrieblichen Zweck entsprechen, hohe Arbeitsergebnisse ermöglichen und den Belangen der arbeitenden Personen Rechnung tragen. Die auftretenden Belastungen und Beanspruchungen sind auf das zulässige Ausmaß zu begrenzen. Die Mitarbeiter sind qualifikationsgerecht einzusetzen, wobei das Leistungsvermögen genutzt, erhalten und – wenn möglich – verbessert wird. Geregelte Arbeitszeiten sind einzuhalten.

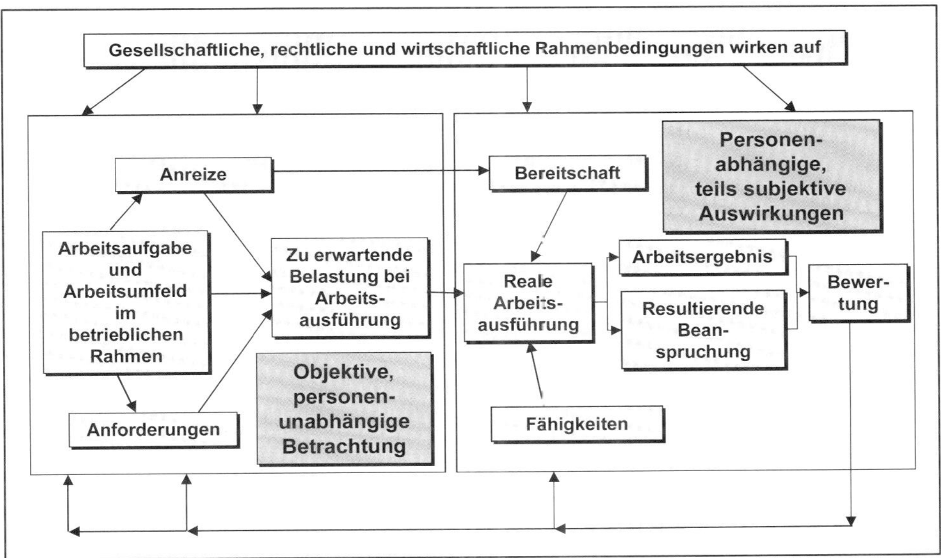

Bild 10: Arbeitsgestaltung – grundlegende Zusammenhänge [in Anlehnung an REFA1]

Die auftretenden Belastungen und Beanspruchungen – z.B. durch nicht den Arbeitsaufgaben entsprechende Arbeitsmittel oder Arbeitsbedingungen, durch einseitige oder langandauernde, schwere Arbeiten, durch stundenlanges Stehen, überlange Arbeitszeiten – beeinflussen die erreichbare Qualität ebenso stark wie z.B. ungenügende Erfahrung des Mitarbeiters am Arbeitsplatz, unzureichende Instruktion über die speziellen Ansprüche der Arbeit oder fehlende Leistungsvoraussetzungen. Ein Beispiel für eine fehlende Leistungsvoraussetzung wäre ein beim Mitarbeiter vorliegendes eingeschränktes Sehvermögen bei hohen Sehanforderungen der Arbeitsaufgabe.

Arbeitsgestaltung wirkt daher durch die Anpassung der Arbeitssysteme an die hier tätigen Menschen vorrangig auf das quantitative und qualitative Arbeitsergebnis.

Eine optimale Arbeitsgestaltung, gepaart mit Sauberkeit und Ordnung, ist die Grundlage für das Entstehen von Qualität. Insofern liefern die REFA-Methodenlehren [REFA1, REFA2, REFA3] wichtige Impulse für das operative Qualitätsmanagement.

1.2.6.4 Prozessmanagement

Prozessbeschreibung

Prozesse werden gekennzeichnet durch einen Startpunkt, Quelle genannt, eine Folge von Tätigkeiten und einen Endpunkt, auch Senke genannt. Die Quelle startet den Prozess mit bestimmten Eingaben, an der Senke endet der Prozess mit seinen Ergebnissen.

Wie in Bild 11 zu sehen, können in den Prozess auch externe Organisationen einbezogen sein.

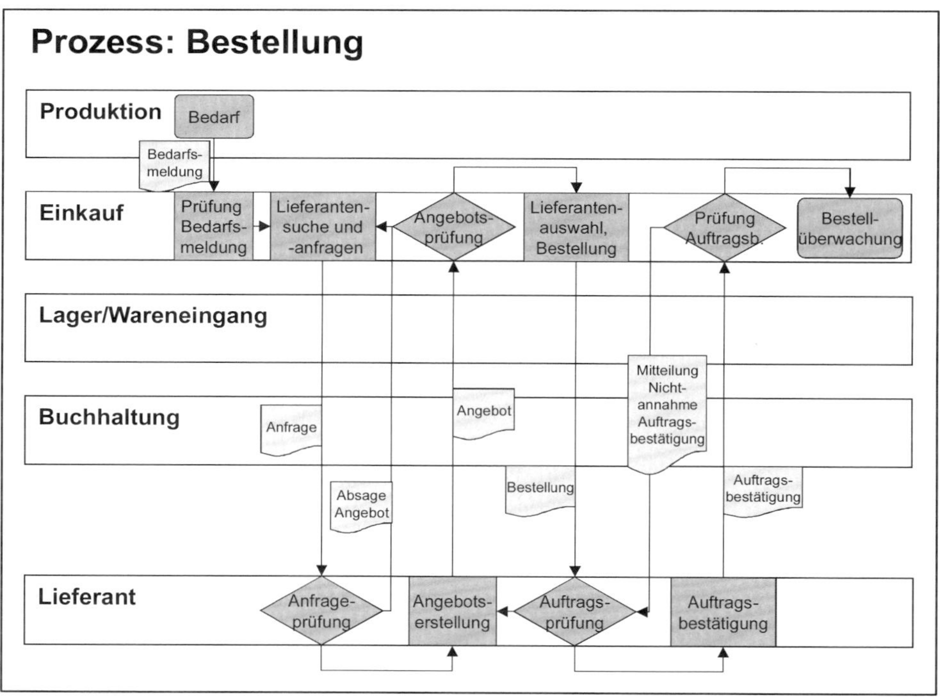

Bild 11: Beschaffungsprozess als Beispiel für einen Prozess (Input: vorliegende Bedarfsmeldung, Output: bestätigte Bestellung)

Jedem Prozess kann man eine Anzahl von Merkmalen zuordnen, die ihn oder seine Teilprozesse detailliert beschreiben.

Fragestellung für Merkmal	Merkmal	Beispiele für Ausprägung des Merkmals
Wer verantwortet den einzelnen Teilprozess?	Prozessverantwortlicher	Abteilungsleiter AB
Wer führt den Teilprozess mit wem durch?	Prozessdurchführende(r)	Ein Mitarbeiter an der Maschine XY mit der Software ZZ bzw. ein Team von drei Mitarbeitern ist notwendig.
Warum wird der Teilprozess benötigt?	Bedeutung des Teilprozesses für den Gesamtprozess	Kritischer Teilprozess, Teilprozess ersetzbar durch Teilprozess XZ, usw.
Wodurch wird Teilprozess ausgelöst?	Impuls für Teilprozess	Durch bestimmte Information (telefonische Information, schriftlich, per E-Mail, ...), durch eine andere Tätigkeit, durch den Kunden, usw.
Was wird erreicht?	Ziel des Teilprozesses, Arbeitsergebnis	Materielles Produkt, Dienstleistung, Information, usw.
Woran wird der Teilprozess durchgeführt?	Arbeitsgegenstand, der bearbeitet wird.	Patient im Krankenhaus, bestimmtes Zwischenprodukt, bestimmtes Rohmaterial, usw.
Womit wird der Teilprozess durchgeführt?	Arbeitsmittel	Maschine XY, Transportmittel LKW, Aktenregister Aufträge, Nachschlagewerk (z.B. Gesetz), ...
In welchem Umfeld wird der Teilprozess durchgeführt?	Arbeitsumgebung, Arbeitsgestaltung	Anordnung der Arbeitsmittel im Raum, Beleuchtungsstärke, Lärmpegel, Staub, usw.
Wie wird der Teilprozess durchgeführt?	Verfahren bzw. Detailablauf des Teilprozesses	Exakte Beschreibung des Teilprozesses, ggf. über Bilder, die einzelne Handgriffe beschreiben.
Welches Risiko für die Mitarbeiter und Umwelt besitzt der Teilprozess?	Arbeitsgefährdungen und Arbeitssicherheit, Umweltgefährdungen und Umweltsicherheit	Auftreten von Schädigungen von Mensch (Hautreizung) und Umwelt (Abgase), usw.
Wie ist das Vorgehen und die Zuständigkeit bei Störungen, Abweichungen oder Änderungen?	Beschreibung der Notfallstrategien	Darstellung, wie auf jedes mögliche Problem zu reagieren ist (z.B. Notruf an Zentrale).

Bild 12: Beispiele für beschreibende Prozessmerkmale einer Prozessbeschreibung (ohne Anspruch auf Vollständigkeit)

Teilweise unterscheidet man die **beschreibenden Merkmale** (beschreiben die Umstände und Bedingungen der Durchführung; vgl. Bild 12), von den **Prozesskennzahlen als messende bzw. bewertende Merkmale** (zeigen die erreichten Ergebnisse von durchgeführten Prozessen auf und stellen damit die Basis des Controllings dar; vgl. Bild 13).

Fragestellung für Prozesskennzahl	Prozesskennzahl	Beispiele für Ausprägung der Prozesskennzahl
Wie oft wird der Teilprozess durchgeführt?	Auftretenshäufigkeit des Teilprozesses	Anzahl Prozesse je Tag, Verteilung über Zeitraum
Wie lange dauert der Teilprozess?	Zeitdauer (Tätigkeitsdauer, Wartezeiten, usw.)	Durchlaufzeit in Stunden oder Minuten
Welche Zuverlässigkeit besitzt der Teilprozess?	Terminliche Zuverlässigkeit	Verfügbarkeit des Teilprozesses, durchschnittliche Lieferzeit, usw.
Welches Risiko für das Produkt besitzt der Teilprozess?	Prozessfähigkeit, Fehlerarten und -raten	Prozessfähigkeit (siehe auch Abschnitt SIX SIGMA), Fehlerrate in PPM (parts per million) Auftretenshäufigkeit
Was kosten die einzelnen Fehler?	Fehlerkosten/Schäden	Fehlerkosten in EURO für einen spezifischen Fall
Was kostet der Teilprozess?	Kosten des Teilprozesses	In EURO, aufgeteilt in die verschiedenen Kostenarten und Kostenstellen
Wie ist die erreichte Kundenzufriedenheit?	Kundenzufriedenheit	Ausgedrückt in Schulnoten

Bild 13: Beispiele für Prozesskennzahlen als messende und bewertende Elemente einer Prozessbeschreibung

In der Praxis wird man sich im Rahmen der Dokumentation meist auf die wesentlichen Merkmale und Prozesskennzahlen beschränken. Ein Beispiel hierfür zeigt Bild 14.

Durchführung Seminar REFA-Qualitätsmanagement als Abendveranstaltung	
Beteiligte	Dozent Herr ...... und 15 Teilnehmer
Zeitliche Daten:	Dauer 40 h, Durchführung 10 Abende á 4 Stunden 2x pro Woche (Dienstag und Donnerstag), Beginn 10.01.20...
Umfeld:	Schulungszentrum „Am Steingraben“ in einem ansprechenden Seminarraum mit Overhead, Beamer, Metaplanhilfsmitteln, usw.
Eingesetzte Hilfsmittel:	REFA-Fachbuch, REFA-Lehrunterlagen, Didaktischer Leitfaden für Trainer, Prüfungsaufgaben
Kosten:	.... EURO
Resultat:	Zertifikat nach erfolgreicher Prüfung
Ziel:	Zufriedenheit der Seminarteilnehmer im Durchschnitt bei maximal Schulnote 2,5.
Ergebnisse:	Erreichte Zufriedenheit der Teilnehmer von Schulnote 1,9. Erreichte Prüfungsleistungen Erreichte Ergebnisse der Umsetzung in den eigenen Unternehmen

Bild 14: Beispiel für wesentliche Prozessparameter bezogen auf ein Seminar

- **Arten von Prozessen**

Prozesslandschaft nennt man eine zusammenhängende Darstellung der Prozesse eines Unternehmens.

Dabei unterscheidet man meist in Führungsprozesse, Kernprozesse und Unterstützungsprozesse.

Führungsprozesse sind Prozesse, die langfristig angelegt sind und das Erreichen der Unternehmensziele sicherstellen sollen.

Solche Führungsprozesse bzw. Managementsystemprozesse sind:
- Erarbeitung von Unternehmensstrategien
- Unternehmensentwicklung
- Personalführungsprozesse
- Durchführung von Audits
- Management-Reviews, also eine rückblickende Auswertung einer Periode durch das Management
- Personalentwicklung
- Prozesse zur kontinuierlichen Verbesserung.

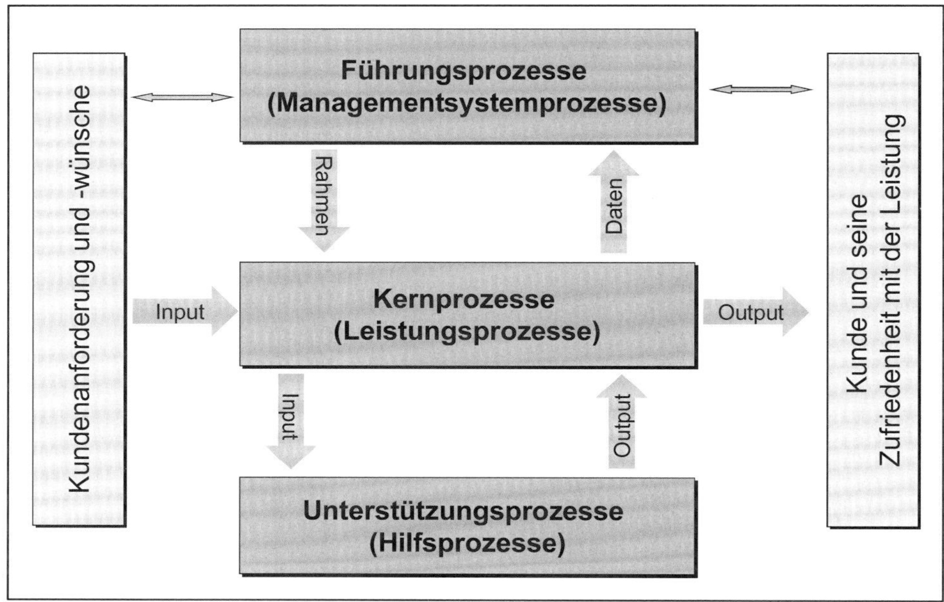

Bild 15: Abgrenzung von Führungs-, Kern- und Unterstützungsprozessen

Kernprozesse, teilweise auch Leistungsprozesse genannt, sind Prozesse, die ein Produkt oder eine Dienstleistung oder einen Teil davon entsprechend den Wünschen und Anforderungen der Kunden realisieren sollen.

Die Kernprozesse sind direkt wertschöpfend. Sie kennzeichnen in ihrer Gesamtheit einen bestimmten Erfolg, ausgedrückt über den Preis, den der Kunde dafür bezahlt. Die Kernprozesse haben durch den Input und Output einen direkten Kundenkontakt.

Zu den Kernprozessen gehören:

- Kundenbeziehungsprozess
- Auftragsabwicklungsprozess
- Entwicklungsprozess
- Beschaffungsprozess
- Produktionsprozess
- Logistikprozess im Rahmen der Auftragsabwicklung
- Prüfprozesse, die im Rahmen der Kernprozesse in die Leistungserstellung direkt integriert sind.

Unterstützungsprozesse sind Prozesse, die als Voraussetzung zur wirksamen und effizienten Durchführung der Kernprozesse benötigt werden.

Typische Unterstützungsprozesse sind:
- Wartungs- und Instandhaltungsprozesse (außer bei Organisationseinheiten, in welchen Wartung und Reparatur die Unternehmensleistung und damit einen Kernprozess darstellt)
- Prüfmittelüberwachungsprozesse
- Prozesse zum Aufbau und zur Aufrechterhaltung der Informations- und Kommunikationssysteme
- Buchhaltungs- und Finanzierungsprozesse
- Personalverwaltungsprozesse
- Serviceprozesse, wie der Kantinenbetrieb, usw.

Um das Zusammenwirken beispielhaft darzustellen, wird der Produktionsprozess herangezogen:
- Die Führungsprozesse schaffen den Kernprozessen die benötigten Ressourcen, Anlagen und Mitarbeiter bedarfsgerecht.
- Die Produktion im weitesten Sinne beinhaltet als Kernprozess die Beschaffung der Roh-, Hilfs- und Betriebsstoffe, die Entwicklung, die Herstellung des Gutes oder die Erbringung der Dienstleistung und ggf. den Versand an den Kunden.
- Die Serviceprozesse helfen den Führungs- und Kernprozessen, beispielsweise in Form einer zentralen Qualitätssicherung, die besondere Messaufgaben wie die Prüfmittelüberwachung für die Produktion durchführt, und der zentralen Instandhaltung. Auch die EDV-Abteilung erbringt normalerweise intern ausgerichtete Serviceleistungen.

- **Vorgehen bei der Prozessoptimierung**

Grundlegende Methode für die Prozessoptimierung ist die REFA-Planungssystematik [nach REFA5] mit den sechs Schritten:
1) Analyse der Ausgangssituation
2) Bewertung und Beurteilung
3) Prozesslösungen konzipieren (Grobplanung)
4) Prozesslösung detaillieren (Feinplanung)
5) Prozesslösung einführen
6) Prozesslösung nutzen.

Um eine **grundsätzliche Optimierung der Prozesslandschaft** zu erreichen, ist zuerst einmal die Notwendigkeit und Struktur der vorhandenen Prozesse zu hinterfragen. Die Prozesslandschaft ist zu ermitteln und kritisch auf Verbesserungspotenziale zu prüfen.

- Sind die grundsätzlichen Betriebsergebnisse und Kennzahlen positiv? Wo sind Defizite erkennbar? Korrelieren diese mit bestimmten Gegebenheiten der Prozesslandschaft? Ergibt sich daraus Änderungsbedarf?
- Sind die Führungsprozesse dem Unternehmen (Größe, Branche, usw.) entsprechend ausgestaltet?
- Sind die Kernprozesse für Politik und Ziele angemessen gegliedert?
- Sind die Unterstützungsprozesse notwendig und zielführend?
- Sind die Abgrenzungen zwischen den Prozessen angemessen und durchgängig?

Aufgrund dieser Fragestellungen können sich strukturelle Änderungen zur **Optimierung jedes einzelnen Prozesses** ergeben. Prozesstransparenz und detaillierte Prozesskenntnisse sind dabei die Basis der Prozessoptimierung. Hierzu dienen die Prozesskennzahlen, die den Prozesserfolg greifbar machen und quantifizieren. Der absolute Erfolg, der Vergleich über die Zeit und der Vergleich zu ähnlichen Prozessen, zeigen die Effizienz und die betriebswirtschaftliche Güte des einzelnen Prozesses.

Bei der Optimierung sind zwei mögliche Strategien zu unterscheiden:

- Komplette Neukonzeption des Prozesses, in der Literatur „Redesign" genannt. Hier wird eine revolutionäre Änderung durch einen anderen, einfacheren Lösungsweg, meist gekoppelt mit neuen Techniken, gesucht und gefunden. Das Internet hat beispielsweise vielfach Möglichkeiten zu einem kompletten Redesign von Abläufen geboten (z.B. E-Commerce).
- Evolution des Prozesses durch einen kontinuierlichen Verbesserungsprozess. Hier bietet die grafische Prozessdarstellung eine Vielzahl von Ansatzmöglichkeiten.

Grundsätzliche Möglichkeiten zur Prozessgestaltung und damit Prozessoptimierung sind:

- **Entfallenlassen**. Eliminieren von einzelnen überflüssigen Arbeitsgängen und Doppelarbeit (im Bild 16 Beispiel 3)
- **Vereinfachen**. Abbau der Anzahl am Prozess beteiligter Bereiche zur Prozessbeschleunigung und zur Vermeidung v elfacher Einarbeitung in den spezifischen Vorgang (im Bild 16 Beispiel 2); rasches Feedback zum Prozessergebnis verhindert erkannte Fehler (im Bild 16 Beispiel 9); selbststeuernde Regelkreise vereinfachen Koordinierung, beschleunigen und verbilligen Prozesse (im Bild 16 Beispiel 10).
- **Zusammenfassen**. Zusammenlegung von Arbeitsgängen erhöht Effizienz und verringert Durchlaufzeit (im Bild 16 Beispiel 5).
- **Reduzieren**. Vermeidung aufwändiger Genehmigungsverfahren (im Bild 16 Beispiel 1)
- **Beschleunigen**. Parallelisieren von Tätigkeiten verkürzt die Durchlaufzeit (im Bild 16 Beispiel 6), Abstimmung der Prozesskette und/oder Gruppenarbeit können die Wartezeiten erheblich abbauer und damit Durchlaufzeiten verkürzen (im Bild 16 Beispiel 7).
- **Wandeln**. Ein Beispiel wäre die Automatisierung von Arbeitsgängen (durch EDV bzw. durch Maschinen) (im Bild 16 Beispiel 4), Automatisiertes Anstoßen des Folgearbeitsganges sorgt für Durchlaufzeitreduzierung (im Bild 16 Beispiel 8).
- **Aus- bzw. Eingliedern**. Outsourcing von einzelnen Arbeitsgängen, was allerdings auch die Prozesse komplexer werden lassen kann, durch den höheren Abstimmungs-, Transport- und Handlingsaufwand (im Bild 16 Beispiel 11).

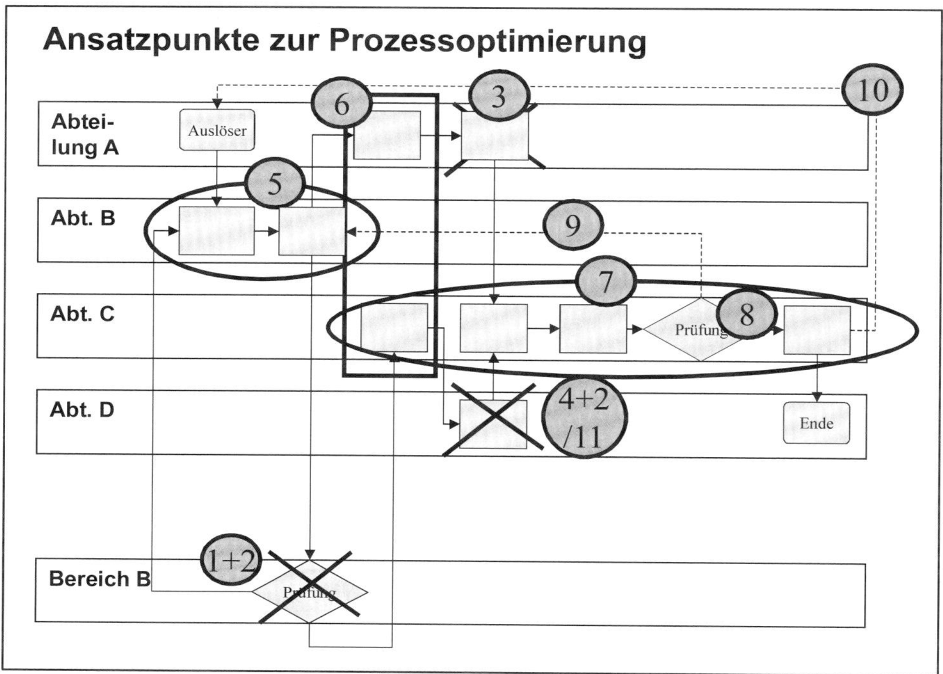

Bild 16: Strategien und Ansatzpunkte zur Prozessoptimierung

Die Ergebnisse der Prozessoptimierung werden über die verschiedenen Prozesskennzahlen gemessen. Neben den Kosten spielt hier die Prozessfähigkeit im Rahmen der Six-Sigma-Methodik (siehe Abschnitt 5.4.11) eine zentrale Rolle.

Effiziente, sichere, die geforderte Qualität erzielende, mit Hilfe der Arbeitsorganisation die Mitarbeiter optimal fordernde, auf die Produkte und Ziele abgestimmte Prozesse sind ein Erfolgsbaustein des Qualitätsmanagements.

1.2.7 Handlungsbereich Produkt/Dienstleistung – Produktqualität und Kundenzufriedenheit als Ziel des Managements

Jedes Unternehmen überlebt nur, wenn sich langfristig genügend Kunden für sein Produkt am Markt finden. Die Nachfrage für das eigene Produkt sollte vorhanden sein und ergibt sich aus der Gesamtsituation und den am Markt angebotenen Konkurrenzprodukten (siehe Bild 17).

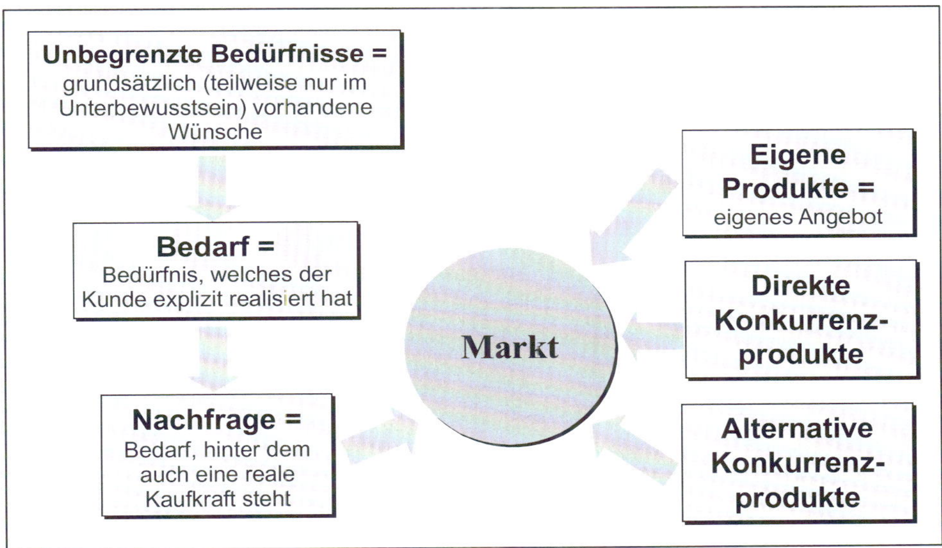

Bild 17: Absatz der Produkte am Markt als Überlebensbasis für das Unternehmen

Die Gesamtnachfrage resultiert aus den Wünschen des Menschen, die bewusst oder unbewusst vorhanden sind, teilweise jedoch erst explizit geweckt werden. Häufig führt das gezielte Ansprechen eines Bedürfnisses (z.B. Coolness eines Jugendlichen, der den Trendsport Paragliding betreibt) zum Wunsch, etwas Bestimmtes besitzen zu wollen. Ob dieser Bedarf aber zu einer Nachfrage auf dem Markt wird, hängt sehr stark vom Einkommen der Person ab. So hat beispielsweise ein Schüler meist ein sehr viel geringeres Einkommen als Berufstätige und kann damit dieses Hobby kaum selbst finanzieren.

Die Nachfrage ist gekennzeichnet durch die vorhandene reale Kaufkraft und den Wunsch, ein vorhandenes Bedürfnis auch wirklich zu befriedigen. Allerdings kommt es im Fall des Schülers häufig dazu, dass sich geeignete Sponsoren (Eltern, Großeltern) finden.

Die Nachfrage tritt am Markt auf und sucht nach dem am besten geeigneten Angebot. Dies bedeutet, dass sich das eigene Produkt (Gleitschirm) mit analogen, direkt vergleichbaren Konkurrenzangeboten anderer Hersteller messen lassen muss, vielleicht aber auch in Konkurrenz steht mit Alternativangeboten (z.B. einem Gleitdrachen oder dem Segelflugzeug).

Interessant ist, dass der für ein Produkt erzielbare Preis meist sehr stark von den Konkurrenzangeboten bestimmt wird und sich nicht am Nutzwert für den Konsumenten bestimmt.

Dem Wettbewerb in gesättigten Märkten versuchen sich viele Unternehmen durch Differenzierung zu stellen. Dies gelingt durch ein für den Kunden höherwertiges Produkt- und Serviceangebot. Bei Jugendlichen beispielsweise ist es ein bestimmtes Markenimage, was als „trendy" geschätzt wird. Meist ist der Kunde bereit, für den ihm wichtigen Zusatznutzen und das Image auch deutlich mehr zu bezahlen.

Noch interessanter wird es für den Anbieter, wenn es ihm gelingt, eine komplette Innovation und damit eine Alleinstellung auf dem Markt zu erreichen. Dann wird der Produzent den kompletten, vom Nutzen für den Kunden aus gesehen gerechtfertigten, Preis erzielen können. Zudem liegt der Nutzen bei innovativen Problemlösungen meist höher als bei eingeführten Produkten.

Wie man aus Bild 18 erkennt, ist Innovation die erfolgversprechendste Lösung für den Anbieter. Der Wettbewerb erkennt dies in aller Regel schnell und wird versuchen, dieses Produkt ebenfalls anzubieten. Einen sehr langen und damit sehr begehrten Schutz vor Imitationen bieten Patente auf das Produkt bzw. anschließend auf die Produktionsmethode. Weiterhin ist häufig ein produktionstechnischer Vorsprung dauerhafter als ein konstruktionstechnischer. Der Konstruktionsvorsprung verschwindet über den Kauf und die Analyse des Produktes durch den Wettbewerb.

Neben der Produktinnovation spielt die Produktqualität und -zuverlässigkeit eine zentrale Rolle. **Fehlerhafte Produkte**, die zu Reklamationen der Kunden führen, sind nicht nur schlecht für das Image und verringern langfristig die Verkaufszahlen, sondern **stellen auch einen Kostenfaktor dar**. Fehlerkorrekturen bedingen Koordinationsaufwand, Zeit und Geld.

Mit einem überlegenen Produkt kann man höhere Erlöse erzielen und stärker wachsen als die Konkurrenz.

Durch, dem Produkt angepasste, **optimierte Prozesse** kann man die für die Entwicklung, die Produktion und den Vertrieb entstehenden **Kosten minimieren.** Dies spielt insbesondere bei gesättigten Märkten mit Hang zum Preiswettbewerb eine entscheidende Rolle. **Prozessoptimierung setzt bei den Kosten an**.

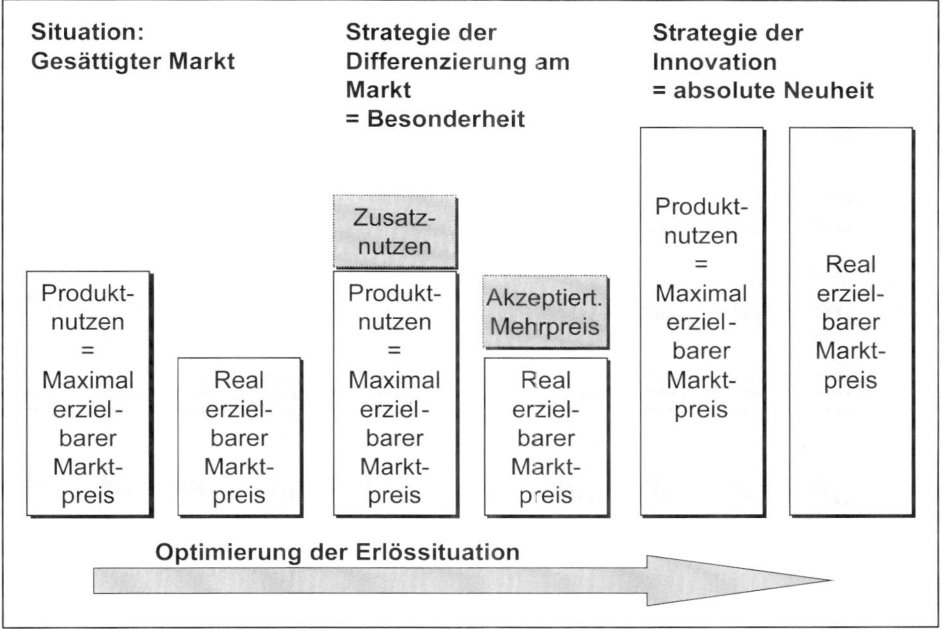

Bild 18: Strategien zur Optimierung der Erlössituation

Der Gewinn ist die Differenz aus den erzielten Erlösen und den entstandenen Kosten. Die Erlöse werden maßgeblich bestimmt durch das gute Produkt mit dem zugehörigen Marketing. Die Kosten wiederum sind abhängig vom Prozess und den Kosten für die zu beschaffenden Vorprodukte.

Ziel des Managements sind aber auch zufriedene Kunden infolge Belieferung mit innovativen, Probleme lösenden „Qualitäts"-Produkten. Dementsprechend sind die Prozesse zu gestalten.

In den Abschnitten 1.2.2 bis 1.2.7 wurden damit die Handlungsbereiche (siehe Bild 6) des Qualitätsmanagements kurz dargestellt. Diese werden im Abschnitt 2.4 im Rahmen der Gestaltung des Managementsystems über die integrierte Management-Dokumentation wieder aufgegriffen und weiter detailliert.

1.3 Staatliche, normative und kundenbezogene Anforderungen an das Unternehmens- und Qualitätsmanagement

1.3.1 Staatliche Anforderungen

Das Unternehmertum wird als wichtige gesellschaftliche Säule angesehen und entsprechend vom Staat gefördert. Gleichzeitig sind durch das Unternehmen aber die staatlichen Gesetze und Verordnungen einzuhalten. Wesentliche **Gesetzesbereiche** sind:

- **Verfassung und Bürgerliches Gesetzbuch** als grundlegende Rechtsquellen zur Wirtschaft
- **Handels- und Vertragsrecht**
- **Gesellschafts- und Steuerrecht**
- **Umweltrecht und Baurecht**
- **Arbeitsrecht** und **Arbeitsschutzrecht**
- **Regeln für das In-den-Verkehr-Bringen** von Produkten. Dafür gelten besondere Vorschriften. So benötigen nach der Maschinenrichtlinie alle Maschinen und Anlagen eine CE-Kennzeichnung und eine Konformitätserklärung des Herstellers (Herstellererklärung), besonders gefährliche Maschinen sogar eine Baumusterprüfung durch zugelassene Prüfstellen. Ähnliche Vorschriften gibt es auch für andere Bereiche, z.B. für Spielzeug.
- **Haftung für Produkte** (Produkthaftungsgesetz). Gegenüber dem Endkunden besitzen der Hersteller und diejenigen Unternehmen, die Güter in den Verkehr bringen, verschuldensunabhängig eine Verpflichtung zur Gewährleistung der Ordnungsmäßigkeit der Produkte (mind. 2 Jahre) und zur Haftung für Personen- und Sachschäden aus dem Gebrauch eines fehlerhaften Produktes. Der Ausschluss der Haftung ist nur durch Nachweis der Einhaltung einer dem Stand der Technik entsprechenden Entwicklung, Herstellung und Prüfung der Produkte möglich.

Darüber hinaus hat die Gesellschaft vielfältige weitere Erwartungen an Unternehmer und Unternehmen zur Förderung der sozial Benachteiligten und des Zusammenhaltes der Gesellschaft.

1.3.2 Normative Anforderungen der DIN EN ISO 9000ff (Qualitätsmanagement)

Die DIN EN ISO 9000ff, in Deutschland jeweils nationalisiert als DIN EN ISO 9000ff, ist die grundlegende weltweite Normenfamilie des Qualitätsmanagements. Diese besteht aus:

- DIN EN ISO 9000 Qualitätsmanagementsysteme – Grundlagen und Begriffe
- DIN EN ISO 9001 Qualitätsmanagementsysteme – Anforderungen
- DIN EN ISO 9004 Qualitätsmanagementsysteme – Leitfaden zur Qualitätsverbesserung
- DIN EN ISO 19011 Leitfaden für das Auditieren von Qualitäts- und Umweltmanagementsystemen

Die DIN EN ISO 9000 findet in diesem Buch über die Verwendung der Begriffe und Definitionen die angemessene Berücksichtigung. Die DIN EN ISO 9001 als Anforderungskatalog, den Qualitätsmanagementsysteme erfüllen sollten, wird in diesem Kapitel intensiv behandelt. DIN EN ISO 9004 hingegen wird im Rahmen des gesamten Buches im Hinblick auf die optimale Gestaltung eines umfassenden Managementsystems mit berücksichtigt. DIN EN ISO 19011 findet Eingang im Abschnitt der Durchführung von Audits (Abschnitt 5.8.1). Das Bild 19 zeigt das Modell des prozessorientierten Qualitätsmanagements nach der DIN EN ISO 9001:2015.

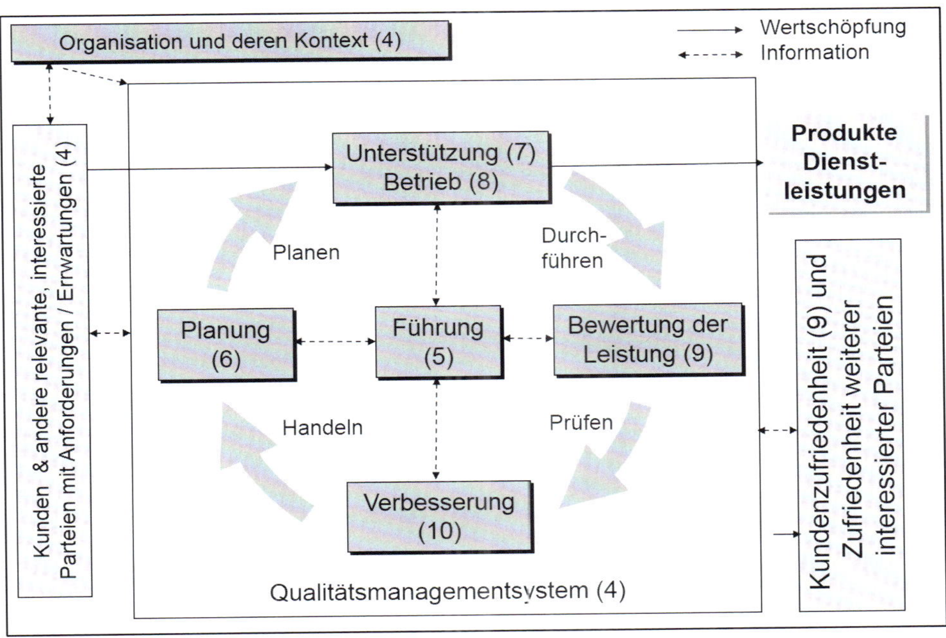

Bild 19: Modell des Qualitätsmanagements (DIN EN ISO 9001:2015)

Die wesentlichen Anforderungen der DIN EN ISO 9001:2015 sind nachfolgend tabellarisch in Form von Checklisten aufgeführt:

Normforderungen DIN EN ISO 9001:2015		Beispiele für Umsetzung
4. Kontext der Organisation		
4.1 Verstehen der Organisation und ihres Kontextes	**Bestimmung der externen und internen Themen**, die für den Organisationszweck relevant sind / für die Fähigkeit die beabsichtigten Ergebnisse zu erreichen (Infos überwachen und überprüfen).	Umfeldanalyse (PEST-Analyse)
4.2 Verstehen Erfordernisse/ Erwartungen der Parteien	**Bestimmung der interessierten Parteien und Bestimmung der Anforderungen der interessierten Parteien**. Infos sind zu überwachen und zu überprüfen.	Liste der interessierten Parteien und deren Bedeutung für die Organisation Anforderungen der verschiedenen interessierten Parteien sowie klare Messgrößen im Hinblick auf die eigene Erfüllung der Messgrößen.
4.3 Festlegen des Anwendungsbereichs QMS	Grenzen und Anwendungsbereich des QM-Systems festlegen unter Berücksichtigung der Ergebnisse von 4.1/4.2. Muss als dokumentierte Information verfügbar sein.	Statement, dass das QM-System für das gesamte Unternehmen gilt und alle Normanforderungen berücksichtigt.
4.4 QM-System und dessen Prozesse	QM-System ist aufzubauen, zu verwirklichen, aufrecht zu halten und fortlaufend mit Prozessen und Wechselwirkungen zu verbessern. Verfahren und **Kriterien einschließlich Leistungsindikatoren definieren, um das Lenken der Prozesse sicherzustellen.** Ressourcen, Verantwortung und Befugnisse für Prozesse festlegen. **Risiken und Chancen behandeln.** Prozesse bewerten und verbessern. Angemessene dokumentierte Informationen erforderlich.	Klares Prozessmanagement mit Prozesslandschaft, Prozessablauf, Prozesskennzahlen, Prozessverantwortlichen und Prozessressourcen. Risikoanalyse zu den Prozessen als Basis der vorbeugenden Optimierung und fortlaufenden Verbesserung Festlegung der notwendigen Prozessaufzeichnungen.

5. Führung		
5.1 Führung und Verpflichtung	Oberste Leitung muss Führung ausüben und Verpflichtung zeigen. Zur QM-Wirksamkeit die Q-Politik und -ziele, Kontext und Strategie, Prozesse an Mitarbeiter vermitteln, **Förderung des risikobasierten Denkens**, Ressourcen für QM, Personeneinsatz, Ergebnisse = Qualität der Produkte und Dienstleistungen, KVP. Zur Kundenorientierung die Anforderungen von Kunden und Behörden ermitteln und erfüllen, **Bestimmung Risiken und Chancen**, Verbesserung Kundenzufriedenheit.	Verpflichtung der Leitung im Rahmen der Freigabe, aber auch Leben durch die Leitung in der täglichen Arbeit. Tendenziell wird stärker die eigene Umsetzung gefordert.
5.2 Qualitätspolitik	Q-Politik ist festzulegen, zu überprüfen und aufrecht zu erhalten entsprechend Kontext und Strategie als Rahmen für Q-Ziele, Verpflichtung zur Erfüllung der zutreffenden Anforderungen und KVP. Dokumentierte Information, die verstanden und umgesetzt wird und evtl. **interessierten Parteien verfügbar gemacht** wird.	Q-Politik unter Berücksichtigung aller interessierter Parteien muss aktiv in der Organisation kommuniziert werden Kontrolle ob überall verstanden ist sinnvoll. Regelmäßige Reflektion auf Aktualität.
5.3 Rollen, Verantwortlichkeiten und Befugnisse	Zuweisung von Verantwortung für QMS, Prozesse, Controlling und Kundenorientierung	Organigramm und Stellenbeschreibungen oder Organigramm und Prozessbeschreibungen
6. Planung für das QM-System		
6.1 Maßnahmen zum Umgang mit Risiken und Chancen	Berücksichtigung des Kontextes und des Umfeldes bei Planungen des QM-Systems. Bestimmung der Risiken und Chancen, um beabsichtigte Ergebnisse zu erzielen, Risiken zu minimieren und fortlaufende Verbesserung zu erreichen. Planung des Risikomanagements (inkl. Maßnahmen, Bewertung von deren Wirksamkeit).	Systematisches Risikomanagement mit SWOT-Analyse bzw. FMEA.

6.2 Qualitätsziele und Planung zur Erreichung	Qualitätsziele für relevante Funktionsbereiche, Ebenen und Prozesse festlegen und überwachen (von Q-Politik aus, messbar, vermitteln an MA, überwachen, ggf. aktualisieren). Dokumentierte Information Angemessene Planung zum Erreichen der Q-Ziele (Was, Wer, Womit, Bis Wann, Mit welchem Ergebnis)	Unternehmensziele systematisch festlegen und herunterbrechen über die Ebene auf alle Prozesse (KPI´s Key Performance Indicators) Maßnahmenplanung zum Erreichen der Ziele mit systematischen To-Do-Listen.
6.3 Planung von Änderungen	Systematisches Management der Veränderung des QM-Systems	Klare Regelungen für Freigaben zum QM, systematische Lenkung der Vorgaben (frühere Dokumentenlenkung).
7. Unterstützung		
7.1 Ressourcen	Erforderliche Ressourcen für das QM-System sind bereit zu stellen. Angemessenes Personal für QM-System Angemessene Infrastruktur und Umgebung (für Prozesse) Angemessene Ressourcen zur Überwachung und Messung, geeignete Informationen als Nachweis für die Eignung der Ressourcen zur Überwachung und Messung Kalibrierung der Messgeräte Einleitung von Maßnahmen bei fehlerbehafteten Messgeräten **Wissensmanagement (kontinuierliche präventive Bedarfsermittlung, Aufrechterhaltung, Erlangung und Zugriff)**	Ausreichende Finanzressourcen für QM und die Prozesse Qualifiziertes Personal für QM Infrastruktur mit entsprechenden Wartungsplänen. Arbeitssicherheitsmanagement entsprechend den gesetzlichen Standards. Prüfmittelliste mit Kalibrierstatus und Kalibriernachweise. Systematische Dokumentation von Wissen (z.B. Wikis, z.B. Rechtsdatenbanken), Paten für spez. Wissensbereiche z.B. Qualifikationsmatrix mit Verantwortung für Wissensmanagement und Stellvertreterregelungen
7.2 Kompetenz	Angemessene Kompetenz muss sichergestellt werden, ggf. Erwerb mit Wirksamkeitsbewertung Dokumentierte Informationen als Nachweis	Qualifikationsmatrix Lebensläufe Schulungsnachweise Schulungsplan mit Wirksamkeitsbewertung

7.3 Bewusstsein	**QM-Bewusstsein der Mitarbeiter** (Q-Politik, Q-Ziele, eigener Beitrag zur Qualität, Folgen der Nichterfüllung der Anforderungen des QM-Systems)	Schulung der Mitarbeiter zu QM und deren Tätigkeiten in den Prozessen sowie den Risiken
7.4 Kommunikation	Bestimmung der internen und externen Kommunikation zum QM-System (**worüber, wann, mit wem, wie, wer)**	Kommunikationsmatrix
7.5 Dokumentierte Information	Von Norm explizit geforderte dokumentierte Information, notwendig für die Bestimmung der Wirksamkeit des QM-Systems Umfang der dokumentierten Information für QM ist abhängig von Größe, Komplexität Prozesse und Produkte, Kompetenz der Personen. Angemessene Kennzeichnung, angemessenes Format und Medium, angemessene Überprüfung und Genehmigung beim Erstellen und Aktualisieren Lenkung der dokumentierten Informationen zur Verfügbarkeit und zum Schutz (Verteilung, Zugriff, Speicherung, Versionsmanagement, Aufbewahrung)	Dokumentenmatrix mit Verantwortung Genehmigung, Erstellung, Änderung, Speicherort und -art, Zugriffsrechte, Dauer der Speicherung
8. Betrieb		
8.1 Betriebliche Planung und Steuerung	Planung und Steuerung der Prozesse für die Bereitstellung Produkte und Dienstleistungen (Anforderungen, Kriterien für Prozesse, Produkte und Dienstleistungen, Ressourcen, Steuerung, **Festlegung von angemessenen dokumentierten Informationen zum Nachweis**), angemessenes Änderungsmanagement, auch Steuerung ausgelagerter Prozesse	Beschreibung Produkte (Zeichnungen und Pläne) und Dienstleistungen Prozessbeschreibungen sowie Arbeitspläne je Produkt Überwachungsmethodik für ausgelagerte Prozesse (z.B. Lieferantenaudits)

8.2 Bestimmung der Anforderungen an Produkte und Dienstleistungen	**Prozess(e) zur Kommunikation mit den Kunden festlegen** (Information, Vertragsmanagement, Erhalt von Kundenmeinung und -beschwerden, ggf. Umgang Kundeneigentum und Anforderungen an Notfallmaßnahmen)	Externe Kommunikationsmatrix Prozessbeschreibung Marketing und Vertrieb
	Prozess für das Bestimmen und Umsetzen der Anforderungen an eigene Produkte und Dienstleistungen (klare Anforderungen inkl. gesetzlich / behördlich, Realisierung muss möglich sein)	Bewertung der Machbarkeit bei eigenen Produkten und Dienstleistungen vor Angebot
	Überprüfung von Anforderungen vor Eingehen von Lieferverpflichtungen, Kundenanforderungen vor der Annahme bestätigen, dokumentierte Informationen müssen aufbewahrt werden inklusive Änderungsmanagement.	Prüfung der Machbarkeit vor Auftragsbestätigung. Schriftliche Auftragsbestätigung
8.3 Entwicklung von Produkten und Dienstleistungen	Einführen eines Entwicklungsprozesses, wenn Anforderungen noch nicht feststehen bzw. vom Kunden oder anderen interess. Parteien nicht festgelegt sind inkl. Produktion und Dienstleistungserbringung (**kein Ausschluss mehr möglich bei eigener Prozessentwicklung**)	Prozessbeschreibung für Entwicklung
	Systematische Entwicklungsplanung mit Prozessstufen (inkl. erforderlicher Verifizierung und -Validierung)	Entwicklungsprojektplan mit Meilensteinen
	Umfassende Entwicklungseingaben (Anforderungen allgemein üblich, gesetzlich, aus Normen, intern, **aus Risiken**, ...)	Entwicklungsprojektdefinition mit Pflichtenheft / Anforderungskatalog
	Systematische Entwicklungssteuerung mit Prüfungen, Verifizierung und Validierung	Meilenstein-Reviews und -freigaben
	Positive Entwicklungsergebnisse mit dokumentierten Informationen	Dokumentierte Entwicklungsergebnisse, die Anforderungen entsprechen
	Systematisches Entwicklungsänderungsmanagement mit dokumentierten Informationen	Klare Vorgaben für Änderungsmanagement

8.4 Kontrolle von extern bereitgestellten Produkten und Dienstleistungen	Sicherstellen, dass extern bereitgestellte Prozesse, Produkte und Dienstleistungen den Anforderungen entsprechen, und entsprechende Steuerungsmaßnahmen planen und durchführen.	Prozessbeschreibung Beschaffungsprozess
	Angemessene Kriterien zur Beurteilung, Auswahl, Leistungsüberwachung und Neubeurteilung externer Anbieter (Lieferantenbeurteilung)	Prüfpläne für eingehende Lieferungen
	Aufbewahrung als dokumentierte Information	Systematische Lieferantenbeurteilung
	Angemessene Kontrolle von externen Bereitstellungen (abhängig vom Einfluss der Zulieferung und Wirksamkeit Kontrollen externer Anbieter).	Systematische Wareneingangsprüfungen nach entsprechenden Prüfanweisungen
	Externe Prozesse bleiben im Anwendungsbereich des QM-Systems.	Systematisches Management externer Prozesse als Teil des eigenen QM-Systems
	Systematische Anforderungen an externe Anbieter	
8.5 Produktion und Dienstleistungserbringung	Steuerung der Produktion und Dienstleistungserbringung durch beherrschte Bedingungen (inkl. Lieferung / Tätigkeiten danach)	Prozessbeschreibung Produktion und Arbeits- und Prüfpläne
	Wo nötig Kennzeichnung und Rückverfolgbarkeit sicherstellen und dokumentierte Informationen aufbewahren	Kennzeichnung von Material und Zuordnung / Aufbewahrung Materialprüfzeugnisse
	Sorgfältiger Umgang mit Eigentum des Kunden **oder der externen Anbieter** mit ggf. Information bei Problemen.	Regelung für Umgang mit Kundeneigentum
	Sicherung der Prozessergebnisse (**bei der Produktion** bis hin zum Kunden)	Prozesse für Kennzeichnung, Handhabung, Verpackung, Lagerung
	Erfüllung der Anforderungen an Tätigkeiten nach der Lieferung, systematische Ermittlung des Umfangs	Systematisches Servicemanagement mit Regelungen zur Wartung der Produkte und entsprechender Angebote
	Systematisches Management von Änderungen mit dokumentierten Ergebnissen der Bewertung von Änderungen	Systematisches Änderungsmanagement von Prozessen und Arbeitsplänen und ggf. weiteren Prozessänderungen

8.6 Freigabe von Produkten und Dienstleistungen	Umsetzung der geplanten Regelungen, um zu verifizieren, dass Anforderungen erfüllt werden **(Nachweis muss aufbewahrt werden)** **Die dokumentierten Informationen müssen Rückverfolgbarkeit auf zuständige Personen zulassen.**	Nachweise der Prozess- und Produktfreigaben (z.B. Prüfnachweise).
8.7 Steuerung nichtkonformer Prozessergebnisse, Produkte und Dienstleistungen	Kennzeichnung nicht positiver Prozessergebnisse, Produkte und Dienstleistungen, um deren unbeabsichtigten Gebrauch / Auslieferung zu verhindern Durchführung geeigneter Korrekturmaßnahmen, auch für bereits ausgelieferte Produkte / Dienstleistungen (Korrektur, Aussortierung, Benachrichtigung der Kunden, ...) Neue Konformitätsprüfung nach Korrekturen Dokumentierte Informationen über eigene Tätigkeiten und Sonderfreigaben	Kennzeichnung von Ausschuss Sperrlager Prozess zur Lenkung fehlerhafter Produkte
9. Bewertung der Leistung		
9.1 Überwachung, Messung, Analyse und Bewertung	Organisation muss systematische Überwachung, Messung, Analyse und Bewertung festlegen. Geeignete dokumentierte Informationen als Ergebnis Bewertung der Qualitätsleistung und Wirksamkeit des QM-Systems. Kundenzufriedenheit **zur Organisation, zu Produkten und Dienstleistungen mit klar bestimmten Methoden** ermitteln Analyse und Beurteilung von Daten und Informationen aus Überwachung, Messung und anderen Quellen mit normkonformer Verwendung bis hin zur Managementbewertung	Prozessbeschreibungen zum Controlling Kundenzufriedenheitsbefragung Auswertung Kundenzufriedenheit zur Ableitung von Verbesserungsmöglichkeiten

9.2 Internes Audit	Durchführung von internen Audits, um wirksame Umsetzung des QM hinsichtlich Anforderungen zu ermitteln Audit nach angemessenem Programm, nach Auditkriterien, unabhängig und objektiv, Berichterstattung über Audit, KVP und mit Aufbewahrung von dokumentierten Informationen	Auditprogramm Auditplanung Auditbericht Maßnahmenplanung und -verfolgung, KVP
9.3 Managementbewertung	Dokumentierte Managementbewertung mit entsprechendem Input (u.a. **Themen zu externen Anbietern und Veränderungen im QM**) und Output	Managementbewertung
10. Verbesserung		
10.1 Allgemeines	Organisation muss Chancen zur Verbesserung bestimmen, auswählen und umsetzen, um Kundenanforderungen zu erfüllen und die Kundenzufriedenheit zu verbessern.	Risikoanalyse (FMEA) bzw. SWOT-Analyse
10.2 Nichtkonformität und Korrekturmaßnahmen	Die Organisation muss auf Nichtkonformitäten und Beschwerden angemessen reagieren und die Notwendigkeit von Maßnahmen zur Beseitigung bewerten, um Wiederauftreten zu verhindern. Dokumentierte Informationen über die Maßnahmen und Ergebnisse	KVP-Prozess 8D-Report
10.3 Fortlaufende Verbesserung	Organisation muss Eignung, Angemessenheit und Wirksamkeit des QM-Systems aus erkannten Minderleistungen und Chancen heraus fortlaufend verbessern.	KVP-Prozess

Bild 20: Forderungen der DIN EN ISO 9001:2015 und Beispiele zu ihrer Umsetzung aus der Praxis

Heute gibt es mit der ISO 9001:2015 einen erweiterten QM-Ansatz weg von der reinen Kundenorientierung und hin zu einer stärkeren Einbeziehung aller interessierten Parteien in die Ausrichtung und Umsetzung des Qualitätsmanagements.

Dazu kommt das Chancen- und Risikomanagement als deutlich stärkerer präventiver Ansatz, der sich durchgängig nunmehr in der ISO 9001:2015 wiederfindet.

Als weitere Bereiche kann auch die Ausdehnung des QM-Ansatzes explizit auf das Management ausgelagerter Prozesse bei den Lieferanten, also auf den vorgelagerten Bereich, und den Zeitraum nach der Lieferung der Produkte und Dienstleistungen genannt werden.

Die neue Gliederung der ISO 9001 führt bei vielen Unternehmen zu einem hohen Veränderungsdruck auf die QM-Dokumentation, der deutlich geringer wäre, wenn man eine eigene unternehmensindividuelle Gliederung gewählt hätte.

Die DIN EN ISO 9001 stellt einen Kriterienkatalog für die Organisation eines Unternehmens, seines Qualitätsmanagementsystems und seiner Prozesse, nicht jedoch für seine Produkte auf. Die Anforderungen an Produkte sind entsprechend Abschnitt 7.2 „Kundenbezogene Prozesse“ zu ermitteln, auf Machbarkeit zu prüfen und entsprechend zu realisieren.

Die Umsetzung der Organisations- und Prozessanforderungen der DIN EN ISO 9001 ist ein mehrstufiger Prozess, wie Bild 21 aufzeigt.

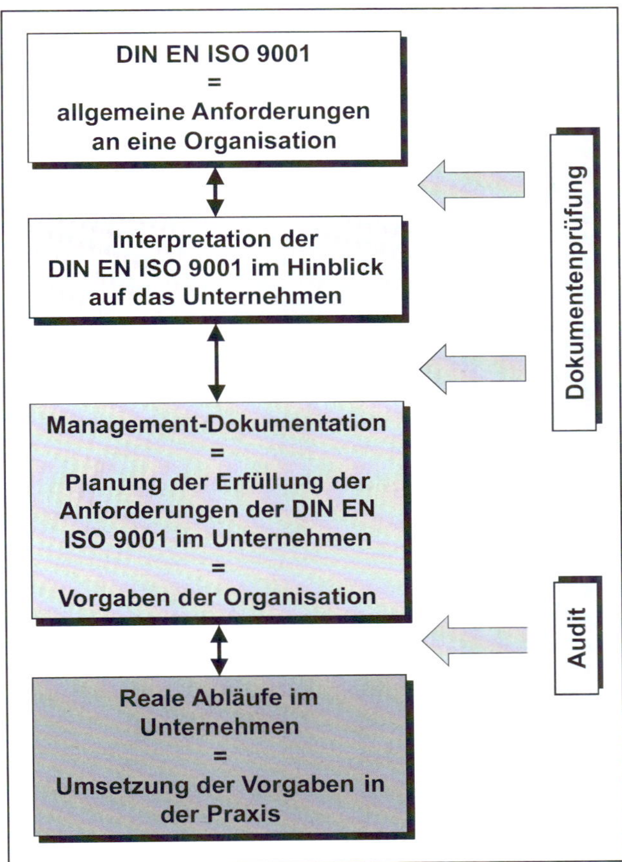

Bild 21: Modell zur Umsetzung der DIN EN ISO 9001

Die DIN EN ISO 9001 ist ganz allgemein formuliert und gilt für alle Organisationen, staatliche wie private, kleine wie große, über alle Branchen hinweg. Von daher sind die Aussagen der DIN EN ISO 9001 jeweils in das Umfeld des Unternehmens zu übersetzen. Es gilt zu überlegen, was der Begriff und die Anforderungen dort bedeuten.

Ausgehend von dieser Analyse kann man festlegen, über welche Regelungen, die in der Management-Dokumentation niedergeschrieben werden, die Anforderungen jeweils erfüllt werden. Die Management-Dokumentation ist das Gesetzbuch des Unternehmens. Diese Vorgaben sind von den Mitarbeitern bei der täglichen Arbeit umzusetzen. Es gilt, dass die Umsetzung der Vorgaben in der betrieblichen Praxis meist schwieriger ist als deren Erstellung.

Die Erfüllung der Norm durch die Management-Dokumentation lässt sich über die Dokumentenprüfung ermitteln, während das Vor-Ort-Audit im Wesentlichen dazu dient, zu prüfen, ob die Vorgaben auch wirklich umgesetzt werden.

Eine gute Hilfe bei der Umsetzung der Norm bietet ein strukturiertes Vorgehen analog zu Bild 21, wie in Bild 22 dargestellt.

Normforderung	**Interpretation der Normforderung**	**Zugehörige Dokumentation**	**Auffindbare Umsetzung / zugehörige Nachweise**
= Abschnitt ISO	= eigener Sprachwortschatz im Unternehmen = Interpretation des Umfangs der Anforderung	= zugehöriges Management-Kapitel sowie zugehörige Verfahrens- und Arbeitsanweisungen, Formulare, usw.	Beim Vor-Ort-Audit gefundene Aufzeichnungen, die geplantes Vorgehen bestätigen.

Bild 22: Strukturiertes Vorgehen bei der Umsetzung der DIN EN ISO 9001 über eine Tabelle

Die Normforderungen können der Norm, bzw. auch sehr gut Bild 20, entnommen werden.

1.3.3 Branchenspezifische normative bzw. kundenbezogene Qualitätsmanagement-Anforderungen

Als wesentliche weitergehende branchenspezifische Qualitätsmanagement-Anforderungen sollen hier beispielhaft solche der Automobilindustrie angeführt werden. Diese Branche war sehr schnell nicht mehr zufrieden mit dem aus ihrer Sicht zu niedrigen, Anspruchsniveau der DIN EN ISO 9000ff und hat konkrete Zusatzforderungen aufgestellt.

Ausgehend von der Q101-Ford-Richtlinie entstand bei den amerikanischen Automobilherstellern die QS 9000, etwas später als Antwort der deutschen Automobilindustrie die VDA 6.1. Ebensolche Normen wurden auch in Italien und Frankreich aus der Taufe gehoben.

Die Vielfalt der unterschiedlichen Standards führte insbesondere bei den global operierenden Zulieferern zu erheblichem Aufwand und Problemen. Daher arbeitete man intensiv an der Vereinheitlichung, die durch die ISO/ TS 16949 ab dem Jahre 1999 erreicht wurde.

Einige Mehrforderungen der Automobilbranche haben im Zeitverlauf Eingang in die DIN EN ISO 9001 gefunden. An dieser Stelle wird auf eine Detaildarstellung der einzelnen Normen verzichtet, und es wird versucht, summarisch die noch verbliebenen Mehrforderungen der Automobilindustrie im Vergleich zur DIN EN ISO 9001 herauszuarbeiten.

Führung

- Erarbeitung von Geschäftsplänen auf der Basis und unter Berücksichtigung der Qualitätsziele
  - Geschäftsplan sowohl kurzfristig (1-2 Jahre) als auch längerfristig (3 und mehr Jahre)
  - Benchmarking als Basis der Planung
  - Lenkung der Geschäftsplanung
- Ermittlung und Analyse von Unternehmensdaten (inkl. Produktivität, Qualität und Kundenzufriedenheit, auch für interne Kunden, Überwachung der eigenen Liefertreue)
- Klare Zuständigkeit für Kundenkontakt, Qualitätsverantwortung, auch im Schichtbetrieb.

Vertrieb

- Detailliertes Verfahren zur Angebotskalkulation und Machbarkeitsbewertung.

Entwicklung

- Bereichs- und teamorientierte Entwicklung mit
  - QM-Planung ist detailliert nachzuweisen, systematisches Projektmanagement in der Entwicklung unter Definition geeigneter Messgrößen (Qualitätsrisiken, Kosten, Vorlaufzeiten, kritische Pfade, usw.) zur Überwachung
  - Zielplanung in Bezug auf Produktlebensdauer, Zuverlässigkeit, Haltbarkeit und Wartungsfähigkeit
  - Festlegung der „besonderen Merkmale" und deren sorgfältige Behandlung
  - Adäquater Methodeneinsatz zur Produktionsqualitätsplanung und Produktionslenkung
    - Entwicklung und Überarbeitung der FMEA zur Reduzierung potentieller Risiken
    - Entwicklung und Überarbeitung von Produktionslenkungsplänen
    - Nachweis der Prozessfähigkeit durch Prozessanalysen
    - Dokumentation der Mess- und Prüfmittel und von Wartungsanweisungen
    - Zielvorgaben für Prozessfähigkeit, Zuverlässigkeit, Wartungsfähigkeit und Verfügbarkeit sind festzulegen
    - Wiederverwendung von früheren Erkenntnissen
  - CAD-Einsatz und -Datenaustausch
  - Machbarkeitsbewertung ist dokumentiert zu untersuchen und zu bestätigen
  - Methodenkenntnisse und Methodeneinsatz wie Geometrische Dimensionierung (GD+T) und Tolerierung, QFD, Konstruktion für Produktion und Montage, Wertanalyse, Statistische Versuchsplanung (DOE), FMEA, Finite-Elemente-Analyse, CAD, Simulationstechniken, Zuverlässigkeitsplanung.
  - Zugang zu Forschungs- und Entwicklungseinrichtungen
  - Designvalidierung mit Prototypenprogramm (wenn gefordert)
  - Höhere Anforderungen an das Änderungsmanagement.
- Systematische Prozessentwicklung
  - Ermittlung, Dokumentation und Bewertung von Vorgaben der Prozessentwicklung (Ergebnisse für Produktentwicklung, Ziele für Produktivität, Prozessfähigkeit und Kosten, gesetzliche Vorgaben, Kundenvorgaben, Erfahrungen aus vorangegangenen Entwicklungen)
  - Ergebnisse der Prozessentwicklung umfassen Spezifikation und Zeichnungen, Prozess-FMEA, Arbeitsanweisungen, Annahmekriterien, Daten zu Qualität, Zuverlässigkeit, Wartungsfähigkeit und Messbarkeit, Ergebnisse von Fehlervermeidungsmaßnahmen, Methoden zur schnellen Ermittlung und Rückmeldung von Abweichungen
  - Ausführliche Produktionslenkungspläne, die laufend aktualisiert werden müssen
  - Systematische Produktionsprozess- und Produktfreigabe mit standardisierten Formblättern
  - Systematische Anlagen-, Einrichtungs- und Werksplanung zur wirtschaftlichen Optimierung der Fertigung
  - Werkzeugmanagementsystem (dokumentiert)
  - Maßnahmenplan zur Prozessverbesserung.

Einkauf

- Wo gefordert, muss Kundenfreigabe vom Lieferanten erfolgen
- Gesetzliche Vorschriften sind bei Beschaffung durch den Lieferanten einzuhalten
- Entwicklung des QM-Systems von Lieferanten hat zu erfolgen
- Detaillierte Lieferplanung für Lieferanten, um absolute Termintreue zu gewährleisten, Überwachung der Liefertreue der Lieferanten.

Produktion

- Dauerhafte Kennzeichnung von kundeneigenen Werkzeugen und Anlagen
- Sauberkeit der Betriebsstätten
- Notfallpläne (Ausnahme Naturkatastrophen und höhere Gewalt)
- Vorbeugende Wartung muss aufgebaut sein (Wartungsmaßnahmen, Verpackung und Konservierung von Betriebsmitteln, Verfügbarkeit von Ersatzteilen bei Engpasseinrichtungen, vorausschauende Instandhaltung)
- Am Arbeitsplatz verfügbare umfassende Arbeitsanweisungen
- Umfassende Prozesslenkung und Dokumentation aller wichtigen Prozessvorkommnisse (Werkzeugwechsel, usw.)
- Verifizierung von Einrichtvorgängen nach Durchführung, um Fehler zu vermeiden
- Besondere Maßnahmen bei aussehensabhängigen Teilen, u.a. Referenzteile
- Optimierung Lagerbestand als wirtschaftliche Maßnahme.

Prüfung

- Annahmekriterien für attributive Merkmale sind immer Null Fehler
- Anlieferqualität ist umfassend zu erfassen, wenn vom Kunden nicht ausdrücklich darauf verzichtet wird
- Periodische Prüfung aller Produkte ist vorgeschrieben und zu dokumentieren
- Prüf- und Kalibrierdienstleistungen müssen von Labors vorgenommen sein, die nach der ISO / IEC 17025 akkreditiert sind
- Messmittelfähigkeitsuntersuchungen nach geeigneten statistischen Methoden sind vorgeschrieben (Genauigkeit, Linearität, Stabilität, Wiederholpräzision, Reproduzierbarkeit)
- Strenge Aufzeichnungen der Prüfmittelüberwachung und daraus resultierender Handlungen
- Optische Kennzeichnung aller fehlerhafter Produkte, Werkstoffe und des Sperrlagers (nicht nur Lagerfläche)
- Datenermittlung bei fehlerhaften Produkten
- Spezifische Arbeitsanweisungen für Nacharbeit, zugänglich an den Arbeitsplätzen
- Sonderfreigabe nur durch Kunden und Hinweis bei Kennzeichnung auf Sonderfreigabe.

Qualitätsmanagement

- Interne Audits umfassen Systemaudits, Prozess- und Produktaudits sowie zusätzliche Audits nach Fehlern oder Kundenbeschwerden durch geeignete Auditoren
- KVP-Prozess hinsichtlich Qualität und Produktivität
- Einsatz von Problemlösungsmethoden bei KVP
- Übertrag von KVP-Ergebnissen auch auf ähnliche Objekte
- Ausführliche Reklamationsteilebearbeitung (8D-Report)
- EDV-Kommunikation mit dem Kunden (inkl. Versandanzeigen)
- Mitarbeitermotivation, -ermächtigung und -zufriedenheit
- Sorgfalt zur Produktsicherheit und zur Minimierung der Risiken, Nachweis der gesetzlichen Vorgaben und des Umweltschutzes
- Rückfluss von Informationen aus dem Kundendienst muss gewährleistet werden.

Man erkennt deutlich die hohen Forderungen an den betriebswirtschaftlichen Bereich im Hinblick auf eine umfassende Geschäftsplanung. Der technische Bereich ist ausgelegt auf die Anforderungen der Serienproduktion anspruchsvoller technischer Güter und enthält damit einen umfassenden Methodeneinsatz im vorbeugenden QM-Bereich sowie eine umfassende Planung und Dokumentation der Serienfertigung. Die Analyse von aufgetretenen Schwachstellen ist wichtig, um die Fehler zu beseitigen. Hinzu kommen umfassende Anforderungen, um die Liefertreue zu erhöhen, weil bei den Herstellern der Ausfall einer Teillieferung den gesamten Produktionsprozess zum Erliegen bringen kann.

Andere Branchen haben ebenfalls besondere Anforderungen an das Qualitätsmanagement aufgestellt. Zu nennen ist die **Lebensmittelbranche mit dem HACCP (Hazard Analyse of Critical Control Points)-Konzept**. Dieses branchenspezifische Instrument zur Risikoanalyse versucht rechtzeitig mögliche Schwachpunkte in der Prozesskette zu erkennen, Verderb zu vermeiden und damit den Verbraucher zu schützen.

Auch der Schulungsbereich geförderter Maßnahmen besitzt mit der AZAV **ein** weiterführendes gesetzlich geregeltes Anforderungssystem. Hier geht es um die Sicherstellung der Anforderungen der Agentur für Arbeit in Richtung geförderter Teilnehmer, von den spezifischen Qualitätssicherheitsforderungen an die Zulassungsvoraussetzungen, die Maßnahmendurchführung aber auch die Vermittlung in Arbeit als Ziel der Maßnahmen.

Andere Branchen können nach Analogien mit diesen Bereichen suchen und damit ggf. sinnvolle Anforderungen ebenfalls übernehmen.

1.3.4 Normative Anforderungen der DIN EN ISO 14001 (Umweltmanagement)

Die DIN EN ISO 14001 ist der weltweit gültige Forderungskatalog für ein systematisches Umweltmanagement (UM). Die ISO 14001 basiert seit dem Jahre 2015 auch auf der gleichen High-Level-Structure wie alle neuen Managementsystemnormen inklusive der ISO 9001:2015. Sie sollte eine Leitlinie für jede Organisation darstellen. Die Normforderungen sowie Beispiele sind nachfolgend aufgeführt.

Normforderungen DIN EN ISO 14001:2015		Beispiele für Umsetzung
4 Kontext der Organisation	Verstehen der internen und externen Themen der Organisation, die sich auf das UM-System auswirken, mit den Erfordernissen und Erwartungen der interessierten Parteien Festlegen des Anwendungsbereichs und Aufbau des UM-Systems entsprechend den Normforderungen	Integration der UM-Aspekte in das QM-System, beginnend bei der Betrachtung des Kontextes auch aus Sicht der Umwelt
5 Führung	Verpflichtung der Führung zu UM und UM-System Angemessene Umweltpolitik als Basis für konkrete Umweltziele mit der Verpflichtung zur Erfüllung der gesetzlichen Anforderungen und zur ständigen Verbesserung und Verhütung der Umweltbelastungen (dokumentiert, implementiert, vermittelt) Klare Rollen, Verantwortung und Befugnisse	Sehr klare Analogie zu QM. Umweltpolitik als Teil der Unternehmenspolitik integrieren und ansonsten mit der Umweltpolitik entsprechend der Qualitätspolitik verfahren UM-Beauftragter analog zu QM-Beauftragter meist definiert Umweltmanagement-Beauftragter als Stelle, häufig in Personalunion mit dem QM-Beauftragten, entsprechende Berücksichtigung der UM-Tätigkeiten in allen Stellenbeschreibungen oder über Festlegungen in Prozessbeschreibungen

6 Planung	Bestimmung und Dokumentation von Risiken und Chancen im Hinblick auf Umweltaspekte und Umweltauswirkungen Bindende Verpflichtungen müssen erfüllt werden (dokumentierte Information). Planung von Maßnahmen zu Umweltaspekten, bindenden Verpflichtungen, Risiken und Chancen Umweltziele sind festzulegen und Maßnahmen zu deren Erreichung zu bestimmen.	Risiko- und Chancenmanagement bei Umweltthemen noch deutlich detaillierter gefordert im Vergleich zur ISO 9001 Umweltaspekte sind: Emissionen in die Luft, Einleitungen in Gewässer, Abfallwirtschaft, Bodenkontaminationen, Nutzung von Rohstoffen und natürliche Ressourcen, andere örtliche Umwelt- und Gemeinschaftsbelange Optimal ist eine Öko-Bilanz für jedes Produkt und jedes Werk. Dies wird aber nicht zwingend verlangt. Umweltziele als Teilbereich der Qualitätsziele, die ausgehend von strategischen Zielen für die Periode operationalisiert sind z.B. Energieverbrauch im Bereich Schmiede um 10 % bezogen auf Produktausstoß verringern. Abfall unternehmensweit um 20 % reduzieren z.B. Punkt 1: Ersatz von normalen Glühbirnen durch Sparlampen innerhalb von 2 Monaten, verantwortlich: Herr Müller Punkt 2: Überarbeitung Produkt 2 zur Reduzierung des Energieverbrauches, Zeitraum 1 Jahr, verantwortlich: Herr Meyer
7 Unterstützung	Die Themen Ressourcen, Kompetenz, Bewusstsein, Kommunikation, dokumentierte Information sind ebenso wie bei der ISO 9001 vorhanden, ausgerichtet aber auf die Umwelt.	Bewusstsein und Kommunikation besitzen beim Umweltmanagement eine sehr hohe Bedeutung für den Erfolg des Systems.
8.1 Betriebliche Planung und Steuerung	Es sind Prozesse zur Erfüllung der Anforderungen an das UM-System aufzubauen, zu verwirklichen, zu steuern und aufrecht zu erhalten (inkl. Steuerung ausgegliederter Prozesse). Es ist der gesamte Lebensweg der Produkte zu betrachten.	Integration der Umweltmanagementaspekte in alle Verfahrens- und Prozessbeschreibungen Betrachtung des Produktes im gesamten Lebenszyklus bereits im Entwicklungsprozess nötig, bei der Beschaffung, der Produktion, dem Transport, der Nutzung und der Behandlung am Ende, um Umwelt zu sichern Ganzheitliche abwägende Betrachtung der Umweltauswirkungen nötig

8.2 Notfallvorsorge und Gefahrenabwehr	Verfahren für die Ermittlung möglicher Unfälle und Notfallsituationen und die Festlegung von Reaktionen darauf sind aufzubauen als dokumentierte Information, um darauf vertrauen zu können, dass die Prozesse wie geplant funktionieren.	Maßnahmen zur Verhinderung und Minderung von Umweltauswirkungen Umweltmanagement, auch präventive Maßnahmen zur Vermeidung von Schäden, kostet Geld. Dies ist bereitzustellen. Es sollte transparent gemacht werden, welche Kosten bzw. Risiken damit aber auch vermieden werden können. Reaktion auf eintretende Notfälle, um Folgen von Notfallsituationen zu verhindern bzw. zu mindern Regelmäßiger Test der Gefahrenabwehrmaßnahmen wo praktikabel Regelmäßige Überprüfung der Prozesse, Gefahrenabwehr und Überarbeitung Information an und Schulung von relevanten interessierten Parteien
9 Bewertung der Leistung	Die Umweltleistung ist zu überwachen, zu messen, zu analysieren und zu bewerten (was, wie, welche Kriterien, wann, welche Aus- und Bewertungen). Es sind kalibrierte oder geprüfte Messgeräte zu verwenden und angemessen zu warten. Geeignete dokumentierte Informationen sind als Nachweis der Ergebnisse aufzubewahren und entsprechend den bindenden Verpflichtungen intern und extern zu kommunizieren. Die Einhaltung der bindenden Verpflichtungen ist über eigene Prozesse zu bewerten. Dazu sind dokumentierte Informationen zu Ergebnissen nötig. Ggf. ist entsprechend einzugreifen. Umweltmanagementsystem-Audits sind durchzuführen. Managementbewertung für UM-System ist durchzuführen.	Überwachung und Messung der umweltrelevanten Daten sind im übergreifenden Controlling-System zu berücksichtigen, z.B. Emissionswerte, Abwärmemengen, Stoffzusammensetzungen, usw. Nachweise zur Einhaltung der bindenden gesetzlichen Verpflichtungen sind zu führen und aufzubewahren. Eingriffsgrenzen für den Prozess sind festzulegen, Maßnahmen bei Abweichungen, z.B. Nothalt, zu definieren und Mitarbeiter dafür entsprechend zu schulen. Analog QM-Audits sind UM-Audits durchzuführen. Integrierte Audits sparen Zeit und Geld. Allerdings müssen Auditoren besser ausgebildet sein. Ggf. bei Bedarf einzelne Punkte separat nochmals betrachten lassen. Analogie auch im Bereich Managementbewertung zur ISO 9001, deswegen möglichst integrierte Management-Bewertung vornehmen

10 Verbesse-rung	Möglichkeiten zur Verbesserung sind zu bestimmen und notwendige Maßnahmen zu verwirklichen, um beabsichtigte Ergebnisse im UM-System zu erreichen. Nichtkonformitäten sind angemessen mit Korrekturmaßnahmen zu bearbeiten und darüber dokumentierte Informationen aufzubewahren. Fortlaufende Verbesserung zur Verbesserung der Umweltleistung ist vorzunehmen.	Sehr große Analogie nunmehr zur ISO 9001, wobei Dokumentation im Bereich Umweltmanagement noch deutlich höhere Bedeutung besitzt

Bild 23a: Forderungen der DIN EN ISO 14001:2015 mit Beispielen und Hinweisen

1.3.5 Normative Anforderungen der ISO 27001 (Informationssicherheitsmanagement)

Die ISO 27001 ist ein 2005 erstmals eingeführter weltweit gültiger Forderungskatalog für ein systematisches Informationssicherheitsmanagementsystem (ISMS). Dabei orientiert man sich ebenfalls am Plan-Do-Check-Act-Zyklus der kontinuierlichen Verbesserung, stellt aber über den Anhang auch sehr konkrete Forderungen auf. Die Normforderungen sowie Beispiele sind nachfolgend aufgeführt.

Normforderungen DIN ISO/IEC 27001:2015		**Beispiele für Umsetzung**
4 Kontext der Organisati-on	Verstehen der internen und externen Themen der Organisation, die sich auf das Informationssicherheits-Management-System (ISM) auswirken mit den Erfordernissen und Erwartungen der interessierten Parteien Festlegen des Anwendungsbereichs und Aufbau ISM-System entsprechend Normforderungen	Integration der ISM-Aspekte in das QM-System, beginnend bei der Betrachtung des Kontextes auch aus Sicht der Umwelt

5 Führung	Verpflichtung der Führung zu ISM und ISM-System Angemessene Informationssicherheitspolitik als Basis für konkrete Ziele mit der Verpflichtung zur Erfüllung der gesetzlichen Anforderungen und zur ständigen Verbesserung und Verhütung der Umweltbelastungen (dokumentiert, implementiert, vermittelt). Klare Rollen, Verantwortung und Befugnisse	Sehr klare Analogie zu QM Informationssicherheitspolitik als Teil der Unternehmenspolitik integrieren ISM-Beauftragter ist zu definieren, häufig ein IT-Experte
6 Planung	Planung des Informationssicherheitsmanagementsystems unter Berücksichtigung von Risiken und Chancen	Aufbau von klaren Prozessen.
	Planung von Maßnahmen zum Umgang mit Risiken und Chancen, deren Umsetzung und Bewertung der Wirksamkeit	Risikoanalyse zur Informationssicherheit im Unternehmen (z.B. BSI-Katalog)
	Erarbeitung und Anwendung eines Prozesses zur Informationssicherheitsrisikobeurteilung (IS-Risikokriterien festlegen, die Beurteilungen konsistent machen, IS-Risiken identifizieren, analysieren und bewerten als dokumentierte Information)	
	Erarbeitung und Anwendung eines Prozesses zur Informationssicherheitsrisikobehandlung (angemessene Optionen auswerten, Maßnahmen festlegen, Prüfung auf Vollständigkeit, Anwendbarkeit festlegen, Plan für Informationssicherheitsbehandlung formulieren und Genehmigung einholen als dokumentierte Information)	Der Risikobehandlungsplan hat zu enthalten: die eingesetzten Mittel, die Verantwortlichkeiten, eine Priorisierung der Aktivitäten, die Maßnahmen zur Umsetzung der Kontrollziele und Kennzahlen zur Messung der Wirksamkeit der eingeleiteten Maßnahmen.
	Festlegung von IS-Zielen als dokumentierte Information und Planung der Umsetzung (was, womit, wer, wann, wie)	Festlegung von Zielen, Planung von Maßnahmen zur Zielerreichung und Realisierung von Informationssicherheit im Unternehmen

7 Unterstützung	Die Themen Ressourcen, Kompetenz, Bewusstsein, Kommunikation, dokumentierte Information sind ebenso wie bei der ISO 9001 vorhanden, ausgerichtet aber auf die Informationssicherheit.	Kompetenz und Bewusstsein auch bei allen Mitarbeitern des Unternehmens besitzen beim Informationssicherheitsmanagement eine sehr hohe Bedeutung für den Erfolg des Systems.
8 Betrieb	Es sind Prozesse zur Erfüllung der IS-Anforderungen auf zu bauen, zu verwirklichen, zu steuern und aufrecht zu erhalten (inkl. Steuerung ausgegliederter Prozesse und Aufbewahrung dokumentierter Informationen). Pläne sind zu verwirklichen, um IS-Ziele zu erreichen. Änderungsmanagement ist wichtig. In geplanten Abständen ist eine dokumentierte Informationssicherheitsrisikobeurteilung vorzunehmen. Daraus abgeleitet ist eine geplante und dokumentierte Informationssicherheitsrisikobehandlung umzusetzen.	Klare zielbezogene Prozesse mit dem Dreh- und Angelpunkt der Informationssicherheitsbeurteilung und den daraus abgeleiteten Plänen zur Informationssicherheitsrisikobehandlung sind nötig. und es gilt darüber dokumentierte Informationen aufzubewahren. Dabei sind die entsprechenden Erkenntnisse über die allgemeine Risikolage und die entsprechenden Stände der Technik im Hinblick auf die Datensicherheit und den Datenschutz laufend zu berücksichtigen. Durch die zunehmende Digitalisierung aller Geschäftsprozesse mit einer immer höheren externen Vernetzung steigt das Risiko für die Unternehmen immer stärker an und dementsprechend steigt die Bedeutung des Informationssicherheitsmanagements.
9 Bewertung der Leistung	Die Informationssicherheitsleistung und die Wirksamkeit des IS-Managementsystems ist dokumentiert zu bewerten (wann, was, wie, welche Kriterien). IS-Managementsystem-Audits sind durchzuführen. Managementbewertung für ISM-System ist durchzuführen.	Messmethodik ist so vorzunehmen, dass nicht nur negative Ereignisse, sondern auch aufgetretene Problemsituationen mit berücksichtigt werden. Analog QM-Audits sind ISM-Audits durchzuführen. Problem sind qualifizierte Auditoren. Analogie auch im Bereich Managementbewertung zur ISO 9001, deswegen möglichst integrierte Management-Bewertung vornehmen.
10 Verbesserung	Nichtkonformitäten sind angemessen zu bearbeiten mit Korrekturmaßnahmen. Darüber sind dokumentierte Informationen aufzubewahren. Informationssicherheits-Leistung ist fortlaufend zu verbessern.	Sehr große Analogie nunmehr zur ISO 9001, wobei präventive Maßnahmen und ein systematisches, nachhaltiges Abarbeiten von kleinen Nichtkonformitäten beim Informationssicherheitsmanagement entscheidend sind. Größere Probleme können Unternehmen heute nachhaltig schädigen und sehr schnell vom Markt verschwinden lassen.

Zentrale Forderungen des Anhanges A der ISO 27001		
A 5 Informationssicherheitsrichtlinien		
A 5.1.1	Informationssicherheits-richtlinien	Genehmigtes, herausgegebenes und kommuniziertes (intern und relevanten Dritten) Dokument
A 5.1.2	Überprüfung der Informationssicherheitsrichtlinien	In geplanten Abständen und bei erheblichen Änderungen Prüfung auf fortdauernde Eignung
A 6 Organisation der Informationssicherheit A 6.1 Interne Organisation		
A 6.1.1 – 6.1.5	IS-Rollen und Verantwortlichkeiten, Aufgabentrennung, Kontakt mit Behörden und mit speziellen Interessensgruppen, Informationssicherheit im Projektmanagement	Klare Verantwortlichkeiten im Unternehmen Miteinander in Konflikt stehende Aufgaben und Verantwortlichkeitsbereiche sind getrennt. Angemessene Kontakte werden gepflegt. Informationssicherheit in allen Projekten
A 6.2 Mobilgeräte und Telearbeit		
A 6.2.1	Richtlinie zu Mobilgeräten	Richtlinie existiert und ist umgesetzt.
A 6.2.2	Telearbeit	Richtlinie existiert und ist umgesetzt.
A 7 Personalsicherheit A 7.1 Vor der Beschäftigung		
A 7.1.1	Sicherheitsüberprüfung	Angemessene Sicherheitsüberprüfung von Bewerbern
A 7.1.2	Beschäftigungs- und Vertragsbedingungen	Angemessene vertragliche Vereinbarungen
A 7.2 Während der Beschäftigung		
A 7.2.1	Verantwortlichkeiten der Leitung	Umsetzung der eingeführten Richtlinien und Verfahren
A 7.2.2	IS-Bewusstsein, -ausbildung und -schulung	Bewusstsein, Ausbildung und Schulung ist zentraler Erfolgsbaustein für die Sicherheit.
A 7.2.3	Maßregelungsprozess	Es existiert ein Prozess der Maßregelung, wenn Verstöße zur IS begangen werden.
A 7.3 Beendigung und Änderung der Beschäftigung		
A 7.3.1	Verantwortlichkeiten	Auch für diesen Bereich gibt es klare Regelungen.
A 8 Verwaltung der Werte A 8.1 Verantwortlichkeit für Werte		
A 8.1.1	Inventarisierung für Werte	Information und andere Werte sind erfasst (Inventar)
A 8.1.2	Zuständigkeit für Werte	Klare Zuständigkeiten sind festgelegt.
A 8.1.3	Zulässiger Gebrauch von Werten	Regeln für den zulässigen Gebrauch sind aufgestellt, dokumentiert und werden angewandt.

A 8.1.4	Rückgaben von Werten	Alle Werte werden an die Organisation bei Beendigung von Verträgen / Beschäftigung zurückgegeben.
A 8.2 Informationsklassifizierung		
A 8.2.1-8.2.3	Klassifizierung und Kennzeichnung von Information, Handhabung von Werten	Verfahren für die Handhabung von Werten entsprechend dem eingesetzten Informationsklassifikationsschema
A 8.3 Handhabung von Datenträgern		
A 8.3.1 – 8.3.3	Handhabung von Wechseldatenträgern, Entsorgung und Transport von Datenträgern.	Verfahren für die Handhabung von Wechseldatenträgern muss vorliegen, ebenfalls sicherer Transport und Entsorgung von Datenträgern.
A 9 Zugangssteuerung A 9.1 Geschäftsanforderung an die Zugangssteuerung		
A 9.1.1 – 9.1.2	Zugangssteuerungsrichtlinie und Zugang zu Netzwerken und Netzwerkdiensten	Zugangssteuerungsrichtlinie ist erstellt, dokumentiert und überprüft. Nur Zugang zu Netzwerken und Netzwerkdiensten, zu denen man ausdrücklich befugt ist.
A 9.2 Benutzerzugangsverwaltung		
A 9.2.1 – 9.2.6	Registrierung von Benutzern, Zuteilung von Benutzerzugängen, Verwaltung privilegierter Zugangsrechte, Verwaltung geheimer Authentisierungsinformationen, Überprüfung von Benutzerzugangsrechten und Entzug oder Anpassung	Für alle genannten Bereiche muss es formalisierte Prozesse geben, die erstellt, durchgeführt und überprüft werden.
A 9.3 Benutzerverantwortlichkeiten und A 9.4 Zugangssteuerung für Systeme und Anwendungen		
A 9.3.1	Gebrauch geheimer Authentisierungsinformationen	Benutzer sind verpflichtet zu Regeln für die Verwendung geheimer Authentisierungsinformation.
A 9.4.1 - 9.4.5	Informationszugangsbeschränkungen, sichere Anmeldeverfahren, System zur Verwaltung von Kennwörtern, Gebrauch von Programmen mit privilegierten Rechten, Zugangssteuerung für Quellcode.	Für alle genannten Bereiche muss es adäquate Regelungen geben.
A 10 Kryptographie		
A 10.1.1-10.1.2	Richtlinie zum Gebrauch von kryptographischen Maßnahmen und zur Schlüsselverwaltung	Richtlinie für Gebrauch, zum Schutz und zur Lebensdauer von kryptographischen Maßnahmen und kryptographischen Schlüsseln ist entwickelt und wird umgesetzt.

A 11 Physische und umgebungsbezogene Sicherheit A 11.1 Sicherheitsbereiche		
A 11.1.1-11.1.6	Physischer Sicherheitsperimeter, physische Zutrittssteuerung, Sichern von Räumen, Schutz vor externen und umweltbedingten Bedrohungen, Arbeiten in Sicherheitsbereichen, Anliefer- und Ladebereichen	Für alle genannten Bereiche werden Maßnahmen zur Verhinderung von unbefugtem Zutritt, Beschädigung und Beeinträchtigung von Information festgelegt.
A 11.2 Geräte und Betriebsmittel		
A 11.2.1-11.2.9	Platzierung und Schutz, Instandhalten von Geräten, Versorgungseinrichtungen, Sicherheit der Verkabelung und Geräten, Entfernen von Werten und sichere Entsorgung, unbeaufsichtigte Benutzergeräte und aufgeräumte Arbeitsumgebung und Bildschirmsperren	Für alle genannten Bereiche müssen Regelungen geschaffen werden, die Verlust, Beschädigung, Diebstahl, Gefährdung von Werten und die Unterbrechung von Organisationstätigkeiten verhindern.
A 12 Betriebssicherheit A 12.1 Betriebsabläufe und -verantwortlichkeiten		
A 12.1.1-12.1.4	Dokumentierte Bedienabläufe, Änderungssteuerung, Kapazitätssteuerung, Trennung von Entwicklungs-, Test- und Betriebsumgebungen	Über die Maßnahmen in den genannten Bereichen ist der ordnungsgemäße und sichere Betrieb von der EDV sicherzustellen.
A 12.2 Schutz vor Schadsoftware und A 12.3 Datensicherung sowie A 12.4 Protokollierung und Überwachung		
A 12.2.1-12.4.4	Maßnahmen gegen Schadsoftware, Sicherung von Information, Ereignisprotokollierung und Schutz von Protokollinformation, Administratoren- und Bedienerprotokolle sowie Uhrensynchronisation	Informationen sind vor Verlust und Schadsoftware zu schützen. Über die Aufzeichnung von Ereignissen und Nutzungen der Systeme erhält man eine angemessene Rückverfolgbarkeit bei Störungen, Manipulationen und sonstigen Vorkommnissen. Uhrensynchronisation schafft weitere Klarheit.
A 12.5 Steuerung von Software im Betrieb und A12.6 Handhabung technischer Schwachstellen		
A 12.5.1-12.6.2	Installation von Software auf Systemen, Handhabung von technischen Schwachstellen und Einschränkung von Softwareinstallationen.	Klare Steuerung der Installation von Software und positive Handhabung von Schwachstellen, um deren Ausnutzung zu verhindern.

A 12.7 Audit von Informationssystemen		
A 13 Kommunikationssicherheit A 13.1 Netzwerksicherheitsmanagement		
A 13.1.1-13.1.3	Netzwerksteuerungsmaßnahmen, Sicherheit von Netzwerkdiensten und Trennung in Netzwerken	Netzwerke sind so zu verwalten und zu steuern, damit Informationen mit Sicherheitsmechanismen geschützt werden können, auch über entsprechende Trennung in Netzwerken.
A 13.2 Informationsübertragung		
A 13.2.1-13.2.4	Richtlinien, Verfahren, Vereinbarungen zur Informationsübertragung allgemein bzw. zu elektronischen Nachrichtenübermittlung, Vertraulichkeits- und Geheimhaltungsvereinbarungen	Es geht um klare Richtlinien zur Sicherheit von übertragener Information innerhalb der Organisation als auch mit jeglicher externer Stelle zu den genannten Bereichen.
A 14 Anschaffung, Entwicklung und Instandhalten von Systemen A 14.1 Sicherheitsanforderungen an Informationssysteme		
A 14.1.1-14.1.3	Analyse und Spezifikation von Informationssicherheitsanforderungen, Sicherung von Anwendungen in öffentlichen Netzwerken, Schutz der Transaktionen bei Anwendungsdiensten	Informationssicherheit muss ein fester Bestandteil sein für IT-Systeme, auch bei Diensten über öffentliche Netze.
A 14.2 Sicherheit in Entwicklungs- und Unterstützungsprozessen und A14.3 Testdaten		
A 14.2.1-14.2.9 14.3.1	Richtlinie für sichere Entwicklung und Verwaltung von Systemänderungen, Technische Überprüfung von Anwendungen nach Änderungen an der Betriebsplattform, Beschränkungen von Änderungen an Software, Grundsätze für die Analyse, Entwicklung und Pflege sicherer Systeme, Sichere Entwicklungsumgebung, ausgelagerte Entwicklung, Testen der Systemsicherheit und Systemabnahmetest, Schutz von Testdaten	Es gilt klare Richtlinien für die Informationssicherheit im Entwicklungszyklus von Informationssystemen zu planen und umzusetzen, damit keine Probleme bei den IT-Systemen gegenwärtig bzw. später auftreten. Auch Testdaten gilt es zu schützen.

A 15 Lieferantenbeziehungen A 15.1 Informationssicherheit in Lieferbeziehungen und A 15.2 Steuerung der Dienstleistungserbringung von Lieferanten		
A 15.1.1-15.1.3	Informationssicherheitsrichtlinie, Behandlung von Sicherheit bei Lieferantenbeziehungen, Lieferkette für Informations- und Kommunikationstechnologie	Es gilt über entsprechende Maßnahmen die für Lieferanten zugänglichen Werte des Unternehmens zu schützen.
A 15.2.1-15.2.2	Überwachung und Überprüfung sowie Handhabung von Änderungen von Lieferantendienstleistungen	Die Lieferanten sind bei deren Dienstleistungserbringung zu überwachen und Änderungen angemessen zu managen, um vereinbartes Niveau der IT-Sicherheit und Dienstleistungsqualität aufrechtzuerhalten.
A 16 Handhabung von Informationssicherheitsvorfällen		
A 16.1.1-16.1.7	Verantwortlichkeiten und Verfahren, Meldung von IS-Ereignissen und von Schwächen in der IS, Beurteilung von und Entscheidung über Reaktion, Erkenntnisse auf IS-Vorfälle, Sammeln von Beweismaterial	Eine angemessene systematische Reaktion auf IS-Vorfälle ist über einen Prozess, der die genannten Aspekte positiv berücksichtigt, auszulösen.
A 17 Informationssicherheitsaspekte beim Business Continuity Management A 17.1 Aufrechterhalten von IS und A 17.2 Redundanzen		
A 17.1.1-17.1.3	Planung, Umsetzen, Überprüfen und Bewerten der Aufrechterhaltung der Informationssicherheit	Ziel ist die Aufrechterhaltung der Informationssicherheit im Rahmen der Weiterentwicklung des Unternehmens.
A 17.2.1	Verfügbarkeit von informationsverarbeitenden Einrichtungen	Durch Redundanzen ist die Verfügbarkeit von der IT angemessen sicherzustellen.
A 18 Compliance A 18.1 Einhaltung gesetzlicher und vertraglicher Anforderungen und A 18.2 Überprüfungen der Informationssicherheit		
A 18.1.1-18.1.5	Bestimmung der Gesetzgebung und vertraglichen Anforderungen, geistige Eigentumsrechte, Schutz vor Aufzeichnungen, Privatsphäre und Schutz von personenbezogener Information, Regelung bezüglich kryptographischer Maßnahmen	Compliance ist Einhaltung der gesetzlichen und vertraglichen Anforderungen. Es gilt, Verstöße gegen gesetzliche, regulatorische, selbstauferlegte und vertragliche Verpflichtungen in Bezug auf IS zu vermeiden. Dabei müssen die genannten Bereiche berücksichtigt werden.

A 18.2.1-18.2.3	Unabhängige Überprüfung der IS, Einhaltung von Sicherheitsrichtlinien und Überprüfung der Einhaltung von Vorgaben	Die Informationssicherheit ist systematisch darauf zu überprüfen, ob alle Richtlinien und Verfahren umgesetzt und angewendet werden.

Bild 23b: Forderungen der ISO 27001 mit Beispielen und Hinweisen

1.3.6 Staatliche und normative Anforderungen zum Sicherheitsmanagement

Im Bereich des Sicherheitsmanagements gibt es die gesetzlichen Anforderungen, insbesondere aus den Bereichen Arbeitssicherheit, zum Gesundheitsschutz und zur Umwelt. Als freiwillige Systeme gibt es die OHSAS 18001, welche sich von der Struktur direkt an die ISO 14001 anlehnt, nur übertragen auf das Arbeitssicherheitsmanagement. Inzwischen gewinnt die **DIN ISO 45001** mit der Ausgabe 2018 immer mehr an Bedeutung, welche sich von der Struktur her an den anderen Management-Normen orientiert.

Daneben gibt das **SCC-Regelwerk**. SCC steht für Sicherheits-Certifikat-Contraktoren, gestaltet von der „Deutschen Wissenschaftlichen Gesellschaft für Erdöl, Erdgas und Kohle e.V“. **Für ISO 45001 wie für SCC werden Zertifizierungen angeboten**. Es folgen die SCC-Forderungen (Stand 12-98) [DWG] unter Nennung der Gemeinsamkeiten zur DIN EN ISO 9000ff im Vergleich zu den gesetzlichen Bestimmungen.

Thema	Anforderungen (A = Analogie, N = Nein, T = Teilweise, J = Ja)	ISO	Gesetz	Beispiele zur Umsetzung
Management	• Grundsatzerklärung zu **S**icherheit, **G**esundheit und **U**mweltschutz **(SGU)**	A	N	SGU als Teil der Q-Politik und Verpflichtung der Leitung im M-System
	• Zuständigkeiten, Verantwortung und Befugnisse • *Festlegen einer bei der Berufsgenossenschaft ausgebildeten Sicherheitsfachkraft* (auch je Projekt), Umweltschutzbeauftragte	A	T	SGU als Teil jeder Stellenbeschreibung explizit benennen. Separate Stellenbeschreibungen für Sicherheitsfachkraft, Sicherheits-, Brandschutz-, Umweltschutzbeauftragte, usw.
	• Beteiligung von Führungskräften an Inspektionen und Veranstaltungen im Bereich Sicherheit, Gesundheit und Umweltschutz	-	N	Sicherheitsbelehrungen, Ersthelferausbildung, Umweltschutzlehrgänge, usw. als Teil des Schulungsplanes
	• SGU ist Teil der Beurteilung einer Führungskraft	N	N	Zwang zur Ernsthaftigkeit von SGU durchsetzen. Vorgesetzter wird gemessen an Krankheitstagen, Arbeitsunfällen, Entsorgungskosten, usw.
	• Zielfestlegung und Planung zu SGU, Bewertung der Zielerreichung über Bericht	A	N	SGU als gesonderter Teilbereich in den Zielen und bei der Management-Bewertung
Risikobetrachtung	• *Risiko-Ermittlung und Bewertung* (durch Fachleute auf dem SGU-Gebiet)	A	T	FMEA-Einsatz zur Risikoermittlung auf dem SGU-Gebiet
	• *Definition und Umsetzung von Maßnahmen aus Risikoermittlung* (Regelmäßige Bewertung bei risikoreichen Aufgaben)	A	T	Verfolgung der FMEA
	• *Persönliche Schutzausrüstung* (Tragekomfort so groß wie möglich)	N	T	Kauf und Einsatz von Sicherheitsschuhen, Arbeitshandschuhen, Schutzbrillen usw.

Personal	• Personalauswahl nach Anforderungen an Fachschulung	N	T	Mitarbeiter müssen für Arbeit nötige Sach- und Fachkenntnis besitzen. Dies reduziert bspw. Arbeitsunfälle. Gabelstapler-Führerschein, sowie weitere Belehrung nach Bedarf.
	• *Personalauswahl nach Anforderungen an spezifische Schulungen* und Personalzertifizierungen der Mitarbeiter (z.B. Gabelstapler, Pressluft)	N	T	
	• Personalauswahl nach Sprachkenntnissen	N	N	
	• Spezifisches umfassendes SGU-Informationsprogramm *(Sicherheitsunterweisung)*		T	Sicherheitsbelehrung umfassend und ansprechend gestaltet.
	• Personalzertifizierung für alle Mitarbeiter	N	N	Test zum SGU-Bereich für die Mitarbeiter als Voraussetzung für Arbeit SGU-Kenntnisse sind auch Voraussetzung für Führungskräfte z.B. Arbeiten in engen Räumen
	• Spezifische Schulung und Personalzertifizierung für Führungskräfte	N	N	
	• Spezifische Schulung für Arbeiten mit Risikopotenzial	N	N	
	• Sicherheitsausweis, in dem alle Schulungen und medizinischen Untersuchungen registriert werden.	N	N	Schulungspass bzw. Medizinpass für Mitarbeiter
Sicherheits-, Gesundheits- und Umweltkommunikation	• *SGU-Besprechungen (mind. 4 mal jährlich) mit Protokollen*	N	J	Teil der internen Kommunikations- und Besprechungsmatrix
	• SGU auf Tagesordnung aller wichtigen Veranstaltungen	N	N	
	• Geplante regelmäßige mit Protokoll und Anwesenheitsliste dokumentierte SGU-Veranstaltungen zu praktischer Arbeit (mind. 1x monatlich)	N	N	SGU-Schulungen mindestens 1x monatlich mit wechselnden Themen als Teil der Gruppensitzungen
	• Weitere, SGU-fördernde Aktivitäten	N	N	z.B. Fahrertraining für alle MA

Regeln	• Verfahrens- und Arbeitsanweisungen zum SGU-Verhalten der Mitarbeiter	A	T	SGU als Teil einer umfassenden Prozessbeschreibung (siehe Kap. 2.4.6) oder der Projektplanung
	• Aufstellen von Projektplänen mit SGU-Forderungen und SGU-Maßnahmen	A	T	
	• Richtlinie zu Sicherheitsbesprechungen vor Beginn von Projektarbeiten	N	T	
	• Einweisung, auch Fremdpersonal, in Regeln und Vorschriften im Zusammenhang mit dem Projekt	N	T	Übernahme der Verantwortung auch für die Mitarbeiter von Fremdfirmen in gleicher Weise wie bei eigenem Personal
	• Besprechungen mit Subunternehmern zu SGU zu Projektbeginn	N	T	
	• *Maßnahmen zum Umweltschutz mit Einsammeln, Lagern und Abfuhr von Abfall*	A	T	Planung der Entsorgungsprozesse
	• *Schulung der Ersthelfer*	N	J	Schulung von Ersthelfern über DRK, Malteser, usw. wird bezahlt von den Berufsgenossenschaften
	• Schulung von Personen mit Feuerlöschausbildung	N	N	Teilweise ist Feuerlöschschulung und entsprechende Ausrüstung Pflicht durch Auflagen der Feuerwehr im Rahmen der Brandschutzbegehungen
	• *Angemessene Ausrüstung (Ersthelfer und Feuerlöschausstattung)*	N	T	
Inspektionen	• Planung, *Durchführung*, Dokumentation von Inspektionen zum Bereich SGU (mind. einmal monatlich)	A	T	Checkliste für Audits/Betriebsbegehungen beinhalten SGU-Teil.
	• *Ursachenermittlung und Maßnahmenplanung und -verfolgung basierend auf Inspektionsergebnissen*	A	T	Systematische Planung und Verfolgung von Verbesserungsmaßnahmen entsprechend QM
Gesundheitswesen	• *Arbeitsmedizinische Betreuung gem. ASIG*	N	J	Betriebsarzt wird umfassend und nicht nur mit den gesetzlichen Mindeststunden mit Vorbeugemaßnahmen beauftragt
	• *Ärztliche Untersuchungen werden auf der Basis von Gefährdungen geplant und durchgeführt.*	N	J	
	• Arbeitnehmer hat Möglichkeit zur weitergehenden freiwilligen Untersuchung	N	N	

Einkauf und Prüfung	• *SGU-Kriterien als Anforderungen beim Einkauf aufstellen, Gefahrstoffe müssen vor der Verwendung vom Betrieb beurteilt werden, Betriebsanweisungen zu Gefahrstoffen müssen vorhanden sein*	A	T	SGU als Auswahlkriterium bei Lieferantenauswahl in QM integriert Verfahrensanweisung zur Beschaffung von Gefahrstoffen, die Alternativenbeurteilung zu SGU integriert.
	• Möglichst Einsatz von SGU-zertifizierten Materialien und Geräten	N	N	Auswahlkriterium bei Lieferantenauswahl
	• *Prüfung von Materialien und Geräten (Hebezeuge, Leitern, Personen- und Materialaufzüge, Feuerlöscher, Hub- und Transportgeräte, Elektrisches Werkzeug, Schweißtransformatoren, PSA, usw.) im Hinblick auf SGU nach einem systematischen Prüfsystem (Art, Verantwortlicher, Zeitpunkte), welches regelmäßig aktualisiert wird.*	A	T	Prüfbücher als Dokumente des QM-Systems
	• *Dokumentation der Prüfungen*	A	T	Prüfverfahren und Prüfrichtlinien
	• *Verfahren zur Kennzeichnung (Plakette oder Codierung mit Farben)*	A	T	Kennzeichnung analog TÜV-Plakette für KFZ
	• Einsatz von Subunternehmern mit SCC-Zertifikat	N	N	
Meldung, Registrierung und Untersuchung von Unfällen	• *Verfahren zur Meldung von Unfällen*	A	T	Verfahrensbeschreibung im QM
	• Meldung der Unfallzahlen im Unternehmen	N	N	Aushang der Unfallzahlen
	• Verfahren zu Beinahe-Unfällen, unsicheren Situationen und Handlungen	N	N	Systematisches, ins QM integriertes Management von Beinahe-Unfällen
	• *Verfahren zur Untersuchung bei Unfällen*	N	T	Verfahrensbeschreibung im QM
	• Verfahren zur Untersuchung bei Beinahe-Unfällen und unsicheren Situationen und Handlungen	N	N	
	• System zum Anbieten alternativer Arbeitsplätze an nach einem Unfall leicht verletzte Mitarbeiter	N	N	Systematik zur Personalentwicklung und Personalbetreuung

Bild 24: Vergleich DIN EN ISO 9001 und SCC

Zusammengefasst ergibt sich für den Bereich Sicherheit grundsätzlich die Anforderung zu der in Bild 24 dargestellten Vorgehensweise.

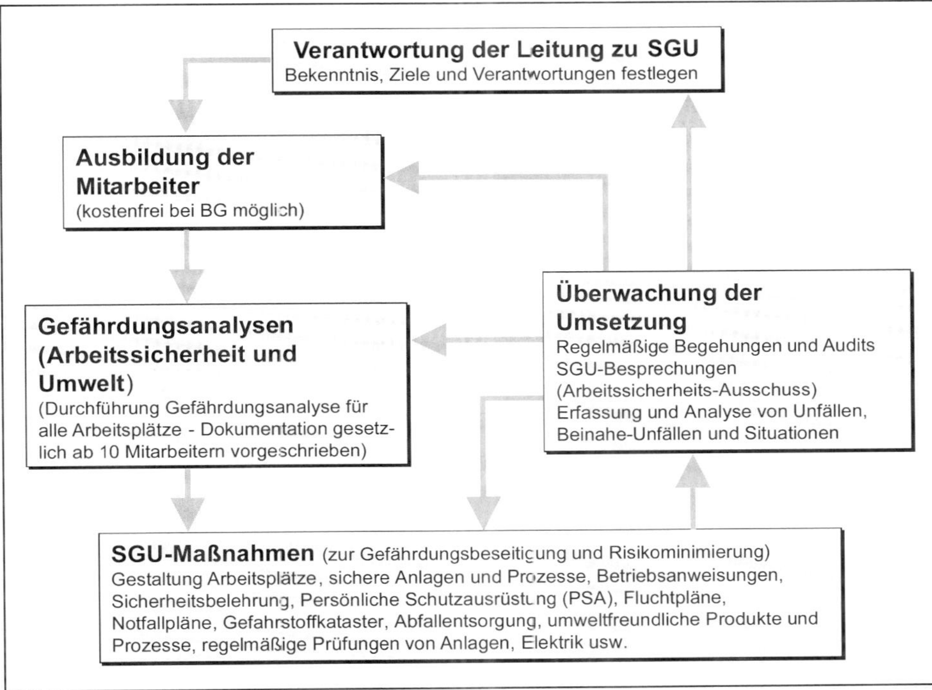

Bild 25: Vorgehen beim Aufbau eines SGU – Arbeitssicherheitsmanagement-Systems

Das Wichtigste ist sicherlich, dass nach dem Arbeitssicherheitsgesetz jeder Arbeitgeber verpflichtet ist, eine Fachkraft für Arbeitssicherheit und einen Betriebsarzt mit entsprechender Qualifikation zu bestellen. Als Ausnahme kann der Unternehmer selbst (bei Betrieben bis zu 50 Mitarbeitern) die Aufgaben der Fachkraft für Arbeitssicherheit übernehmen, sofern er die Schulungen des Unternehmermodells erfolgreich durchlaufen hat. Die Sicherheitsfachkraft und der Betriebsrat haben den Unternehmer in Bezug auf die gesetzlichen Anforderungen und die daraus resultierenden Maßnahmenbereiche zu unterstützen.

1.3.7 Zertifizierungen

In vielen Fällen wird von den Kunden vertraglich festgelegt, dass man bestimmte Forderungen (z.B. der DIN EN ISO 9001) einhält und dies durch eine „Zertifizierung" nachweist.

Die Zertifizierung ist die Begutachtung einer bestimmten Einheit (Unternehmen, Produkt, Prozess, Person) durch einen neutralen, anerkannten Dritten, der die Einhaltung gewisser Standards bestätigt.

Bei der Zertifizierung wird die Einheit von einem akkreditierten, also anerkannten, Prüfer begutachtet. Der Prüfer bzw. die Prüforganisation werden im Hinblick auf Strukturen und Prüftätigkeit gleichfalls durch eine sogenannte Akkreditierungsorganisation überwacht. Diese lässt die Prüfer zu und kann ggf. auch die Prüfberechtigung wieder entziehen. Die Strukturen von Zertifizierungssystemen zeigt Bild 26.

Beispiele / Vorgehen	Prüfmittelprüfung	Produktprüfung	Organisationsprüfung	Personalprüfung
Grundlage für Prüfsystem/Zertifizierung	Vergleich zu den Urmaßen	Gesetz	Internationale Übereinkunft	Internationale Übereinkunft
Freigabe und Überwachung der Prüforganisationen	Deutsche Akkreditierungsstelle GmbH (DAkkS)	Bundesaufsichtsamt für das Verkehrswesen	Deutsche Akkreditierungsstelle GmbH (DAkkS)	Deutsche Akkreditierungsstelle GmbH (DAkkS)
Prüforganisationen	Zugelassene Prüflabors (Kalibrierdienste)	KFZ-Prüforganisationen wie TÜV, DEKRA, usw.	Zertifizierer für Organisationsprüfungen DIN EN ISO 9001	Personalzertifizierer
Geprüfte Objekte	Messmittel	KFZ	Unternehmen	Einzelpersonen

Bild 26: Strukturen von Zertifizierungssystemen

Die wesentlichen Zertifizierungen sind derzeit:

- Produktzertifizierungen, wie beispielsweise die Prüfung von Kraftfahrzeugen, die Abnahme gefährlicher Anlagen, Medizingerätezertifizierung, die Gütezeichen GS oder VDE-Prüfsiegel.
- Organisationszertifizierungen. Hier ist die wichtigste sicherlich die DIN EN ISO 9001. Im Bereich der DIN EN ISO 9001 gibt es in Deutschland über 50 Zertifizierungseinrichtungen, die von der Deutsche Akkreditierungsstelle GmbH (DAkkS), überwacht werden auf die Einhaltung der internationalen Zertifizierungsstandards. Daneben gibt es Zertifizierung auch für die verschiedenen branchenspezifischen Normen (z.B. ISO/TS 16949, VDA 6.1, 6.2, 6.4, usw.), das Umweltmanagement (DIN EN ISO 14001) und Arbeitssicherheitsstandards (SCC).
- Personalzertifizierung. Die Personalzertifizierung hat sich inzwischen sehr stark etabliert im Bereich Qualitätsmanagement (zertifizierter Auditor) und weiteren Bereichen, wie zum Beispiel dem Schweißbereich.

Sinn macht die Zertifizierung, wenn

- die Prüfung durch einen neutralen Dritten wirklich Vertrauen schafft, insbesondere beim Kunden. Damit entfallen Lieferantenaudits der Kunden und dies führt zu Einsparungen durch nur eine Begutachtung pro Jahr.
- die Zertifizierung der Organisation einen Nutzen bringt durch Verbesserungshinweise (z.B. Potenziale durch Prozessoptimierungen) und damit indirekt ein Coaching darstellt.
- die Kosten der Zertifizierung den obigen Nutzen nicht übersteigen.

1.4 Ganzheitliche Management- und Unternehmens-Bewertung über Total Quality Management-Modelle

1.4.1 Heutiges Umfeld der Unternehmensführung

Das Umfeld der Unternehmensführung hat sich im Laufe der Entwicklung der modernen Wirtschaft mit der Industrialisierung sehr stark verändert und ist komplexer geworden. Dies soll anhand verschiedener aktueller Megatrends aufgezeigt werden (vgl. Bild 27).

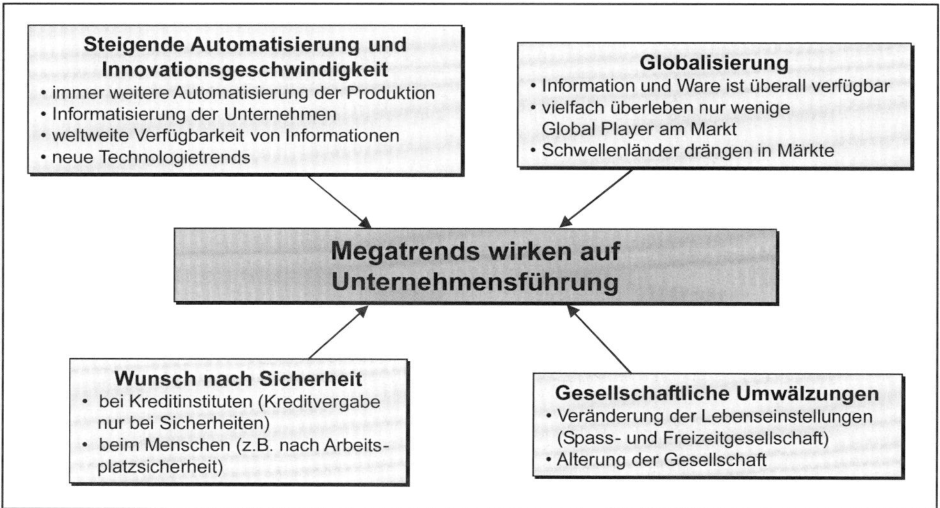

Bild 27: Unternehmensführung unter dem Einfluss der Wirtschaftsmegatrends

Die Unternehmensführung muss heute auf die verschiedenen Megatrends reagieren, weil natürlich diese für jedes Unternehmen im Wettbewerb auch enorme Chancen bieten, insbesondere für denjenigen, der sich darauf zuerst und am optimalsten einstellt.

- Auf der einen Seite stehen die Veränderungen durch die immer schnellere weltweite technisch-wirtschaftliche Entwicklung aufgrund der fortschreitenden Automatisierung der Produktion vieler Güter, durch das Internet mit seiner steten Verfügbarkeit von Informationen ohne Zeitverzögerung und die Mobilität der Menschen.

- Auf der anderen Seite werden notwendige Anpassungen teilweise aufgrund des Wunsches nach Stabilität und Sicherheit abgelehnt. Wohlstand führt zum Wunsch nach mehr Freizeit und Familie. Auch die höhere Lebenserwartung ist zu berücksichtigen.

Dabei unterliegen das Unternehmen und seine Führung einem Spannungsfeld unterschiedlicher Interessen, Forderungen, Erwartungen und Wünsche (vgl. Bild 28).

- Auf der einen Seite stehen Eigentümer und Kunden als von der Unternehmensführung „zufrieden zu stellende" Instanzen. Deren Forderungen, Erwartungen und Wünsche sind für die Führungskraft „Befehl". Dazu kommen die gesetzlichen Forderungen der Gesellschaft, die zu erfüllen sind.

- Auf der anderen Seite müssen die Lieferanten und Mitarbeiter motiviert werden, sich optimal einzubringen, um den Erfolg des Unternehmens sicherzustellen.

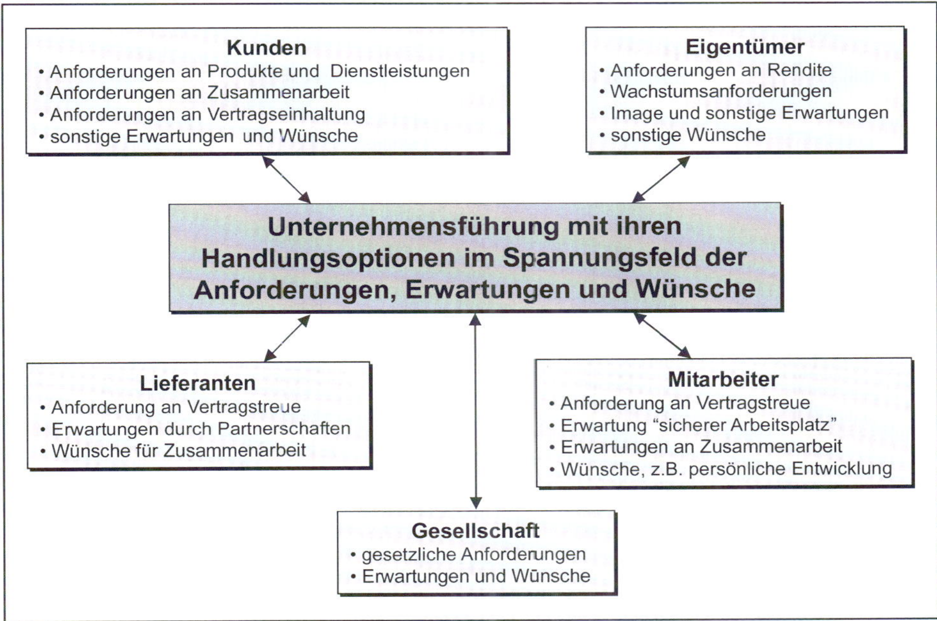

Bild 28: Spannungsfeld der Unternehmensführung bei ihrer Tätigkeit

Die Unternehmensführung wird an der Erfüllung der Erwartungen aller Interessengruppen gemessen. Fällt ein Bereich sehr negativ aus, wird sich dies langfristig in allen anderen Bereichen niederschlagen. Bei einer schlechten Motivation der Mitarbeiter werden kaum kreative, innovative Produkte erfunden und in allen Prozessen können mehr Fehler auftreten. Dies sorgt für unzufriedene Kunden und langfristig für schlechte Betriebsergebnisse.

All diesen Bereichen wird das **TQM-Modell der „European Foundation for Quality Management" (EFQM)** gerecht. Dieses stellt eine umfassende Kennzahl für die Qualität der Unternehmensführung und des Unternehmens auf.

1.4.2 TQM-Modell der European Foundation for Quality Management (EFQM)

Die klassische Management- und Unternehmensbewertung erfolgt durch Wirtschaftsprüfung als Bewertung der materiellen Werte eines Unternehmens. Diese Bewertung ist sehr stark vergangenheitsorientiert und wenig humanzentriert. In der Praxis stellt man immer wieder fest, dass dieses Vorgehen eine Reihe von Nachteilen besitzt, weil Fehlentwicklungen erst viel zu spät erkannt werden, auch durch viele Möglichkeiten der Verschleierung. Die Folgen sind häufig verheerend für die Unternehmen und die von Entlassung betroffenen Mitarbeiter.

Das Qualitätsmanagement bietet hier mit ganzheitlichen Management- und Unternehmensbewertungen über Total-Quality-Management-Modelle eine ideale Ergänzung zu den konventionellen Methoden.

Im Rahmen dieses Buches wird das in Europa weit verbreitete Modell der EFQM (European Foundation for Quality Management) [EFQM1] dargestellt (vgl. Bild 29).

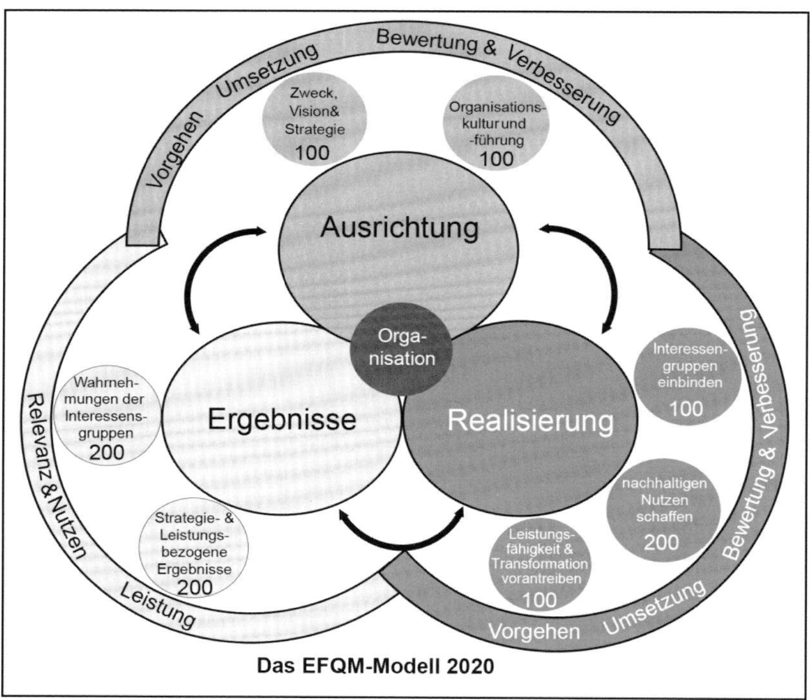

Bild 29: EFQM-Modell [EFQM]

Im Modell wird nach **Ausrichtung, Realisierung** (bisher Befähiger) und **Ergebnissen** unterschieden.

Ausrichtung
Kriterium 1 Zweck, Vision und Strategie (max. 100 Pkte)

- Zweck und Vision definieren
- Interessensgruppen identifizieren und ihre Bedürfnisse verstehen
- Ecosystem, eigene Fähigkeiten und wichtige Herausforderungen verstehen
- Führungskräfte befassen sich persönlich mit externen Interessensgruppen.
- Strategie entwickeln
- Governance-Struktur und Steuerungssystem für die Leistungsfähigkeit der Organisation entwickeln und implementieren.

Kriterium 2 Organisationskultur und Organisationsführung (max. 100 Pkte)

- Organisationskultur lenken und ihre Werte fördern
- Rahmenbedingungen für erfolgreiche Veränderungen gestalten
- Kreativität und Innovation ermöglichen
- Gemeinsam und engagiert für Zweck, Vision und Strategie der Organisation einstehen.

Realisierung
Kriterium 3 Interessensgruppen einbinden (max. 100 Pkte)

- Kunden – nachhaltige Beziehungen aufbauen
- Mitarbeitende – gewinnen, einbeziehen, entwickeln und halten
- Wirtschaftliche und regulatorische Interessensgruppen – kontinuierliche Unterstützung sichern
- Gesellschaft – zu Entwicklung, Wohlergehen und Wohlstand beitragen
- Partner und Lieferanten – Beziehungen aufbauen und Beiträge für die Schaffung nachhaltigen Nutzens schaffen.

Kriterium 4 Nachhaltigen Nutzen schaffen (max. 200 Pkte)

- Nachhaltigen Nutzen planen und entwickeln
- Nachhaltigen Nutzen kommunizieren und vermarkten
- Nachhaltigen Nutzen liefern
- Ein Gesamterlebnis definieren und verwirklichen

Kriterium 5 Leistungsfähigkeit und Transformation vorantreiben (max. 100 Pkte)

- Die Leistungsfähigkeit vorantreiben und Risiken managen
- Die Organisation für die Zukunft transformieren
- Innovation fördern und Technologien nutzen
- Daten, Information und Wissen wirksam managen
- Vermögenswerte und Ressourcen managen

Ergebnisse
Kriterium 6 Wahrnehmung der Interessensgruppen (max. 200 Pkte)

- Wahrnehmung der Kunden
- Wahrnehmung der Mitarbeitenden

- Wahrnehmung wirtschaftlicher und regulatorischer Interessensgruppen
- Wahrnehmung der Gesellschaft
- Wahrnehmung der Partner und Lieferanten

Kriterium 7 Strategie- und leistungsbezogene Ergebnisse (max. 200 Pkte)
- Strategiebezogene Ergebnisse
- Leistungsbezogene Ergebnisse

Bei näherer Analyse des EFQM-Schemas erkennt man auch weiterhin die Vernetztheit innerhalb dieses Modells, am Beispiel dargestellt in Bild 30.

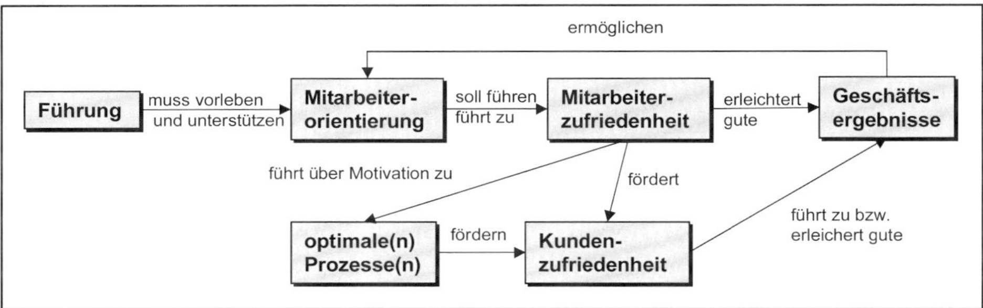

Bild 30: Beispiel für Zusammenhänge innerhalb der EFQM-Kriterien

Das EFQM-Modell ist nicht nur die Basis für die Vergabe des Europäischen Qualitätspreises, sondern kann auch sehr gut zur Selbstbewertung (siehe Abschnitt 5.8.2) innerhalb des Unternehmens und damit als Basis für einen kontinuierlichen Verbesserungsprozess hin zu TQM verwendet werden.

1.4.3 Vergleich des TQM-Ansatzes mit den anderen Anforderungen (EFQM-Modell versus DIN EN ISO 9001)

Analysiert man das EFQM-Modell mit dem TQM-Modell, welches im Abschnitt 1.1 hergeleitet wurde, erkennt man sofort, warum das EFQM-Modell ein Instrument zur Bewertung des TQM-Standes eines Unternehmens darstellt (vgl. Bild 31).

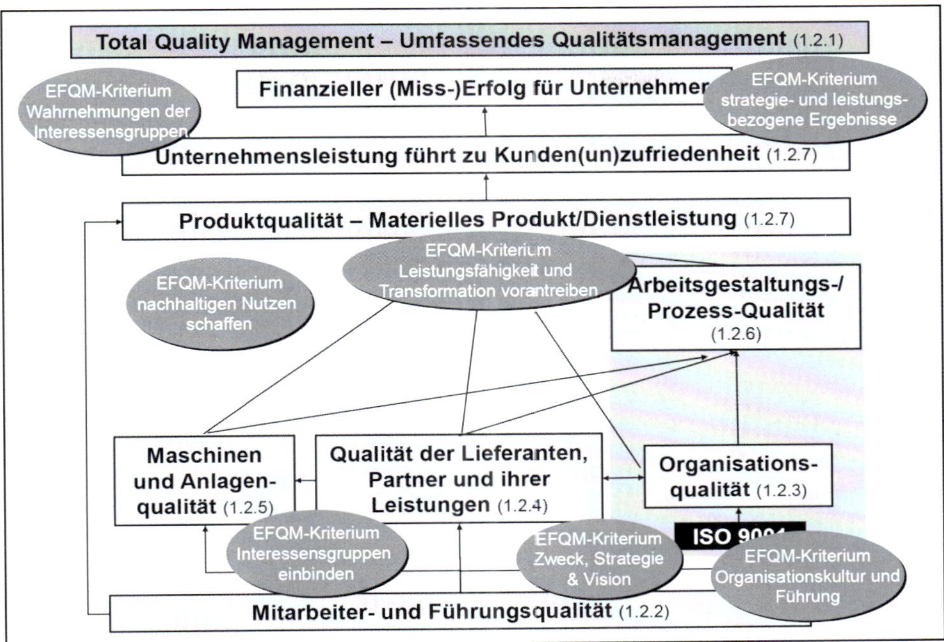

Bild 31: Der Vergleich des TQM-Modells mit dem EFQM-Modell zeigt eine weitgehende Übereinstimmung

Vergleicht man das EFQM-Modell mit den Forderungen der DIN EN ISO 9001, der DIN EN ISO 14001, den Forderungen der Arbeitssicherheit und sonstigen Anforderungen, stellt man fest, dass das EFQM-Modell und der TQM-Ansatz vom Umfang weit größer sind, allerdings auch viel weniger konkret und präzise als die bereits sehr allgemein formulierten Anforderungen von DIN EN ISO 9001,14001 und die gesetzlichen Anforderungen (vgl. Bild 32).

Das EFQM-Modell

= anspruchsvolle, ganzheitliche Unternehmensbewertung hinsichtlich Business Excellence

→ cirka 200 Punkte = ISO 9001-zertifiziertes Unternehmen

→ cirka 300 Punkte = Unternehmen was nach höherwertigen Normen (z.B. Automobilnormen zertifiziert ist (ISO 16949)

→ cirka 400 Punkte = erfolgreiche Unternehmen, die nach höherwertigen Normen zertifiziert sind und längerfristig QM-Systeme erfolgreich umsetzen bzw. Unternehmen, die sehr erfolgreich bei lokalen Qualitätspreisen abschneiden

→ cirka 500 Punkte = erfolgreiche Teilnehmer nationaler Qualitätspreise

→ cirka 600 Punkte = erfolgreiche Teilnehmer bei europäischen Qualitätspreis

→ cirka 700 - 750 Punkte = Gewinner beim europäischen Qualitätspreis

= Immer-Besser-Modell statt Gut-Genug-Modell
= dynamische Bewertung im Vergleich zu Branchenbesten statt Forderung von Mindeststandards
= Basis für Schwachstellenanalyse und kontinuierlichen Verbesserungsprozess

= Betrachtung der Ergebnisse (= rückwärtsgerichtete Analyse)
+ Betrachtung der Ausrichtung / Realisierung = Befähiger
(= vorwärtsgerichtete Analyse im Hinblick auf zukünftige Chancen)

Bild 32: EFQM-Modell fordert mehr als DIN EN ISO 9001

Wichtig ist festzustellen, dass das EFQM-Modell ein dynamisches Messsystem darstellt. Die DIN EN ISO 9001, die DIN EN ISO 14001, die branchenspezifischen Standards und die gesetzlichen Bestimmungen sind jeweils statische Mindestanforderung. Konstant ausreichende Leistungen stellen bei der DIN EN ISO 9001, der DIN EN ISO 14001 und ähnlichen Normen keine Probleme dar. Beim EFQM-Modell schneidet man aber im Vergleich zum sich verbessernden Besten immer schlechter ab. Damit wird die Marktdynamik durch das EFQM-Modell sehr viel besser abgedeckt. Diesen Umstand zeigt das Bild 33 anschaulich.

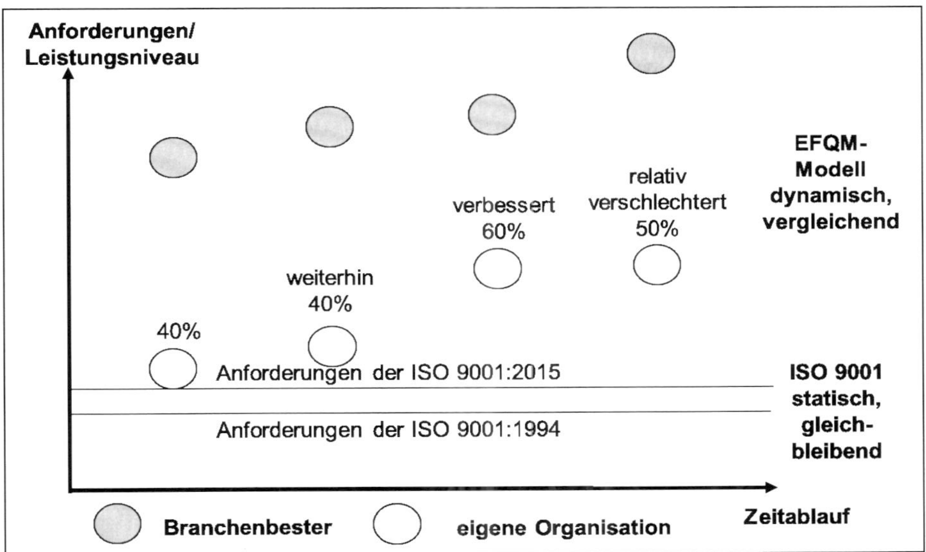

Bild 33: Bewertungssystematik DIN EN ISO 9001 versus EFQM-Modell

Die Erfüllung der jeweils durch die Kunden und den Gesetzgeber geforderten Mindestforderungen (DIN EN ISO 9001, DIN EN ISO 14001, spezifische Branchenforderungen, Arbeitssicherheit, kundenspezifische Forderungen) ist für die Unternehmen Pflicht. Ist dies gesichert, kann man beginnen, TQM umfassend anzustreben.

1.5 Qualität und Qualitätsmanagement als Faktoren des Unternehmenserfolgs

Qualität rechnet sich für das Unternehmen in vielfältiger Art und Weise.

- **Der Kunde ist häufig bereit, für bessere Qualität mehr zu bezahlen**. Durch Qualität lassen sich die Erlöse je Stück erhöhen und gleichzeitig Marktanteile gewinnen.
- **Qualität und Fehlerfreiheit sparen Geld**. Fehler führen, insbesondere wenn man diese nicht sofort erkennt, zu teilweise erheblichen Kosten.

Im Folgenden werden als Beispiel bei einem Konstruktionsfehler auftretende zusätzliche Kosten aufgezeigt:

Konstruktionsfehler wird erkannt

in der Konstruktionsphase
→ *Kosten der Konstruktionsänderung*

in der Arbeitsplanungsphase
→ + *Kosten der Arbeitsplanänderung*
→ + *Kosten der internen Kostenverrechnung*

in der Pilotproduktion
→ + *Kosten für neue Betriebsmittelkonstruktion*
→ + *Kosten für neues/geändertes Werkzeug*
→ + *Stillstandskosten und*
→ + *Erlösverluste durch spätere Markteinführung*

bei der Endprüfung eines Loses
→ + *Kosten für neue Produktion des Loses*
→ + *Kosten für Demontage der Baugruppen,*
→ + *Kosten für neue Montage*
→ + *Logistikkosten intern*

beim Kunden (ohne Schaden)
→ + *Kosten der Rückrufaktion und Austausch*
→ + *Logistikkosten extern*
→ + *Kostenabrechnung externer Aufwand*
→ + *Kleine Erlösverluste durch Imageschaden*

beim Unfall
→ + *Kosten der Produkthaftung*
→ + *Große Erlösverluste durch Imageschaden*

Es ist zu erkennen, dass es zu einer Steigerung der Fehlerkosten kommt, je früher der Fehler auftritt und je später dieser erkannt wird. Allgemein stellt man meist fest, dass Vorbeugungsmaßnahmen zur Herstellung von Qualität von Beginn an viel weniger kosten als später einzelne unentdeckte, zum Kunden gelangte Produktfehler.

- **Qualitäts- und Risk-Management helfen, teure Fehler zu vermeiden.** Kostspielige Fehler können für die Unternehmen neben dem Produkt auch in vielen anderen Bereichen auftreten, z.B. durch ein schlechtes Management-System, durch Verschmutzung der Umwelt, durch Abwerbung wichtiger Mitarbeiter und viele andere Dinge. Qualitätsmanagementmethoden in Form der Risikoanalyse können potenzielle Gefahren identifizieren und über vorbeugende Maßnahmen vermeiden helfen (siehe Abschnitt 3.6.5 Unternehmens-Risk-Management).
- **Standardisierte, häufig identisch wiederholte Prozesse laufen durch Übung schneller ab**. Dadurch ergeben sich teilweise erhebliche Prozesskostenreduzierung (Effizienzgewinn).
- Bei der Dokumentation der Prozesse für das Qualitätsmanagement werden diese durchleuchtet. **Die Prozessoptimierung vereinfacht die Prozesse und vermeidet Verschwendung**. Dies kann einen hohen Effizienzgewinn darstellen.
- **Das Qualitätsmanagement fordert ein systematisches Ressourcenmanagement. Dies führt zu Transparenz in der Planung und sorgt für höhere Termintreue.** Guter Service und Zuverlässigkeit führen zu höherer Kundenzufriedenheit und Minimierung oder Vermeidung von Konventionalstrafen für Terminüberschreitungen.
- **Managementsysteme sorgen für Transparenz und Rückverfolgbarkeit**. Dies hat für das Unternehmen den Vorteil, Gefahren schneller erkennen und abwehren zu können.
- **Rückverfolgbarkeit ist wichtig im Rahmen der Produkthaftung.** Hier muss der Unternehmer bei Produkt(folge-)schäden den Nachweis durchgängiger Anwendung von vorbeugendem Qualitätsmanagement und entsprechenden Qualitätssicherungsmaßnahmen nach dem Stand der Technik führen. Weiterhin hat er bei Materialfehlern nachzuweisen, welcher der Lieferanten dafür haftbar gemacht werden kann.
- **Transparenz und Rückverfolgbarkeit sind notwendig zur Fehleranalyse und damit die Basis für Verbesserungen.**
- **Transparenz sorgt dafür, die Folgen des Ausfalls von Anlagen und Maschinen zu minimieren.** Managementsysteme beschäftigen sich hierfür mit den Risiken und den Folgen von Störungen und erarbeiten angemessene Notfallpläne. Weiterhin erleichtert eine gute Transparenz im Unternehmen grundsätzlich notwendige Umplanungen.
- **Das geforderte Ressourcenmanagement sorgt für eine optimale Nutzung der vorhandenen Kapazitäten. Dies erhöht die Wirtschaftlichkeit.**
- **Transparenz der Führung und ein systematisches Ressourcenmanagement fördern die Mitarbeiterzufriedenheit und damit das Engagement für das Unternehmen.**
- **Das Managementsystem ist das Sicherheitsnetz des Unternehmens auch im Personalbereich**. Bei einer guten Dokumentation sind die Folgen des Ausfalls von Mitarbeitern viel geringer. Die Beschreibung der Abläufe und Strukturen ermöglicht ein schnelleres Einlernen und eine viel höhere Personenunabhängigkeit des Unternehmens. Das Managementsystem ist also Teil eines umfassenden Wissensmanagements.

- **Gesetzliche Vorgaben werden von Unternehmen mit Managementsystem sicherer eingehalten. Dies vermindert Risiken für das Unternehmen**, beispielsweise hohe Folgekosten bei Umweltschäden, wie für die Führungskräfte, z.B. bei Strafverfahren wegen Mängeln bei der Arbeitssicherheit.
- **Die neuen QM-Anforderungen der Normen zwingen** auch Kleinunternehmen **zu einem systematischen Controlling und darauf aufbauenden Kontinuierlichen Verbesserungsprozessen**. Dies führt zu einem besseren Aufdecken von Schwachstellen. Verbesserungen werden dann realisiert und bringen dem Unternehmen Kosteneinsparungen sowie Marktwachstum.

Durch die genannten Faktoren kann man theoretisch die Wirtschaftlichkeit des Qualitätsmanagements begründen. Jedoch hört man trotz alledem die Aussage „Qualitätsmanagement kostet viel mehr, als es einbringt". Analysiert man die Kritik genauer, stellt man fest, dass diese meist Bezug auf nicht funktionierende Qualitätsmanagementsysteme nimmt.

Nicht funktionierende, unwirtschaftliche QM-Systeme sind häufig gekennzeichnet durch:
- Entstehung unter Druck des Kunden, der den Nachweis eines QM-Systems und eine Zertifizierung fordert.
- Dokumentation auf Hochglanzpapier, erstellt von externen Beratern, die im Unternehmen ohne Abstimmung kurzfristig eingeführt und zertifiziert wurden.
- Die Managementsysteme werden aber im Unternehmen überhaupt nicht akzeptiert und gelebt. Kurz vor dem externen Überwachungsaudit wird versucht, die notwendigen Dokumente durch den QM-Beauftragten zu erstellen, um das Zertifikat nicht zu verlieren.

In solchen Fällen stellt das Managementsystem einen zusätzlichen Aufwand ohne wirklichen Nutzen dar. Es entstehen nur Kosten, aber keine Einsparungen.

Glücklicherweise funktionieren immer mehr Managementsysteme, auch weil die DIN EN ISO 9001 seit 2000 prozessorientiert angelegt und damit leicht nutzbar ist. **Die Wirtschaftlichkeit eines wirkungsvollen Qualitätsmanagements zeigen auch verschiedenste empirische Analysen.**

Die wichtigste hierzu ist sicherlich die Untersuchung von McKinsey [Rom], die deutlich die Korrelation zwischen gutem Qualitätsmanagement und dem Unternehmenserfolg international nachweisen konnte (vgl. Bild 34).

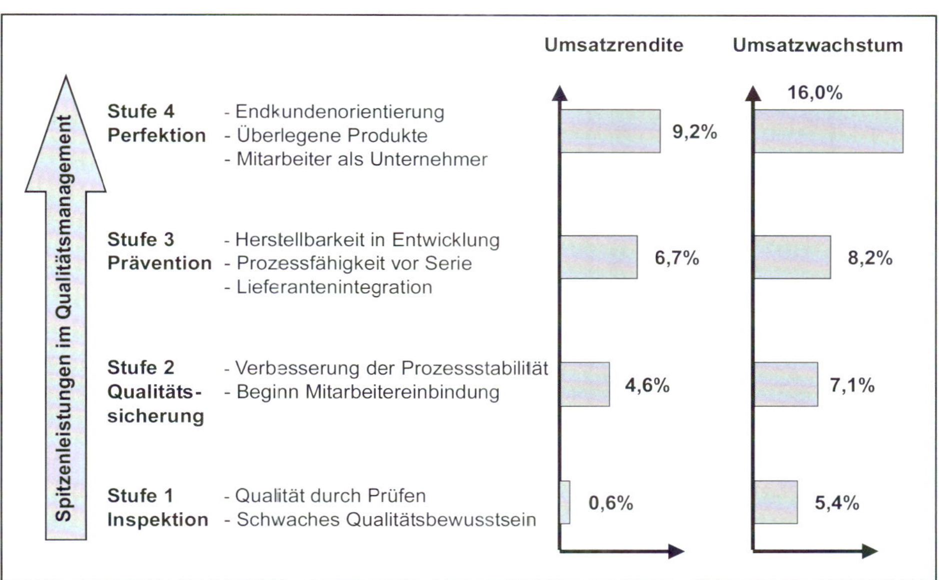

Bild 34: Qualitätsmanagement zahlt sich aus [Rom]

Eine weitere interessante, neuere empirische Untersuchung stellt eine US-Studie über die 600 Qualitätspreisgewinner mit der Beobachtung ihrer Geschäftsergebnisse dar (siehe Bild 35) [Sin].

TQM-Projekte dauern deutlich länger (5 Jahre) als DIN EN ISO -9001-Einführungen (1 Jahr). Es kommt bei TQM-Projekten während der Einführungsphase (erste fünf Jahre) zu keinen signifikanten betriebswirtschaftlichen Ergebnisverbesserungen für das Unternehmen, da auch ein erheblicher Aufwand für die Einführung anfällt. Es kommt allerdings auch nicht zu Ergebnisverschlechterungen, da bereits kurzfristig Erfolge zu verzeichnen sind.

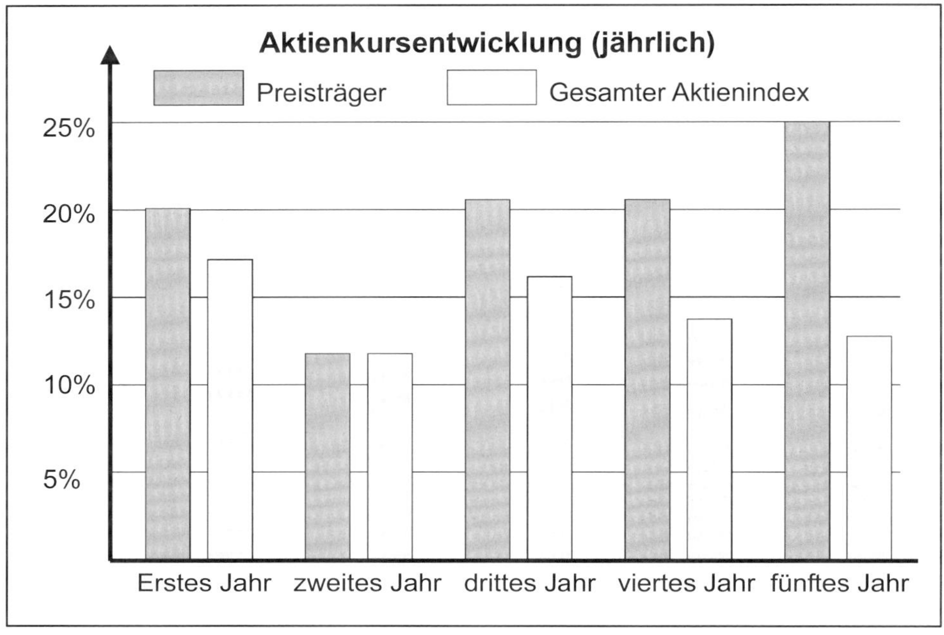

Bild 35: Aktienkursentwicklung der Träger von Qualitätspreisen ab Einführung von TQM im Verhältnis zum relevanten Aktienindex [Sin]

Signifikante Unterschiede bestehen erst nach der Einführungsphase; es dauert also sehr lange, bis sich höhere Gewinne durch TQM einstellen. Dann jedoch steigert TQM die Unternehmens-Gewinne, das Wachstum und die Effizienz überdurchschnittlich.

TQM bringt sowohl großen wie kleinen Unternehmen Vorteile, wobei kleinere Unternehmen insgesamt noch stärker profitieren. Von TQM profitieren zudem weniger kapitalintensive (also die meisten Dienstleistungsunternehmen) stärker als kapitalintensive (also hoch automatisierte Produktionsunternehmen) Unternehmen. Insgesamt gesehen entwickeln sich die Preisträger, die TQM realisiert haben, deutlich besser als andere Unternehmen.

Zusammenfassend gilt:
Qualitätsmanagement, richtig umgesetzt, lohnt sich für jedes Unternehmen.

2 Das Managementsystem und seine Dokumentation

2.1 Vorgehen beim Aufbau von umfassenden Managementsystemen

2.1.1 Vorgehen beim kontinuierlichen Verbesserungsprozess

Das grundsätzliche Vorgehen bei Innovations- und Kontinuierlichen Verbesserungsprozessen ist immer gleich und beschreibbar über den **PDCA-Zyklus** (siehe Bild 36).

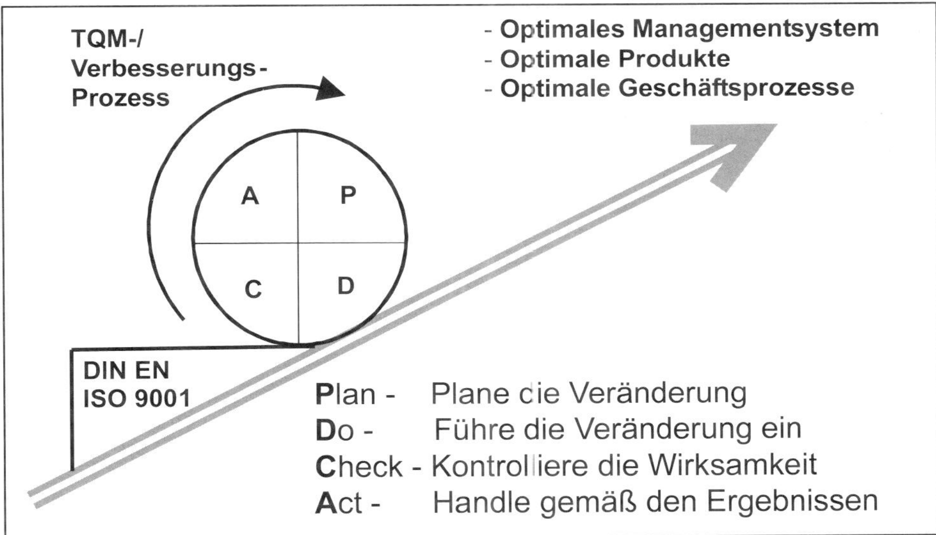

Bild 36: Grundsätzliches Vorgehen beim Streben nach TQM, Innovation bzw. Kontinuierlicher Verbesserung [Dem]

Zuerst werden Ziele festgelegt und die Veränderung geplant (**P**lan/Plane); anschließend wird die Veränderung eingeführt (**D**o zu deutsch Tun, weswegen man teilweise auch vom PTCA-Zyklus spricht), dann werden die erreichten Ergebnisse gemessen (**C**heck/Checke), um dann ggf. noch zu reagieren und die Zielerreichung zu sichern (**A**ct/Agiere).

Abgesichert wird das Streben nach Verbesserung und optimalem Erfolg, optimalen Managementsystemen, optimalen Produkten, optimalen Geschäftsprozessen durch die Dokumentation des Verbesserungsprozesses wie von dessen jeweiligen Ergebnissen. Ein zentrales Ergebnis der kontinuierlichen Verbesserung ist die aktuelle Dokumentation des Managementsystems mit Produkt- und Prozessbeschreibungen.

Grundsätzlich findet sich kein funktionierendes Unternehmen ohne ein Managementsystem.

In der Realität ist dieses häufig nicht ausreichend dokumentiert und erfüllt in nicht umfassender Weise die bisher dargestellten Anforderungen, insbesondere die Forderungen der DIN EN ISO 9001. Von daher stehen heute viele Unternehmen vor der Notwendigkeit zur Verbesserung ihrer Managementsysteme und deren Dokumentation.

Die DIN EN ISO 9001-konforme Dokumentation stellt ein Sicherheitsnetz für das Unternehmen dar, um negative Entwicklungen insbesondere durch kurzfristigen Ausfall von Mitarbeitern, die Leistungsträger des Unternehmens sind, zu vermeiden. Mit dem Leistungsträger ist ohne Dokumentation auch sein spezifisches Know-How für das Unternehmen verloren. Langjährige Erfahrung, Kontakte mit Kunden, Prozesswissen, Kenntnisse über Stärken und Schwächen von Lieferanten müssen eventuell vom Nachfolger neu gesammelt werden zu Lasten des Unternehmens. Die Dokumentation, der „ISO 9001-Bremsklotz“ im Bild 36, verhindert das Zurückfallen auf schlechtere Prozesse und Ergebnisse, im Bild 36 ein Zurückrollen der Kugel.

2.1.2 Vorgehen beim Aufbau von Managementsystemen

Für die Neueinführung sowie die grundlegende Überarbeitung von Managementsystemen hat sich, besonders im Hinblick auf die DIN EN ISO 9001 und andere Normen, die im Bild 37 dargestellte Vorgehensweise bewährt. Diese orientiert sich an der REFA-Planungssystematik und dem PDCA-Zyklus.

Einführung bzw. grundlegende Überarbeitung eines Managementsystems		
Projektstufe	PDCA	Notwendige Maßnahmen
1. Analyse-phase		• Information der Führungskräfte und der Mitarbeiter über Managementsystem-Projekt • Schulung der Mitarbeiter bezüglich des führungsorientierten Qualitätsmanagements und seiner Methoden • Erfassung des Ist-Zustands durch - Sammlung der vorhandenen Dokumente - Audit zur Erfassung der Umsetzungs-Ist-Situation • Analyse des Ist-Zustands zur Ermittlung der Defizite
2. Grob-konzeptions-phase	Plan	• Aufstellung eines Projektplans, entsprechend der Ist-Analyse • Benennung von Managementsystem-Beauftragten und der Projektmitwirkenden • Erarbeitung eines Konzeptes zur Management-Dokumentation mit den internen Standards • Schulung des Konzeptes zur M-Dokumentation
3. Detail-konzeptions-phase	Plan	• Ggf. detaillierte Aufnahme vorhandener, noch nicht dokumentierter Ist-Prozesse • Überarbeitung der Ist-Prozesse in Soll-Prozesse • Erarbeitung fehlender Prozesse und Maßnahmen • Erarbeitung von Plänen zur Einführung der Veränderungen • Schulung der Mitarbeiter über die neuen Prozesse und Methoden
4. Einführungs-/ Umsetzungs-phase	Do	• Einführung der neuen M-Dokumentation • Unterstützung der Mitarbeiter in den neuen Methoden • Schulung interner Auditoren • Überarbeitung von bei der Einführung auftretenden Problembereichen
5. Projekt-verifizierung / Arbeiten mit dem System	Check	• Durchführung von internen Audits und direkte Abstellung von erkannten Schwachstellen • Ggf. Durchführung des Zertifizierungsaudits zur Bestätigung des erreichten Standes
6. Projekt-optimierung	Act	• Direkte Optimierung des aufgebauten Systems entsprechend den Anregungen der internen und externen Auditoren und sonstigen Hinweisen

Bild 37: Vorgehen bei der Einführung eines Managementsystems [nach Neu]

Ziel dieses Vorgehens ist ein funktionierendes Managementsystem mit einer angemessenen Management-Dokumentation.

Die Management-Dokumentation ist die Darstellung des Managementsystems der aufeinander abgestimmten Tätigkeiten zum Leiten und Lenken einer Organisation.

Eine integrierte Management-Dokumentation berücksichtigt alle Aspekte des Managements. Im Gegensatz dazu gibt es reine Qualitätsmanagement-Dokumentationen, Umweltmanagement-Dokumentationen, Dokumentationen zur Arbeitssicherheit, usw.

Hinweise zur Gestaltung des Managementsystems über eine angemessene Managementdokumentation finden sich in den folgenden Abschnitten 2.2. bis 2.5. Der Aufbau eines DIN EN ISO 9001-orientierten Managementsystems erfolgt üblicherweise im Zeitraum von ca. einem Jahr. Darauf folgt in aller Regel ein Jahr der Stabilisierung und Erweiterung des Systems.

Anschließend gilt es, das Managementsystem und dessen Dokumentation laufend zu aktualisieren. Der Aufwand hierfür sollte nicht unterschätzt werden. Es erfolgt dabei ein kontinuierlicher Kreislauf von Plan, Do, Check, Act für das Qualitätsmanagement, um das System am Leben zu erhalten und kontinuierlich weiter zu verbessern. Meist beträgt der Zyklus in der Praxis ein Jahr; entsprechend des Geschäftsjahres von einer (Ziel-) Planung bis zur nächsten Neuplanung.

2.1.3 Vorgehen bei der Einführung von TQM

Grundsätzlich ähnlich erfolgt die Weiterentwicklung und Intensivierung des Qualitätsmanagementsystems hin zu TQM. Die Vorgehensweise ist in Bild 38 dargestellt. Jedoch wird hier weniger mit dem Werkzeug „Audit“, als mit dem Hilfsmittel „EFQM-Selbstbewertung“ (siehe Abschnitte 5.8.1 und 5.8.2) gearbeitet. Zudem ist der Zeitraum der TQM-Einführung sehr viel länger, meist 3 bis 5 Jahre. Es ist zu beachten, dass für diesen Weg eine TQM-vorlebende Führung und ein ausgesprochener Wille zum Erfolg entscheidend sind.

Es ergibt sich ein neuer Planungszyklus für die Weiterentwicklung der TQM-Aktivitäten. Nach einem entsprechenden Zeitraum (cirka 3-5 Jahre) und erfolgreicher TQM-Umsetzung, die gute Ergebnisse zeigt, kann man überlegen, eine Teilnahme an einer Qualitätspreis-Ausschreibung (regionaler Qualitätspreis, Ludwig-Erhard-Preis = nationaler Qualitätspreis, European Quality Award = europäischer Qualitätspreis) ins Auge zu fassen. Über die Begutachtung im Zusammenhang mit einem Qualitätspreis und die Darstellung der Stärken und Verbesserungspotenziale erhält man eine noch genauere Aussage des eigenen Standes im regionalen, nationalen oder internationalen Vergleich.

TQM-Projekt		
Projektstufe	PDCA	Notwendige Maßnahmen
1. Analyse-phase		• Information der Führungskräfte und der Mitarbeiter über TQM-Projekt • Motivation und Schulung der Mitarbeiter zu TQM und TQM-Modellen • Erfassung des Ist-Zustands im Hinblick auf TQM über die Durchführung einer Selbstbewertung durch das Projekt-team. - Sammlung der vorhandenen Dokumente und Aufzeichnungen zu den TQM-Fragen. - Moderierter Selbstbewertungsworkshop • Analyse des Ist-Zustands und Ermittlung der Defizite
2. Grob-konzeptions-phase	Plan	• Aufstellung eines Projektplans, entsprechend der Ist-Analyse • Benennung der Projektmitwirkenden (Teilprojekte und Verantwortliche mit Terminen)
3. Detail-konzeptions-phase	Plan	• Erarbeitung von Konzepten zur Verbesserung • Schulung bezüglich der Konzepte • Überarbeitung der betroffenen Prozesse • Erarbeitung von Plänen zur Einführung der Veränderungen • Motivationsschulungen bei den Mitarbeitern allgemein und zu den neuen Prozessen
4. Einführungs-/ Umsetzungs-phase	Do	• Einführung der neuen Methoden (insbesondere Benchmarking mit dem Besten) • Einführung der geplanten Veränderungen • Integration aller Mitarbeiter in die Verbesserungsinitiativen über Workshops • Unterstützung der Mitarbeiter bei Veränderungsprozessen
5. Projekt-verifizierung / Arbeiten mit dem System	Check	• Messung der TQM-Ergebnisse, insbesondere im Vergleich mit Wettbewerbern • Erstellung eines schriftlichen Berichtes, analog zu Qualitätspreisbewertung • Durchführung einer detaillierteren und genaueren Selbstbewertung aufgrund der schriftlichen Dokumentation • Auswertung der Ergebnisse.
6. Projekt-optimierung	Act	• Direkte Optimierung der TQM-Anstrengungen

Bild 38: Vorgehen bei der TQM-Einführung [nach Neu]

2.1.4 Vorgehensreihenfolge DIN EN ISO 9001 und/oder TQM

- **Managementdokumentation (DIN EN ISO 9001) als Basis für TQM**

In der Industrie mit einem bestimmten Einsatz von Maschinen und Anlagen beginnt man regelmäßig im technischen Bereich mit qualitätssichernden Maßnahmen und weitet diese dann zu einem umfassenden Managementsystem aus, das sukzessive auf höherwertige Normen (von DIN EN ISO 9001 auf ISO / TS 16949) weiterentwickelt wird. Dann beginnt man mit TQM, in der Automobilindustrie auch Automotive Excellence genannt.

- **Mitarbeiterorientiertes TQM als Einstieg vor Managementdokumentation**

Im Handwerk und bei personenzentrierten Dienstleistungen ist vielfach die Reihenfolge anders. Es wird mit einem mitarbeiterzentrierten TQM-Projekt begonnen. Ziel ist die Motivation der Mitarbeiter für einen Aufbruch und ihre Mitwirkung als Unternehmer im Unternehmen.

Man führt Motivations- und Qualifizierungsschulungen mit den Mitarbeitern durch und versucht, dass die Mitarbeiter anschließend selbständig die Qualität verbessern. Die Motivationsseminare wirken sich fast immer kurzfristig erfolgreich aus. Allerdings ist festzustellen, dass nur diejenigen Projekte wirklich erfolgreich sind, in denen neben Mitarbeitermotivationsanstrengungen und der Selbstbewertung nach einem TQM-Modell auch direkt mit dem Aufbau qualitätssichernder Maßnahmen begonnen wird. Ansonsten bleiben die Motivationsanstrengungen durch die fehlenden Strukturen alleinstehend. Die grundsätzlichen Probleme und Prozessfehler werden nicht zufriedenstellend abgearbeitet, und insbesondere im Führungsbereich erfolgen häufig keine grundlegenden Veränderungen. Dazu kommt, dass die Leistungen der Mitarbeiter nicht angemessen belohnt werden.

Die TQM-Motivationsparolen stehen in teilweisem Widerspruch zur Realität und nutzen sich dadurch ab. Langfristig werden die Motivationsseminare – ohne durchdachtes System zur Absicherung der Erfolge – nur als „Durchhalteparolen“ der Führung angesehen und nicht mehr ernst genommen. Es kommt zur Ernüchterung bei den Mitarbeitern, da Qualität nicht durchgehend umgesetzt und gelebt wird. Das TQM-Projekt scheitert und kann auch über mehrere Jahre nicht wieder in gleicher Weise erfolgreich angegangen werden.

Die transparente Dokumentation der Verfahren und Abläufe und die Anerkennung positiver Leistungen sind die Grundlagen für einen dauerhaften TQM-Erfolg und müssen als Aktivitätspunkte recht schnell angegangen werden.

2.2 Anforderungen an eine Management-Dokumentation

Nach der DIN EN ISO 9000:2015 liegt der **Nutzen einer Dokumentation** in der Vermittlung der Absichten der Führung und in der Konsistenz von Maßnahmen. Für alle Beteiligten, die Mitarbeiter sowie häufig auch Lieferanten und Partner, liegen über die Management-Dokumentation klare, von der Führung in Kraft gesetzte Vorgaben und Regeln zum gemeinsamen Arbeiten vor. Das Managementsystem und seine angemessene Dokumentation ermöglicht:

- eine effiziente und zielgerichtete Arbeitsteilung in Teamarbeit, bedingt durch klare Regeln (siehe Bild 39),
- das effiziente Erfüllen der Kundenanforderungen,
- ein konstantes Lernen und eine entsprechende Qualitätsverbesserung; eine gute Dokumentation verringert die Fehler,
- die effiziente Einarbeitung und Schulung von (neuen) Mitarbeitern,
- die Wiederholbarkeit und Rückverfolgbarkeit von Abläufen über klare, objektive Nachweise,
- eine Beurteilbarkeit der Eignung von Prozessen und auch der Wirksamkeit des Managementsystems für das Unternehmen.

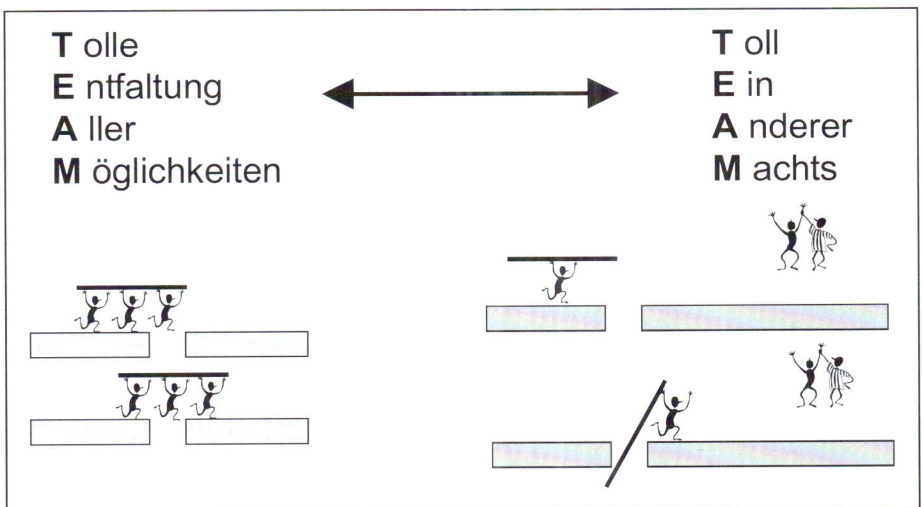

Bild 39: Nur im richtigen Team kommt man weiter

Damit der Nutzen wirklich realisiert wird, gibt es einige wesentliche Anforderungen an die Management-Dokumentation:

- **Die Dokumentation muss transparent und für die Mitarbeiter und die Führung leicht verständlich gestaltet sein.**

Ansonsten wird der Mitarbeiter die Management-Dokumentation nicht verwenden, da er diese nicht versteht.

- **Die Dokumentation muss allen zugänglich sein. In der Dokumentation sollten schnell die gewünschten Informationen auffindbar sein.**

Die Dokumentation sollte mit Möglichkeiten zur leichten Informationssuche ausgestattet sein (Stichwortsuche, Übersichttabellen, Verweise, usw.). Der Mitarbeiter muss die Information finden, die er für seine spezifische Arbeitssituation benötigt. Ansonsten wird er die Dokumentation für die tägliche Arbeit nicht verwenden.

- **Die Dokumentation muss auf die Bedürfnisse und Anforderungen der Mitarbeiter eingehen und die vorhandene Arbeitsmotivation fördern und nicht zerstören.**

Angenehme Arbeitsbedingungen sowie eine transparente, durchgängige, vom positiven Weltbild geprägte Personalführung und Personalpolitik mit einer auf Vertrauen basierenden Überwachung und Kontrolle der Arbeitsergebnisse durch die Führungskräfte sind wesentliche Faktoren für die Zufriedenheit mit der Arbeit.

Der für das Unternehmen mitdenkende, eigenverantwortlich handelnde qualifizierte Mitarbeiter benötigt Handlungsspielräume, um diese im positiven Sinne auszuschöpfen und daraus auch die Motivation an der eigenen Arbeit zu ziehen.

Negativ angenommen wird das Management-System mit seiner Dokumentation immer dann, wenn dieses die Mitarbeiter gängelt und ihnen nicht die erforderlichen Freiräume mit eigener Verantwortung und Flexibilität einräumt. Jegliche Motivation wird damit vernichtet.

- **Die Dokumentation muss klar und eindeutig sein.**

Transparente, nachvollziehbare, akzeptierte und durchgängig angewandte Regeln im Unternehmen sind entscheidend, um gemeinsam in eine Richtung arbeiten zu können. Die Regeln müssen so präzise sein, dass widersprüchliche Auslegungen nicht vorkommen können.

- **Die Dokumentation und das Managementsystem müssen dem Unternehmenszweck und -umfeld entsprechen.**

Einmalige Abläufe müssen anders vorgegeben und dokumentiert werden als kontinuierliche, immer wiederkehrende Prozesse. Die Abwicklung der Fertigung eines Einzelteiles ist anders zu planen und durchzuführen als die einer Massenfertigung. Prozesse mit hohen Gefahrenpotenzialen und Fehlerfolgen (z.B. Gefahr für Menschenleben) verlaufen anders als problemlose. Dies gilt auch für das direkte Erkennen von Problemen beim nächsten Arbeitsgang, wo Fehler ohne viel Aufwand beseitigt werden können. **Aufwand für die Dokumentation und Nutzen müssen sich entsprechen.**

2.3 Grundsätzliche Möglichkeiten für Management-Dokumentationen

2.3.1 Gliederungsarten der Management-Dokumentation

In diesem und den folgenden Abschnitten von 2.3 werden einzelne, immer wieder in Frage stehende Grundsätze zu formalen Elementen von Management-Dokumentationen kritisch diskutiert. Ein Vorschlag zur inhaltlichen Strukturierung der Management-Dokumentation folgt im Abschnitt 2.4.

Die Gliederung der Management-Dokumentation kennzeichnet und ordnet deren Inhalt. Sie ist daher für die Handhabbarkeit der Management-Dokumentation von Bedeutung und umfasst die folgenden Punkte:

- **Orientierung der Gliederung der Management-Dokumentation entsprechend der Normgliederung**

Viele Management-Dokumentationen übernehmen die Normgliederung. Das eigene Management-Handbuch ist analog zu den Kapiteln der DIN EN ISO 9001 aufgebaut, teilweise ergänzt um spezielle Themen wie Arbeitssicherheit und Umweltmanagement.

Vorteil ist:
- Einfache Erstellung einer normkonformen Management-Dokumentation und meist weniger Probleme bei Zertifizierungsverfahren.

Nachteile sind:
- Veränderungen in der Strukturierung der Norm führen zu einem erheblichen Änderungsaufwand bei der Management-Dokumentation, um nicht als „überholt" kritisiert zu werden. Kleinere Normrevisionen finden ungefähr alle vier Jahre, größere meist alle acht bis zwölf Jahre statt. Weiterhin ergeben sich erhebliche Schwierigkeiten, wenn man mehrere Normen und Standards, die DIN EN ISO 9001 und spezifische, anders strukturierte Branchenforderungen gleichzeitig erfüllen muss.
- Der größere Nachteil einer sehr starken Anlehnung an eine spezifische Normgliederung ist die Tatsache, dass man sich nicht am Unternehmen und seiner Struktur sowie der damit verbundenen Denkweise der Mitarbeiter ausrichtet. Die Menschen und das Unternehmen sollten im Mittelpunkt der eigenen Überlegungen stehen.

- **Spezifische Gliederung der Management-Dokumentation**

Man wählt eine eigene, dem jeweiligen Unternehmen und seinen Prozessen angepasste Gliederung. Dies vermeidet die oben genannten Nachteile. Der Bezug zu den Forderungen der verschiedenen Normen lässt sich sehr gut über sogenannte Vergleichsmatrizen sichern. Diese zeigen auf, in welchen eigenen Dokumenten (Spalte 2 und 3) die spezifische Normforderung (Spalte 1) dargestellt und erfüllt wird (Vgl. Bild 40).

Vergleichsmatrix DIN EN ISO 9001 (oder andere Norm) – Managementsystem Unternehmen XY		
Forderung DIN EN ISO 9001 (hier Version 2008) (oder andere Norm)	Erfüllung der Forderung über:	Weitere relevante Dokumente im Management-System
4.1.1 Allgemeine Anforderungen - *Erkennung Prozesse* - *Abfolge und Wechselwirkungen der Prozesse* *...*	*2. Prozesslandschaft unseres Unternehmens*	*Zugehörige Prozessbeschreibungen*
......		
4.2.3 Lenkung von Dokumenten	*Prozessbeschreibung Dokumentenlenkung*	*Dokumentenmatrix* *Liste externer Dokumente (verfügbar bei Normbeauftragten)*
4.2.4 Lenkung von Qualitätsaufzeichnungen	*Prozessbeschreibung Aufzeichnungslenkung*	*Dokumentenmatrix*
....		

Bild 40: Vergleichsmatrix DIN EN ISO 9001 zu individueller Managementdokumentation [nach Neu]

2.3.2 Umfang der Management-Dokumentation

Der Umfang der Management-Dokumentation ist von deren Inhalt abhängig. Er wird von der Unternehmensgröße und Produkt- und Prozesskomplexität stark beeinflusst. Der Umfang ist von Unternehmen zu Unternehmen sehr unterschiedlich.

- **Überdimensionierte Management-Dokumentationen**

In vielen Fällen findet man überdimensionierte, teilweise redundante, also mehrfach identische Informationen besitzende Management-Dokumentationen. Einige Unternehmen besitzen ein Qualitätsmanagement- (QM-) Handbuch, ein Umweltmanagement- (UM-) Handbuch, ein Handbuch zur Arbeitssicherheit, ein Handbuch des Personalwesens, ein Einkaufshandbuch, ein Handbuch zum Finanz- und Rechnungswesen usw.. Jedes Handbuch als Teil der gesamten Management-Dokumentation ist betreut von einem (Team von) Spezialisten, der dieses verantwortet. Damit wächst natürlich die Gefahr von Wiederholungen und mehrfach dargestellten Regelungen.

Nachteil:
- Es zeigt sich häufig, dass mögliche Synergieeffekte nicht genutzt werden und ähnliche Abläufe in den verschiedenen Bereichen unterschiedlich durchgeführt werden müssen.
- Es besteht zudem die sehr starke Tendenz der Überbürokratisierung, da sich jeder Bereich für den wichtigsten hält und über sein Handbuch die anderen Bereiche „versklaven" will zur Durchsetzung der eigenen Interessen.

- **Keine Management-Dokumentation**

Im Gegensatz dazu besitzen viele Kleinunternehmen, insbesondere im Dienstleistungsbereich, keine Management-Dokumentation, was ab einer bestimmten Größe und besonders bei einem Ausfall wichtiger Mitarbeiter sehr schnell zum Handikap wird.

- **Optimal angepasste Management-Dokumentation**

Ziel sollte es sein, nur ein integriertes Management-Handbuch zu besitzen, welches in komprimierter, an das Unternehmen angepasster Form alle Aspekte des Managements für die einzelnen Bereiche und Prozesse enthält. Integriertes und vernetztes Denken wird damit gefördert, einseitiges Spezialistentum vermieden. Die Management-Dokumentation eines Kleinunternehmens ist notwendig und sinnvoll, wird aber sicherlich sehr viel kürzer ausfallen als die eines Großunternehmens.

Es gilt: So wenig Dokumentation wie möglich, so viel wie nötig.

2.3.3 Gliederung der Management-Dokumentation in Ebenen

Die Aufteilung der Management-Dokumentation in Ebenen soll deren Übersichtlichkeit und Handhabbarkeit verbessern und damit für eine hohe Akzeptanz beim Benutzer sorgen. Vertraulichkeit von bestimmten Informationen zwingt zusätzlich zur Gliederung in Ebenen.

Die Management-Dokumentation gliedert sich in vielen Unternehmen in drei Ebenen (vgl. Bild 41):
1) das Management-Handbuch,
2) die Verfahrens-/ Prozessbeschreibungen
3) die Ebene der Arbeitsanweisungen, Formulare und Checklisten.

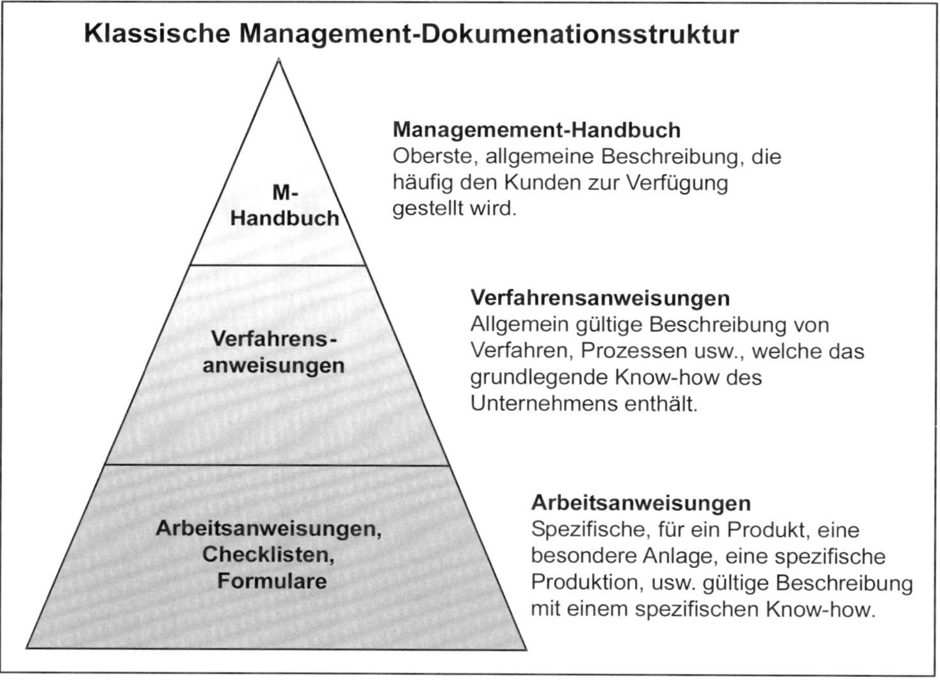

Bild 41: Ebenen einer Management-Dokumentation

Vorteil der Gliederung in drei Ebenen:

- Die Gliederung in mehrere Ebenen ist sinnvoll, um schrittweise vom Allgemeinen zum Spezifischen zu kommen und damit eine Transparenz innerhalb der Dokumentation sicherzustellen.

Nachteil der Gliederung in drei Ebenen:

- Leider ergibt sich durch die Gliederung in mehrere Ebenen häufig Dopplung von Inhalten (Redundanzen), z.B. zwischen dem Management-Handbuch und den Prozessbeschreibungen der zweiten Ebene. Diese Dopplungen sind zu vermeiden, da dies teilweise zu Widersprüchen führt und außerdem den Dokumentationspflegeaufwand stark erhöht.

Zusammenfassend gilt:

- Drei Dokumentationsebenen sind erst ab einem mittelständischen Unternehmen sinnvoll.
- Bei kleineren Unternehmen hingegen sind teilweise zwei Ebenen, die Ebene 1 als Integration von Handbuch und Prozessbeschreibungen und die Ebene 2 mit Checklisten und Formularen, vollkommen ausreichend.
- Bei sehr großen Unternehmen hingegen kann es weitere Ebenen geben, über die verschiedenen Strukturen (Konzern, Tochterunternehmen, Zweigwerk) hinweg.

2.3.4 Arten der Erstellung von Beschreibungen

Die Art der Erstellung von Beschreibungen trägt zur Verständlichkeit und Eindeutigkeit und damit zur Akzeptanz von Management-Dokumentationen bei. Für die Darstellung der Inhalte der Managementdokumentation sind drei wesentliche Arten üblich, die auch miteinander verbunden eingesetzt werden können:

- **Textliche Darstellung, ggf. mit einer bestimmten Gliederung aller Prozessbeschreibungen.**

Vorteile sind:
- Textliche Beschreibungen sind einfach zu erstellen und sehr flexibel.

Nachteile sind:
- Die Beschreibung von Prozessen über einen Fliesstext ist am anfälligsten für Mehrdeutigkeit und damit Interpretierbarkeit. Fliesstext ist am schwierigsten vom Lesenden erfassbar.
- Die Erfahrung lehrt, dass textlastige Dokumentationen am wenigsten bei der täglichen Arbeit genutzt werden.

- **Tabellendarstellung, Checklistendarstellung in Form der aufeinanderfolgenden Ablaufschritte bzw. Prüfschritte.**

Vorteile sind:
- Der Vorteil von Tabellen- bzw. Checklistendarstellungen ist die Übersichtlichkeit und die direkte Nutzbarkeit.
- Tabellen und Checklisten lassen sich leicht mit jeder Textverarbeitungssoftware erstellen.

Nachteil ist:
- Viele Prozesse laufen nicht nur sequentiell ab und sind dann nur schwer als einfache Tabelle darstellbar.

- **Grafische Darstellung in Form eines Flussplanes**

Vorteil ist:
- Die grafische Darstellung in Form von Flussplänen ist die beste Darstellungsweise, da eindeutig und sehr leicht verständlich.

Nachteil ist:
- Sie ist aufwändig bei der Erstellung. Meist greift man auf zusätzliche Programme zurück, die wiederum Kosten verursachen.

Die textliche Darstellung ist geeignet für das Management-Handbuch. Prozesse sind besser dokumentierbar in Tabellen-/Checklistenform oder grafischer Darstellung. Dabei ist die Tabellen- und Checklistenform bei linearen Abläufen ohne Verzweigungen zu bevorzugen, ansonsten die grafische Darstellung. Ein weiteres Kriterium ist die Möglichkeit zur Erstellung grafischer Abläufe über spezifische Softwaresysteme. Beispiele hierzu finden sich im Abschnitt 2.4.6.

2.3.5 Arten der Ablage und Verwaltung der Management-Dokumentation

Die Verfügbarkeit der Management-Dokumentation ist wichtig für deren Erfolg. Jeder Mitarbeiter muss schnell seine Informationen finden können.

Für die Ablage und Verwaltung der Dokumentation gibt es mehrere Möglichkeiten:

- **Dokumentation liegt in Papierversion vor**

Früher lagen Management-Dokumentationen ausschließlich in Papierform vor. Jeder Bereich des Unternehmens, jede Niederlassung oder sogar jeder Mitarbeiter hat seine eigene Managementdokumentation erhalten.

Vorteil der Papierversion:
- Papier ist am jeweiligen Arbeitsplatz direkt ohne irgendeine Abhängigkeit von der EDV verfügbar.

Nachteile der Papierversion:
- Das Problem hierbei liegt in der Pflegbarkeit und der Aktualität der Handbücher. Der Austausch einzelner Verfahrensanweisungen ist mit Kopieren der auszutauschenden Blätter und dem Versand an alle Handbuchbesitzer sehr aufwendig. Zudem erfolgt in der Praxis häufig kein Einsortieren/Austausch der Verfahrensanweisungen im Handbuch.
- Auch die Einführung einer schriftlichen Rückmeldung mit Unterschrift über den erfolgten Austausch war meist nicht wirksam. Es erfolgte nur in geringem Maß überhaupt eine Rückmeldung und häufig war trotz Rückmeldung ein Austausch nicht erfolgt.

- **Eigene Verwaltung und Dokumentenlenkung im Netz, mit oder ohne EDV-Freigabe**

Heute versucht man Papierversionen – soweit als möglich – zu vermeiden und die Zugänglichkeit über das Intranet des Unternehmens zu gewährleisten. In den meisten Fällen gibt es weiterhin eine Originalversion als Papierausdruck, auf dem auch die Freigabe dokumentiert ist. Dies ist notwendig, solange es keine ausreichend sichere digitale Unterschrift gibt. Einzelne Unternehmen führen heute den gesamten Erstellungs-, Prüfungs- und Genehmigungsprozess papierlos durch.

- **Verwaltung über ein separates EDV-Programm mit entsprechender Dokumentenlenkung komplett im Netz**

Noch besser erscheint vielen die Dokumentenlenkung mit Hilfe spezifischer Softwaresysteme, die hierfür in vielfältiger Art und Weise angeboten werden.

Vorteil ist:
- Die Lenkung der Dokumente, insbesondere das Versionsmanagement und die Ablage alter Versionen werden unterstützt und vereinfacht. Fehler werden damit vermieden.

Nachteile sind:
- Man begibt sich in eine Abhängigkeit von der Software, insbesondere dann, wenn die Dokumente nicht mehr einzeln extrahiert werden können. Die Kosten von Updates oder einer regelmäßigen Software-Pflege lassen sich nicht mehr vermeiden.
- Über die Softwarelizenzen wird meist die Zahl der Mitarbeiter mit Zugriff und Änderungsrechten am System begrenzt.

Es wird angeraten, Papierversionen möglichst zu vermeiden, ohne sich allerdings in allzu starke und teure Abhängigkeit von Spezialsoftware zu begeben.

2.3.6 Zugriff auf Dokumentationen

Ein ganz wichtiges Kriterium für die Akzeptanz der Benutzer sind die Transparenz der Dokumentation aus Sicht des Benutzers und der leichte Zugriff auf die benötigte Information. Hier sind die folgenden Kriterien wichtig:
- Benutzergerechte Gliederung und Strukturierung der Dokumentation (z.B. direkter Zugriff auf Prozessbeschreibungen).
  Einzelne Unternehmen bieten verschiedenen Benutzergruppen eine jeweils auf ihre Bedürfnisse zugeschnittene Oberfläche für die Management-Dokumentation an, die direkten Zugriff auf die für die eigene Arbeit relevanten Dokumentationsteile bietet.
- Vernetzung innerhalb der Dokumentationen über „Links“ und Verweise auf mitgeltende Dokumente.
- Auf Arbeitssituationen angepasste Einstiegsmöglichkeiten in die Dokumentation (direkt auf Handbuch, Verfahren und Formulare).
- Suchmöglichkeiten innerhalb einer EDV-gestützten Dokumentation (Schlagwort- oder Volltextsuche).

Ein klassisches Papier-Handbuch ist den heutigen vernetzten, über vielfältige Suchmöglichkeiten verfügenden EDV-gestützten Dokumentationen von der Handhabung her klar unterlegen.

2.3.7 Programme zur Erstellung von Dokumentationen

Nach den bisherigen Darstellungen sollen nunmehr die verschiedenen EDV-Programmalternativen zur Erstellung von Dokumentationen dargestellt werden. Die EDV-Entscheidung ist meist eine langfristige Entscheidung und Festlegung, da eine Umstellung hohen Aufwand bedeutet.

- **MS-Office-Produkte (Word, Powerpoint, Excel, Visio-Diagramme, usw.)**

MS-Office-Produkte bieten den Vorteil der weiten Verbreitung und umfassender Anwenderkenntnisse. Zudem haben sich die Funktionalitäten der Standardsysteme (Word, Powerpoint und EXCEL) soweit ausgedehnt, dass mit diesen gute Management-Handbücher erstellbar sind. Dazu gehören Möglichkeiten der Vernetzung von Dokumenten (Hyperlink, erreichbar über Menüpunkt Einfügen Hyperlink) und Realisierbarkeit von Flussdiagrammen über den Bereich „Autoformen", besonders im EXCEL-Programm.

Die Freigabe und Sicherung der Dokumente gegen Missbrauch muss allerdings über die Server-/Intranet-Konfiguration sichergestellt werden. Dort ist über Zuweisung von Schreib- und Leserechten das Ändern durch nicht berechtigte Personen zu verhindern.

- **PDF-Dateien**

PDF-Dateien, erstellt mit dem Acrobat-Writer und lesbar mit dem kostenlosen Acrobat-Reader, stellen eine neutrale Speicherung der Management-Dokumentation dar, die sehr gut auch über das Internet aufruf-, les- und gleichzeitig über Passwort schützbar ist. Die Erstellung der PDF-Dateien erfolgt normalerweise über Word, so dass für die Generierung der PDF-Dateien ein zusätzlicher Aufwand anfällt. Die Vernetzung von Dokumenten ist noch recht aufwendig.

- **HTML**

Der Vorteil von HTML ist die Portabilität und die Möglichkeit des Lesens mit jedem kommerziellen Browser. HTML bietet die Möglichkeit der optimalen Vernetzung der Management-Dokumentation. Allerdings muss man beachten, dass die Darstellung unter HTML sehr stark von den Einstellungen abhängt und damit höchst unterschiedlich ausfallen kann. Die Erstellung von Formblättern zur EDV-Eingabe ist ohne Programmierung nicht mehr möglich. Es besteht eine sehr viel größere Abhängigkeit von EDV-Spezialisten.

- **Lotus Notes oder andere Organizer-Programm**

Der Vorteil der Management-Dokumentation auf Lotus-Notes oder einem anderen Organizer-Programm ist die sichere Lenkung von Information, Dokumenten und Qualitätsaufzeichnungen im System. Teilweise ist die Verbindung der Dokumentation mit automatischen Workflows möglich, was zu einer erheblichen Vereinfachung und Beschleunigung der Arbeitsabläufe führt. Allerdings ist die Erstellung solcher Anwendungen komplizierter und wird nur in größeren Unternehmen mit eigener DV-Abteilung wirtschaftlich sinnvoll möglich sein.

- **Prozessorganisationswerkzeuge (z.B. SYCAT, ARIS).**

Bei Prozessorganisationswerkzeugen besteht oft ein systematisches Versionsmanagement, was die Organizer-Programme auszeichnet und die Möglichkeit der Konfigurierung von ERP-Systemen über die Management-Dokumentation bietet, so dass dann Workflow-Routinen innerhalb der betrieblichen Standard-Software möglich werden. Zudem erfolgt eine Integration der Management- und der DV-Gestaltung und verhindert damit ein Auseinanderfallen von Soll- und Ist-Prozess.

Weiterhin bieten die Prozessorganisationswerkzeuge allgemein Möglichkeiten zur Prozessanalyse, wodurch Schwachstellen neuer Prozessvorschläge deutlich werden. Eine Verbesserung vor der Realisierung ist möglich.

Allerdings sind auch diese Systeme nicht sehr preiswert und es bedarf mehr oder weniger geschulter Spezialisten. Weiterhin begibt man sich durch eine solche Management-Dokumentation in die Abhängigkeit von einem spezifischen DV-Werkzeug. Auch eine solche Vorgehensweise eignet sich eher für mittlere und größere Unternehmen.

Zusammenfassend gilt:
Die Management-Dokumentation ist betriebsspezifisch aufzubauen. Einfach in der Darstellung und im Umfang stellt sie dennoch alle Managementaspekte integrierend dar. Es wird möglichst weitgehend eine graphische oder tabellarische/ checklistenorientierte Darstellung verwendet. Die Dateien sind verlinkt, wobei ein Direkteinstieg dem geübten Benutzer möglich ist. Die Verwaltung der Dateien erfolgt im Intranet, und es wird weitgehend auf Papier verzichtet. Die EDV-Lösung muss eingebunden in die Unternehmensstruktur gewählt werden und auf betrieblichen Standardprogrammen beruhen.

Die Management-Dokumentation muss wirtschaftlich sinnvoll bleiben.

2.4 Darstellung wesentlicher Bestandteile einer integrierten Managementsystem-Dokumentation

2.4.1 Systematik für eine integrierte Managementsystem-Dokumentation

In diesem Abschnitt wird detailliert auf die inhaltliche Seite der Management-Dokumentation eingegangen, da diese als das Führungsinstrument im Rahmen des führungsorientierten Qualitätsmanagements eine zentrale Rolle einnimmt.

Die in Bild 42 dargestellte Dokumentationssystematik gliedert sich in drei Ebenen:
1) Management-Handbuch,
2) Verfahrensanweisungen,
3) Arbeitsanweisungen, Checklisten und Formulare (siehe auch Bild 41).

Die Systematik folgt den Objekten der Qualitätsbetrachtung (siehe Bild 5 und 6), die gleichzeitig auch die wesentlichen Handlungsbereiche des Qualitätsmanagements darstellen:

- Mit einer bestimmten **Organisation** (Spalte 1 Bild 42) und
- den **Mitarbeitern** (Spalte 1 Bild 42) werden mit
- den Leistungen der **Partner und Lieferanten** (Spalte 2 Bild 42) und
- den eigenen **Anlagen und Maschinen** (Ressourcen) (Spalte 3 Bild 42) in und über
- die verschiedenen **Prozesse,** bei einer bestimmten Arbeitsgestaltung, (Spalte 4 Bild 42)
- die **Produkte** des Unternehmens (Spalte 5 Bild 42) erstellt, die am Markt an die Kunden verkauft werden.
  Informationsmanagement und Qualitäts-, Umwelt-, Arbeitssicherheitsmanagement, Logistik und Controlling sind Querschnittsfunktionen, die auf allen Ebenen wie allen Bereichen eine Rolle spielen.

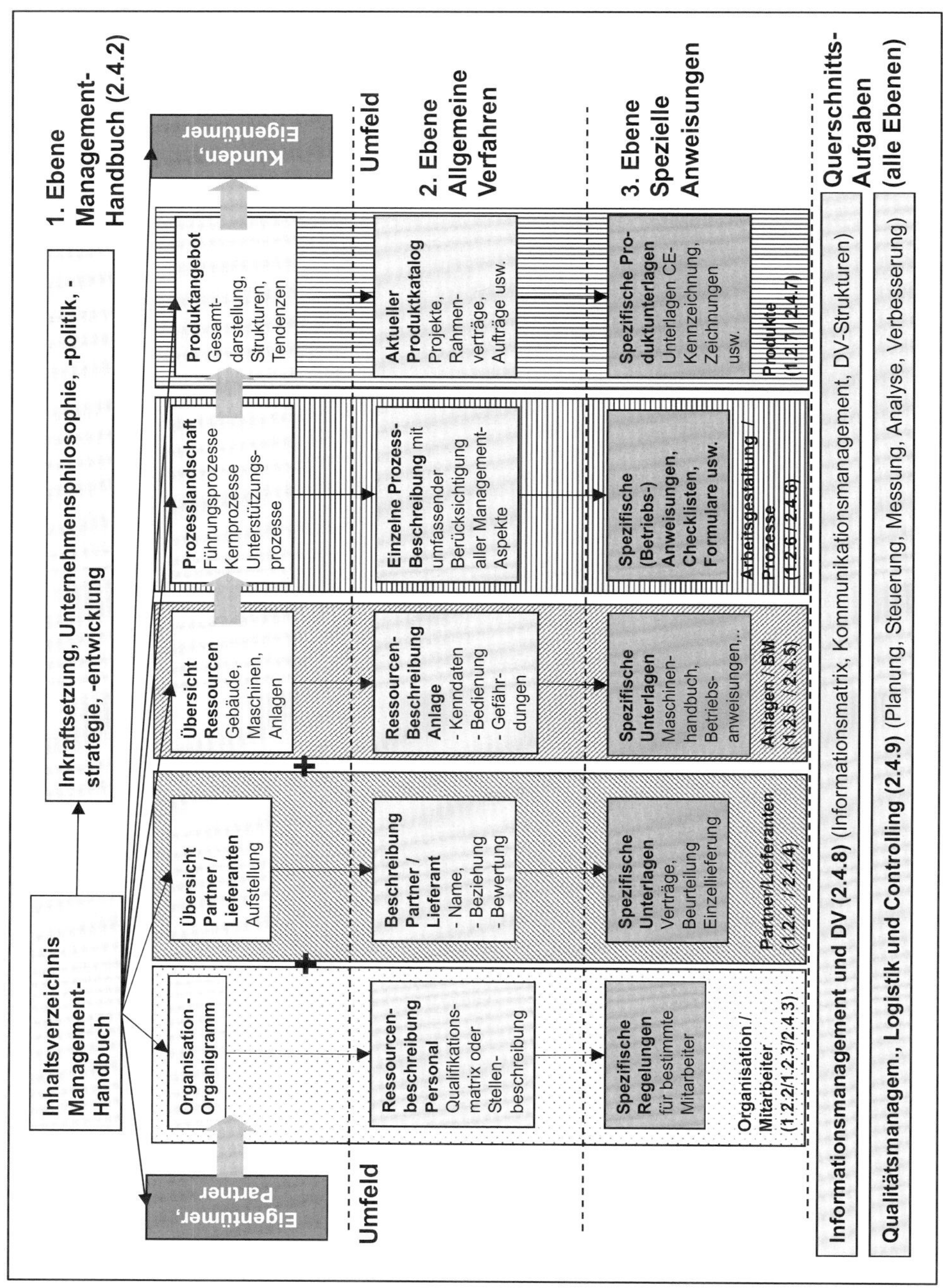

Bild 42: Strukturierungsmöglichkeit für eine integrierte Management-Dokumentation

Es gilt weiterhin:

- Organisation/Mitarbeiter und Betriebsmittel kann man als Aufbauorganisation ansehen, während
- die Prozesslandschaft die Ablauforganisation darstellt.

Beides zielt auf eine erfolgreiche und ökonomisch wirtschaftliche Produktherstellung. Dabei helfen Partner und Lieferanten sowie die planenden, steuernden und verbessernden Querschnittsaufgaben, unterstützt durch das Informationsmanagement.

Die vorgeschlagene Systematik orientiert sich an keiner Norm, sondern rein an den Gegebenheiten der Leistungserstellung im Unternehmen. Damit bleibt man zielorientiert und flexibel bezüglich der verschiedenen Management-Normen und Anforderungen.

Das Qualitätsmanagement steuert die Systematik, während das Umweltmanagement im Bereich der Strategie angesprochen wird und dann sehr stark im Bereich der Prozesse und Produkte Einfluss nehmen wird. Die Arbeitssicherheit wiederum setzt sehr stark an den Betriebsmitteln und den Prozessen an und führt dort zu bestimmten Notwendigkeiten der Arbeitsgestaltung. Auch die Produkte sind davon betroffen, wenn von ihnen Gefahren ausgehen können.

2.4.2 Das Management-Handbuch

Die Zielsetzungen des Management-Handbuchs sind:
- bei Externen (Kunden, Lieferanten, sonstigen Partnern) Vertrauen in die Leistungsfähigkeit des Unternehmens zu schaffen und
- für die Mitarbeiter die Strukturen und das globale Management des Unternehmens darzustellen.

Da das Management-Handbuch oft auch Externen zugänglich gemacht wird, dürfen vertrauliche Informationen nicht enthalten sein. Dennoch soll Vertrauen in das Unternehmen bewirkt werden. Dieses Problem kann wie folgt gelöst werden:
- Individualität des Management-Handbuchs, welches über die Angepasstheit an die Randbedingungen Kompetenz und Solidität ausstrahlt. Dabei hilft eine marketingorientierte Aufbereitung des Management-Handbuchs.
- Verdeutlichen des Management-Systems, ohne jedoch spezifische Details preiszugeben. Durch die globale Darstellung der Ressourcen und der Prozesslandschaft, Links auf weiterführende Prozessbeschreibungen und eine Übersichtsliste der Dokumente erhält man schnell einen hinreichenden Eindruck vom Managementsystem. Dies zeugt von Kompetenz ohne Preisgabe von Interna. Unterstrichen wird dies zusätzlich bei Kunden durch die Produktbeschreibung, die Angebotsabwicklung, ggf. Einblick in einige wenige spezifische Dokumente und einen Betriebsrundgang.

Das **Management-Handbuch** sollte die folgenden Bereiche umfassen:
- Bekenntnis zum Managementsystem (Inkraftsetzung)
- Unternehmensphilosophie, -politik und -strategie
- Unternehmensentwicklung
- Produktspektrum
- Schnittstellen des Unternehmens nach außen (Kundenbetreuer)
- Beschreibung wesentlicher Aspekte des Unternehmens im Organisationsbereich (Organigramm), dem Netz von Partnern (Partner / Lieferanten-Aufstellung), den Ressourcen (Mitarbeiter und Betriebsmittel) und den Prozessen (Prozesslandschaft)
- Besondere Managementaspekte (welche das Unternehmen vom Wettbewerb unterscheiden bzw. eine zentrale Rolle für die Qualität spielen)
- Liste der gültigen Dokumente (um den Umfang des Managementsystems aufzuzeigen).

Der tatsächliche Umfang des Management-Handbuchs und der Grad der öffentlichen Darlegung (z.B. im Internet) hängt ab vom Umfeld und der Philosophie des einzelnen Unternehmens.

2.4.3 Teildokumentation Organisation und Personal

Ein zentraler Bestandteil der Führung ist die Aufbaustruktur des Unternehmens, welche mit zunehmender Unternehmensgröße immer wichtiger wird. Diese Aufbaustruktur entsteht von unten nach oben („bottom-up") über die Bildung von Stellen, denen jeweils bestimmte Aufgaben zugeordnet werden (Bild 34).

Anschließend werden die Stellen jeweils zu Abteilungen beziehungsweise Bereichen zusammengefasst. Es entstehen Stellen mit Anordnungsbefugnis bis hin zur klassischen hierarchischen Gliederung des Unternehmens. Das Organigramm ist das übliche Instrument, um die Hierarchiestrukturen und Zuordnungen im Unternehmen darzustellen (Bild 43).

Das Organigramm schafft auf einen Blick Transparenz, wie das Unternehmen strukturiert ist und wer grundsätzlich wofür im Unternehmen zuständig ist (Bild 44). Im Management-Handbuch findet sich teilweise eine personenneutrale, teilweise eine komplett personifizierte Organigramm-Darstellung.

Die personenneutrale Variante wird häufig nach außen eingesetzt, weil sie weniger altert als ein personenbezogenes Organigramm, welches bei jeder stattfindenden Personalveränderung angepasst werden muss. Intern gibt es dann häufig das Telefonverzeichnis oder eine Zuordnungsliste, wer welche Stelle einnimmt.

In Großunternehmen ist ohne Ansehen der Personen die Standardisierung der Stellen in allen Bereichen nötig, um diese einfach und effizient verwalten zu können. In Kleinunternehmen ist die Stellenbildung eher personenorientiert.

Dabei gilt, dass ein Mitarbeiter, in Bild 44 Herr Uebergenau, vielfältige Aufgaben wahrnehmen kann. In einem Großunternehmen wären diese aufgeteilt auf verschiedene Stellen. Ggf. kann ein Mitarbeiter gleichzeitig auch mehrere Stellen wahrnehmen. In Bild 44 ist dies beispielsweise Herr Maier als Geschäftsführer und gleichzeitiger Bereichsleiter für den Bereich der Serien- und Schmiedeteile.

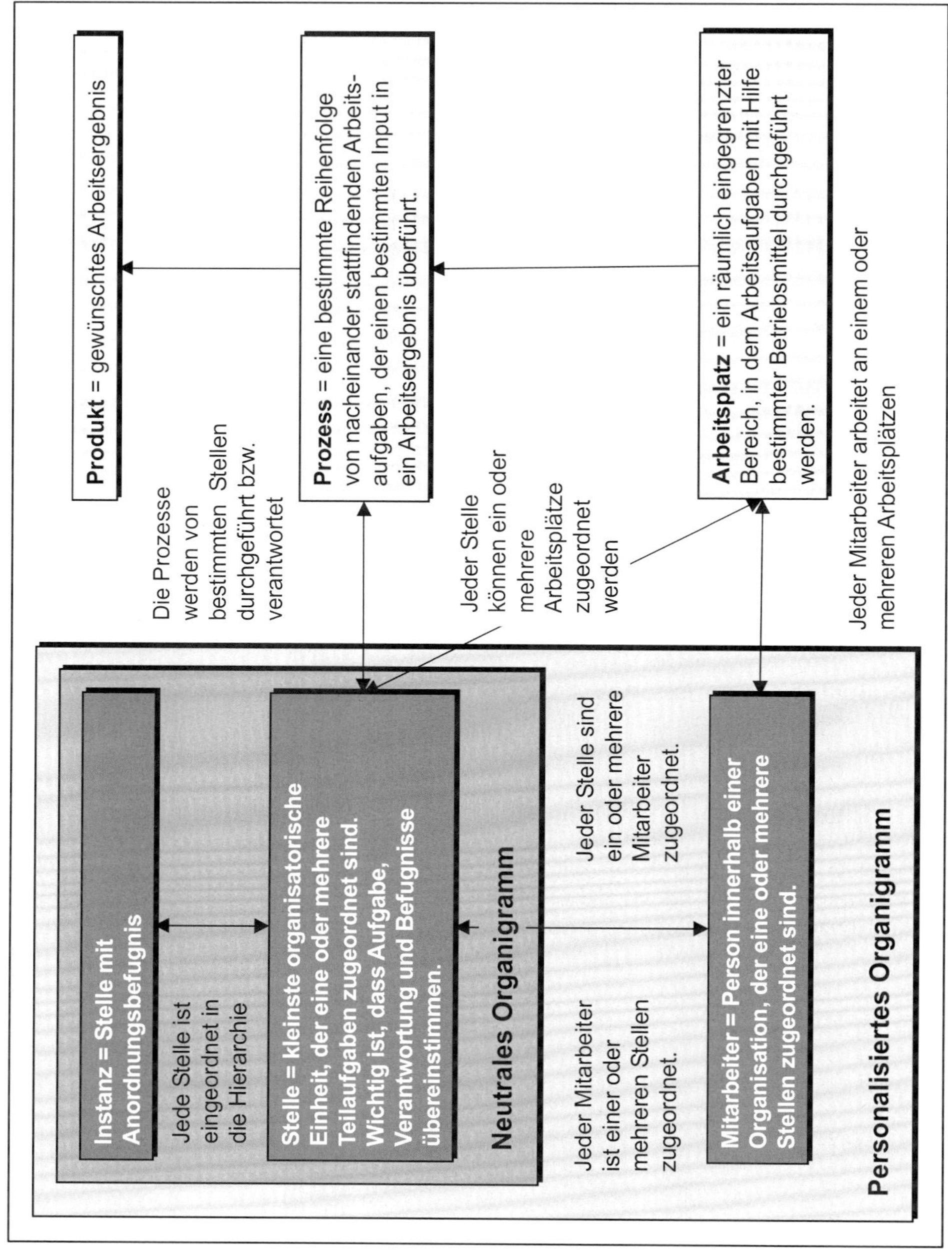

Bild 43: Organigramm im Zusammenhang mit der Strukturierung des Unternehmens

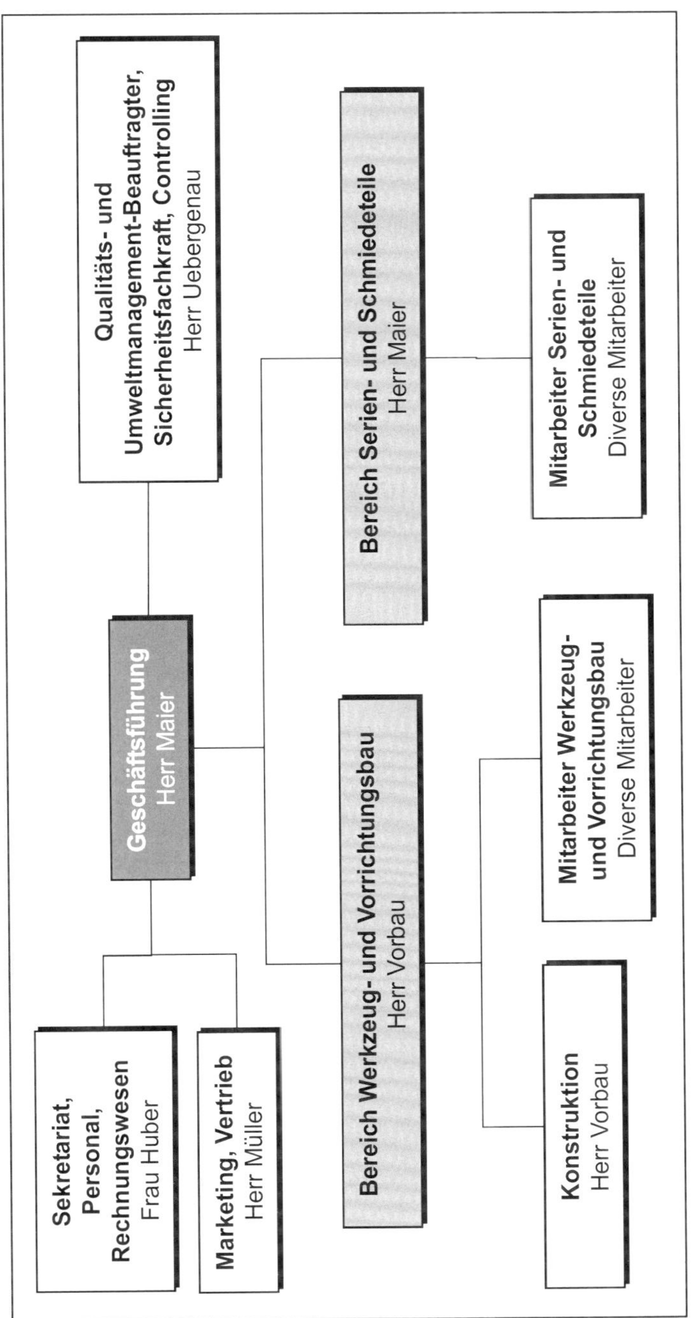

Bild 44: Organigramm mit teilweiser Personenzuordnung (Segmentierung in Profit-Center-Bereiche)

<table>
<tr><th colspan="2">Zusammenfassung Organigramm</th></tr>
<tr><th colspan="2">Vorteile Organigramm allgemein</th></tr>
<tr><td colspan="2">• Transparente Darstellung der Unternehmensstruktur
• Schaffung von Klarheit über grobe Aufgabenzuordnung</td></tr>
<tr><th>Vorteile personenorientiertes Organigramm</th><th>Vorteile personenneutrales Organigramm</th></tr>
<tr><td>• persönlicher
• sehr gut und schnell erfassbar</td><td>• längere, unveränderte Gültigkeit
• langfristige, personenunabhängige Strukturplanung
• sehr gut und schnell erfassbar</td></tr>
</table>

Bild 45: Vorteile eines Organigramms

Durch das Organigramm ist meist die Zuordnung der Arbeitsaufgaben, noch stärker aber der Verantwortung und Befugnisse, nur sehr grob geregelt. Es gilt, weitere Festlegungen vorzunehmen. Die klassische Möglichkeit hierfür ist die Stellenbeschreibung, die Details und das Umfeld der Stelle beschreibt. Mögliche Angaben sind (vgl. Bild 46):

- Bezeichnung der Stelle (+ Abkürzung), Kostenstellenzuordnung
- Rang des Inhabers der Stelle (formale Hierarchieebene) und Bewertungsmaßstab (tarifliche Einordnung), Stellvertreter, vorgesetzte Stelle, nachgeordnete Stellen
- Ziel und Verantwortung der Stelle
- Aufgaben der Stelle, durchzuführende Prozesse
- Befugnisse der Stelle (Unterschriftsberechtigung)
- Zusammenarbeit mit anderen Stellen und Mitarbeit in Gremien
- Umfang des Zugriffs auf Informationen und zur Verfügung stehende Betriebsmittel
- Qualifikations- und Anforderungsprofil an Stelleninhaber (personenneutral)
- Stellenausschreibung, Stelleninhaber (personenbezogen), ggf. Unterschrift von Stelleninhaber und Führungskraft.

Allgemeine Angaben

Stellen-Nr.	**Bezeichnung der Stelle:**		
122	Teamleiter Werbung		
Stelleninhaber/-in:	Herr Dr. Alfred Meier	Personal-Nr.	34 50 90

Ziel/Hauptaufgabe der Stelle:

Ziel der Stelle ist es, durch die Art und Gestaltung der Werbemittel und Auswahl der Werbeträger sowie deren Einsatz unter Berücksichtigung der Wirtschaftlichkeit dazu beizutragen, die von der Unternehmensleitung gesetzten Umsatzziele in den einzelnen Artikelgruppen zu erreichen.

Bei der Erfüllung seiner Aufgaben hat er seine Mitarbeiter so zu führen, dass deren Initiative und Mitdenken dem Unternehmen nutzbar gemacht werden.

Qualitätsrelevanz der Aufgabe:

Die Werbung ist die Außendarstellung des Unternehmens. Die Qualität der Werbung bestimmt das erste Bild vom Unternehmen sehr stark. Ist dieses nicht positiv, entstehen keine neuen Kundenkontakte.

Das abgegebene Bild muss nachher vom Unternehmen auch bestätigt werden. Von daher muss sich die Werbung mit den anderen betrieblichen Aktivitäten im Einklang befinden.

Einordnung der Stelle:

	Nr.	**Bezeichnung**
Geschäftseinheit	12	Vertrieb
Team	122	Werbung
Gruppe o. ä.		
Verantwortlich für		Werbeabteilung mit 3 zugeordneten Mitarbeitern

Kostenstellenzuordnung:

Nr.	**%**	**Bezeichnung**
55000	30	Produktgruppe A
55100	40	Produktgruppe B
55200	30	Produktgruppe C

Vorgesetzte und Vertretungen:

Stelle	**Nr.**	**Bezeichnung**
vorgesetzte Stelle	12	Leiter Vertrieb
Stellvertretung der vorgesetzten Stelle	122	Teamleiter Werbung
Stelleninhaber/-in wird vertreten durch	1223	Assistent Werbeleiter
Stelleninhaber/-in vertritt	1223	Assistent Werbeleiter

<table>
<tr><td colspan="4">Zugeordnete Stellen / Mitarbeiter:</td><td colspan="4">- Sekretariatsmitarbeiter
- Werbeassistent
- Layouter</td></tr>
<tr><td colspan="2">Arbeitszeit /Vergütung:</td><td colspan="6">Flexible Arbeitszeit bei außertariflicher Vergütung</td></tr>
<tr><td colspan="2">Arbeitsort bzw. Gebäude:</td><td colspan="6">Zentrale</td></tr>
<tr><td colspan="2">Art des Arbeits- bzw. Aufenthaltsraumes:</td><td colspan="6">Eigenes Büro</td></tr>
<tr><td colspan="2">Besondere Betriebsmittel:</td><td colspan="6">PC im Büro und Laptop</td></tr>
<tr><td colspan="8">Sonstiges:</td></tr>
<tr><td colspan="8">Arbeitsaufgaben, Befugnisse, Verantwortung:</td></tr>
<tr><td colspan="8">- erarbeitet Budgetvorschläge für den jährlichen Werbeplan
- erarbeitet dem Vertriebsleiter Werbeargumente für die Produkte, auch im Rahmen von Sonderaktionen, die für die einzelnen Werbemedien zugeschnitten sind
- berät den Vertriebsleiter bei der Auswahl von Agenturen und der Vertragsgestaltung mit diesen
- entscheidet über einzelne Werbemaßnahmen im Rahmen des Budgets
- wählt die Werbemittel aus
- setzt den Werbeplan mit Layoutgestaltung für alle Drucksachen / Werbetexte für alle Medien um
- vergibt Druckaufträge im Rahmen des Werbeplans
- schließt im Rahmen des Budgets Verträge mit Werbeträgern ab
- erarbeitet Werbesonderaktionen und erteilt Aufträge über Sonderanzeigen
- trifft Einzelmaßnahmen gegenüber den Werbemaßnahmen der Konkurrenz im Rahmen der Richtlinien der Vertriebsleitung
- berät die Vertriebsleitung hinsichtlich prinzipieller Maßnahmen, die auf Grund der Beobachtung der Wettbewerber notwendig sind.
- effiziente Anleitung und dementsprechender Einsatz der untergebenen Mitarbeiter
- unterschreibt seine Post als Handlungsbevollmächtigter und kann Ausgaben bis zu 10 000 EURO alleine, darüber mit dem Leiter Vertrieb gemeinsam freigeben
- verantwortet den Werberesponse und die Werbewirkung sowie die Kosteneffizienz.</td></tr>
<tr><td colspan="2">Gültigkeit ab:</td><td colspan="6">01.01.20..</td></tr>
<tr><td colspan="2">Ort, Datum</td><td colspan="2">Vorgesetzter</td><td colspan="2">Stelleninhaber/-in</td><td colspan="2">Personalabteilung</td></tr>
<tr><td colspan="2"></td><td colspan="2"></td><td colspan="2"></td><td colspan="2"></td></tr>
</table>

Bild 46: Beispiel für Stellenbeschreibung

Die Vor- und Nachteile der Stellenbeschreibung sind in Bild 47 zusammengefasst.

Zusammenfassung Stellenbeschreibungen	
Vorteile	**Nachteile**
Detaillierter Überblick, welche Aufgaben wo im Unternehmen durchgeführt werden.	Hoher Aufwand zur kontinuierlichen Aktualisierung der Stellenbeschreibung bei Veränderungen in den Prozessen. Stellenbeschreibungen sind damit in der Praxis nicht mehr aktuell. Es gibt also Widersprüche in der Management-Dokumentation.
Sehr klare und schnell nachvollziehbare Regelung von Verantwortung und Befugnissen.	Man will über ihren engen Tätigkeitsbereich hinaus mitdenkende und ggf. auch spontan mitwirkende Mitarbeiter. Dies wird durch detaillierte Stellenbeschreibungen nicht gefördert.
Gute Basis zum Erkennen von Qualifikationsdefiziten, zur Schulungs- und Personalentwicklungsplanung.	Aufgrund der tarifvertraglichen Situation lassen sich häufig, insbesondere bei einer anforderungsbezogenen Entlohnung, aus der Stellenbeschreibung bestimmte Gehaltsmindestniveaus ableiten. Veränderung der Stellenbeschreibung führt damit häufig direkt zu Gehaltsforderungen der Mitarbeiter und damit verbundenen Streitigkeiten

Bild 47: Vor- und Nachteile von Stellenbeschreibungen

Insgesamt ist in der Wirtschaft der eindeutige Trend weg von Stellenbeschreibungen feststellbar, weil diese dem modernen Management- und Mitarbeiteranspruch entgegenstehen. Es wird der mitdenkende, flexibel reagierende Mitarbeiter gefordert, dessen Bezahlung sich an der Leistung für das Unternehmen und nicht formalen Anforderungen orientiert.

Man geht inzwischen den Weg, die Verantwortung, die Aufgabenzuordnung und die Befugnisse in die Prozessbeschreibungen und Verantwortungs-/Zuständigkeitsmatrizen zu integrieren und dort grundsätzlich festzulegen. Dadurch fallen die Stellenbeschreibungen komplett weg. Bei Veränderungen der Prozesse ergibt sich damit nur dort ein Änderungsbedarf, nicht aber in detaillierten Stellenbeschreibungen. In anderen Fällen findet man noch kurz und allgemein gehaltene Gesamtbeschreibungen der einzelnen Stellen mit Angabe der jeweiligen Befugnisse. Bild 48 zeigt beispielhaft eine Verantwortungsmatrix (siehe auch Bild 54).

Prozessbeschreibung über Verantwortungsmatrix V= Verantwortung, M = Mitwirkung, I = Information (TE = 1000 EURO)	Geschäftsführung	Sekretariat	Konstruktion	Fertigung Werkzeug-bau, Vorrichtungsbau	Fertigung Schmiede	Vertrieb	QMB/SIFA
Erarbeitung der Angebote und Vertragsprüfung	V (> 20TE)		Ggf. M	Ggf M, I	Ggf. M,I	V (< 20TE) M	
Verfolgung der Angebote	Ggf. M					V	
.....							
Bedarfsplanung und Lieferanten-suche (Verantwortung je nach Bedarfsentstehungsort)	V	V	V	V	V	V	V
Beschaffungsentscheidung (Mit-wirkung je nach Bedarfsentste-hung)	V	M	M	M	M	M	M
Durchführung Beschaffung		V	M	M	M	M	M
Lieferantenbewertung		M	M	M	M	M	V

Bild 48: Beispiel für Verantwortungsmatrix

In modernen, wissenszentrierten Unternehmen wird vielfach eine andere Aufzeichnung über die Mitarbeiter, die sogenannte **Qualifikationsmatrix**, eingesetzt. Diese regelt nicht die Aufgaben, Verantwortung und Befugnisse, sondern dient der Einsetzbarkeit der Personen und weist auf Qualifikationsüberhänge und -defizite hin.

Qualifikationsmerkmale sollten standardisiert, allgemein und zusätzlich spezifisch für die einzelnen Bereiche ausgelegt sein. Die Qualifikationsmatrizen unterliegen infolge ihres Inhaltes grundsätzlich dem Datenschutz und sind vertraulich zu behandeln.

Die Qualifikationsmatrix, verbunden mit einer qualifikationsbezogenen Bezahlung, stellt ein Anreizsystem für die Mitarbeiter zur Weiterqualifikation dar. Je mehr Merkmale positiv vorhanden sind und gleichzeitig abgefordert werden, umso höher ist tendenziell das Grundgehalt. Von daher besteht ein reges Interesse von Seiten der Mitarbeiter an der eigenen Einstufung und Bewertung in der Qualifikationsmatrix. Der Einsatz solcher Tabellen erfolgt unter anderem bei Teamarbeit im klassischen Produktionsbereich. Ein Beispiel hierfür ist in Bild 49 exemplarisch dargestellt.

Qualifikationsmatrix (hier Werkzeug- und Vorrichtungsbau)						
	Qualifikations- /Kenntnis-/Tätigkeitsmerkmale					
Mitarbeiter	*Einfache Teile – konvent. Maschinen*	*NC-Maschinen bedienen*	*Programmierung*	*Wartung Maschinen*	*Reparatur elektrisch*	*Reparatur mechanisch*
Hr. Drehfein	X			X		
	Besondere Qualifikationen: Lehre, Spezialität Drehen					
Hr. Fräsgut	X	X	X	X		X
	Besondere Qualifikation: Werkzeugmacher-Lehre, Spezialität Fräsen, EDV-Freak					
Hr. Elomann	X	X	X	X	X	
	Besondere Qualifikation: Elektrikerlehre, Organisationstalent, Spezialität Erodieren					

Bild 49: Qualifikationsmatrix (Werkzeug- und Vorrichtungsbau)

Gekoppelt ist die Qualifikationsmatrix bei wissensorientierten Unternehmen mit standardisierten Aufzeichnungen über das Profil, die Qualifikation, die Erfahrungen und die Persönlichkeit der Mitarbeiter. Damit lassen sich schnell die für eine bestimmte Aufgabe geeigneten Mitarbeiter ermitteln. Der Einsatz der folgenden Aufzeichnung (Bild 50) erfolgt in Großunternehmen für Fach- und Führungskräfte.

Qualifikationsprofil Mitarbeiter XY
Formale Qualifikation: *Lehre als Werkzeugmacher* *Hochschulstudium des Maschinenbaus* *Weiterbildung zum QM-Auditor*
Erfahrungen: *Management kleinerer und mittlerer Verbesserungsprojekte im technischen Bereich, Sachbearbeitung im Bereich Konstruktion und Arbeitsplanung*
Persönliche Stärken *Qualitätsorientierung, Genauigkeit und Zuverlässigkeit* *Allgemeines technisches Verständnis*
Persönliche Schwächen *Detailorientierung,* *schwaches Bewusstsein für wirtschaftliche Zusammenhänge,* *Kommunikationsdefizite bei Kundenumgang*

Bild 50: Beispiel für Qualifikationsprofil

In Kleinunternehmen hingegen spielt diese Problematik der Qualifikation im Detail und die Mitarbeitereinsatzplanung über geringe Qualifikationsunterschiede kaum eine Rolle. Dort geht es darum, die Mitarbeiter flexibel einsetzen zu können, um bei Ausfall von Mitarbeitern und Kapazitätsengpässen unternehmensübergreifend schnell und effizient reagieren zu können. Es bietet sich beispielsweise eine Darstellung wie in Bild 51 an.

Qualifikationsmatrix (eines Kleinbetriebes)											
Abteilung / **Mitarbeiter**	*Vertrieb*	*Entwicklung*	*Arbeitsplanung*	*Fertigung*	*Service*	*Einkauf*	*Verwaltung*	*Buchhaltung*	*Qualitätssicherung*	*Controlling / Audits*	*Geschäftsführung*
Mustermann	*x*	*x*	*x*	*x*						*x*	*x*

Bild 51: Qualifikationsmatrix eines Kleinbetriebs (siehe [Neu])

Auch aus einer solchen Tabelle können Maßnahmen zur weiteren Qualifikation der Mitarbeiter entstehen, um die Flexibilität und Ausfallsicherheit des Unternehmens zu erhöhen.

Insgesamt geht der Trend weg von der detaillierten Vorgabe von Aufgaben und deren gewünschter Ausführung an die Mitarbeiter hin zur Vorgabe globaler Ziele, die eigenverantwortlich erreicht werden sollen. Man will die Mitarbeiter fördern und fordern, damit diese eigenständig ihre Leistung verbessern und damit das Unternehmen voranbringen können. Die Art der Planung und der Dokumentation ist, wie dargestellt, sehr stark vom jeweiligen Umfeld und den Hauptbedürfnissen abhängig.

2.4.4 Teildokumentation Lieferanten und Partner

Die Komplexität der technischen Verfahren und unterschiedlichen Prozesse zwingt Unternehmen heute zu einer Bündelung der eigenen Aktivitäten auf Bereiche, in denen man klare Wettbewerbsvorteile besitzt. Beispielsweise kaufen Werkzeugmaschinenbauer heute die Steuerung und elektrische Komponenten durchgängig zu, statt diese selbst zu entwickeln.

Eine durch zunehmende Auslagerungen und komplexere Produkte sinkende Wertschöpfungsquote zwingt zur Intensivierung von Kooperationen, um die Zusammenarbeit wirtschaftlich zu gestalten. Dieses Anliegen unterstützt die Teildokumentation „Lieferanten / Partner". Sie kann als Datenbank mit allen relevanten Details zu derzeitigen und potenziellen Lieferanten und Partnern des Unternehmens bestehen.

Wesentliche Bestandteile sollten sein:

- Name der Partner und Lieferanten
- Ansprechpartner und deren Adressdaten
- Art der Geschäftsbeziehung, Angebote und Verträge
- Verlauf der Geschäftsbeziehung (Gesprächsprotokolle)
- Daten der Geschäftsbeziehungen (Lieferungen, sonstige Kennzahlen)
- Bewertung des Partners und Lieferanten (laufende oder regelmäßige Aktualisierung)
    - Organisation und QM-System,
    - Zusammenarbeit (Form der Leistungserbringung),
    - Produktqualität,
    - Produktpreis, usw.
- Strategische Positionierung des Partners oder Lieferanten (zukünftige Perspektiven).

Die Datenbank wird gepflegt von allen mit den Lieferanten und Partnern zusammenarbeitenden Bereichen im Unternehmen:

- Einkauf, ein bedeutender Datenlieferant wie Datennutzer.
- Geschäftsführung, die aufgrund ihrer Geschäftsstrategien die Zusammenarbeit mit anderen Unternehmen sucht (Nutzer der Daten).
- Marketing, welches bestimmte Markenartikel in das eigene Produkt bzw. Sortiment als Handelsware integriert haben möchte (Datennutzer).
- Entwicklung, die auf neue Komponenten, Patente und Ideen stößt und diese nutzen will (Datennutzer).
- Wareneingang, welcher Prüfergebnisse über die Lieferungen beisteuert (Datenlieferant, teilweise auch Datennutzer).
- Produktion, die Probleme beim Einbau bestimmter Komponenten beobachtet (Datenlieferant und teilweise auch Datennutzer),
- Service, welcher Qualitätsprobleme während des Produkteinsatzes feststellt (Datenlieferant und Datennutzer).
- Qualitätssicherung, welche mit Qualitätsproblemen konfrontiert wird und diese auf einen Zulieferer zurückführen kann (Datenlieferant und Datennutzer).

Die Lieferanten-/Partnerdatenbank wird in ihrer spezifischen Ausprägung meist von den zentralen zugekauften Leistungen geprägt.

Wesentlich ist neben der Sammlung von Informationen deren Nutzung im Unternehmensinteresse, wobei die Gesichtspunkte des Datenschutzes und der Vertraulichkeit der Informationen über die Verwaltung der Zugangsrechte auf einzelne Teilinformationen dennoch gewährleistet werden müssen.

2.4.5 Teildokumentation Anlagen, Betriebsmittel und Arbeitsplätze

Die Teildokumentation Anlagen, Betriebsmittel und Arbeitsplätze ist häufig gekennzeichnet durch unterschiedliche Aufzeichnungen in verschiedenen betrieblichen Bereichen:

- Inventarverzeichnis für die Bilanzerstellung, damit ein wertmäßiger Überblick vorhanden ist.
- Verzeichnis der Arbeitsplätze und Kostenstellen, als Basis für die Kostenrechnung.
- Beschreibung des Arbeitsplatzes mit der Liste der dem Arbeitsplatz zugeordneten Werkzeuge und Verbrauchsmateria ausstattung sowie deren Beschaffung, Pflege und Entsorgung.
- Gefährdungsanalyse für den einzelnen Arbeitsplatz. Die Gefährdungsanalyse ist generell nötig, deren Dokumentation für Unternehmen mit mehr als zehn Mitarbeitern gesetzliche Pflicht. Damit gekoppelt sind die Maßnahmen zur Arbeitssicherheit am einzelnen Arbeitsplatz, z.B. der Einweisung der Mitarbeiter und die regelmäßigen Sicherheitsbelehrungen. Sie ist üblicherweise bei der Fachkraft für Arbeitssicherheit zu finden.
- Maßnahmenplanung für die Sicherung der Verfügbarkeit und entsprechende Notfallstrategien, wie diese in der Automobilindustrie verpflichtend von den Kunden gefordert werden.
- Anlagenstrukturierung, Betriebsmittelkonstruktionszeichnungen, Schaltpläne usw. zur Fehleranalyse und Instandhaltung, häufig gekoppelt mit Wartungsplänen zur planmäßig-vorbeugenden Instandhaltung.

Es ist zweckmäßig, diese Angaben und Unterlagen zu einer Dokumentation zusammenzufassen. Auch hier wird häufig zum Werkzeug einer Datenbank gegriffen. Der für die Arbeitsplatz- bzw. Ressourcenbeschreibung zu betreibende Aufwand richtet sich nach den betrieblichen Randbedingungen.

Die DIN EN ISO 9001 fordert die Ermittlung, Bereitstellung und Aufrechterhaltung einer angemessenen Infrastruktur und Arbeitsumgebung. In der Regel wird man beim Vorliegen einer systematischen Investitionsplanung und einer angemessenen Infrastruktur diese Forderung als erfüllt betrachten.

Bei komplexen und teuren Maschinen mit einem hohen Wartungsaufwand und gleichzeitig sehr hohen Kundenanforderungen an die Produktionstermintreue und Lieferzuverlässigkeit erwartet man aber eine umfassendere Planung und Dokumentation. Dies gilt gleichermaßen für die Automobilindustrie, welche Wartungspläne, dokumentierte Notfallstrategien und die vom Gesetzgeber geforderten Gefährdungsanalysen explizit vorschreibt.

Bild 52 zeigt ein Beispiel für eine sehr detaillierte Teildokumentation der Anlagen, Betriebsmittel und Arbeitsplätze, die beispielsweise in der Automobilindustrie Anwendung finden könnte.

Ressourcenbeschreibung Anlagen-, Betriebsmittel-, Arbeitsplatzbeschreibung			
Allgemeine betriebswirtschaftliche Daten			
Arbeitsplatz / Maschine	Schmiedeanlage 1		
Beschreibung	Automatische Anlage für das Schmieden, bestehend aus Presse, automatisierter Zuführung, Stangenlager, Induktionsofen, Steuerung		
Ausführbare Arbeiten	Automatisiertes Schmieden von Teilen bis 200 Gramm		
Anzahl Schichten / Nutzung	3 Schichten 24h/Tag, 6 Tage pro Woche		
Anschaffungskosten	480 000	**Abschreibungszeitraum**	12 Jahre
Aktueller Wert in Bilanz	400 000	**Geplante Nutzungsdauer**	15 Jahre
Geplante Betriebsstunden pro Jahr	5000 h	**Realisierte Betriebsstunden**	5100 h
Kostenstelle	120	**Arbeitsplatzkosten**	250
Kapazität: Erwartete Mindestleistung/Stück je Stunde	250 Teile	**Kapazität: Technisch erreichbare Maximalleistung**	400 Teile
Erreichbare Toleranz / Bearbeitungsgenauigkeit	0,05 mm		
Auszuführende Tätigkeiten	Einbau der Formen Befüllung des Stangenlagers Durchführung und Dokumentation von Stichprobenprüfungen der Teile Reparatur- und Wartungsarbeiten		
Zugeordnete Mitarbeiter	Ein Maschinenbediener, der zusätzlich noch Arbeiten im Werkzeug- und Formenbau durchführt		
Organisatorische Daten			
Ausstattung	Werkzeuge, Vorrichtungen, Prüfmittel	Kennnummer (ggf. Prüf-/Kalibrierzyklus)	
	Sonderprüfeinrichtungen	S1-S5, Prüfzyklus 1x je Los	
	Mikrometerschraube	M1, Prüfzyklus 1 x je Schicht	
Arbeitsplatzbezogene Verbrauchsmaterialien (Input)	Beschreibung	Am Arbeitsplatz bevorratete Menge	
	Handschuhe	2 Paar	
	Kugelschreiber	3 Stück	
	Formblatt Prüfdokument 1	50 Stück	
Anfallende Abfälle (Output)	Beschreibung	Art der Sammlung und Entsorgung	
	Materialreste	Stahlbehälter für Schrott	

Arbeitssicherheit					
Gefärdungsanalyse (siehe detaillierte Analyse in EDV)					
Tätigkeit	Gefährdung	Schutzmaßnahmen	Handlungs-bedarf	Weitere Infos	Realisierung

Sicherheitsbelehrungshäufigkeit	Zweimal jährlich	
Durchgeführte Sicherheitsbelehrungen	Wer	Wann
	Produktionsleiter	Am 10.03.
	Produktionsleiter	Am 11.09.
Brandschutzmaßnahmen	Feuerlöscher am Arbeitsplatz	
Persönliche Schutzausrüstung	Arbeitskleidung, Handschuhe, Schutzbrille	
Relevante Gefahrstoffe	Gase beim Schweißen von Edelstahl, Absaugung muss kontinuierlich laufen	
Betriebsanweisungen für Arbeitsplatz	Siehe EDV-Dokument	

Verfügbarkeits- und Notfallmanagement (allgemein und besonders in der Automobilindustrie)						
Geplante Wartungsarbeiten Maschine (insbesondere bei teuren Maschinen)						
Wartung	Tätigkeit	Beschreibung	Verantwortlich	Je Schicht	Je Woche	Sonst. Intervall

Ersatzteilmanagement (insbesondere bei hochausgelasteten, teuren Maschinen)		
Verantwortlichkeit:		
Lagerhaltige Ersatzteile	Beschreibung	Menge

Notfallstrategien bei Ressourcenausfall			
Ausfall Personal	Mögliche Strategien	Relevanz	Ausprägung
	Übernahme Mehrarbeit durch Vertreter / Team	*Ja*	*Telefonliste*
	Reichweite Lagerbestand	*Ja*	*Mindestbestand drei Monate*
	Leiharbeiter	*Nein*	
	Auswärtsvergabe Aufträge	*Nein*	
	Sonstige		
Ausfall Maschine	Ersatzmaschine(n)	*Nein*	
	Alternative Produktions-methode	*Nein*	
	Reichweite Lagerbestand	*Ja*	*Mindestbestand drei Monate*
	Auswärtsvergabe	*Nein*	
	Sonstige		

Bild 52: Umfassende Ressourcenbeschreibung (in Anlehnung an [Neu])

2.4.6 Teildokumentation Prozesse

Die Teildokumentation Prozesse regelt die Erbringung der Leistungen im Unternehmen. Sie stellt damit die Soll-Abläufe im Unternehmen dar. Ziel der Prozessdokumentation ist es, durch klare Regelungen zur Wirtschaftlichkeit, Termintreue und Qualität im Unternehmen beizutragen, ohne die Mitarbeiter unnötig durch Vorschriften zu gängeln. Der nötige Detaillierungsgrad der Teildokumentation Prozess wird beeinflusst durch:

- die Qualifikation der Mitarbeiter. Je größer die Qualifikation, umso geringer kann die Dokumentation ausfallen, da der Mitarbeiter den Prozess selbständig planen und durchführen kann.
- die Komplexität des Prozesses. Je komplexer, umso detaillierter wird eine Beschreibung vorzunehmen sein.
- die potenziellen Risiken und Fehler, deren Auftretenswahrscheinlichkeit und deren Fehlerfolgen. Je größer die Risiken und Fehler und umso schwerwiegender deren Folgen sind, desto differenzierter muss man den Prozess mit den Vorbeugungsmaßnahmen beschreiben.
- die Anzahl der (identischen) Wiederholungen. Je häufiger ein Prozess abgewickelt wird, umso detaillierter ist dieser zu optimieren und zu dokumentieren.

Ausgangspunkt ist die Prozesslandschaft des Unternehmens, die auf eine allgemeine Prozessbeschreibung verweist, zu denen dann für spezifische Bereiche und Produkte zusätzliche dokumentierte Detaillierungen vorgenommen werden (vgl. Bild 53). Die verwendeten Begrifflichkeiten sind unterschiedlich, wie es die folgende Aufzählung zeigt:

- Prozesslandschaft
- Allgemeine Prozessbeschreibungen
  - allgemeine Prozessbeschreibungen bzw. Verfahrensanweisung
  - allgemeine Prüfanweisung
  - allgemeine Betriebsanweisungen
- Spezifische Anweisungen
  - spezifische Arbeitsanweisungen für besondere Situationen
  - Rüstpläne zur Vorbereitung einer bestimmten Produktion
  - Arbeitspläne zur Konkretisierung der Herstellung eines bestimmten Produktes
  - Prüfpläne mit Hinweisen zur Prüfung eines Produktionsloses
  - spezifische Checklisten und zugeordnete Formulare.

Sinnvoll ist es, aus Kosten-/Nutzengründen die Dokumentation soweit als möglich zusammenzufassen. Dies bedeutet, alles Allgemeine in die Prozesslandschaft und die Prozesse zu integrieren und möglichst kurze spezifische Dokumente produkt- und fallspezifisch zu erarbeiten.

Ein Beispiel für eine umfassende allgemeine Prozessbeschreibung und den dazugehörigen Arbeitsplanausschnitt wird nachfolgend in Bild 54 dargestellt.

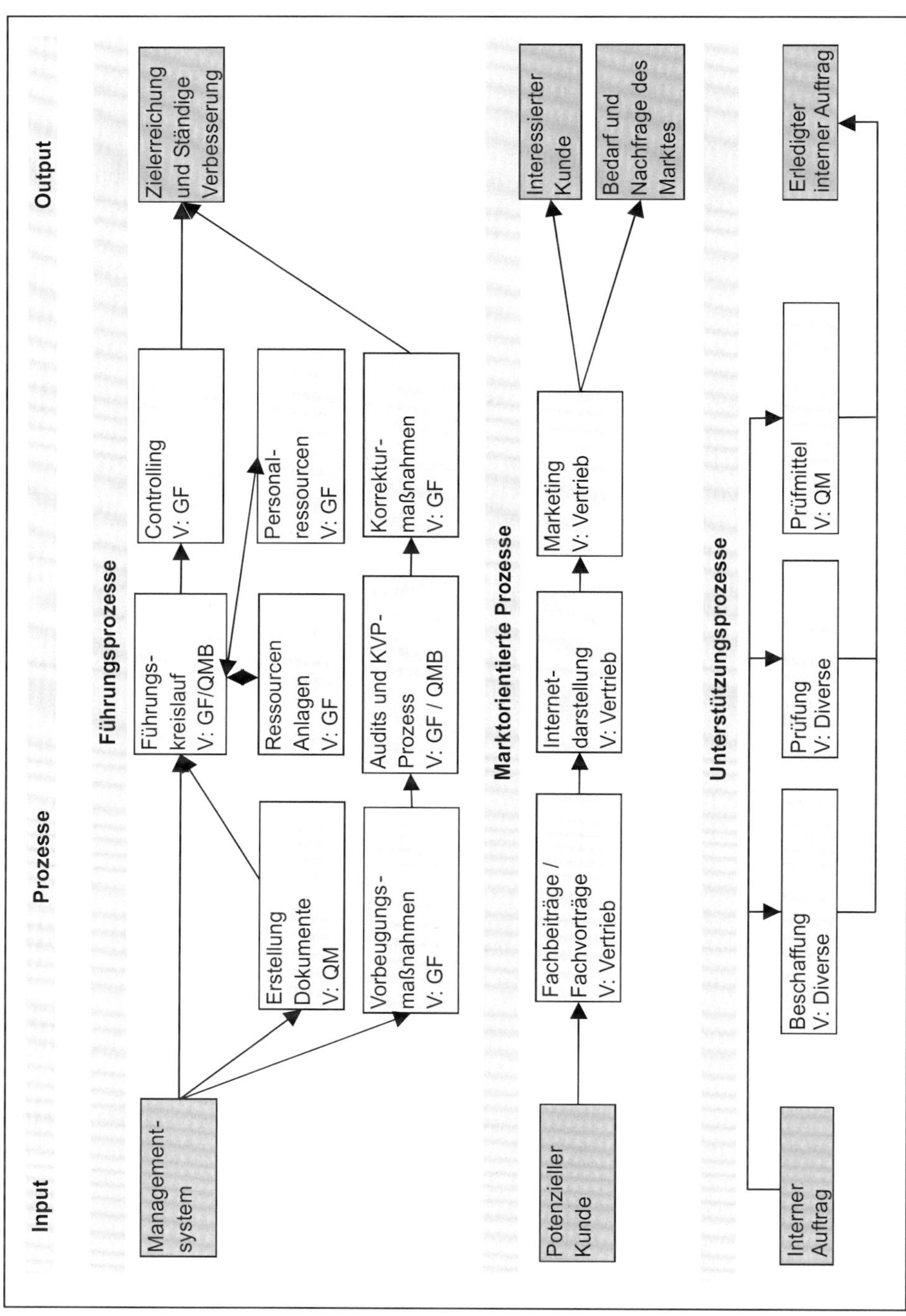

Bild 53: Beispiel für Prozesslandschaft

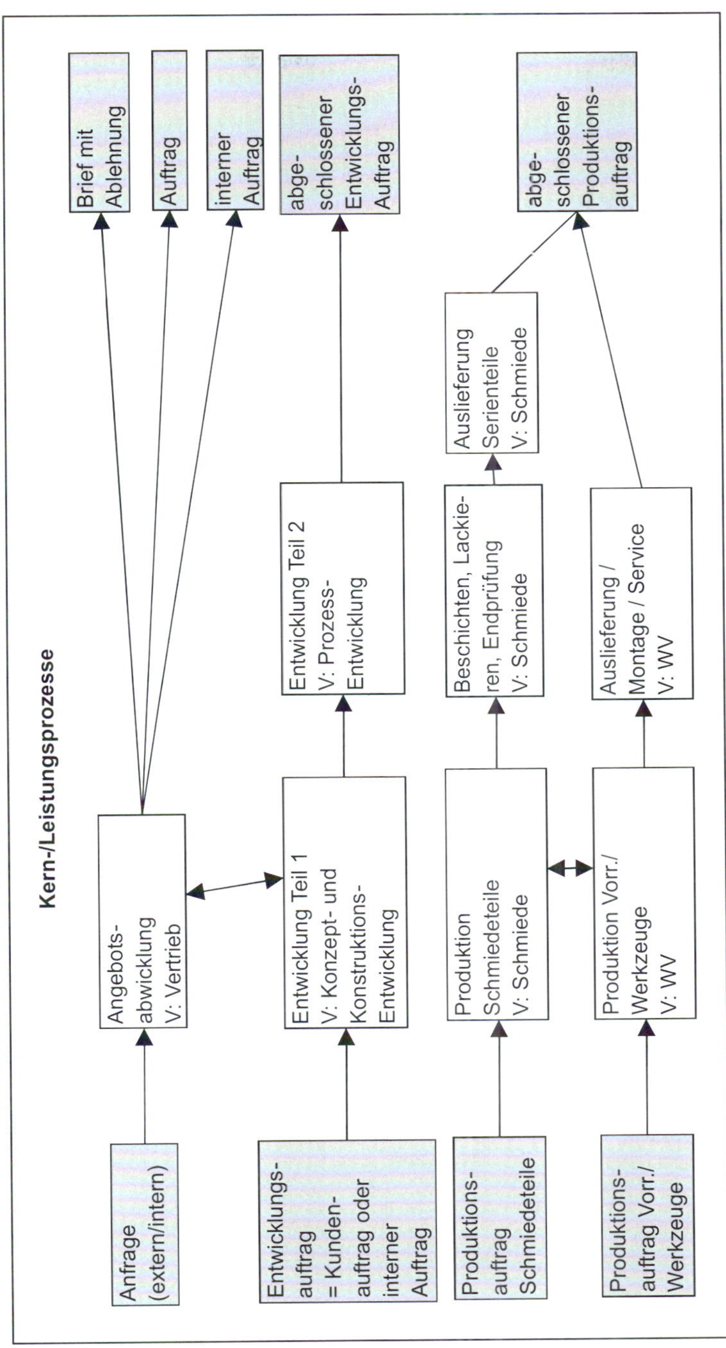

Bild 53: (Fortsetzung)

Firmenlogo	**Prozessbeschreibung**	Bezeichnung: PB_Lack
Stand: 10.09.01	Lackieren	Seite 1 von 4 Seiten

1. Ziel des Prozesses
Ziel des Prozesses ist eine den internen und externen Vorgaben entsprechende Lackierung.

2. Geltungsbereich der Prozessbeschreibung
Die Prozessbeschreibung regelt den Ablauf des Lackierens für das gesamte Unternehmen.

3. Begriffe und Abkürzungen
PL = Produktionsleiter
MAL = Mitarbeiter Lackiererei
MAV = Mitarbeiter Arbeitsvorbereitung

4. Prozesszuständigkeiten
Prozesseigner: Produktionsleiter
Prozessbeteiligte: Mitarbeiter der Lackiererei
Mitarbeiter der Arbeitsvorbereitung

5. Prozessablauf

Vorgelagerte(r) Prozess(e):
- Erstellung interner Aufträge

Betrachteter Prozess: Lackieren (einer der Produktionsprozesse)

Aufgaben-Nr.	**Ablauf der Aufgaben**	**← Input → Output**	Lackiererei - Mitarbeiter	Leiter Produktion	Arbeitsvorbereitung - MA					Folgende Aufgaben-Nr.
Start	Auftragsübergabe an Lackiererei	← Auftrag ← Zeichnung	Mle		Dla					10
10	Materialbereitstellung	← Auftrag ← Zeichnung	D	V						20
20	Entscheidung - Großes Teil - Kein großes Teil		D							 30 40
30	Abdampfen mit Dampfstrahler		D							50
40	Reinigen mit Verdünnung		D							50
50	Ggf. bestimmte Flächen abkleben	← Zeichnung	D							60

60	Sichtprüfung auf Beschädigungen • Beschädigungen vorhanden • Keine Beschädigungen		D								 70 80
70	Beschädigungen spachteln und abschleifen		D								80
80	Ggf. Grundierungslackierung vornehmen und diese anschließend anschleifen	← Auftrag	D								90
90	Decklackschicht lackieren	← Auftrag ← Zeichnung	D								100
100	Sichtprüfung - Decklack in Ordnung - Decklack nicht in Ordnung		D								 120 110
110	Lackschäden abschleifen		D								100
120	Dokumentation des Lackierens	→ Auftrag	D	V							130
130	Versenden vorbereiten	← Auftrag	D Ia	V Ie	Ie						End

D = Durchführung V = Verantwortung M = Mitwirkung
Ie = Informationseingang Ia = Informationsausgang

Nachgelagerte(r) Prozess(e):
- Ggf. Montage
- Versand von Waren

6. Aspekte Arbeitsschutz / Arbeitssicherheit
Die Gefährdungspotenziale (siehe Arbeitsplatzbeschreibung Lackieren) hängen sehr stark ab vom verwendeten Lack. Sie können dem jeweiligen Sicherheitsdatenblatt entnommen werden, welches als Kopie immer in der Nähe der Lackieranlage vorhanden sein muss.

Der mit der Handhabung und den Lackieraufgaben betraute Mitarbeiter muss die Informationen des Sicherheitsdatenblattes beachten. Insbesondere müssen zum Reinigen und Lackieren
- ein entsprechendes Atemschutzgerät
- Schutzhandschuhe
- Schutzcremes entsprechend Hautschutzplan der Lackiererei
- eine Schutzbrille
- antistatische Kleidung aus Naturfaser

verwendet werden.

7. Aspekte Umweltschutz
Insbesondere die Lösungsmittel der Lacke belasten die Umwelt. Deswegen werden nach Möglichkeit lösungsmittelfreie Lacke verwendet. Die Bestimmungen zur Lagerung und zur Entsorgung der jeweiligen Lacke entsprechend der Sicherheitsdatenblätter sind einzuhalten.

8. Informationssicherheit
Die jeweiligen Anstrichpläne sind vertraulich und unter Verschluß aufzubewahren.

9. Prozesscontrolling

Prozesskennzahlen	Methode der Datenermittlung	Datenspeicherung	Ermittlungs-/ Auswertungsfrequenz
Produktivität	Abgeleitete Größe aus Gutstückzahl / Anwesenheitszeiten Mitarbeiter	Controlling	Wöchentlich / monatlich / jährlich
Gutstückzahl Ist	Erfassung über Fertigmeldungen der Aufträge im BDE	PPS-System	Wöchentlich / monatlich / jährlich
Gutstückzahl Ist / Gutstückzahl Soll	Siehe oben, Gutstückzahl Soll aus Wochenplan	PPS-System	Wöchentlich, Summenbildung übers Jahr
Aufgewendete Lackierzeit je Auftrag Aufgewendete Nacharbeitszeit je Auftrag Aufgewendete Gesamtzeit / Soll-Zeit je Auftrag	Ermittlung Zeiten über BDE-System	PPS-System	Je Auftrag nach Abschluss, Summenbildung wöchentlich, monatlich, jährlich.
Reklamationsquote Lack durch Endprüfung und Kunden	Erfassung interne / externe Reklamationen	EXCEL-Tabelle	Auswertung monatlich
Entsorgungsmenge Lacke	Annahmescheine Entsorger	Buchhaltung	vierteljährlich
Prozessbewertung	Audit	EXCEL-Tabelle	jährlich, bei Bedarf häufiger

10. Lenkung des Dokuments und der Qualitätsaufzeichnungen (optional, entsprechend Matrix im Kapitel 4.2.4)

11. Mitgeltende Unterlagen

- Auftrag (intern)
- Zeichnung,
- Anstrichpläne
- Teilebegleitschein
- Sicherheitsdatenblatt
- Gefahrstoffverordnung

Bild 54: Prozessbeschreibung Lackieren (nach [Neu])

Alternativ zur tabellarischen Ablaufbeschreibung ist eine graphische Darstellung möglich, wie sie beispielsweise Bild 55 zeigt.

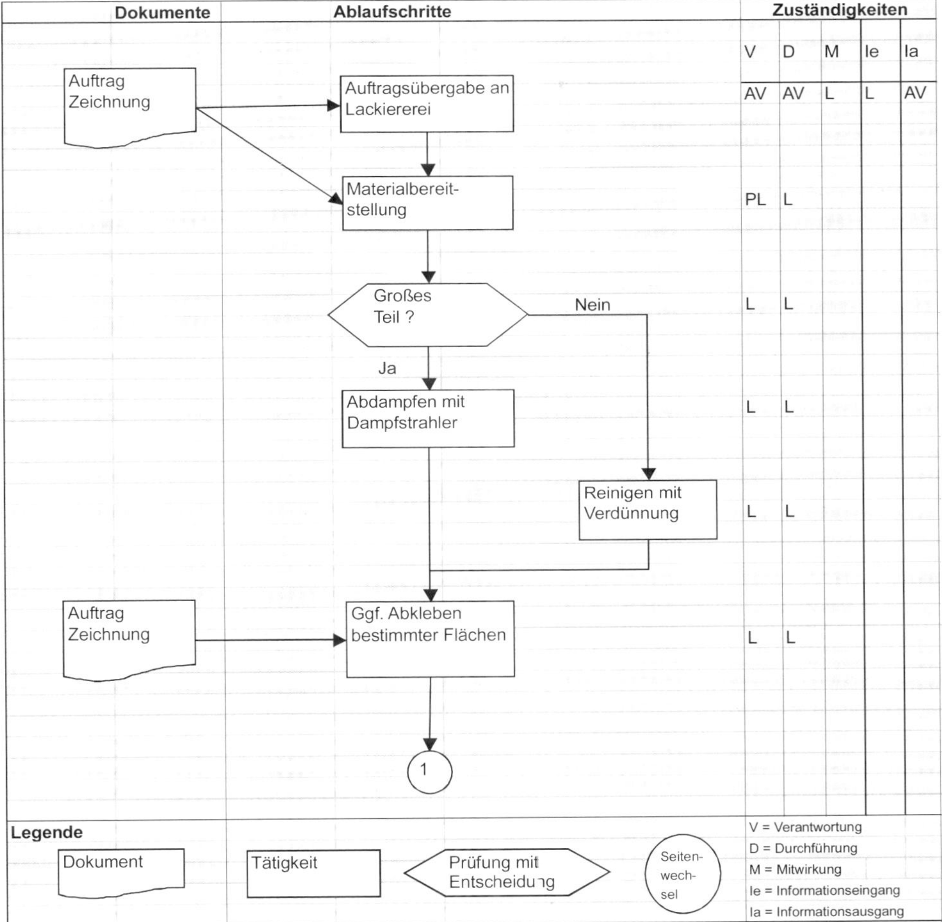

Bild 55: Graphische Ablauf- bzw. Prozessbeschreibung als Teil für umfassende Prozessbeschreibung (nach [Neu])

In diesem Fall kann man für den Prozessbereich Lackieren die spezifischen Informationen im Arbeitsplan / Anstrichplan entspr. Bild 56 sehr kurz und prägnant darstellen:

Lackieren	Lack: 2-Komponentenlack der Firma XY, Farbe: RAL 6540	Zeitvorgabe: 12 min/100 Stück	Termin: 20.10.

Bild 56: Beispiel für Auszug aus Arbeitsplan für den Bereich Lackieren

2.4.7 Teildokumentation Produkte

Das Produkt spielt für den Unternehmenserfolg eine zentrale Rolle. Von daher gilt es, auch hier eine effiziente Dokumentation dieses Bereichs vorzunehmen. Die Art und Weise der Produktbeschreibung, über Bilder, über eine Zeichnung, über einen Text usw. hängt sehr stark vom jeweiligen Produkt ab.

Wesentliche Informationen der Produktdokumentation sind unter anderem:

- Entwicklungs- und Berechnungsunterlagen (zur Nachweisführung)
- Beschreibung des Produktes beispielsweise über
  - Anforderungs- / Leistungskatalog / Kenndaten für Produkte und Dienstleistung
  - Zeichnungen, Schaltpläne, usw.
  - Muster
  - usw.
- Verweis auf / Beschreibung der zugehörigen Leistungserstellungsprozesse (siehe Teildokumentation Prozesse)
- Konformitätserklärung des Herstellers (soweit gefordert)
- Bedienungsanleitung und Nutzungshinweise
- Produktbezogene Gefährdungsanalyse
- Wartungspläne, Wartungsanleitungen
- Zugehörige Ersatzteilliste.

Bei einem Automobilzulieferer beispielsweise erfolgt die Dokumentation je Produkt über die CAD-Daten (Computer Aided Design = Rechnergestützte Konstruktion), die CAE-Daten (Computer Aided Engineering = Rechnergestützte Berechnung) sowie die zugehörigen Werkzeugdaten (CAD-, CAE-, NC-Daten (Numerical-Control = Steuerungsdaten für Produktion)) und die Fertigungsdaten (NC-Daten- und Einstellparameter). Die laufenden Produktionsdaten werden im Hinblick auf die Rückverfolgbarkeit den Produkten zugeordnet.

Bei einem Anbieter von Standardprodukten per Katalog oder einem Unternehmen mit kundenindividueller Produktion bei einem großen Anteil von Standardbauteilen liegt eine unterschiedliche Strategie vor. In beiden Fällen wird man meist versuchen, eine interne Standardisierung mit einer externen kundenorientierten Vielfalt zu koppeln. In diesen Fällen wird dann bei dem Produktbereich zwischen der Kundenproduktdarstellung und der internen Darstellung der Komponenten unterschieden (vgl. Bild 57).

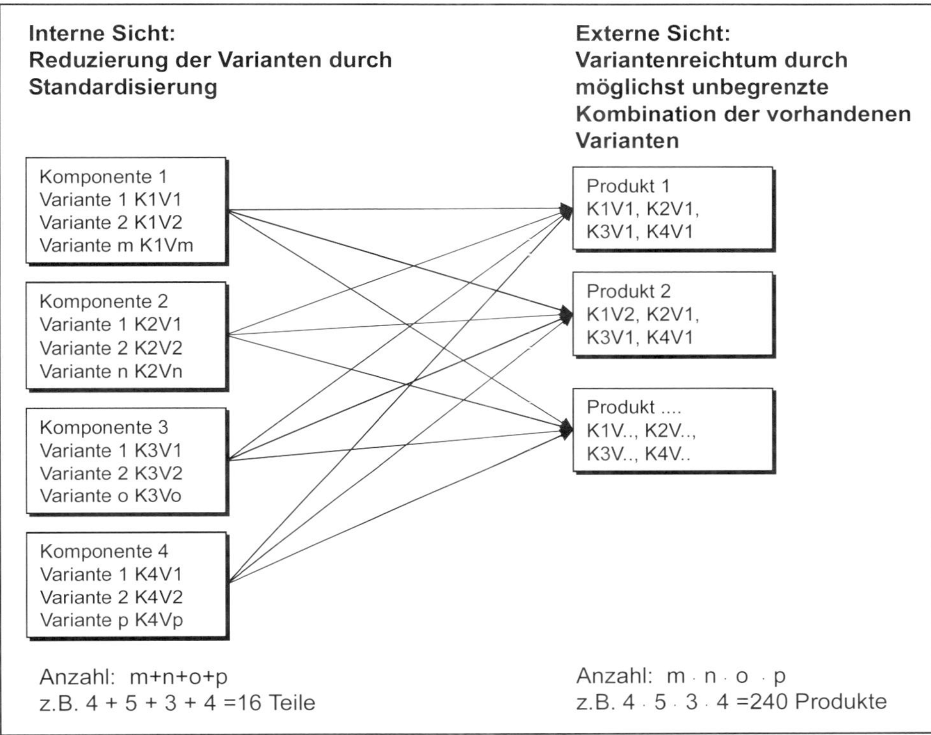

Bild 57: Modularisierung bringt externe Vielfalt bei interner Variantenreduzierung

Im Schulungsbereich wiederum besteht die Produktdokumentation aus (vgl. Bild 58):

- Beschreibung der Inhalte und Lernziele eines Seminars
- Lehrmitteln eines Seminars
- Didaktischem Leitfaden zur Durchführung eines Seminars.

<table>
<tr><th colspan="3">Seminarbeschreibung</th></tr>
<tr><td>Lehreinheit:</td><td colspan="2">FMEA (Failure Mode and Effects Analysis</td></tr>
<tr><td>Stundenzahl:</td><td colspan="2">8 Stunden</td></tr>
<tr><td>Zugangsvoraus-setzungen</td><td colspan="2">Keine</td></tr>
<tr><td>Lernziele:</td><td colspan="2">Teilnehmer kann
- die Bedeutung und die Arten der FMEA aufzeigen
- die Methodik und das Umfeld der FMEA und ihre Begriffe darstellen
- eine FMEA erstellen</td></tr>
<tr><td>Lehrmittel</td><td colspan="2">Lehrunterlage FMEA, EDV zur FMEA, Foliensammlung FMEA</td></tr>
<tr><td colspan="3">Lehrplanung</td></tr>
<tr><td>Thema</td><td>Std.</td><td>Didaktische Hinweise</td></tr>
<tr><td>Umfeld, Bedeutung, Definition und Arten der FMEA</td><td>1</td><td>Abfrage der betrieblichen Stellung der Teilnehmer und des Kenntnisstandes zum Begriff FMEA,
Lehrgespräch mit Bezug auf Teilnehmerkenntnis</td></tr>
<tr><td>Vorgehen bei der FMEA-Durchführung</td><td>1</td><td>Lehrgespräch</td></tr>
<tr><td>Problemstellung für FMEA kennenlernen</td><td>1</td><td>Besuch Arbeitsplatz / Kennenlernen Produkt, für das FMEA durchgeführt werden soll.</td></tr>
<tr><td>Beispiel FMEA durchführen</td><td>4,5</td><td>Systematische Durchführung der FMEA unter EDV-Verwendung zur direkten Dokumentation der FMEA.
Vorbereitung der Verbesserungsmaßnahmen</td></tr>
<tr><td>Auswertung FMEA-Durchführung, Zusammenfassung</td><td>0,5</td><td>Lehrgespräch über Beispieldurchführung, Vereinbarung weiterer Maßnahmen</td></tr>
</table>

Bild 58: Beispiel für Produktbeschreibung „Lehreinheit FMEA“

2.4.8 Teildokumentation Informationsmanagement

Information gilt heute als ein wesentlicher Produktionsfaktor. Zum Informationsmanagement gehören:

- Management der Informationssysteme und Informations-Sicherheits-Managementsystem (ISMS) entsprechend der ISO 27001
  - EDV-Vernetzung und EDV-Systeme
  - Maßnahmen zur Informationssicherheit inklusive der entsprechenden Dokumentation
- Wissensmanagement im Unternehmen
  - Besprechungen und sonstige Informationsmedien (Mitarbeiterzeitung, Schwarze Bretter usw.)
  - Vorgehen zur Wissensgewinnung
  - Vorgehen zur Wissensverarbeitung
  - Vorgehen zur Wissensvermittlung in der Organisation
- Lenkung der Dokumente und Aufzeichnungen
  - Interne Dokumente bzw. externe Dokumente
  - Aufzeichnungen in Papier oder EDV-Aufzeichnungen.

Das Management der Informationssysteme umfasst generell die Darstellung der Rechner- und Netzwerkstrukturen im Unternehmen, eine Zuordnung der jeweiligen Software und der Nutzungen/Nutzer zu den verschiedenen Rechnern. Dazu kommt ein systematisches Informations-Sicherheitsmanagement nach den Anforderungen der ISO 27001.

Trotz der Tatsache eines immer stärker DV-gestützten Informationsmanagements bleibt die persönliche Kommunikation sehr wichtig. Auch hier gilt es, durch klare Strukturen der Besprechungen, wie z.B. über eine Besprechungsmatrix (vgl. Bild 59), effizient zu arbeiten.

Ein weiteres wichtiges Informationsmedium sind die Informationsbretter, auf denen die Mitarbeiter über erreichte Kennzahlen, besondere Aktivitäten und die Ziele informiert werden. Gibt es diese in jedem Bereich, sind sie auch ein Medium für die Kommunikation innerhalb des Teams.

Die Informationssysteme sind die Basis für das Wissensmanagement. Die Prozesse für die Gewinnung, Verarbeitung und Umsetzung des Wissens sowie die dafür nötigen Schulungen sind festzulegen. Eng damit verknüpft ist die Lenkung der Dokumente, Daten und Aufzeichnungen.

Als Dokumente im engeren Sinne werden häufig die Vorgaben des Managements bezeichnet (QM-Handbuch, Prozessbeschreibungen, leere Formulare und Checklisten). Dies sind interne Dokumente, die ergänzt werden um Vorgaben der Kunden, des Staates oder sonstiger Interessengruppen (externe Dokumente). Hier ist wichtig, dass klar ist, welche Regeln und Anforderungen derzeit gültig sind, bzw. zu einem bestimmten Zeitpunkt gültig waren.

Besprechungsmatrix					
Titel	**Zielstellung**	**Teilnehmer**	**Häufigkeit**	**Verantwortlich**	**Protokollant**
Führungskreis-Besprechung	Koordination Tagesgeschäft / Problemabstimmung	Alle Abt.-leiter	1x täglich 8–8.30 Uhr	Geschäftsführer	Sekretariat Führung
Strategie-Workshop Führung	Koordination strategische Ausrichtung / Ziele	Alle Abt.-leiter, Betriebsrat	Mind. 1x jährlich, 2 Tage	Geschäftsführer	Sekretariat Führung
Investitions-Besprechung	Abstimmung Investitionen / Veränderungsprojekte	Alle Abt.-leiter	1x pro Quartal	Geschäftsführer	Sekretariat Führung
Vertriebsgespräch	Abstimmung Vertrieb / Koordination Termine	GF, Vertrieb, Produktion, Entwicklung	1x pro Woche	Geschäftsführer	Sekretariat Führung
Betriebsversammlung	Information Mitarbeiter	Alle Mitarbeiter	4x pro Jahr	Betriebsrat	Betriebsrat
Abt. / Team-Sitzung	Absprache im Bereich	Alle Team-Mitarbeiter	Nach Bedarf	Abteilungsleiter	Nach Festlegung
Mitarbeitergespräch	Statusbestimmung und Zielfestlegung MA, Schulungsbedarfsermittlung	Vorgesetzter, Mitarbeiter, ggf. Betriebsrat	Mind. 1x pro Jahr	Vorgesetzter	Vorgesetzter, Unterschrift MA

Bild 59: Beispiel für eine Besprechungsmatrix

Dokumente sind die Information und ihr Trägermedium (DIN EN ISO 9000:2015).

Aufzeichnungen sind Dokumente, die das erreichte Ergebnis angeben oder einen Nachweis für ausgeführte Tätigkeiten bereitstellen.

Die Aufzeichnungen sind Informationen über die Geschäftsabläufe und erreichten Produkte und sind von Bedeutung für die Nachweisführung im Rahmen der Produkthaftung. Man muss die jeweils relevanten Informationen schnell wiederfinden und richtig zuordnen können. Auch die ausgehenden Informationen sollten systematisch erfasst sein.

Ein bewährtes Hilfsmittel zur Lenkung von Dokumenten wie Aufzeichnungen ist die im Bild 60 sichtbare Matrixdarstellung.

Matrix der Dokumente (D), Informationen extern und intern (IE oder II) und Aufzeichnungen (A)										
Name	Art (D, A, IE, II)	Identifikation	Erstellung	Prüfung	Verteilung	Ablage	Ablageort	Aufbewahrungsdauer	Auswertung	Auswertefrequenz
Planzahlen	*A*	*P-mm-jj*	*Controller*	*Geschäftsführung*	*Controller*	*Controller*	*U:/contr /plan/ p-mm-jj. doc*	*3 Jahre*	*Controller*	*Monatlich*

Bild 60: Matrix der Dokumente (siehe [Neu])

Im Rahmen der DV-Lösung ist dies in entsprechende Zugriffsrechte für die einzelnen Mitarbeiter auf die verschiedenen Dateien umzusetzen.

2.4.9 Teildokumentation Controlling und Qualitätsmanagement

Im Controlling ergeben sich die folgenden Dokumentationsbereiche:

- Rechnungswesen (siehe auch Abschnitt 5.3.1-5.3.3)
  - Externes Rechnungswesen mit Buchhaltung und Jahresabschluss, der Gesamtergebnisrechnung, der Bilanz und der Finanzierung
  - Internes Rechnungswesen mit der Kostenarten-, Kostenträger-, Kostenstellenrechnung sowie sonstige interne betriebswirtschaftliche Rechnungen (z.B. Investitionsrechnung)
- Betriebswirtschaftliche Planungen (Budgetplanung, Finanzplanung, usw.)
- Internes Kennzahlensystem und Benchmarking (siehe Abschnitt 5.3.4 und 5.3.5)
- EFQM-Selbstbewertung (siehe Abschnitt 5.8.2)
- Balanced Scorecard zur Strategieentwicklung, Gestaltung und Analyse (siehe Abschnitt 5.3.6).

Beim Controlling denken Kleinunternehmen vornehmlich an den Bereich **externes Rechnungswesen**, insbesondere die „ordentliche Buchführung“, die im Regelfall über den Steuerberater abgewickelt wird. Er erstellt monatlich, vierteljährlich und jährlich rückwirkend dokumentierte Darstellungen und Auswertungen zur Geschäftstätigkeit inklusive der Gewinn- und Verlustrechnung sowie Handels- und Steuerbilanz. Das Ergebnis- und Finanzcontrolling orientiert sich an den Zahlungsflüssen und der Steuergesetzgebung. Allerdings erfolgt dadurch keine verursachungsgerechte Zurechnung der Kosten zu den Leistungen. Dies geschieht erst im **internen Rechnungswesen** mit der Kosten- und Leistungsrechnung. Es ist umfassend dokumentiert mit Kostenstellen- und Kostenträgerrechnung erst in mittleren und größeren Unternehmen vorhanden.

Die Aufzeichnung der Geschäftstätigkeit in der Vergangenheit ist um **betriebswirtschaftliche Planungen** der Zukunft zu ergänzen. Wesentliche Planungen sind die Budgetierung der Einnahmen und Ausgaben bzw. der Erlöse und Kosten zur Abschätzung des zukünftigen Geschäftsergebnisses und eine Finanzplanung zur Vermeidung von Liquiditätsengpässen und Zahlungsunfähigkeit. Die Plan-Werte sind den Ist-Ergebnissen jeweils gegenüberzustellen. Aus den Differenzen zwischen Soll- und Ist-Werten und deren Analyse entstehen ein Lernen und ein Verbesserungsprozess.

Das betriebswirtschaftliche Controlling allein ist aber immer noch nicht optimal. Viele negative Entwicklungen im Bereich der Organisation, der Entwicklung neuer Produkte und technischer Verfahren wirken sich erst sehr viel später in den betriebswirtschaftlichen Ergebnissen aus. **Es gilt, nicht nur das betriebswirtschaftliche Ergebnis zu messen, sondern auch den Weg dorthin**.

Für jeden Prozess sind wesentliche Kennzahlen zu definieren und anschließend zu verfolgen. Dies realisiert die Zuordnung von Kennzahlen zu jedem Prozess (siehe Abschnitt 2.4.6 mit dem Beispiel zur Prozessbeschreibung). Aus der Zusammenführung der Kennzahlen der verschiedenen Prozesse und sonstigen Anforderungen heraus entsteht das Unternehmenskennzahlensystem.

Die Vollständigkeit der Datenerhebung und des Kennzahlensystems lässt sich übrigens sehr einfach durch eine Selbstbewertung nach dem EFQM-Modell (siehe Abschnitte 1.4.2 und 5.8.2) verifizieren. Da im EFQM-Modell sehr viel Wert gelegt wird auf die Integration und Vernetzung der verschiedenen Bereiche und dies bei der Bewertung auch jeweils geprüft wird, ist es sinnvoll, sich mit der Methode Balanced Scorecard (siehe 5.3.6) auseinanderzusetzen.

Im Qualitätsmanagement wiederum gibt es folgende wesentliche Aufzeichnungen, die meist in den Prozessen definiert sind:

- Ziele für das Qualitätsmanagement (siehe Abschnitte 3.1.1-3.1.3)
- Maßnahmenplanung und -verfolgung (siehe Abschnitte 3.1.4,3.1.5 und 3.2.1)
- Auditplanung, Auditaufzeichnungen (siehe Abschnitt 5.8.1)
- Management-Bewertung (siehe Abschnitt 3.2.3)
- Matrix der Lenkung von Dokumenten und Qualitätsaufzeichnungen (siehe Abschnitt 2.4.8)
- Prüfmittelverwaltung und Prüfmittellenkung (Beispiel siehe Bild 61)
- Protokolle / Messergebnisse der Prüfmittelprüfungen.

Prüfmittelbereich **Verantwortlicher:**						**Abteilung:** **Datum:**	
Prüfm.-Nr.	Prüfmittel-beschreibung	Messbereich	Genauigkeit/Auflösung	Intervall	Standort	Geprüft mit bzw. über Labor	Freigabe bis:

Bild 61: Beispiel für Prüfmittelverwaltung

2.5 Problematik bei der Erstellung von Management-Dokumentationen

Die Erstellung von Management-Dokumentationen ist in der betrieblichen Praxis geprägt durch das folgende Spannungsfeld:

- **allgemein und gleichzeitig spezifisch genug**
  Die Management-Dokumentation muss grundsätzlich alle auftretenden Situationen im Unternehmen angemessen berücksichtigen und regeln. Weiterhin gilt, dass sich die Management-Dokumentation den Veränderungen und damit neu auftretenden Situationen möglichst gut stellen und dabei den Mitarbeitern entsprechend ihrer Qualifikation eine angemessene Flexibilität lassen muss, damit diese die Aufgaben bestmöglichst und gleichzeitig effizient erfüllen können. Dies ist durch eine allgemeine Darstellung optimal erreichbar. Auf der anderen Seite gilt es für immer wieder auftretende und auch für qualitätskritische Bereiche, die Anweisungen sehr spezifisch vorzugeben, damit der optimale Ablauf gewährleistet ist und es nicht zu Fehlern kommt.

- **unterstützend, aber nicht demotivierend**
  Die Management-Dokumentation sollte die Mitarbeiter bei der Durchführung ihrer Aufgaben unterstützen, insbesondere bei der Einarbeitung, aber auch bei nur sporadisch auftretenden Tätigkeiten. Allerdings geschieht es aus Sicht der Mitarbeiter immer wieder, dass diese sich besonders durch zu detaillierte Vorgaben gegängelt fühlen und es damit zur Demotivation kommt. Es gilt jeweils abzuwägen, auch bei der Formulierung, was an zusätzlichen Festlegungen den Mitarbeiter entlastet, ihm hilft, besser und effizienter zu arbeiten, und was dazu führt, dass er situationsbezogen mögliche Verbesserungsmöglichkeiten nicht mehr ausschöpfen kann.

- **nachhaltig und gleichzeitig flexibel**
  Die Managementdokumentation muss auf der einen Seite starr und langlebig sein, damit die Mitarbeiter die Regelungen verinnerlichen können und es über die Übung zu einer erhöhten Schnelligkeit bei der Prozessdurchführung und zu Effizienz- und Qualitätssteigerungen kommt. Übung und Erfahrung sind positive Faktoren.

  Auf der anderen Seite hat sich das Managementsystem auch den Umweltbedingungen im Zeitablauf anzupassen und sich damit zu verändern. Änderungen am Managementsystem sind mit Aufwand verbunden und führen meist zu einem Schulungs- und Gewöhnungsbedarf. Die Stabilität des Managementsystems stellt sich erst wieder nach einem bestimmten Zeitablauf ein.

- **umfassend, aber transparent und leicht pflegbar durch geringen Umfang**
  Das Management-System soll das gesamte Unternehmen und alle Management-Aspekte umfassen. Dies führt selbst bei Kleinunternehmen durch die Vielfalt der Bereiche und Abläufe zu einem sehr umfangreichen Management-System. Es ist dann aber schnell nicht mehr transparent. Mangelnde Transparenz und zu großer Umfang führen meist zu Akzeptanzproblemen des Managementsystems bei den Mitarbeitern. Außerdem entsteht ein überaus großer Pflegeaufwand für die Management-Dokumentation. Man kann davon ausgehen, dass jährlich im Durchschnitt zwischen 10 und 40% des Erst-Erstellungsaufwandes für die Pflege der Dokumentation notwendig ist. Einsparungen beim Pflegeaufwand sind damit nicht zu unterschätzen.

- **individuell, aber normenkonform und handhabbar für Externe**
  Die Ausrichtung der Management-Dokumentation an einer Norm oder einem Forderungskatalog vereinfacht die Erfüllung einer spezifischen Anforderung durch den hierzu Beauftragten. Allerdings läuft die Strukturierung des Forderungskataloges meist nicht parallel zur Denkweise und dem Sprachwortschatz im jeweiligen Unternehmen. Damit kommt es bei einer Normanlehnung häufig zu Akzeptanzproblemen für das erarbeitete Managementsystem. Von daher ist ein individuelles Managementsystem vorzuziehen. Allerdings gilt es, die Normerfüllung transparent und einfach verständlich jedem interessierten Externen nachzuweisen. Hierfür haben sich Vergleichsmatrizen bewährt.

- **unbedingt notwendige Dokumentation ist zu erzwingen**
  Das Managementsystem soll ein Sicherheitsnetz für das Unternehmen darstellen. Von daher ist eine Dokumentation des notwendigen Know-hows, der wichtigsten Prozesse und ihrer Ergebnisse notwendig. Im Rahmen der Produkthaftung ist die Kennzeichnung und Rückverfolgbarkeit von entscheidender Bedeutung. Auf der anderen Seite stellt jede Dokumentation einen bestimmten Aufwand bezüglich Zeit und Kosten dar. Diesen gilt es, aus wirtschaftlichen Gründen auf das notwendige Maß zu minimieren. Man hat möglichst effizient Datenermittlung und -auswertung zu betreiben und den dazu nötigen Aufwand zu reduzieren. Dies gelingt durch eine automatisierte Dokumentation des abgelaufenen Prozesses häufig am besten, ansonsten aber durch wenige, durchgängig eingesetzte und auswertbare Check- bzw. Prüflisten.

3 Führungskreislauf im Unternehmen

3.1 Unternehmensplanung – Von der Vision über Ziele zur Maßnahmenplanung

3.1.1 Visionen und Leitbilder

Ganz am Anfang aller Überlegungen, also zu Beginn der Unternehmensgründung und dann während des gesamten Bestehens, sollte immer eine Vision vorhanden sein, was man mit dem Unternehmen wie erreichen will.

Die Vision ist die grundlegende langfristige Leitlinie des Handelns im Unternehmen. Sie stellt eine motivierende Ausrichtung dar, beschreibt die allgemeinen Werte und übergeordneten Ziele (ISO 9000:2015: erklärter Anspruch zur angestrebten Entwicklung).

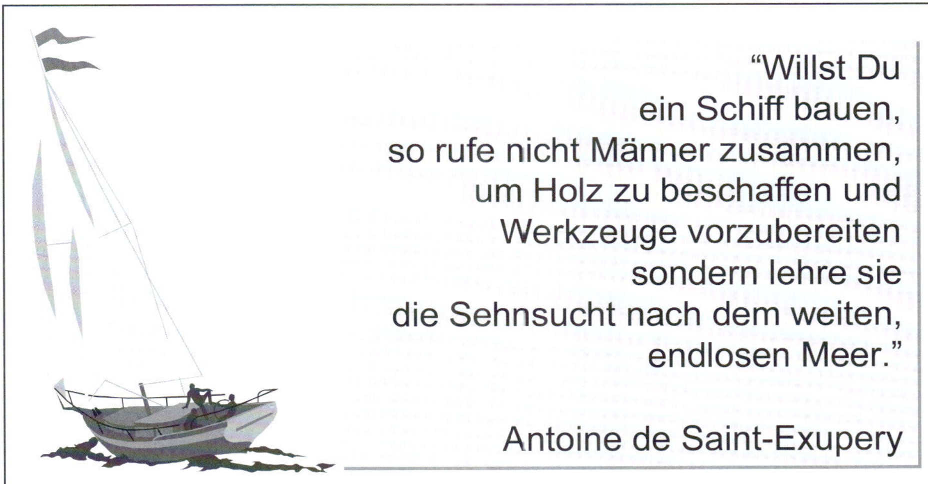

Bild 62: Vision soll Aufbruch erzeugen

Die Vision sollte langfristig stabil angelegt, aber grundsätzlich auf sich ändernde Bedingungen ausrichtbar sein (z.B. überraschende Entwicklungsergebnisse, Marktveränderungen, Katastrophen). Bild 63 gibt ein Beispiel einer Unternehmensvision.

Vision der Erfolgreich GmbH
Die Erfolgreich GmbH will als Unternehmen jeweils regional der führende Dienstleister im Bereich innovativer Wach- und Servicedienstleistungen sein.
Wir wollen über zufriedene Kunden und entsprechende Renditen auf unser Geschäftskapital organisch kontinuierlich wachsen und unsere Geschäftsfelder entsprechend ausdehnen
Die Mitarbeiter sind unser Schlüssel-Erfolgsfaktor und stehen als Gesamtheit und jeder für sich für unternehmerisches Handeln und Denken und zu den Grundsätzen von umfassender Qualität. Im Team kann sich jeder auf jeden verlassen.

Bild 63: Beispiel für Vision

Die Unternehmensvision ist Grundlage für die Unternehmensmission.

Die Mission ist nach der ISO 9000:2015 der erklärte Existenzzweck der Organisation.

Diese ist die Leitlinie für die Umsetzung der Vision (Beispiel vgl. Bild 64).

Mission der Erfolgreich GmbH
Unser Auftrag ist es, • die Erwartungen der Kunden durch erstklassigen Service immer wieder zu übertreffen. • herausragende unternehmerische Leistungen zu erreichen durch die Vermeidung von Verschwendung und einen kontinuierlichen Verbesserungsprozess. • durch unsere Wach- und Servicedienstleistungen auch einen positiven Beitrag zur gesellschaftlichen Stabilität und zum Zusammenleben zu erbringen. • unseren Mitarbeitern Möglichkeiten zur positiven persönlichen Weiterentwicklung und zum vollen Ausschöpfen ihrer Potenziale zu geben. • überdurchschnittliche Renditen des in unserem Unternehmen von den Gründern und Mitarbeitern eingesetzten Kapitals zu erreichen.

Bild 64: Beispiel für Mission

Zur besseren Umsetzung der Unternehmensvision und -mission werden vielfach spezifische Leitbilder, Regeln und Wertegrundsätze für Geschäftsfelder entwickelt und gelebt. Wichtig ist, dass das Handeln den Leitbildern und der Vision entspricht.

Von besonderer Bedeutung ist hier das Leitbild „Kundenorientierung", wie Bild 65 beispielhaft zeigt.

Leitbild zur Kundenorientierung in der Erfolgreich GmbH
Der Kunde ist unser Arbeitgeber. Nur wenn unsere persönlichen Dienstleistungen und Angebote für unsere Kunden attraktiv sind, werden diese uns auswählen und bezahlen.
Wir versetzen uns in den Kunden und verstehen ihn. Die Situation unserer Kunden ist als die eigene zu erleben und zu analysieren, damit wir zu 100% im Sinne unserer Kunden handeln. Wir gehen auch ungewöhnliche Wege, um sie positiv zu überraschen. Die Kunden bekommen das, was sie benötigen.
Die Kunden erhalten das, was sie benötigen, nicht mehr und nicht weniger.
Die Kunden können sich auf uns verlassen. Unsere Zusagen erfüllen wir.
Die Kunden erreichen uns immer und erhalten umgehend Antwort. Dies stellen wir über unsere Organisation und das Engagement unserer Mitarbeiter sicher.
Die Kunden helfen uns mit Kritik. Reklamationen und Kritik sind Verbesserungsvorschläge, für die wir dankbar sind und auf die wir schnellstmöglich reagieren. Über unsere Reaktion informieren wir automatisch.
Der Kunde hat immer Recht. Der Streit mit einem Kunden bringt uns nichts.
Unsere Kunden sollen unsere Kunden bleiben. Wir versuchen alles, jeden einzelnen Kunden an uns zu binden und damit eine langfristige Partnerschaft zu erreichen. Dabei sind alle Kunden gleich kundenorientiert zu behandeln.

Bild 65: Beispiel für Leitbild zur Kundenorientierung

Auch für die interne Zusammenarbeit im Unternehmen kann ein Leitbild nützlich sein und könnte als Leitbild „Mitarbeiterorientierung“, wie in Bild 66, formuliert werden.

Leitbild zur Zusammenarbeit in der Erfolgreich GmbH
Wir sind jederzeit hilfsbereit und unterstützen uns gegenseitig so gut wie möglich.
Wir sind Neuerungen gegenüber immer aufgeschlossen. Andere Meinungen werden angehört und zugelassen. Meinungsverschiedenheiten werden sachlich und nie persönlich diskutiert.
Wir setzen auf größtmögliche Einbeziehung und Information aller Beteiligten an Veränderungsprozessen im Unternehmen. In Notsituationen sind aber sofortige Entscheidungen nötig und zu akzeptieren. Getroffene Teamentscheidungen und Vereinbarungen sind von allen mitzutragen, umzusetzen und einzuhalten.
Fehler sind eine Chance für Verbesserungen. Jeder, der einen Fehler gemacht hat, legt diesen sofort offen. Gemeinsam wird nach Lösungen gesucht, damit erkannte Fehler nicht mehr vorkommen.
Interna des Unternehmens dürfen niemals nach außen getragen werden. Jeder Mitarbeiter hat sich loyal gegenüber dem Unternehmen und allen Kollegen zu verhalten.

Bild 66: Beispiel für Leitbild für den Umgang innerhalb des Unternehmens

Ein weiteres Leitbild wird zunehmend für die Gestaltung der Zusammenarbeit mit den Partnern des Unternehmens eingesetzt, so wie Bild 67 darstellt.

Leitbild zu Partnerschaften mit der Erfolgreich GmbH
Partnerschaft bedeutet, gemeinsam weiterzukommen, als jeder für sich alleine.
Von Partnern erwarten wir Loyalität und Leistungsfähigkeit und absolute Leistungsbereitschaft.
Partner helfen uns mit Ideen. Das Netzwerk unserer Partner ist Teil unseres Frühwarnsystems und liefert manche wertvolle Idee, wenn wir richtig zuhören.
Partner helfen uns, unsere Leistungen zu erbringen. Ohne das Netzwerk unserer Partner könnten wir keine umfassenden, attraktiven Dienstleistungen und Angebote für unsere Kunden erbringen.
Mit unseren Partnern gehen wir offen und fair um. Wir haben hohe Erwartungen an sie. Diese werden transparent kommuniziert. Partner werden freundschaftlich und fair behandelt, nie gegeneinander ausgespielt oder hintergangen.
Wir streben langjährige Partnerschaften an.
Mit Partnern wird ein intensiver Dialog geführt zur Optimierung der gemeinsamen Leistungserbringung. Einsparungspotenziale werden gemeinsam analysiert, realisiert und Erfolge angemessen aufgeteilt.
Unsere Partner und ihre Leistungen werden anerkannt und entsprechend entlohnt.

Bild 67: Beispiel für Leitbild zur Partnerschaft mit Lieferanten

Leitbilder unterstützen die Umsetzung von Unternehmenszielen in den Geschäftsfeldern bis hin zu den Teams und einzelnen Mitarbeitern. Vision, Mission und Leitbilder können im Sinne der DIN EN ISO 9001 als (Teil der) Qualitätspolitik angesehen werden.

3.1.2 Die Unternehmensstrategie

Ausgehend von der Unternehmensvision und den spezifischen Leitbildern gilt es, die Strategien (siehe Bild 68) zu definieren, mit denen die Realisierung der Vision erreicht werden soll. Die Unternehmensvision wie die Leitbilder und die Strategie sowie die später folgenden Ziele können sehr gut mit Hilfe der sieben QM-Werkzeuge (siehe Abschnitt 5.2) erarbeitet und verdeutlicht werden.

Die Strategie nach der ISO 9000:2015 ist der Plan für das Erreichen der langfristigen Ziele und damit die Formulierung und Festlegung der Ausrichtung notwendiger Aktivitäten und Handlungen eines Unternehmens zur Realisierung der Vision sowie der hieraus abgeleiteten übergeordneten Ziele.

Langfristige Strategie der Erfolgreich GmbH

1. **Leistungsführerschaft statt Preisführerschaft**
   - Sicherung der Vision nur über größere Wertschöpfung erreichbar
2. **Anbieten von Innovativen, kundennutzen-generierenden Dienstleistungen sichert Leistungsführerschaft**
   - Nutzung der Wachzeiten zur gleichzeitigen Erbringung weiterer Dienstleistung bietet erhebliche Nutzenpotenziale für die Kunden (Integration von Wachdienst, Warenannahme, Telefonzentrale, ...)
   - Nutzung der Wachgänge für die Erbringung weiterer Dienstleistungen (Multimomentaufnahmen, Rundgänge zur Prüfung der Arbeitssicherheit, ...)
   - Facility Management und Leiharbeiterüberlassung als zusätzliche Standbeine
3. **Qualitätsmanagement sichert Leistungsführerschaft**
   - Klare Regeln und motivierte Mitarbeiter sichern Qualität und Zuverlässigkeit
4. **Organische Geschäftsausweitung auf Basis der Leistungsführerschaft**
   - lokale Marktführerschaft ermöglicht Effizienzgewinne
   - bestimmte Größe sichert zentrale Stellen und
   - Qualitätsmanagement sichert Strukturen

Bild 68: Beispiel für langfristige Strategie

Bei der Findung von Handlungszielen und bei der Prüfung der Strategie auf Durchgängigkeit, Widerspruchsfreiheit und Realisierbarkeit hilft die Balanced Scorecard-Methode (siehe Bild 69 und Abschnitt 5.3.6), welche die Beziehungen zwischen einzelnen Handlungen und den daraus resultierenden Folgen und Ergebnissen verdeutlicht.

Im Beispiel (Bild 69) ermöglichen qualifizierte Mitarbeiter das Anbieten eines Komplettservice für die Kunden, welcher den Anteil der reinen, ansonsten unproduktiven Wachstunden gering hält. Dies führt über einen hohen Kundennutzen zu zufriedenen Kunden. Sie bezahlen gerne hohe Stundensätze, welche wiederum zu einer guten Bezahlung und damit Motivation der Mitarbeiter führen. Motivierte Mitarbeiter sind zuverlässiger, was über geringere Probleme zu einem höheren Gewinn führt. Abgesichert wird alles über ein integriertes QM-System.

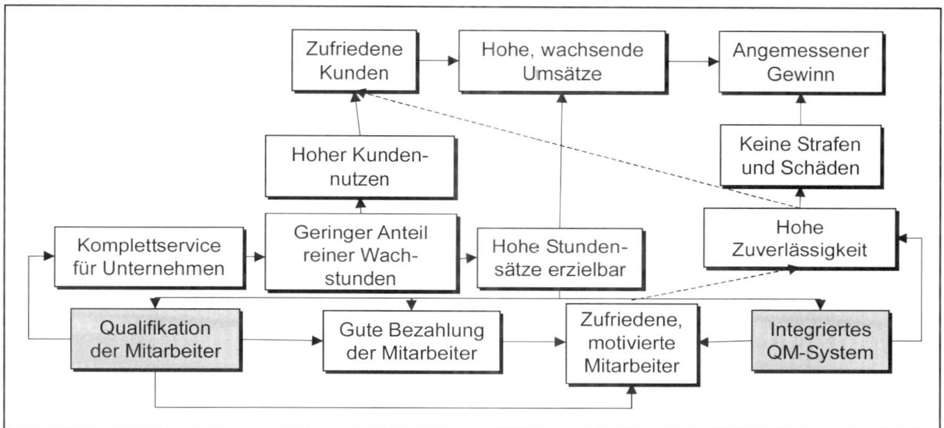

Bild 69: Balanced-Scorecard-Modell der Erfolgreich GmbH zur Strategie, basierend auf qualifizierten Mitarbeitern und einem integrierten Qualitätsmanagement-System.

Die Strategie führt zu keinerlei Widersprüchen oder sich aufhebenden Effekten einzelner Maßnahmen. Sie ist damit stringent, also in sich stimmig. Ausgehend von den jeweiligen Geschäftsbedingungen können die eigenen, langfristigen Handlungsziele zur Umsetzung von Vision und Strategie unternehmensspezifisch entwickelt werden. Auch die Strategien sind ein Teil der Qualitätspolitik im Sinne der DIN EN ISO 9001.

3.1.3 Unternehmensziele

Man leitet messbare langfristige Unternehmensziele (siehe Bild 70) ab, die Maßnahmenschwerpunkte festlegen und quantifizieren. Diese Ziele stellen bis zu deren Änderung aufgrund von externen oder internen Einflüssen und Entwicklungen die Handlungsleitlinien für mehrere Jahre dar.

Langfristige Ziele der Erfolgreich GmbH
Kundenorientierung
• Einhaltung der vertraglichen Zusagen zu 100% (von derzeit 99,9%)
• Einstufung als A-Lieferant bei allen Kunden
Mitarbeiterorientierung
• Klare Leistungs- und Entwicklungsvereinbarungen mit den Mitarbeitern
• Beteiligung der Mitarbeiter am Unternehmen stärken
• Ermittlung der Mitarbeiterzufriedenheit
Ressourcenorientierung
• Aufbau von vernetzten Notrufzentralen über alle Standorte
Produkt- und Prozessorientierung
• Jährliche Erweiterung des Angebotes um eine innovative Dienstleistung, belegt durch ein entsprechendes Referenzprojekt
Geschäftsergebnisse
• Ausweitung von 10 auf 15 Standorte
• Umsatz- und Gewinnsteigerung von 100%
Qualitätsorientierung
• EFQM-Bewertung > 500 Punkte

Bild 70: Beispiel für langfristige Unternehmensziele

Meist erfolgt bei der strategischen Zielsetzung auch eine Abschätzung der Unternehmensentwicklung mit Hilfe von betriebswirtschaftlichen Planungsrechnungen, in denen die Geschäftsentwicklung (Planbilanzen, Soll-Gewinn-und-Verlust-Rechnung und Budgetierungen für die einzelnen Bereiche und Kosten) für die nächsten Jahre prognostiziert wird (siehe auch Abschnitt 5.3).

Diese Ziele sind nunmehr jährlich in detaillierte, messbare Ziele zu operationalisieren (siehe Bild 71).

Operative Ziele für Erfolgreich GmbH Geschäftsjahr XX	
Kundenorientierung	
• Kundenzufriedenheitsbarometer	> 90% volle Zufriedenheit
• Anzahl der Kundenreklamationen	< 5%
• Kundenverluste (außer Konkurs usw.)	keine
Mitarbeiterorientierung	
• Anteil produktiver, abrechenbarer Stunden	> 80%
• Gesundquote	> 95%
• Reduktion der Arbeitsunfälle	um 50%
Produkt- und Prozessorientierung	
• Gewinnung eines Pilotauftrages zur Übernahme Integriertes Sicherheitsmanagement (Wachdienst, Sicherheitsmanagement und Umweltschutz)	
Geschäftsergebnisse	
• Neukunden	20
• Umsatzausweitung	um 20%
• Gründung eines neuen Standortes in XY	
• Gewinnsteigerung auf	3 Mio. EURO
Qualitätsorientierung	
• Erweiterung des bestehenden QM-Systems zu einem integrierten Management-System	
• EFQM-Bewertung	> 450 Punkte

Bild 71: Beispiel für operative, messbare Ziele

Die Ziele werden kontinuierlich verfolgt und ggf. fortgeschrieben (siehe Abschnitt 5.3).

3.1.4 (Qualitäts-)Management-Planungen

Planungen dienen der lang- und mittelfristigen Umsetzung der Unternehmensziele durch Maßnahmen und Ressourcen. Zu unterscheiden ist in

- langfristige Unternehmensplanung (z.B. Investitionsplanung, Produktentwicklung)
- Planungen zur operativen Geschäftstätigkeit (z.B. Absatz-, Produktionsprogramm-, Personalplanung).

Die Realisierung der geplanten Vorhaben und Maßnahmen erfolgt zweckmäßig in Form betrieblicher Projekte, also durch Projektplanung und -management, und natürlich dem operativen Tagesgeschäft der betrieblichen Bereiche.

Bei allen sind vielfältige Zusammenhänge, die relevanten Einflussgrößen und wechselseitige Abhängigkeiten hinreichend zu beachten (siehe Bild 72).

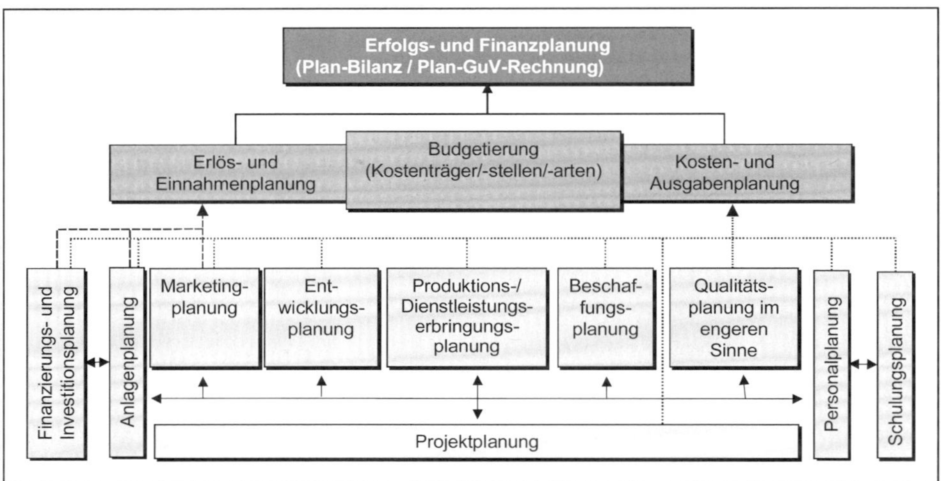

Bild 72: Darstellung der verschiedenen betriebswirtschaftlichen Planungen, beeinflusst durch die Projektplanungen.

Je nach Unternehmen und Situation sind die Planungsabläufe unterschiedlich. Eine Möglichkeit ist ein gemeinsamer Strategie- und Planungsworkshop aller Führungskräfte zur Grobplanung aller Bereiche, die dann in den Unternehmensbereichen weiter detailliert und konkretisiert werden. In anderen Fällen werden von der Unternehmensführung die zentralen, übergreifenden Projektplanungen durchgeführt. Dazu kommen Projektideen bzw. -anträge von den anderen Unternehmensbereichen. Weiterhin hat jeder Bereich seine spezifische Planung aufgrund von Vorgaben und eigenen Einschätzungen ausgearbeitet (Vertrieb hat Marketingplanung erstellt). Dann werden die Konflikte analysiert und Entscheidungen dazu getroffen. Nach der ersten groben Durchrechnung der betriebswirtschaftlichen Auswirkungen (Gewinn- und Verlust-Planrechnung) erfolgen häufig noch weitere Optimierungsrunden.

Jeweilige Geschäftsfeldplanungen erfolgen betriebsspezifisch, wobei eng miteinander verknüpfte, voneinander abhängige Vorhaben durchaus gemeinsam zu planen und realisieren sind.

Jedes Unternehmen muss eine auf die eigenen Bedürfnisse zugeschnittene angemessene Planung durchführen.

Im Folgenden werden für das bisher dargestellte Unternehmen wesentliche Planungsüberlegungen beispielhaft dargestellt, um einen Eindruck für die verschiedenen Teilplanungen zu geben.

1. Projektplanungen (hier Planung der Unternehmenserweiterung)

Die Realisierung der gesteckten Ziele der Erfolgreich GmbH fordert die Erweiterung des Unternehmens um weitere Standorte. Diesem Vorhaben dient der im Bild 73 dargestellte Projektplan.

Projektplanung Standort XX (MM = Mann-Monat)													
Aktivität	Aufwand und Kosten	Zeitachse											
		01	02	03	04	05	06	07	08	09	10	11	12
Bestimmung neuer Standortleiter	0,5 MM	x											
Einarbeitung und Übernahme bestehender Aufträge	1,5 MM	x	x										
Suche nach passendem Gebäude	1 MM			x	x	x							
Auslegung und Bestellung Infrastruktur	1 MM + 50.000						x	x					
Standortmarketing und Neukundenakquisition	5 MM + 20.000		x	x	x	x	x	x	x	x	x	x	x
Installation Infrastruktur	1 MM								x	x			
Einstellung Personal und Qualifizierung	2 MM + 20.000									x	x	x	x

Anfallende Kosten:

Standortleiter:	70 000 EURO (jährlich)
Gebäudemiete:	10 000 EURO (jährlich)
Infrastruktur:	50 000 EURO (einmalig)
Marketing:	20 000 EURO (einmalig)
Personalakquisition:	20 000 EURO (einmalig)

Geplante Umsatz- und variable Kostenentwicklung (jeweils 90%):

Jahr 0:	0,5 Mio.
Jahr 1:	1,0 Mio.
Jahr 2:	1,5 Mio.
Jahr 3:	2,0 Mio.
Jahr 4	2,5 Mio.

Bild 73: Projektplanung „Neuer Standort“ (gekoppelt mit der Anlagenplanung des Standorts)

Die Projektplanung wird in betriebswirtschaftliche Kennzahlen umgesetzt, um den Aufwand und den Nutzen des Projektes zu charakterisieren. Hierzu dienen die Methoden und Instrumente der Kostenrechnung (siehe Bild 74 und auch Abschnitt 5.3).

Finanzierungs- und Investitionsrechnung				
Jahr	Erlöse	Kosten	Differenz	Abgezinste Differenz (10%)
0	500 000	620 000	- 120 000	- 120 000
1	1 000 000	980 000	20 000	18 182
2	1 500 000	1 430 000	70 000	57 851
3	2 000 000	1 880 000	120 000	90 157
4	2 500 000	2 330 000	170 000	116 112
Kapitalwert (positiv bei günstigen Projekten)				162 302
Finanzierungsbedarf (Mindestbedarf)				120 000

Bild 74: Finanzierungs- und Investitionsrechnung als Entscheidungsgrundlage

Projekte, die sich im Rahmen der Investitionsrechnung (Wirtschaftlichkeitsrechnung, Kapitalwert, Amortisationsrechnung, usw.) nicht als wirtschaftlich sinnvoll erwiesen haben, können dennoch aus strategischen Gründen notwendig sein. Hierzu gehören insbesondere Entscheidungen aus dem Marketingbereich, der langfristigen Produktentwicklung und dem Bereich Informationssysteme. Die strategische Abwägung von Projekten bleibt der Geschäftsführung vorbehalten.

Die verschiedenen genehmigten Projektplanungen und Planungen zu Tätigkeiten in den verschiedenen Bereichen des Unternehmens fließen dann in die betriebswirtschaftliche Unternehmensteilplanung ein.

2. Vertriebs- und Marketingplanung

Die Vertriebs- und Marketingplanung beeinflusst die Umsätze und die zu erwartende Einnahmen- und Erlösseite. Deswegen steht diese Planung häufig am Anfang aller anderen Unternehmensteilplanungen. In die Vertriebs- und Marketingplanung geht das in den Bildern 73 und 74 dargestellte Projekt „Neuer Standort“ ein (Bild 75).

Vertriebs- und Marketingplanung für Erfolgreich GmbH Geschäftsjahr XX		
Zentrale Aktivitäten	**Verantwortlich**	**Budget**
Pflege der Internet-Homepage	Herr Meyer	2 000 €
Broschüre „Integriertes Sicherheitsmanagement“	Herr Kunz	5 000 €
Standortmarketing XX (Broschüre, Einweihung, Anzeigen, Einladungen lt. Projektpan)	Herr N.N.	20 000 €
Jubiläumsveranstaltung	Herr Meyer	20 000 €
Aktivitäten der Bereiche		**Umsätze**
Neuer Standort XX	Herr N.N.	500 000 €
Standort XY	Herr Müller	3 000 000 €
....		
Planung Umsatzanteile der Produktgruppen		
Wachdienst – Projekte / Veranstaltungen	Herr Schill	15%
Objekte / Rundgänge	Frau Freundlich	20%
Wach- und Sicherheitsdienst	Herr Huber	50%
Integrierte Dienstleistungen	Herr Kunz	10%
Integriertes Sicherheitsmanagement (Umweltmanagement und Arbeitssicherheit)	Herr Kunz	5%

Bild 75: Marketingplanung

Die Marketingplanung wiederum basiert auf der Entwicklungsplanung, da dort die verkaufbaren Produkte und Dienstleistungen erarbeitet werden.

3. Entwicklungsplanung

Der Umfang und die Art der Entwicklungsplanung (siehe Bild 76) hängen sehr stark von den Produkten ab, sind aber auch im Dienstleistungsbereich vorhanden. In vielen Unternehmen gibt es oft keine systematische Entwicklung, sondern diese findet kunden- und projektbezogen im Rahmen der Leistungserstellung statt. Dies ist nicht grundsätzlich abzulehnen. Jedoch benötigt jedes Unternehmen zusätzlich eine eigene Entwicklungsplanung, um aktiv am Markt zu agieren, statt nur zu reagieren.

Entwicklungsplanung für Erfolgreich GmbH Geschäftsjahr XX		
Produkt: **Ausbau Integriertes Sicherheitsmanagement**	**Verantwortlich**	**Budget**
Qualifikation von Mitarbeitern zu Sicherheitsfachkräften	Herr Gutwein	Zeitaufwand
Qualifikation eines Mitarbeiters im Bereich Umweltmanagement	Herr Gutwein	2 000 €
Aufbau Struktur zur Rundgangsplanung	Herr Gutwein	2 Wochen
Aufbau Umweltmanagement- und Sicherheitshandbuch mit Checklisten	Herr Gutwein	2 Monate
Umsetzung im eigenen Managementsystem	Herr Gutwein	1 Monat
Umsetzung beim Pilotkunden	Herr Gutwein	keines

Bild 76: Entwicklungsplanung (inkl. Qualitätsplanung im engeren Sinne)

Die Entwicklungsplanung kann auch als Teil der Projektplanung betrachtet werden und dort eingebaut sein.

4. Produktions- und Dienstleistungserbringungsplanung inklusive Ressourcenplanung

Auf der Basis der Vertriebsplanung ist die Planung der Produktion oder Dienstleistungserbringung möglich. Das grundlegende methodische Vorgehen wird in der REFA-Methodenlehre für Planung und Steuerung [REFA6] dargestellt.

Im Beispielfall „Erfolgreich GmbH" erfolgt die Planung der Leistungserbringung sehr transparent betriebsspezifisch und optimalerweise gemeinsam mit der Personal- und sogar mit der Schulungsplanung (siehe Bild 77).

Entwicklungsplanung für Erfolgreich GmbH Geschäftsjahr XX					
Projekt	**Bedarf**	**Notwendige Qualifikation**	**Eingeplante Mitarbeiter**	**Vorhandene Qualifikation**	**Q-Bedarf**
Unternehmen XY					
Wachdienst	2,5 MA	Wachmann	Herr Wach	Wachmann	
			Herr Müller	Wachmann	
			Her Wenig (50%)	angelernt	Wach-ausbildung
Tabelle verbunden mit Kalkulation der Stunden je Mitarbeiter, welche Unterauslastungen sofort anzeigt.					

Bild 77: Integrierte Personal-, Schulungs- und Dienstleistungserbringungsplanung

5. Beschaffungsplanung

Ein weiterer, generell wichtiger Bereich ist die Beschaffungsplanung, die sich an die Produktionsplanung anschließt. Deren Bedeutung hängt ab von der eigenen Wertschöpfung im Vergleich zum Einkauf. Je geringer die eigene Wertschöpfung ist, umso mehr Aufwand ist in die Beschaffungsplanung zu investieren. Jene umfasst die:

- Erstellung, Prüfung und Überarbeitung der Beschaffungskonzeption
- Festlegung von Aktivitäten zur Verbesserung der Qualität und der Beschaffungskosten
- Festlegung von Aktivitäten zur Verbesserung der Qualität und der Kostensituation bei den beschafften Gütern / Leistungen.

In der Automobilindustrie läuft die Beschaffungsplanung meistens parallel zur Produktionsplanung.

6. Qualitätsplanung (im engeren Sinne)

Aufbauend auf der Analyse bisheriger Schwachstellen bei der Qualität der Produkte und des Qualitätsmanagements hat auch der Bereich Qualitätsmanagement oder der Produktionsbereich (bei Selbstprüfung) seine Aktivitäten erfolgsorientiert zu planen. Eine wesentliche Hilfestellung hierfür ist das Qualitätscontrolling (siehe Abschnitt 5.3.7).

Es entstehen nach Priorität geordnete Aktivitätspläne (To-Do-Listen siehe Abschnitt 3.2.1) für das Qualitätsmanagement. Dabei erfolgt jeweils eine Festlegung des Budgets und der Teilziele je Maßnahme.

7. Betriebswirtschaftliche Gesamtplanung

Die ermittelten Daten verdichten sich in einer Budgetplanung für alle Kostenarten, Kostenstellen und Kostenträger, einer Gewinn- und Verlust-Planrechnung (GuV-Planrechnung) für die nächste Periode und teilweise noch einer Plan-Bilanz (siehe auch Abschnitt 5.3)

3.1.5 Risikoanalyse der Geschäftsplanung

Ganz wichtig, aber noch viel zu wenig umgesetzt, wird eine systematische Risikoanalyse sämtlicher Planungen. Solche Risikoanalysen dienen dazu, die Realisierbarkeit der Planung zu prüfen und ggf. angemessen abzusichern. Die Kenntnis von Risiken sensibilisiert die Führung vor Gefahren, ermöglicht es, diese vorbeugend über weitere Planungen und Maßnahmen zu vermeiden und später auch das Auftreten von Problemen viel schneller zu realisieren. Das frühe Erkennen von entstehenden Schwierigkeiten ist der erste Schritt zur Problembeseitigung und damit zum Erfolg. Geeignete Instrumente hierfür sind zum Beispiel

- der **Problem-Entscheidungsplan** (siehe Abschnitt 5.2.7),
- die **Szenario-/Portfoliotechnik** (siehe Abschnitt 5.2.6), bei positiv ausgerichteter Planung, realistischer Planung und Planung unter negativen Vorzeichen. Dadurch erkennt man die Auswirkungen auf das Gesamtergebnis und die jeweiligen Hebelwirkungen von Einflussgrößen,
- die **FMEA** (siehe Abschnitt 5.5.2) (Beispiel siehe Bild 78) oder
- **andere Risikomethoden** (siehe Abschnitt 5.5).

In der FMEA (Bild 78) wird klar, dass in der falschen Auswahl des neuen Standortes, einer nicht angepassten Kundenansprache und einem fehlenden Kundenvertrauen die größten Risiken im Hinblick auf die Geschäftserweiterung gesehen werden (RPZ = Risikoprioritätszahl von 350 bzw. 300 vor der Durchführung weiterer Maßnahmen). Im negativen Fall könnten ein zu geringes Kundenpotenzial und starke Konkurrenz zusammentreffen.

Daraus ergibt sich die Notwendigkeit, eine strukturierte Marktanalyse durchzuführen, um das Risiko deutlich zu reduzieren. Die Verantwortlichkeit für diese wird direkt festgelegt. Damit reduziert man sehr stark das Risiko einer Fehlentscheidung in diesem entscheidenden Bereich (Bild 79).

System / Prozess / Produkt:				Fehler-Möglichkeits- und Einflussanalyse					Datum:	
Potenzielle Fehlerfolgen		Potenzielle Fehler	Potenzielle Ursachen	Derzeitiger Zustand						
Beschreibung	B			Vermeidungsmaßnahmen	A	Entdeckungsmaßnahmen	E	RPZ	Rang	KVP nötig?
Kein ausreichender Umsatz	10	Problem Führungskraft	Falsche Personalauswahl	keine	7	Intensive Einarbeitung, Beaufsichtigung	3	210	5	Ja
Kein ausreichender Umsatz	10	Starke Konkurrenz	Auswahl des Standorts	keine	5		5	250	4	Ja
Kein ausreichender Umsatz	10	Nicht angepasste Kundenansprache	Mangelhafte Marktkenntnis	keine	6	keine	5	300	2	Ja
Kein ausreichender Umsatz	10	Nicht ausreichendes Kundenpotenzial	Mangelhafte Marktkenntnis	keine	6	keine	5	300	2	Ja
Kein ausreichender Umsatz	10	Fehlendes Kundenvertrauen	Mund-Propaganda gegen Unternehmen	keine	7	keine	5	350	1	Ja
Entzug Aufträge	9	Unzuverlässige Mitarbeiter	Falsche Personalauswahl	keine	7	keine	3	189	6	Ja

Bild 78: Beispiel des FMEA-Einsatzes zur Risikoanalyse einer Geschäftsplanung bei der Erfolgreich GmbH

Zu System- / Produkt- / Prozess-FMEA: Neuer Standort		Maßnahmeplanung und -verfolgung Neuer Standort der Erfolgreich GmbH							Datum: 50.02.20..
Fehlerursache mit Fehler und Fehlerfolgen	**Ausgangs RPZ**	**Zukünftiger Zustand**							
		Vermeidungsmaßnahmen	**Entdeckungsmaßnahmen**	**Verantwortlich/Termin**	**B**	**A**	**E**	**RPZ neu**	**Erledigungsstand/ Bemerkungen**
Falsche Personalauswahl führt zu Problem mit Führungskraft	210	Umfassendes Auswahlverfahren bzw. Auswahl eines bewährten Mitarbeiters	Prüfungen im Auswahlverfahren	Geschäftsführung	10	4	3	120	
Auswahl eines Standorts mit großer Konkurrenz	250	Markt- und Konkurrenzanalyse	Markt- und Konkurrenzanalyse	Herr Meyer	10	5	1	50	
Nicht angepasste Kundenansprache durch mangelhafte Marktkenntnis	300	Markt- und Konkurrenzanalyse	Markt- und Konkurrenzanalyse	Herr Meyer	10	5	1	50	
Nicht ausreichendes Kundenpotenzial durch mangelhafte Marktkenntnis	300	Markt- und Konkurrenzanalyse	Markt- und Konkurrenzanalyse	Herr Meyer	10	5	1	50	
Propaganda gegen Unternehmen führt zu fehlendem Kundenvertrauen	350	Umfassende PR und gezielte Information der Unternehmen	Intensive persönliche Gespräche mit potenziellen Kunden	Herr Gutwein	10	3	3	90	
Entzug von Aufträgen durch unzuverlässige Mitarbeiter	189	Umfassendes Auswahlverfahren	Überprüfung der Arbeit	Geschäftsführung	9	4	3	108	

Bild 79: Beispiel für FMEA-Verbesserungsmanagement bei der Erfolgreich GmbH

3.2 Umsetzung der Unternehmensplanung

3.2.1 Veranlassung der Planungsumsetzung

Um die Unternehmensplanung umzusetzen, ist die Planung ggf. weiter in einzelne durchzuführende Tätigkeiten zu konkretisieren. Diese sind den jeweiligen ausführenden Mitarbeiter zu vermitteln. Es gilt, die Zuweisung so transparent zu gestalten, dass die Messung und Überwachung der Ergebnisse der Durchführung einfach möglich ist. Dafür bestehen verschiedene Möglichkeiten:

- **Die Planungen (siehe Abschnitt 3.1.4) und die Risikoanalysen (siehe Abschnitt 3.1.5) werden zur Arbeitsverteilung, Messung und Überwachung verwendet.**

Vorteile:
- Direkte Nutzung der aufgestellten Planungen vermeidet Doppelarbeit.
- Je Projekt / Zielbereich hat man eine spezif sche Verfolgung der Aktivitäten.

Nachteil:
- Durch die verschiedenen Projekte und Planungen erhält man keinen zentralen Überblick über alle Aktivitäten der Veränderung zur einfachen Gesamtsteuerung durch die Führung.

- **Zentrale To-Do-Liste oder eine Tätigkeitsdatenbank**

Das nachfolgende Beispiel einer ausgefüllten To-Do-Liste (Bild 80) zeigt eine Aktivitätsplanung, die aus dem Projektantrag „neuer Standort", der darauf aufbauenden Risikoanalyse und den Zielen integriertes Managementsystem und EFQM-Bewertung sowie neuen Angeboten integrierter Dienstleistungen entstandene.

Vorteile der zentralen To-Do-Liste:
- Wichtig ist die Sortiermöglichkeit nach dem Termin, nach dem Verantwortlichen (z.B. hier QM-Beauftragter), nach dem Projekt (Neuer Standort) oder einem sonstigen Schlagwort. Zum Beispiel kann man hier sehr einfach eine Kapazitätsprüfung für den QM-Beauftragten durchführen. Dieser ist mit seinen Aktivitäten bereits komplett ausgelastet (12 MM).
- Die Führung prüft die Erledigung der Tätigkeit regelmäßig über diese Listen. Dadurch erkennen die Mitarbeiter, dass die Führung keine Tätigkeit aus den Augen verliert. Dies beschleunigt die Umsetzung der gewünschten Aktivitäten erheblich und sorgt allgemein für eine höhere Produktivität.

Nachteil der zentralen To-Do-Liste:
- Die verschiedenen Planungen müssen in die zentrale Liste bzw. eine Aktivitätendatenbank übernommen werden.

Insbesondere bei kleinen, inhabergeführten Unternehmen bietet sich eine einzige To-Do-Liste an, während in Großunternehmen spezifische Projekt- und Bereichsplanungen von Vorteil sind, die direkt mit einer Aktivitätendatenbank verknüpft sind, um eine Verfolgung und Überwachung zentral und dezentral zu ermöglichen.

Offene Postenliste										
Thema	**Problembeschreibung**	**Prozess/ Projekt/ Produkt**	**Maßnahme/ Tätigkeit**	**Verantwortung**	**Plan-Aufwand/ Kosten**	**Plan-Termin**	**Wiedervorlage**	**Memo/ Bemerk.**	**Erl. Dat. Unt.**	**Ist-Aufwand/ Kosten**
N-ST	Neuer Standort	GF	Marktanalyse in AB	Marketing	0,5 MM	30.01	30.01			
N-ST	Neuer Standort	GF	Marktanalyse in XY	Marketing	0,5 MM	30.01	30.01			
N-ST	Neuer Standort	GF	Entscheidung Standort	GF (+BL)		27.02	27.02			
N-ST	Neuer Standortleiter	GF	Interne Ausschreibung	GF (+BL)		30.01	30.01			
N-ST	Neuer Standortleiter	GF	Entscheidung über interne Kandidaten	GF (+BL)		27.02	27.02			
N-ST	Neuer Standortleiter	GF	ggf. externe Ausschreibung und Suche	GF (+BL)	0,5 MM	30.03	30.03			
N-ST	Neuer Standortleiter	GF	Entscheidung über externe Kandidaten	GF (+BL)		30.04	30.04			
N-ST	Standortmarketing neuer Standort	Marketing	Aufbau Adressdatei zur gezielten Vermarktung	Maketing	2,0 MM	30.06	30.04			
N-ST	Suche nach Gebäude/Wohnung	GF	Interne Bekanntmachung über neuen Standort und Wohnungssuche	Marketing / Standortleiter		01.03	01.03			
N-ST	Suche nach Gebäude/Wohnung	GF	Kontaktaufnahme Makler	Marketing / Standortleiter		10.03	10.03			
N-ST	Suche nach Gebäude/Wohnung	GF	Sammlung von Alternativen und Entscheidungsvorbereitung	Marketing / Standortleiter	1,0 MM	30.06	30.05			
N-ST	Neukundenaquisition	Marketing	Gezieltes Ansprechen von Neukunden per Mailing	Marketing / Standortleiter	0,5 MM	30.07	30.07			
N-ST	Standortaufbau	GF	Planung der Gebäudeeinrichtung	Standortleiter	1,0 MM	30.07	30.07			
N-ST	Standortaufbau	GF	Einstellung Personal	GF	0,5 MM	laufend	laufend			
N-ST	Standortaufbau	GF	Einrichtung Gebäude	Standortleiter	2,0 MM	30.09	30.09			
N-ST	Neukundenaquisition	Marketing	Besuche aller potentiellen A/B-Kunden	Standortleiter	3,0 MM	30.10	30.10			
N-ST	Standortaufbau	Marketing	Einweihungsfeier	Standortleiter	1,0 MM	30.10	30.10			
IM-SYS	Integration AS im QM	SIFA	Sammlung und Durchsicht bisherige Dokumentation zur AS	QM-Beauftragter	0,3 MM	15.01	15.01			
IM-SYS	Integration AS im QM	QM	Prüfung der (direkten) An-/Einbindbarkeit / Konzept zur Einbindung	QM-Beauftragter	0,7 MM	27.02	27.02			
IM-SYS	Integration AS im QM	QM	Entscheidung über Einbindung	GF		15.03	15.03			
IM-SYS	Integration AS im QM	QM	Umsetzung der Einbindung	QM-Beauftragter	2,0 MM	30.06	30.05			
N-PR	Neue integrierte Angebote	Marketing	Erarbeitung von Konzepten zum Dienstleistungsangebot Arbeitssicherheit	QM-Beauftragter	1,0 MM	30.06	30.06			
IM-SYS	Integration UM im QM	QM	Analyse der Umweltrisiken	QM-Beauftragter	0,3 MM	30.03	30.03			
IM-SYS	Integration UM im QM	QM	Sammlung von Infos zum UM	QM-Beauftragter	0,7 MM	30.03	30.03			
N-PR	Neue integrierte Angebote	Marketing	Erarbeitung von Konzepten zum Dienstleistungsangebot Umweltmanagement	QM-Beauftragter	2,0 MM	30.06	30.06			

Bild 80: Beispiel für To-Do-Liste bei der Erfolgreich GmbH (rechte Spalten hier verkleinert dargestellt)

3.2.2 Messung und Datenaufbereitung

Nach der Veranlassung der Tätigkeiten sind die Durchführung und deren Ergebnisse zu messen. Die Überwachung des „Weges“ ist ebenso wichtig wie die Verifizierung der Resultate. Dazu müssen geeignete Werkzeuge eingesetzt werden. Man unterscheidet folgende Daten und Messungen:

- Verfolgung der Erfüllung der Aktivitäten (z.B. Verfolgung To-Do-Liste des letzten Bildes)
- Prozesskennzahlen (Zeit-, Auslastungs-, Qualitätsdaten, usw.) der operativen Prozesse
- Betriebswirtschaftliche Daten (Kostenarten-, Kostenstellen-, Kostenträgerrechnung usw.) (siehe Abschnitt 5.3)

Häufig sind die Auslastungszahlen eine wesentliche Kenngröße für die betriebswirtschaftliche Entwicklung. Im Bereich der betrachteten Erfolgreich GmbH ist sicherlich die produktive Personalauslastung eine entscheidende Erfolgsgröße.

Bild 81 zeigt eine solche Auslastungsberechnung. Gleichzeitig wird hier das Gleitzeitguthaben des einzelnen Mitarbeiters berechnet. Die Quote der Gutschrift bei den Wachmännern ergibt sich aus dem Verhältnis der Gutschriften zu den verrechneten Ist-Stunden, der Anteil produktiver Stunden aus dem Verhältnis der verrechneten Stunden von 955 zur Gesamtsumme der bezahlten Stunden. Das sind die verrechneten Stunden plus die Gutschriften für die Wachmitarbeiter sowie die sonstigen Stunden für nicht direkt wertschöpfende Tätigkeiten (Führung in Filiale und Zentrale). Die Zentrale wird hier anteilsmäßig mit 10% auf die Filiale verrechnet. Die weiteren 9 Filialen haben ebenfalls jeweils 10% der aufgelaufenen Stunden zu „tragen“.

Auslastungstabelle							
Verrechnete Wachmitarbeiter							
Sollstunden Monat		160					
	Stelle	Persönliche Sollstunden	Verrechnete Iststunden	Gutschrift für Urlaub, etc.	Stunden-Differenz	Gleitzeit-Vortrag	Gleitzeit-Endsumme
Mitarbeiter A	100%	160	75	80	-5	10	5
Mitarbeiter B	100%	160	140	24	4	15	19
Mitarbeiter C	50%	80	90	0	10	10	20
Mitarbeiter D	75%	120	120	8	8	5	13
Mitarbeiter E	80%	128	140	24	36	8	44
Mitarbeiter F	50%	80	100	0	20	10	30
Mitarbeiter G	100%	160	150	16	6	6	12
Mitarbeiter H	25%	40	20	0	-20	7	-13
Filialleiter	75%	120	120	0	0	5	5
Summe		1048	955	152	59	76	135
Sonstige Mitarbeiter							
Sollstunden Zentrale		500		Anteil Filiale	10%		
Iststunden Zentrale		450					
Gutschriften Zentrale		40					
Filialleiter	25%	40	40	0			
Anteil Zentrale	10%	50	45	4			
Summe		90	85	4			
Anteilige Quote Gutschriften bei Wachmitarbeitern					15,92%		
Anteil produktiv abrechenbarer Stunden an Gesamtstunden					79,85%		
Zielquote produktiv abrechenbarer Stunden an Gesamtstunden					80%		

Bild 81: Beispiel für Auslastungsberechnung einer Filiale bei der Erfolgreich GmbH

Wichtig ist die angemessene Aggregation, das Verdichten der Daten, in wenigen aussagekräftigen, vom Menschen gut erfassbaren Zahlen, bezugnehmend auf die definierten Zielgrößen. Dabei sind die absoluten Größen zwar wichtig, noch wichtiger aber ist der Trend. Er ist zum frühzeitigen Erkennen von Problemen und Planabweichungen zu beobachten.

3.2.3 Bewertung und Verbesserung

Auf der Basis der Datenanalyse kann das Management seine Bewertung durchführen. Dabei unterscheidet man:

- **Bewertungen zur direkten Verbesserung im Führungsprozess**

Dies sind die Entscheidungen der Führungen im Tagesgeschäft aufgrund der vorgelegten Ergebnisse. Ein gutes Beispiel wäre die wöchentliche Sitzung der Führungskräfte zur Durchsprache der Entwicklungen und der anstehenden Aktivitäten.

Die To-Do-Liste wird durchgesprochen. Es entstehen Korrektur- und Verbesserungsaktivitäten, die sofort in die To-Do-Liste eingearbeitet werden und dann in ihrer Abarbeitung verfolgt werden. Eine Alternative ist die Implementierung und Durchführung von Verbesserungen im Rahmen eines 8-D-Reports als eigenes Projekt (Beschreibung der 8D-Methode siehe Abschnitt 5.7.1). Bild 82 stellt einen 8D-Report unseres Beispielunternehmens dar.

Kunde / interner Kunde: Filiale XY			**Ggf. Kunden-Nr.:**	
Stellungnahme zu: negativer Umsatzentwicklung			**vom:** Zeitraum 01-06 des Jahres XX	
Aktivität / Teile-Nr.:			**Bezeichnung:**	
Gesamtmenge (z.B. Liefermenge): Kundenanzahl 20			**Reklamationsmenge:** Kundenverlust von 3 Kunden	
Team des 8D-Reports: Geschäftsführung und alle leitenden Mitarbeiter				
Problembeschreibung: Sehr starker Rückgang des Umsatzes durch kurzfristigen Verlust von 3 Kunden im Bereich der Filiale XY				
Kurzfristige Maßnahmen:	Verantwortlich	Bis Datum	Erledigt: Datum, Unterschrift	Angefallene Kosten
Gespräche mit allen Kunden der Filiale	GL	05.07	02.07. GL	2 Tage
Unterstützung Neukundengewinnung durch zentrales Marketing / GL	GL	Nächsten 3 Monate	30.09. GL	30 Tage
Ergebnisse der Ursachenanalyse: - persönliche Differenzen der Kunden mit dem Filialleiter sind eskaliert. - Filialleiter hat Wünsche nach Veränderungen und Kosteneinsparungen nicht ernstgenommen - Vertrauensschwund ist bei allen Kunden vorhanden - aber hohe Zuverlässigkeit im Service durch die Mitarbeiter.				
Festlegung und Durchführung der Abstellmaßnahmen:	Verantwortlich	Bis Datum	Erledigt: Datum, Unterschrift	Angefallene Kosten
Gespräch mit Filialleiter	GL	15.07.	10.07.	Gering
Versetzen des Filialleiters auf Posten in anderem Gebiet	GL	15.07.	10.07.	Lohnfortzahlung für 1 Jahr
Ernennung eines neuen Filialleiters ggf. anderer Mitarbeiter mit Kundenvertrauen	GL	15.08	30.07.	Keine
Maßnahmen zur Verhinderung des Wiederauftretens:	Verantwortlich	Bis Datum	Erledigt: Datum, Unterschrift	Angefallene Kosten
Vorschlag für Veränderung des QM-/Controlling-Systems, z.B. Einführung einer stichprobenmäßigen Prüfung der Kundenzufriedenheit durch GL direkt	QM	30.09.	15.09. QM	2 Tage
Entscheidung über Vorschlag	GF	15.10.	30.09. GL	Gering

Bild 82: 8D-Report für Umsatzeinbrüche in Filiale XY

- **Bewertung im Rückblick auf eine längere Periode**

Ein Beispiel hierfür ist die Management-Bewertung entsprechend der DIN EN ISO 9001. Die Managementbewertung ist der Abschluss des Führungsregelkreises und die Basis der zukünftigen Planung. Sie stellt eine Bewertung der Zielerfüllung und eine Bewertung des Managements, der Führung an sich, dar.

Die Management-Bewertung (Grundstruktur siehe Bild 83, Unternehmensbeispiel siehe Bilder 84 und 85) wird heute häufig als Team-Workshop durchgeführt, bei dem der Controller die Daten und seine Interpretation vorträgt und sie zur Diskussion stellt. Gemeinsam sucht man dann nach Erklärungen und Ursachen von Problemen und Ansätzen zur Verbesserung. Die DIN EN ISO 9001 zeigt sehr gut die notwendige Struktur auf:

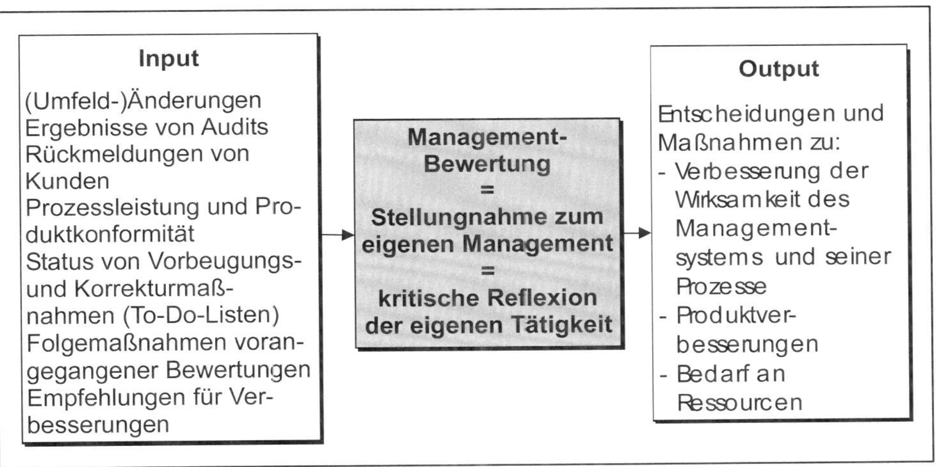

Bild 83: Struktur der Management-Bewertung nach DIN EN ISO 9001

Management-Bewertung für Erfolgreich GmbH Geschäftsjahr XX		
Kundenorientierung:	**Soll-Vorgabe**	**Ist erreicht**
• Kundenzufriedenheitsbarometer	> 90% volle Zufriedenheit	86% volle Zufriedenheit
• Anzahl der Kundenreklamationen	< 5	8 Reklamationen
• Kundenverluste (außer Konkurs)	keine	3 in einer Filiale
Mitarbeiterorientierung:		
• Anteil produktiver, abrechenbarer Stunden	> 80%	80%
• Gesundquote	> 95%	95%
• Reduzierung der Arbeitsunfälle	um 50%	um 15%
Produkt- und Prozessorientierung:		
• Gewinnung eines Pilotauftrages Integriertes Sicherheitsmanagement		erfolgt
Geschäftsergebnisse:		
• Neukunden	20	25
• Umsatzausweitung	um 20%	20%
• Gründung eines neuen Standortes XY		erfolgt
• Gewinnsteigerung auf	3 Mio. €	nur 2 Mio. €
Qualitätsorientierung:		
• Erweiterung zu einem integrierten Management-System		erfolgt
• EFQM-Bewertung	> 450 Punkte	320 Punkte

Bild 84: Management-Bewertung in Zahlen

Management-Bewertung für Erfolgreich GmbH Geschäftsjahr XX
Die Geschäftsergebnisse der Erfolgreich GmbH haben sich positiv entwickelt. Bei der Neukundengewinnung und der Umsatzausweitung wurden die Ziele erreicht. Der Gewinn wurde leider nicht realisiert, insbesondere aufgrund höherer Vorlaufkosten für die Gründung unseres 11. Standortes und ein Problem mit dem Filialleiter, welches bedauerlicherweise sehr lange der Geschäftsführung nicht bewusst wurde und auch im internen Audit nicht aufgefallen war. Es kam dort zu drei Kundenverlusten durch verschleppte Kundenreklamationsmeldungen. Der Filialleiter musste ausgetauscht werden, umfangreiche Maßnahmen zur Kundenbindung haben bewirkt, dass von den drei verloren gegangenen Kunden inzwischen zwei wiedergewonnen werden konnten und auch die Zufriedenheit bei den anderen Kunden erheblich gesteigert werden konnte. Noch ist allerdings das neu ausgewertete Kundenzufriedenheitsbarometer unter der Zielsetzungen geblieben. Der Ausbau unseres QM-Systems zu einem integrierten Management-System wurde in diesem Jahr mit einem erheblichen Aufwand realisiert und bietet uns nunmehr ein umfassendes Erfahrungswissen und Know-how, um auch unsere Dienstleistungsangebote bei den Kunden auszubauen. Hier wurde ein kleineres Projekt erfolgreich begonnen. Für weiterführende Erfahrungsberichte ist es leider noch zu früh. In den internen Audits (siehe Auditberichte und deren zusammenfassenden Bericht) wurde der Reifeprozess des QM-Systems bestätigt. Allerdings zeigte uns die realisierte EFQM-Selbstbewertung doch noch erhebliche Verbesserungspotenziale auf. Diese werden in die Zielstellung des kommenden Jahres eingehen. Die Prozessleistungen und die Mitarbeiterergebnisse, insbesondere der immense Anteil produktiver, abrechenbarer Stunden liegen im Zielbereich und sichern unsere Existenz. Die Mitwirkung der Mitarbeiter im Hinblick auf Verbesserungen könnte noch besser sein, wie das bedauerliche Beispiel der mangelhaften Filialleitung gezeigt hat. Keiner der Mitarbeiter hat die Missstände der Geschäftsleitung zugetragen. Die Grundlagen für eine weitere positive Geschäftsentwicklung, trotz der schlechten Konjunkturlage, sind gelegt und sollten in eine Expansion und Geschäftserweiterung münden.

Bild 85: Erläuternder Teil der Management-Bewertung

Noch systematischer wird die rückblickende Management-Bewertung, indem man eine komplette Selbstbewertung nach dem EFQM-Modell (vgl. Abschnitte 1.4.2, 1.4.3 und 5.8.2) durchführt.

Aus der Managementbewertung sowie einer EFQM-Selbstbewertung ergeben sich Verbesserungspotenziale, die in entsprechende Projekte umgesetzt werden müssen bzw. direkt in die nächste Planung eingehen.

3.2.4 Führungskreislauf und Unternehmensplanung

Nach der allgemeinen und gleichzeitig beispielhaften Darstellung des Führungskreislaufes soll dieser in den folgenden beiden Bildern (Bild 86 und 87) noch zusammenfassend aufbereitet werden. Es finden sich Verweise zu den bereits in das Fallbeispiel „Erfolgreich GmbH" integrierten Methoden. Zusätzlich werden auch weitere, in den jeweiligen PDCA-Phasen (Plan-Do-Check-Act, siehe Abschnitte 2.1.1 bzw. 5.6.2) einsetzbare Werkzeuge genannt, die allesamt im Kapitel 5 noch detaillierter angesprochen werden.

Es ist nochmals darauf hinzuweisen, dass **sich jedes Unternehmen eine geeignete, den spezifischen Bedürfnissen und Randbedingungen angepasste Unternehmensplanung und -steuerung erarbeiten muss**.

Entscheidend für den Unternehmenserfolg ist ein durchgängiger, einfacher Methodeneinsatz.

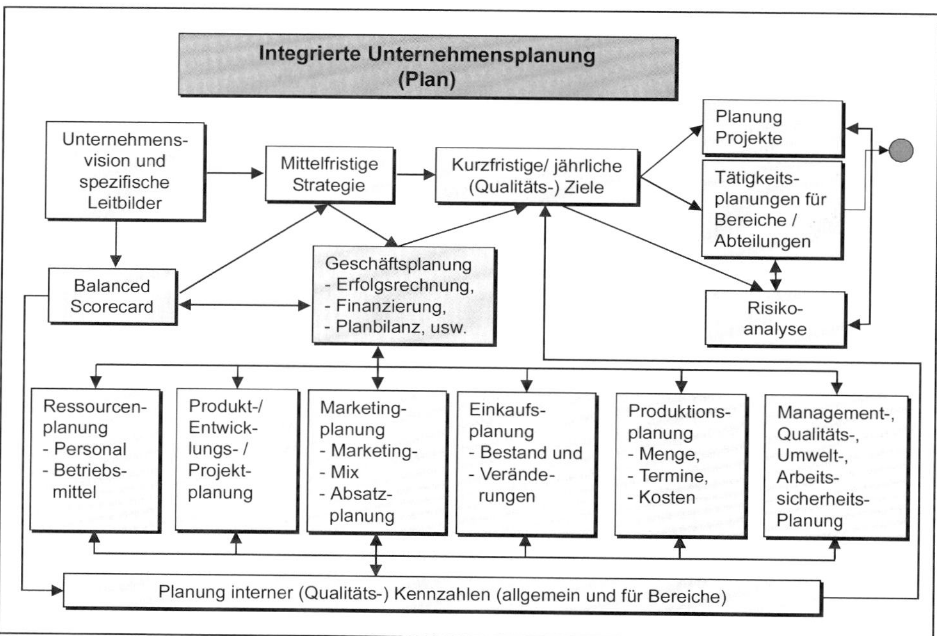

Bild 86: Zusammenhänge der Unternehmensplanung

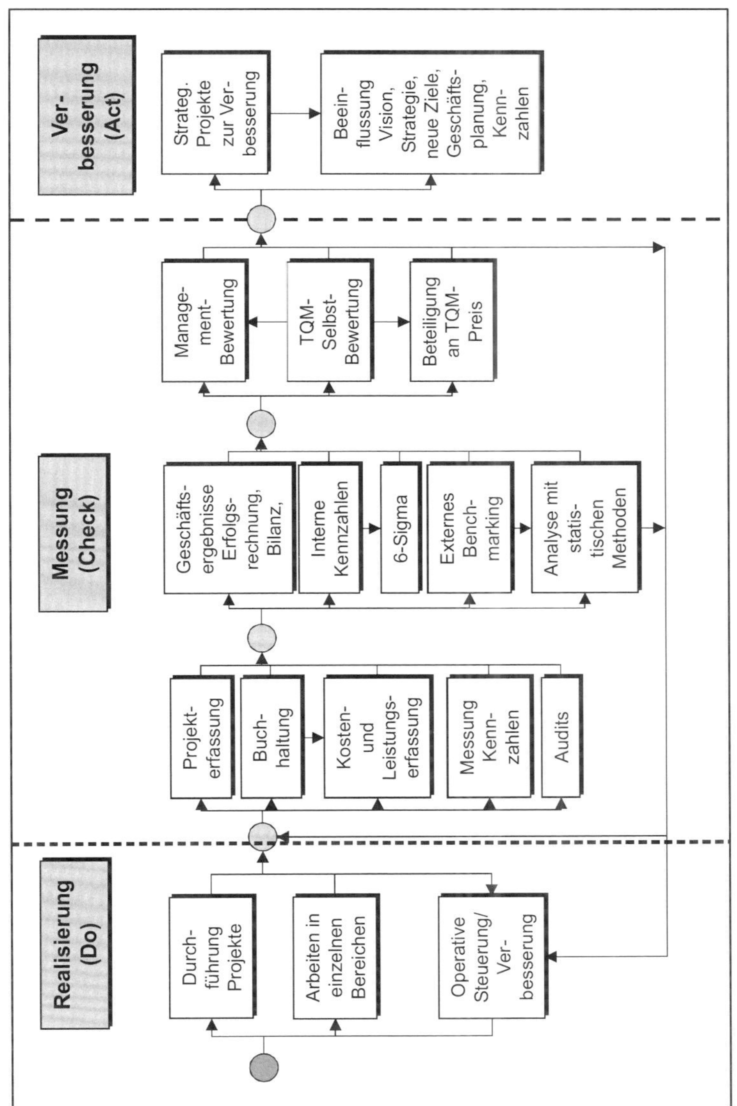

Bild 87: Zusammenhänge bei der Unternehmenssteuerung im Rahmen der Umsetzung der Unternehmensplanung

Das Arbeiten in den einzelnen Bereichen im Rahmen der Realisierung (Do) des Führungskreislaufes ist in Wirklichkeit ein eigener PDCA-Zyklus, ausgeführt von den Mitarbeitern im Rahmen der wertschöpfenden Arbeiten zur Produktrealisierung im Unternehmen. Die Steuerung der Wertschöpfung durch ein systematisches Vorgehen und Qualitätsmanagement wird im folgenden Kapitel 4 näher beschrieben.

4 Steuerung der operativen Wertschöpfung

4.1 Vom Marketing aus Kundenorientierung erreichen

Kundenorientierung ist das Ziel der operativen Wertschöpfung.

Die Wertschöpfung ist die Differenz zwischen den erzielbaren Erlösen für die Produkte/Dienstleistungen und den zugehörigen Kosten der beschafften Produkte und Dienstleistungen.

Die Wertschöpfung ist das Ergebnis der Arbeit des Unternehmens und kann von diesem für die Mitarbeiter, die Eigentümer und die Gesellschaft verwendet werden. Wertschöpfung entsteht nur über verkaufbare Produkte/Dienstleistungen.

- **Bedürfnisorientierte = innovative Produktentwicklung**

Der für das Marketing meist schwierigere, vielfach aber langfristig höchst erfolgreiche Weg ist die bedürfnisorientierte Produktentwicklung. Dieser geht aus von ermittelten, latent vorhandenen Bedürfnissen (siehe Bild 88). Von der Entwicklung, besser aber noch von Marketing und Entwicklung unter Berücksichtigung der bekannten oder gespürten Bedürfnisse, werden kreative Produktideen entworfen, die wirkliche Neuheiten darstellen. Für diese Produktideen ist die Nachfrage abzuschätzen, bevor die weitere (Detail-)Entwicklung freigegeben wird. Bei der Vermarktung des fertigen Produktes stellt man aber erst endgültig die real vorhandene Nachfrage fest.

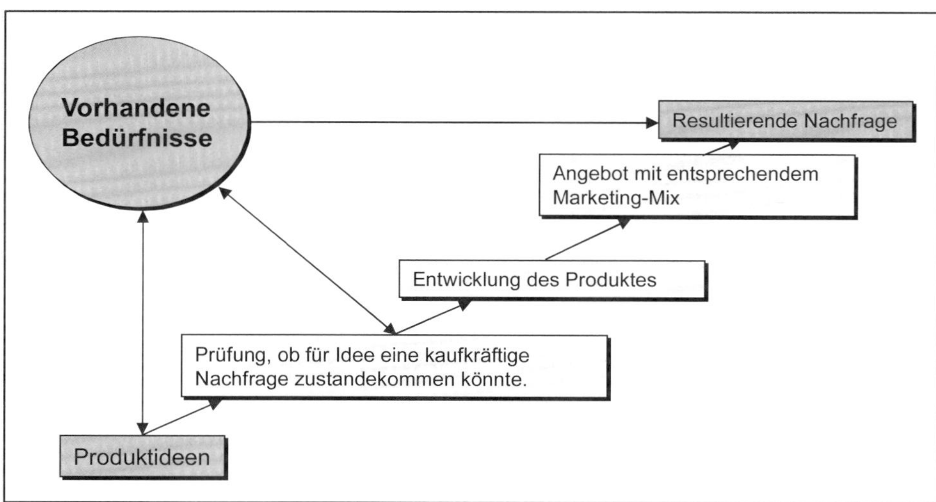

Bild 88: Schritte bei einer bedürfnisorientierten Produktentwicklung

Bei einer bedürfnisorientierten Entwicklung sollte das gesamte Spektrum der sieben neuen QM-Werkzeuge (vgl. Abschnitte 5.2.1ff) eingesetzt werden und zusätzlich eine sorgfältige betriebswirtschaftliche Analyse und Projekt- und QM-Planung stattfinden.

- **Kundenwunsch-, konkurrenz- bzw. nachfrageorientierte Produktentwicklung**

Für Standardprodukte/Dienstleistungen kann das Marketing die existierende Nachfrage ermitteln. Dabei versucht es, die Kundengruppen und damit Marktsegmente zu definieren. Die Entwicklung ist dann gezielt auf ein Marktsegment und dessen spezifische Wünsche auszurichten.

Das Marketing von kundenindividuellen Produkten versucht, bei potenziellen Kunden eine Affinität zum Unternehmen herzustellen und darüber Kundenanfragen zu erhalten. Gemeinsam mit dem Kunden entstehen dann Lasten- und Pflichtenhefte für das gewünschte Produkt (Bild 89). Deren Machbarkeit ist im Rahmen der Angebotserstellung abzuklären. Hierzu sind teilweise detaillierte Planungen und eine fast vollständige Entwicklung nötig. Es wird ein individuelles Angebot erstellt, was nach der Auftragserteilung ausgeführt wird. Dennoch kann auch bei kundenindividuellen Produkten versucht werden, die Marktposition durch eine grundlegende technologische Neuerung (Entwicklung analog Serienprodukt) zu verbessern.

Bei der nachfrageorientierten Entwicklung von Serienprodukten ist der Einsatz von QFD und Portfoliotechnik sehr sinnvoll (vgl. 5.2.5 und 5.2.6). Dazu kommt in jedem Fall eine Problemanalyse und Machbarkeitsprüfung, verbunden mit einer betriebswirtschaftlichen Berechnung. Weiterhin ist, vielfach bedingt durch die Komplexität, auch eine Projekt-/Netzplanung und eine damit verbundene QM-Planung für die gesamte weitere Leistungserstellung vorzunehmen.

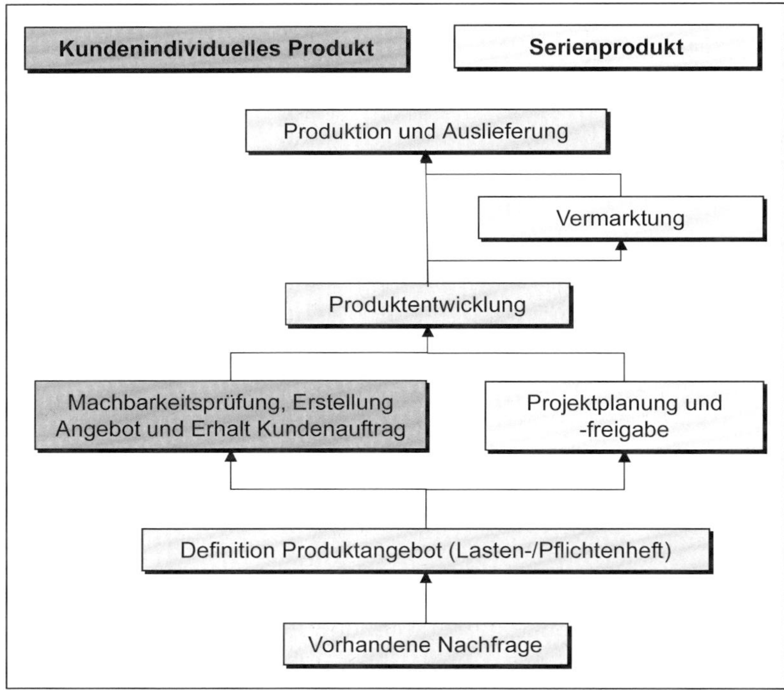

Bild 89: Schritte einer kundenwunsch-, konkurrenz- bzw. nachfrageorientierten Produktentwicklung

Wichtig ist die Unterstützung des Marketings durch entsprechende Hilfsmittel, um auch dort Qualität sicherzustellen. Dies sind insbesondere:

- Fragebögen zur Befragung von Kunden, um deren Bedürfnisse zu ermitteln (insbesondere Massenprodukte) (vgl. Bild 90)
- Fragebögen zur systematischen Erhebung der Kundenanforderungen
- Modulares Produktangebot zur Vereinfachung der Angebotserstellung
- Betriebsspezifisches Kalkulationsschema für Angebote. Das nachfolgende Beispiel (Bild 91) zeigt ein absolut einfaches Schema für die Kalkulation von Sonderwerkzeugen nach Zeichnung
- Standards für die Erstellung von Angeboten
- Checkliste zur Angebotsprüfung (siehe Beispiel in Bild 92)
- Datenbank zur Erfassung der Kundenkontakte und Kundenhistorie, zur Verfolgung von Angeboten und Aufträgen.

Checkliste zur Abfrage: Beispiel „Küchenmaschine“	
1. Größe des Haushaltes	→ Maschinengröße / Leistungsbedarf - kleine Maschinen bis zu einem bestimmten Gesamtgewicht - große Maschinen teilweise bestimmtes Mindestgewicht bei Mehl
2. Bei großem Haushalt Frage nach Häufigkeit der Anwendung	→ Haushaltsstandardmaschine oder ab gewisser Größe Profimaschine
3. Anwendungsfälle	
• Brot backen	→ Maschinengröße / Spezialmaschine
• Kneten / Nutzung beim Kuchenbacken	→ Standard
• Versaften / Mixen von Getränken	→ Zusatz bzw. Setmöglichkeit
• Zerkleinern allgemein	→ Zusatz bzw. Setmöglichkeit
• Zerkleinern von Fleisch (Fleischwolf)	→ Spezialaufsatz in einzelnen Sets
• Mahlen von Getreide	→ Spezialaufsatz nur bei einzelnen Maschinen
• Sonstiges	→ Nachlesen in Bedienungsanleitung, Nachfrage Hersteller
4. Preisvorstellungen	→ Prüfung auf Realisierbarkeit, Möglichkeit für weitere Diskussion
5. Markenpräferenz	→ ggf. Prüfung, ob Wunsch dort machbar ist
6. Edelstahl- oder Plastikschüssel	→ für Billigmaschinen nur Plastik, für mittleres Preissegment fast für alle Maschinen zwei Varianten, für oberes Preissegment nur Edelstahl
7. Edelstahl- oder Plastikgehäuse	→ nur teure Profigeräte mit Edelstahlgehäuse

Bild 90: Checkliste zur Abfrage der Kundenwünsche bei einer Beratung im Handel (Summen der Nachfrage je Kategorie bilden für Hersteller Hinweise für Entwicklung)

Kalkulation Sonderwerkzeug		Projekt ____________ Bezeichnung ____________ Ansprechpartner ____________			Tel.: ________	
Zeich-nungs-Nr. Teilebe-zeichnung	Beschreibung der Arbeiten / Zeitaufwand	Besonder-heiten bei Realisierung	Zeitauf-wand	Externe Kosten	Preis/Einheit	Gesamt-betrag in €

Bild 91: Kalkulationsschema für Sonderwerkzeuge, bestehend aus mehreren Teilen

Angebotsprüfung						
Kunde:			**Datum der Anfrage:**			
Ansprechpartner:			**Telefon:**			
Angebotstermin:			**Budgetrahmen:**			
Anfragebeschreibung:						
Technische Machbarkeit - Konstruktion, Fertigungsverfahren Montagemöglichkeiten - technologische Stärke/Schwäche	sehr einfach	einfach	nicht allzu schwie-rig	schwie-rig	sehr schwie-rig	nicht reali-sierbar
Wirtschaftliche Machbarkeit - Projektbezogene Investitionen, - Entwicklungskosten, - Preisvorstellungen, - Konkurrenzsituation	sehr positiv	positiv	über-wiegend positiv	eher negativ	negativ	sehr negativ
Kapazitive / terminliche Mach-barkeit - derzeitige Auslastung - Termindruck	kein Pro-blem	kaum Pro-bleme	geringe Pro-bleme	große Pro-bleme	sehr große Pro-bleme	nicht reali-sierbar
Bewertung des Kunden und des Kundeninteresses	sehr positiv	positiv	über-wiegend positiv	eher negativ	negativ	sehr negativ
Strategische Chance/Risiko durch Projekt	sehr positiv	positiv	über-wiegend positiv	eher negativ	negativ	sehr negativ
Sonstige Bemerkungen:						
Anfragebearbeitung: ja ☐ nein ☐	Datum:			Unterschrift:		
Projektplan angelegt ja ☐ (bei Anfragebearbeitung = ja)	Datum:			Unterschrift:		
Kunde informiert ja ☐	Datum:			Unterschrift		

Bild 92: Beispiel für Checkliste zur Angebotsprüfung

4.2 Innovation und Produktqualität sichern

Grundlage jeder Produktentwicklung sollte eine systematische Entwicklungsplanung mit entsprechenden Meilensteinen sein (vgl. Bild 93), die zugehörigen Qualitätssicherungsmaßnahmen enthält. Beschreibungen hierfür bieten der VDI und der VDA [VDA6].

Projekttitel:			Projektleiter:		
Kunde:			Ansprechpartner:		
Art	Ersteller	Aufwand/ Datum gepl.	Aufwand/ Datum Ist	Unterschrift	Bemerkung/ QM-Planung
Phase B Projekt/QM-Plan					
Phase B Pflichtenheft					
Phase B Freigabe					
Phase C Konzept					
Phase C Techn. Bewertung					
Phase C Wirt. Bewertung					
Phase C Konzeptfreigabe					
Phase D Konstruktion					
Phase D Freigabe Konstr.					
Phase E Prozessplanung					
Phase E Freigabe Prozess					
Phase F Pilotproduktion					
Phase F Serienfreigabe					
Phase G Produktion Serie					
Phase G Beurteilung Nachkalkulation					
Sonstige Bemerkungen					

Bild 93: Einfacher Projekt- und QM-Plan (Projektfreigabe ist erfolgt)

Bei der Entwicklung hilft die Methode des QFD (siehe Abschnitt 5.2.5) zur Einhaltung der Anforderungen. Dazu kommen die EDV-Systeme im Bereich der Entwicklung, insbesondere **CAD-Systeme (Computer Aided Design) und CAE-(Computer-Aided Engineering) Systeme, also Berechnungs- und Simulationssysteme** (siehe auch Abschnitt 5.4.7). Dort, wo Simulationen nicht ausreichen, werden Prototypen erstellt und/oder Versuche durchgeführt, um optimale Lösungen zu erhalten. Hier spielt die Methodik der Statistischen Versuchsplanung, **„Design of Experiments"** (siehe Abschnitt 5.4.2), eine wesentliche Rolle.

Einen immer größeren Raum nimmt auch das **Produktdatenmanagement** ein. Ziel ist in jedem Fall die **Standardisierung** und **Modularisierung** von Produkten.

Standardisierung bedeutet die möglichst stete Verwendung von Gleichteilen. Dies hat wesentliche Vorteile:

- Die Logistik wird einfacher durch eine geringere Zahl von Teilen. Man benötigt weniger Lagerbestände und Lagerflächen, es ist weniger Kapital gebunden. Die Disposition wird einfacher und genauer.
- Der Einkauf wird einfacher durch weniger zu beschaffende Teile und damit weniger Lieferanten, weniger Betreuungs- und Verhandlungsaufwand. Durch gestiegene Losgrößen bieten sich Preisverhandlungsspielräume.
- Im Bereich der Produktion führen steigende Losgrößen zu Kosteneinsparungen und einer vereinfachten Planung und Steuerung. Aufgrund größerer Losgrößen ergibt sich mehr Prozesssicherheit durch das Erfahrungslernen und anteilsmäßig weniger Anlaufschwierigkeiten in der operativen Abwicklung.
- Auch für das Qualitätsmanagement ist die Standardisierung von Vorteil. Es kann das Augenmerk auf die Fehlervermeidung und -beseitigung gelegt werden, da sich dies über die größere Stückzahl leichter amortisiert. Der Qualitätsaufwand wird insgesamt geringer.

Modularisierung (siehe Bild 94) beinhaltet die Vorteile der Standardisierung, dazu kommen:

- Im Bereich des Marketings ergeben sich Vorteile. Der Kunde erhält wunschgemäß sein individuelles Produkt zu einem akzeptablen Preis.
- In der Entwicklung sind weniger Teile zu entwickeln. Dies ermöglicht Qualitätsverbesserungen und Kosteneinsparungen über einen größeren Entwicklungsaufwand je Teil.

Die Qualitätsprobleme der Modularisierung sind:

- Schwierigkeiten, die Kompatibilität der verschiedenen möglichen Komponenten miteinander sicherzustellen
- Aufwand beim Änderungsmanagement, da man jeweils alle Situationen der Teileverwendung mit berücksichtigen muss
- Konstruktive Einschränkungen, die sich durch die Standardisierung ergeben und teilweise zu suboptimalen Lösungen zwingen.

Insgesamt geht aber an dieser Strategie heute aus wirtschaftlichen Gründen kein Weg vorbei.

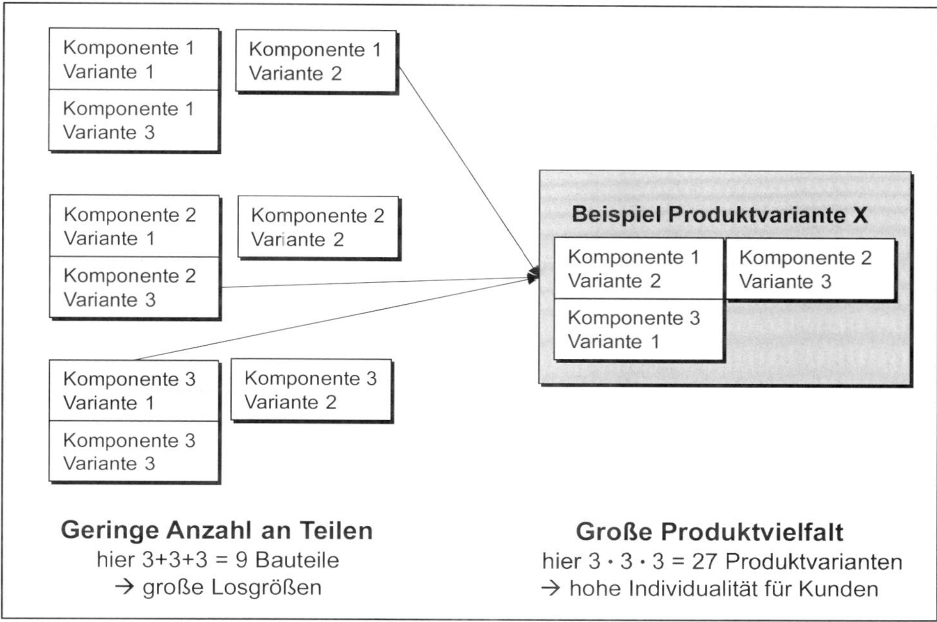

Bild 94: Modularisierung der Produkte

Ein weiterer Aspekt des Produktmanagements ist die **Bildung von Teilefamilien**. Dies bedeutet eine identische Konstruktion, bei mehreren verschiedenen Größen der Produkte. Auch hier reduziert sich anschließend der Aufwand über mögliche ähnliche Fertigungsverfahren und eine identische Handhabung.

Der Erfolg hinsichtlich Standardisierung, Modularisierung und Teilefamilien ist sehr stark abhängig von den Möglichkeiten des Produktdatenmanagements in der EDV. Einfache Auffindbarkeit durch effiziente Suchmechanismen ist zu gewährleisten, unterstützt von aufwendigen Genehmigungsschritten für Sonderlösungen. Die Entwickler müssen dadurch auf der einen Seite positiv motiviert und auf der anderen Seite auch negativ gezwungen werden zur Standardisierung. Die Gleichteileverwendung ist heute in vielen Fällen ein Kriterium zur Bewertung von Entwicklern und Konstrukteuren.

Während und nach der Entwicklung schließt sich die Qualitätsbewertung und -optimierung mit den Risikomethoden (siehe Abschnitt 5.5) **und Reviews** (siehe Abschnitt 5.4.6) **an**.

4.3 Prozessqualität und -wirtschaftlichkeit zuverlässig herstellen

Die Prozessplanung, die Entwicklung des Prozesses, und darin integriert die operative Qualitätsplanung der Produktion bzw. Dienstleistungserbringung läuft methodisch ähnlich der Produktentwicklung ab.

Das Ergebnis einer Prozessentwicklung ist die Beschreibung des Arbeitsverfahrens und der zugehörigen Prüfschritte zur Realisierung des gewünschten Produktes. Das Ergebnis wird häufig Prozess- oder Arbeitsplan sowie Prüfplan genannt. Es kann aber auch ganz anders bezeichnet werden, z.B. didaktischer Leitfaden für die Seminargestaltung.

Vielfach ist die Prozessplanung in mehreren, aufeinander verweisenden Dokumenten niedergelegt. Als Beispiel folgen hier Ausschnitte aus den Planungs- und Aufzeichnungsdokumenten eines Industrieprodukts:

- ein arbeitsgangübergreifender Prozess-/Arbeitsplan (allgemeine Beschreibung = Ebene 1) (siehe Bild 95)
- eine arbeitsgangspezifische, allgemein angelegte Arbeitsanweisung (allgemeine Detaillierung = Ebene 2) (siehe Bild 96)
- eine spezielle Konkretisierung der allgemeinen Arbeitsganganweisung durch weitere produktspezifische Angaben (spezifische Detaillierung = Ebene 3) (siehe Bild 97)
- spezifische Prüfvordrucke zur Prüfdokumentation (Aufzeichnungsvorgaben = Ebene 3) (siehe Bild 98).

Prozessplannummer: ARP AB001	**Kunde, Auftragsnummer:** Automobil AG, AB 002		**Interne Auftragsnummer:**		
Teilebezeichnung: Spannbügel	**Sachnummer:** X XX XXX XX XX		**Rohmaterial:** Stangenmaterial Durchmesser 19 mm, 41 Cr 4		
Verwendetet Charge:	**Fertigungsanzahl Soll:**		**Fertigungsanzahl Ist:**		
Arbeitsschritt	**Beschreibung**	**Hilfsmittel**	**Datum Soll**	**Datum Ist**	**Protokolle Datum, Unterschrift**
Schmieden	Arbeitsanweisung ARBAB003.DOC für die Produktion mit Hinweisen auf Rüstanweisungen	**siehe Arbeitsanweisungen**			
Versand Vergüten	Teile in Boxpalette 800*1000 zum Vergüten und Sandstrahlen fahren (Stückzahl 10 000 – 20 000)	**Boxpalette, Anhänger**			
Vergüten / Sandstrahlen / Härteprüfung	Auftragsvergabe für Vergüten/Sandstrahlen/Härteprüfung	**Auftrag, Prüfprotokoll**			
Abholen Vergüten	Vergütete Teile in Boxpalette abholen	**Boxpalette, Anhänger, Prüfprotokoll**			
Stichprobenprüfung	Gabelmaß 12+0.1 prüfen 1 von 500, bei n.i.O. fallweise Entscheidung durch Schmiedeleitung, interne Dokumentation der Prüfung	**Messschieber digital A5**			
Bohren	Einlegen der Teile in die Bohrvorrichtung, automatische 100%-Prüfung des Gabelmaßes, optische Prüfung der Bohrqualität, Bohrerwechsel jede Schicht, Senkwerkzeugwechsel jede Schicht	**Bohrer, Senker, Gut-/Schlechtreferenzteile**			
Höhen-/Abstandsmessung	Prüfung Höhenmaß und Längenmaß Mitte Senkung zu Mitte Kalotte jeweils 1 von 500, bei n.i.O. Sperrung und ggf. Sortierung der Teile, Neueinstellung der Bohranlage, interne Dokumentation der Prüfung	**Höhenmessgerät. A41, Messvorrichtung MessAB02-1 Prüfprotokoll**			
....					
Besondere Hinweise und Vorkommnisse:					

Bild 95: Beispiel für Prozessplan-Auszug mit Verweisen auf detaillierte Arbeitsanweisungen (siehe folgendes Bild)

Der Prozessplan ist in diesem Beispiel unterlegt durch weitere Arbeitsanweisungen, die Detailinformationen zu den einzelnen, jeweils komplexen Arbeitsschritten des Prozessplanes beinhalten.

Arbeitsanweisungs-nummer Schmieden: ARB AB 003	**Kunde:** Automobil AG	**Projekt-/Auftragsnummer:** Projekt AB-02
Teilebezeichnung: Spannflügel	**Sachnummer:** X XXX XXX XX XX	
Vorgabe Rüstzeit: 60 min	**Vorgabe Einzelzeit:** 280 Stück je h	
Rohmaterial: Durchm 19 mm Qualität: 41 Cr 4	**Schmiedeanlage:** Produktion Schmiedeanlage 1	
Werkzeuge	**Werkzeugnummern:** 1 01 000 01/02----1 01 000 03/04 ----1 01 000 05...08 Vorschmiedew.--- Fertigschmiedew.----Abgratwerkzeug	
Schritt	**Bedienungshinweise**	
Voraussetzungen	- Werkzeug muss eingebaut sein (Arbeitsanweisung ARB AB 001) - Anlagenparameter müssen eingestellt sein (rüsten) (Arbeitsanweisung ARB AB 002)	
0. Gesenkschmier-stoff mischen	- Schmierstoffanlage Acheson befindet sich hinten rechts der Presse - Am Schaltkasten (weiß) vorderen Schalter in Position 1 bringen, Graphit-Wasser-Mischung wird nun aufbereitet.	
1. Vorheizen	- Gasflasche neben dem Schaltpult positionieren - Vorheizgerät seitlich neben das Werkzeug stellen und so positionieren, dass alle 4 Gesenke von den Heizdüsen bestrahlt werden - Gashahn an der Flasche aufdrehen, rotes Sicherheitsventil an der Gasflasche drücken, Dosierventil am Brenner leicht öffnen, Brennerhebel nach unten drücken und in dieser Stellung klemmen	

Bild 96: Beispiel für Auszug der Arbeitsanweisung für den Arbeitsgang Schmieden (zugehörig zum vorherigen Prozessplan)

<table>
<tr><td colspan="2">Arbeitsanweisung für Rüst- und Einfahrwerte Schmiede-anlage 1
ARB AB-002</td><td>Kunde:
Automobil AG</td><td colspan="2">Projekt-/Auftragsnummer:
Projekt AB-02
Interne Auftragsnummer:</td></tr>
<tr><td colspan="3">Teilebezeichnung:
Spannanleger</td><td colspan="2">Sachnummer:
F XXX XXX XX XX</td></tr>
<tr><td colspan="3">Vorgabe Rüstzeit:
60 Minuten</td><td colspan="2">Vorgabe Stückzahl je h:
280 Stück</td></tr>
<tr><td colspan="3">Rohmaterial:
Stangenmaterial Durchmesser 18,5 mm, 41 Cr 4</td><td colspan="2">Roh-/Chargenmaterial-Nummer
(bitte eintragen):</td></tr>
<tr><td colspan="3">Werkzeuge:
Vorschmiede-, Fertigschmiede- und Abgratwerkzeug</td><td colspan="2">Werkzeugnummern:
1 01 000 01/02--1 01 000 03/04--
1 01 000 05...08</td></tr>
<tr><td>Kennwerte</td><td colspan="2">Messmittel</td><td>Maß</td><td>Unterschrift</td></tr>
<tr><td>Abstand Klemmzylinder (Pos.1a,1b)</td><td colspan="2">Messschieber 250 mm (A1)</td><td>18,0 mm</td><td></td></tr>
<tr><td>Stangenvorschub (Pos. 2)</td><td colspan="2">Messschieber 250 mm (A1)</td><td>54 mm</td><td></td></tr>
<tr><td>Abstand Greiferarme (Pos. 4a, 4b)</td><td colspan="2">Messschieber 250 mm (A1)</td><td>14 mm - 0,5</td><td></td></tr>
<tr><td>Abstand Gesenkaußenkante zu Stangenaußenkante</td><td colspan="2">Tiefenmaß (A40)</td><td>30,5 mm</td><td></td></tr>
<tr><td>Anschlag Ofen</td><td colspan="2">Tiefenmaß (A40)</td><td>41 mm</td><td></td></tr>
<tr><td>Maß Stößelauswerfer (Oberkante Anschlag bis Oberkante Kurvenstück)</td><td colspan="2">Messschieber 150 mm (A2)</td><td>81 mm</td><td></td></tr>
<tr><td>Temperatur Schmieden</td><td colspan="2">Regelgerät</td><td>Beginn 920 °C, danach 850-900°</td><td></td></tr>
<tr><td>Anfahrmaß (Höhenmaß der Teile)</td><td colspan="2">Messschieber A2-A4</td><td>17 mm + 0,5</td><td></td></tr>
<tr><td colspan="5">Prüfmaße, Stichprobe 3 von 150</td></tr>
<tr><td>Maß 10: Kugeldurchmesser</td><td colspan="2">Messung durch Kunststoffabdruck und Radienlehre</td><td>10 + 0,2</td><td></td></tr>
<tr><td>Maß 8: Kugelkalottentiefe</td><td colspan="2">Messung mit Prüfvorrichtung MESSAB02-3</td><td>2,5 + 0,1</td><td></td></tr>
<tr><td>Maß 3: Gabelmaß</td><td colspan="2">Messschieber digital (A5)</td><td>12,0 + 0,1</td><td></td></tr>
<tr><td>Maß 16: Breite</td><td colspan="2">Messschieber (A2-A4)</td><td>21,0 - 0,5</td><td></td></tr>
<tr><td>Maß 29: Kopfdurchmesser</td><td colspan="2">Messschieber (A2-A4)</td><td>14,0 + 0,5</td><td></td></tr>
<tr><td colspan="5">Bemerkungen:</td></tr>
</table>

Bild 97: Beispiel für Rüstparameter

Aufgrund der Komplexität gibt es hier noch eine weitere Detaillierung in Form einer separaten allgemeinen Anweisung für das Rüsten und eines Datenblatts der spezifischen Einstellungen für dieses Teil.

Im Gegensatz zum Beispiel im Abschnitt 2.4.6 „Teildokumentation Prozess" umfasst die Prozessbeschreibung in diesem Beispiel nicht die Beschreibung zur Arbeitssicherheit und den Bereich Umweltmanagement, die arbeitsplatzbezogen über weitere Dokumente grundlegend für alle Aufträge geregelt sind.

Wie man erkennt, wird die Arbeitsanweisung zum Rüsten direkt zur Aufzeichnung der Rüsttätigkeit und seiner einwandfreien Durchführung verwendet. Durch Unterschrift auf der Rüstanweisung ist nachvollziehbar, wer die Rüsttätigkeiten bei dem anstehenden Auftrag durchgeführt hat. D.h., es handelt sich nicht nur um Pläne, sondern auch um ein Nachweisdokument im Sinne der Produkthaftung.

Zur Dokumentation der Produktion und der damit verbundenen Prüfungen stehen zusätzliche Formulare zur Verfügung, die ausschließlich als Aufzeichnungen zur Prüfdokumentation eingesetzt werden und nicht Teil der Prozessplanung sind (siehe Bild 98). Diese Aufzeichnungen ermöglichen eine problemlose Dokumentation der Ergebnisse und eine vorbildliche Rückverfolgbarkeit. Mehr und mehr erfolgt die Datenerfassung jedoch direkt in der EDV.

Hersteller AG Schmiedeanlage 1

Prüfprotokoll-Nr: Datum: **Seite 1**

Chargen-Nr.:

Teil-Nr.: X XXX XXX XX XX | **Teilebezeichnung: Spannteil** | **Kunde: Automobil AG** Werk: ....

Maß 3: Höhenmaß | Vorgabemaß: 17,0 | Toleranz oben: 17,5 | Toleranz unten: 17,0

Stichprobe:	1	2	3	4	5	5	7	8	9	10	11	12	13	14	15	16	17	18	19	20
Teil 1																				
Teil 2																				
Teil 3																				

Bild 98: Beispiel für vorbereitetes Prüfprotokoll (zugeschnitten auf Prüfmethodik)

Die Prinzipien der Prozess-, Arbeits- und Prüfplanung lassen sich auch auf Dienstleistungsprozesse allgemein anwenden. Die Planungen mit entsprechenden Formularen sind auf die spezifischen Problemstellungen zuzuschneiden.

Im nachfolgenden Beispiel ist die Gesamtplanung für die Seminarvermittlung anhand eines didaktischen Leitfadens dargestellt. Natürlich ist auch im Dienstleistungsbereich eine auf mehrere Ebenen / Dokumente aufgespaltene Prozessplanung möglich. Übergeordnet könnte eine Gesamtseminarplanung stehen (siehe Beispiel Abschnitt 2.4.7), die zugleich Produktbeschreibung ist.

Didaktischer Leitfaden zum Seminar „Führungsorientiertes Qualitätsmanagement“		
Unterrichtsform Lehrmedieneinsatz	**Lernziele und Vermittlung der Lerninhalte**	**Zeitdauer**
Metaplanübung (Metaplanstellwände + Metaplankarten)	Ziel: • Kennenlernen des vorhandenen Wissens zum Bereich Qualitätsmanagement Vermittlung: • Fragestellung „Qualitätsbegriff darstellen und bekannte Aktivitäten zum Qualitätsmanagement in Unternehmen strukturieren“ in Gruppen bearbeiten lassen • Präsentationen der Gruppenergebnisse • Ggf. Eingehen auf Begrifflichkeiten und deren Einordnung in / Ausschluss aus dem gesamten Seminar mit dem Ziel der Abgrenzung des Seminars	60 min
Lehrgespräch Folien 1,2,3	Ziel: • Aufbereitung des Qualitätsbegriffs Vermittlung: • Zusammenfassen der verschiedenen Definitionen • Eingehen auf Definition der DIN EN ISO 9000:2015 • Herleitung der Komponenten des Qualitätsbegriffs	30 min

Bild 99: Beispiel für Leitfaden für die Seminargestaltung

Man erkennt an diesen beiden Beispielen, „Prozessplanung Schmiedeproduktion" bzw. „Seminarplanung", die Unterschiedlichkeit der Prozessplanung, die angemessen für die Produktion wie die Dienstleistungserbringung nötig ist. Allgemein gilt:

- QFD fördert eine zielbezogene Prozessplanung (siehe Abschnitt 5.2.5).
- Berechnungen und Simulationen unterstützen die Prozessplanung (siehe Abschnitt 5.4.7 und 5.4.10).
- Versuche, geplant über Design of Experiments, sind in vielen Fällen notwendig zur Absicherung der Prozessplanung (siehe Abschnitt 5.4.2).
- Statistische Prozesskontrolle (SPC) als Fähigkeitsuntersuchungen (Maschine, Prozess, Prüfmittel) (siehe Abschnitt 5.6) sichern die Planungen ab. Das Bild 100 zeigt eine Regelkarte mit Prozessfähigkeitsuntersuchung, bei der im unteren linken Bereich der Eintrag der Messergebnisse und dann automatisiert eine graphische Darstellung sowie eine Berechnung der Eingriffsgrenzen und der jeweiligen Fähigkeitswerte erfolgt. Die Fähigkeitswerte müssen bestimmte Mindestwerte (meist 1,33 oder 1,67) erreichen, und bei der Nutzung in der Serienproduktion haben die Stichprobenergebnisse zwischen den ermittelten Eingriffsgrenzen zu liegen.
- Risikoanalysen und Reviews (hier besonders die Prozess-FMEA oder Ereignis-Ablaufanalysen, Gefährdungsanalyse, usw.) dienen der Prüfung und Verbesserung der Prozessplanung sowie der internen Freigabe (siehe Abschnitte 5.4.6 und 5.5).
- Die Erstmusterfreigabe (siehe Bilder 101 und 102) ist ein besonders in der Automobilindustrie angewandtes Hilfsmittel zur klar definierten, meist externen Freigabe eines Prozesses.

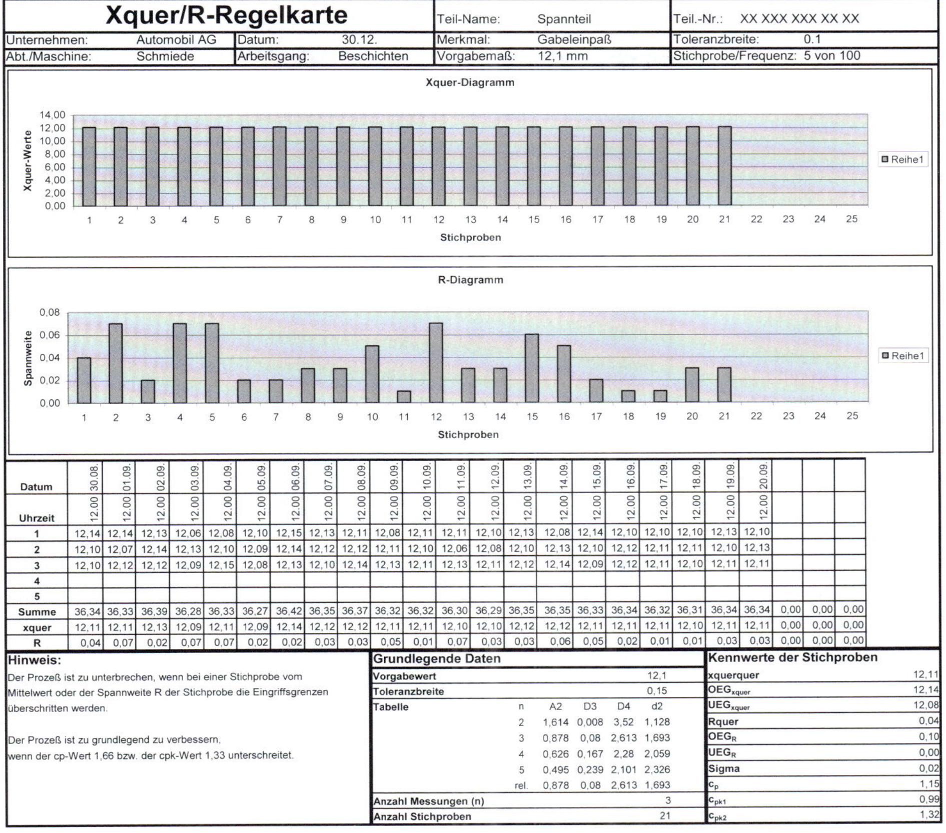

Xquer/R-Regelkarte

Unternehmen: Automobil AG	Datum: 30.12.	Teil-Name: Spannteil		Teil.-Nr.: XX XXX XXX XX XX	
Abt./Maschine: Schmiede	Arbeitsgang: Beschichten	Merkmal: Gabeleinpaß		Toleranzbreite: 0.1	
		Vorgabemaß: 12,1 mm		Stichprobe/Frequenz: 5 von 100	

Datum	30.08.	01.09.	02.09.	03.09.	04.09.	05.09.	06.09.	07.09.	08.09.	09.09.	10.09.	11.09.	12.09.	13.09.	14.09.	15.09.	16.09.	17.09.	18.09.	19.09.	20.09.			
Uhrzeit	12.00	12.00	12.00	12.00	12.00	12.00	12.00	12.00	12.00	12.00	12.00	12.00	12.00	12.00	12.00	12.00	12.00	12.00	12.00	12.00	12.00			
1	12,14	12,14	12,13	12,06	12,08	12,10	12,15	12,13	12,11	12,08	12,11	12,11	12,10	12,13	12,08	12,14	12,10	12,10	12,10	12,13	12,10			
2	12,10	12,07	12,14	12,13	12,10	12,09	12,14	12,12	12,12	12,11	12,10	12,06	12,08	12,10	12,13	12,10	12,12	12,11	12,11	12,10	12,13			
3	12,10	12,12	12,12	12,09	12,15	12,08	12,13	12,10	12,14	12,13	12,11	12,13	12,11	12,12	12,14	12,09	12,12	12,11	12,10	12,11	12,11			
4																								
5																								
Summe	36,34	36,33	36,39	36,28	36,33	36,27	36,42	36,35	36,37	36,32	36,32	36,30	36,29	36,35	36,35	36,33	36,34	36,32	36,31	36,34	36,34	0,00	0,00	0,00
xquer	12,11	12,11	12,13	12,09	12,11	12,09	12,14	12,12	12,12	12,11	12,11	12,10	12,10	12,12	12,12	12,11	12,11	12,11	12,10	12,11	12,11	0,00	0,00	0,00
R	0,04	0,07	0,02	0,07	0,07	0,02	0,02	0,03	0,03	0,05	0,01	0,07	0,03	0,03	0,06	0,05	0,02	0,01	0,01	0,03	0,03	0,00	0,00	0,00

Hinweis:

Der Prozeß ist zu unterbrechen, wenn bei einer Stichprobe vom Mittelwert oder der Spannweite R der Stichprobe die Eingriffsgrenzen überschritten werden.

Der Prozeß ist zu grundlegend zu verbessern, wenn der cp-Wert 1,66 bzw. der cpk-Wert 1,33 unterschreitet.

Grundlegende Daten

Vorgabewert					12,1
Toleranzbreite					0,15
Tabelle	n	A2	D3	D4	d2
	2	1,614	0,008	3,52	1,128
	3	0,878	0,08	2,613	1,693
	4	0,626	0,167	2,28	2,059
	5	0,495	0,239	2,101	2,326
	rel.	0,878	0,08	2,613	1,693
Anzahl Messungen (n)					3
Anzahl Stichproben					21

Kennwerte der Stichproben

xquerquer	12,11
OEG_{xquer}	12,14
UEG_{xquer}	12,08
Rquer	0,04
OEG_R	0,10
UEG_R	0,00
Sigma	0,02
c_p	1,15
c_{pk1}	0,99
c_{pk2}	1,32

Bild 100: Beispiel für Fähigkeitsuntersuchung

Absender:
Schmiedeunternehmen GmbH

Empfänger:
Automobil AG

[X] Erstmusterprüfbericht VDA

[X] Erstbemusterung
[ ] Nachbemusterung

[ ] Prüfbericht sonst. Muster

Anlagen:
[X] Maßprüfung
[ ] Funktionsprüfung
[X] Werkstoffprüfung
[ ] Zuverlässigkeitsprüfung
[ ] Sichtprüfung
[ ] Attributivprüfung

Blatt 1

Lieferant	Abnehmer
Lieferanten-Nr.: 11111111	Kenn-Nummer:
Prüfbericht-Nr.: 01-XX Version: A	Prüfbericht-Nr.: Version:
Teilname: Spannteil	Teilname:
Sachnummer: XXXXXXXX	Zeichnungsnummer:
Index: AXB	Index:
Stand vom: 21.05.XXXX	Stand vom:
Einkaufsabschlussnr.	
Lieferschein-Nr. 9057	Wareneingangs-Nr./-datum:
Liefermenge: 10 Stück	Abladestelle:
Materialcharge: 3-XX	Mustergewicht:
Mustergewicht: ca. 45 gr /Stck	Entscheidung:

[ ] Dokumentationspflicht (D-Teil)
[ ] Prozessfähigkeitsnachweis
[ ] Zertifikate
[X] FMEA durchgeführt
[ ] selbstzertifizierender Lieferant

Grund der Musterprüfung:
[X] Neuteil
[ ] Produkt-Änderung
[ ] Produktionsverlagerung
[ ] Änderung Produktionsverfahren
[ ] längeres Aussetzen der Fertigung
[ ] neuer Unterlieferant
Bemerkung:

	frei	Mit Auflagen frei	abgelehnt	abgelehnt, mit Maßnahmen verbaubar	abgelehnt, neue Muster erforderlich
Maß					
Funktion					
Werkstoff					
Zuverlässigkeit					
Sichtprüfung					
Attributivprüfung					
Gesamtentscheid					

Abweich-Genehmigungs-Nr.:
bei Rücksendung
Lieferscheinnr./-datum

Bemerkung

Bestätigung:
Die Erstmuster wurden vollständig mit serienmäßigen Betriebsmitteln und unter serienmäßigen Bedingungen hergestellt.
Wir bestätigen die Durchführung der Erstmusterprüfung und die korrekte Darstellung der Ergebnisse in diesem Bericht.

Lieferant	Abnehmer
Name: Mustermann, Jürgen	Name:
Abteilung: Geschäftsleitung	Abteilung:
Telefon:	Telefon:
Fax.:	Fax.:
Datum: 10.09.XX	Datum:
Unterschrift:	Unterschrift:

Bild 101: Beispiel für Erstmusterfreigabe-Deckblatt (zur Freigabe eingereicht)

[X] Maßprüfung
[ ] Funktionsprüfung
[ ] Werkstoffprüfung
[ ] Zuverlässigkeitsprüfung
[ ] Sichtprüfung
[ ] Attributivprüfung

[X] Erstmusterprüfbericht VDA

[X] Erstbemusterung
[ ] Nachbemusterung

[ ] Prüfbericht sonst. Muster

Blatt 2

Lieferant	Abnehmer
Prüfberichts-Nr. 04-XX+Z(45)S Version: A Teilname: Spannteil Sach-Nr. XX XXX XXX XX	Prüfberichts-Nr. Version: Teilname: Zeichnungs-Nr.:
Bemerkung	**Bemerkung**

Merkmal Nr.	Merkmalstext Prüfverfahren	Nennwert Maßeinh. AO AU	Istwerte Lieferant	Istwerte Abnehmer
1	Maß 1	16,0 [mm]	Teil 1: 16,06	Teil 1:
		16,2	Teil 2: 15,93	Teil 2:
	Abstand Bohrung	15,8	Teil 3: 15,95	Teil 3:
	zur Kugelkalotte		Teil 4: 16,04	Teil 4:
			Teil 5: 16,0	Teil 5:
	Messmittel:		Teil 6: 15,98	Teil 6:
	Digital-Höhen-		Teil 7: 16,15	Teil 7:
	messvorricht.		Teil 8: 16,01	Teil 8:
	MessDB02-1		Teil 9: 16,01	Teil 9:
			Teil 10: 15,95	Teil 10:
2	Maß 2	120 Grad	Teil 1: 120,5	Teil 1:
		120,5 Grad	Teil 2: 120,5	Teil 2:
	Winkel 120 Grad	119,5 Grad	Teil 3: 120,5	Teil 3:
			Teil 4: 120,5	Teil 4:
	Messmittel:		Teil 5: 120,5	Teil 5:
	Kunstoffabdruck		Teil 6: 120,5	Teil 6:
	und Winkelmesser		Teil 7: 120,5	Teil 7:
			Teil 8: 120,5	Teil 8:
			Teil 9: 120,5	Teil 9:
			Teil 10: 120,5	Teil 10:
3	Maß 3	17,0 [mm]	Teil 1: 17,3	Teil 1:
		17,5	Teil 2: 17,35	Teil 2:
	Höhenmaß	17	Teil 3: 17,4	Teil 3:
			Teil 4: 17,33	Teil 4:
	Messmittel:		Teil 5: 17,25	Teil 5:
	Messschieber A3		Teil 6: 17,37	Teil 6:
			Teil 7: 17,27	Teil 7:
			Teil 8: 17,32	Teil 8:
			Teil 9: 17,28	Teil 9:
			Teil 10: 17,39	Teil 10:
4	Maß 4	15,0 [mm]	Teil 1: 15,2	Teil 1:
		15,2	Teil 2: 15,21	Teil 2:
	Höhenmaß	14,8	Teil 3: 15,27	Teil 3:
			Teil 4: 15,20	Teil 4:
	Messmittel:		Teil 5: 15,18	Teil 5:
	Digital-Höhen-		Teil 6: 15,29	Teil 6:
	messvorricht.		Teil 7: 15,20	Teil 7:
	MessAB02-1		Teil 8: 15,23	Teil 8:
			Teil 9: 15,20	Teil 9:
			Teil 10: 15,28	Teil 10:

Abteilung: Geschäftsleitung Tel./Fax: Datum: 10.09.XX Unterschrift:	Abteilung: Tel./Fax. Datum: Unterschrift:

Bild 102: Beispiel für Erstmusterfreigabe-Prüfblatt (zur Freigabe eingereicht)

4.4 Beschaffungsmanagement muss Qualität und Wirtschaftlichkeit sichern

Im Hinblick auf das Beschaffungsmanagement gilt es, grundsätzlich zwei unterschiedliche Arten von zu beschaffenden Produkten zu differenzieren:

1. Standardgüter

Das sind Produkte mit klar festgelegten, häufig genormten Eigenschaften, die am Markt beziehbar sind.

Bei diesen Gütern ist eine bestimmte Qualität Standard; bessere Produkteigenschaften erhöhen den Kundennutzen nicht spürbar. Grundsätzlich ist das Beschaffungsmanagement durch die Vergleichbarkeit der Lieferanten und die hohe Verfügbarkeit am Markt meist absolut preisorientiert ausgerichtet. Durch besondere Serviceangebote, z.B. ein automatisch aufgefülltes Konsignationslager (Lager des Lieferanten beim Kunden vor Ort, Verrechnung erst bei Verbrauch der Güter), versuchen einige Anbieter, sich dennoch qualitativ zu differenzieren und damit dem Preiskampf zu entkommen (z.B. Würth bei Schrauben und sonstigen Standardartikeln).

Bei Standardgütern mit hohem Wertanteil ist tendenziell **Global Sourcing**, die weltweite Beschaffung zum aktuell günstigsten Preis anzuwenden.

Bei Standardgütern mit geringem Wert hingegen stellt man fest, dass die Beschaffungskosten die entscheidende Rolle spielen. Hier sollte man versuchen, mit einem Lieferanten eine Partnerschaft einzugehen (**Single Sourcing)** und dabei die Kosten der Beschaffungsabwicklung zu minimieren (z.B. Konsignationslager mit monatlicher Gesamtabrechnung, EDV-gestützte Bestellung der Mitarbeiter mit Gesamtabrechnung, usw.). Das Single-Sourcing sollte regelmäßig, meist jährlich, kritisch beleuchtet und hinterfragt werden durch Einholung von Konkurrenzangeboten (Global Sourcing).

2. Spezialgüter

Das sind Produkte mit individuellen Eigenschaften, die unternehmensspezifisch am Markt nachgefragt werden. Diese Güter beeinflussen häufig die Qualität des eigenen Produktes sehr stark und sind auch ein Faktor in der Produktwahrnehmung durch den Endkunden.

Hier spielen die Faktoren Produkt- und Prozessinnovation, Produktqualität und Service eine zentrale Rolle bei der Lieferantenauswahl und -zusammenarbeit, nicht mehr nur der Preis.

Bei Spezialgütern besteht der Trend zum **Single Sourcing**, häufig bezogen auf die gesamte Produktlebensdauer. Erst bei Neuentwicklungen kommt es wieder zu einem Global Sourcing. Wichtig ist es hier, dass der Lieferant Know-how einbringt und der Kunde davon profitiert. Im Gegenzug erwartet der Lieferant eine faire, langfristige Partnerschaft, damit sich die Zusammenarbeit auch für ihn rechnet. Dementsprechend ergeben sich die **Strategien des Beschaffungsmarketings**:

- Global Sourcing mit Preiswettbewerb
- Single Sourcing als Partnerschaft zur gemeinsamen Gesamtoptimierung von Qualität, Termineinhaltung und Kosten.

Es gibt folgende, direkt mit dem Qualitätsmanagement verknüpfte **Erfolgsfaktoren des partnerschaftlichen Lieferantenmanagements:**

- Vertrauen zwischen den Partnern = Basis für Qualität der Zusammenarbeit
- Aufbau von nutzbringenden Ressourcen (Human- und Sachressourcen) durch den Lieferanten = Ressourcen als Basis für Zusammenarbeit (Lieferantenfreigabe)
- (Gemeinsame) Zielvereinbarung = Einbringen von Ideen und Verbesserungspotenzialen durch den Lieferanten, klare Produktbeschreibung und Vertrags- und Lieferbedingungen und klare Qualitätsanforderungen
- Intensiver Informationsaustausch = umfassende Kommunikation von Veränderungen
- Kontinuierlicher gemeinsamer Verbesserungsprozess = 8D-Systematik und gemeinsame Reviews der Zusammenarbeit zur Identifikation von Einsparmöglichkeiten
- Durchsetzung der eigenen Ziele (als Kunde bzw. Lieferant) = Einhaltung der eigenen Forderungen muss überwacht und ggf. sanktioniert werden und Lieferantenbewertung mit entsprechenden Konsequenzen muss existieren
- Kooperative Konfliktlösung = gemeinsame Lösungssuche bietet erhebliche Chancen.

Damit ergeben sich die folgenden QM-Aktivitäten für die Beschaffung:

- Grundsätzliche **Prüfung potenzieller Lieferanten und deren Produkte** durch Produktprüfungen sowie Produkt-, Prozess- und Systemaudits (Lieferantenaudits). Ergebnis ist die **Lieferantenfreigabe** (siehe Bild 103).

Checkliste zur Lieferantenfreigabe		
Nr. 1	Positive Lieferantenbeurteilung vorhanden?	Ja → o.k. Nein → weiter in Checkliste
2	Referenzen vorhanden, die einer Nachprüfung standhielten?	Ja → o.k. Nein → sehr kritisch
3	Produkte, die Begutachtung Stand hielten, verfügbar?	Ja → o.k. Nein → keine Freigabe
4	Zertifizierung vorhanden?	Ja → o.k. Nein → weiter mit 5
5	Managementsystem vorhanden? Dokumentation akzeptabel?	Ja → o.k. Nein → sehr kritisch
6	Kritische Teile, bei denen Audit notwendig ist? Audit bestanden?	Ja → o.k. Nein → keine Freigabe

Bild 103: Beispiel für Checkliste zur Lieferantenfreigabe

- Ausarbeitung von **klaren Qualitäts-, Liefer- und sonstigen Vertragsbedingungen sowie Produktanforderungen** bei der Vertragsentstehung. Hier gilt es, gemeinsam nach optimalen Lösungen zu suchen. Die Erfolge sind fair zu teilen, um die Motivation des Lieferanten zur aktiven Mitgestaltung aufrecht zu erhalten.
- **Intensive Kommunikation zur Vermeidung von Qualitätsproblemen**. Veränderungen und Wünsche sind rechtzeitig zu besprechen. Die Prozesse hierfür sollten im Vertrag geregelt sein.
- Ein wesentlicher Baustein der Kommunikation sind Meilensteine, gemeinsame Reviews und Freigaben. Der in der Praxis wichtigste ist die **Erstmusterfreigabe** zum Serienstart oder nach Veränderungen.
- **Messung, Dokumentation und Auswertung der Qualität der Zulieferung** (Produkt und Service / Zusammenarbeit). Dies muss nicht im Rahmen einer Eingangsprüfung geschehen, sondern kann sich auch auf Reklamationen durch Montage und Endkunden stützen (siehe Bild 104).

Lieferung Nr. i	Liefermenge N_i	Stichprobe n_i	NF_i (Nebenfehler)	HF_i (Hauptfehler)	KF_i (kritische Fehler)
1	50	6	1	3	2
2	60	7	-	1	-
3	40	5	2	1	-
4	30	4	-	-	1
5	80	9	3	2	-
Summe	260	-	-	-	-

Bild 104: Beispiel für Dokumentation einer Wareneingangsprüfung

- Ergebnis solcher Aktivitäten ist die **Lieferantenbewertung**, welche dem Lieferanten in geeigneter Form mitzuteilen ist. Die Kommunikation ist wichtig, da der Lieferant nur bei Kenntnis beginnt, die notwendigen Verbesserungen in Angriff zu nehmen. Bei Vorliegen von Aufzeichnungen über die Qualität aller Lieferungen führt eine automatische Auswertung zu einer Lieferantenkennzahl, die eine Bewertung darstellt (z.B. ppm-Fehlerrate). Sehr häufig kommen weitere subjektive Bewertungen, z.B. der Art der Zusammenarbeit, hinzu. Das folgende Beispiel (Bild 105) einer Lieferantenbewertungsmethodik entstammt einem Kleinbetrieb ohne EDV-Auswertung.

Unternehmen:		Zulieferer für:	
Kriterium	Maximale Punktzahl	Vergebene Punktzahl	Hinweise
Preiswürdigkeit	40		
Terminzuverlässigkeit	25		
Qualität	20		
Flexibilität bei Produkten	5		
Service (Kundenbetreuung)	10		
Gesamtbewertung	100		Einordnung: □ A □ B □ C-Lieferant

Bild 105: Beispiel für Schema einer Lieferantenbewertung

- Der Lieferant ist – wenn möglich – rechtzeitig zu verwarnen, um ihm die **Chance zur Verbesserung** innerhalb eines überschaubaren Zeitrahmens zu geben und dadurch fair mit ihm umzugehen. Hier spielt das Fehlermanagement über **8-D-Report** (siehe Abschnitt 7.1) eine zentrale Rolle.

Eine umfassende partnerschaftliche Zusammenarbeit betrachtet neben der gemeinsamen Gestaltung der Produktqualität auch die Gestaltung der Prozessqualität. Das Schlagwort lautet hier **Supply Chain Management**.

Supply Chain Management ist das gemeinsame Gestalten, Betreiben und Optimieren der gesamten Versorgungs- und Wertschöpfungskette bis hin zum Endkunden.

Ein Ziel ist es, durch Abstimmung der Aktivitäten die Lagerhaltung zu reduzieren, z.B. durch ein einziges Fertigwarenlager direkt beim Kunden. Auch der Prozessaufwand, beispielsweise die Anzahl der Transporte, Anzahl der Fertigungslose, usw. kann gesenkt werden. Die Kosten sinken, während die Liefertermintreue steigt.

Wirtschaftliche Erfolge durch Supply Chain Management müssen angemessen zwischen beiden Partnern aufgeteilt werden, um die Zusammenarbeit zu fördern.

4.5 Gesicherte Durchführung der eigenen Leistungserbringung

Die Leistungserbringung (Produkt oder Dienstleistung) setzt die Prozessplanung um. Die Vorgehensweisen zur operativen Planung und Steuerung beschreibt die REFA-Methodenlehre Planung und Steuerung [REFA6]. Bei der Sicherung und Optimierung fallen die folgenden Tätigkeiten an:

Grundlegende vorbereitende Arbeiten

- Grundlegende Qualifizierung der Mitarbeiter für die Leistungserstellung, insbesondere durch die Arbeits- und Sicherheitsunterweisung, z.B. nach der Vier-Stufen-Methode der Arbeitsunterweisung nach REFA (siehe Bild 106).
- Zielvereinbarungen mit den Mitarbeitern abschließen und diese über die anstehenden Aufgaben informieren.
- Bereitstellung der notwendigen Ressourcen und Materialien zur Leistungserbringung.
- Die Anlagen sind einzurichten, wobei auf optimal gestaltete Arbeitsbedingungen und Arbeitsmittel zu achten ist.
- Es gilt, auf saubere Arbeitsplätze und eine grundlegende Ordnung als Basis für erfolgreiches Arbeiten (siehe Abschnitt 5.4.4) Wert zu legen.

Durchführung der Leistungserbringung eines Auftrages

- Feinverteilung auf die Arbeitsplätze und Mitarbeiter.
- Information der Mitarbeiter über spezifische Prozessplanung (Arbeitsplan, Prüfplan, usw.)
- Durchführung der Leistungserbringung mit den vorgesehenen Prüftätigkeiten.
- Erfassung und Auswertung der Prozessdaten mit Hilfe der REFA-Methoden der Datenermittlung.
- Bei Bedarf wird eine Statistische Prozess-Regelung (SPC) mit entsprechender direkter Steuerung des Prozesses (siehe Abschnitt 5.6) durchgeführt.

Sicherung der Leistungserbringung bei Problemen

- Bei Abweichungen gilt es, eine Problemanalyse, z.B. mit Hilfe des Ursache-Wirkungs-Diagramms oder der bereits erstellten Risikoanalysen, durchzuführen (siehe Abschnitt 5.5).
- Möglichst dauerhafte Abstellung der Fehler- bzw. Problemursachen. Eine Möglichkeit ist insbesondere Poka-Yoke (siehe Abschnitt 5.4.5).
- Zusätzlich besteht die Möglichkeit zu einer systematischen Analyse mit Hilfe eines Produkt- bzw. Prozess-Audits (siehe Abschnitt 5.8.1).

4. Üben
- Bisherige Lernleistung anerkennen
- Alleinarbeit bzw. Üben ankündigen
- Hilfen bezeichnen, Kontrolle und Korrektur, soweit erforderlich
- Nach Beobachtung Unterweisung ausdrücklich beenden und Lernerfolg herausstellen

3. Ausführen
- Nachmachen als Versuch
- Nachmachen und dabei erklären, was, wie und warum es so geschieht (Bewältigen)
- Nachmachen und nur noch die wichtigsten Kernpunkte betonen (flüssig ausführen)

2. Vorführung
- Vormachen und erklären, was geschieht (Kennenlernen)
- Vormachen und erklären, was und wie es geschieht und warum es so geschieht
- Vormachen und nur noch auf die wichtigsten Kernpunkte hinweisen (vertraut werden)

1. Vorbereitung der Unterweisung
- Dem Lernenden die Befangenheit nehmen
- Lernziele nennen
- Vorkenntnisse feststellen
- Interesse wecken - motivieren
- Wahrnehmung ermöglichen (sehen und hören)

Bild 106: Klassische Vorgehensweise bei der Arbeitsunterweisung (nach [REFA2])

Wichtig ist auch eine qualitätsfördernde Arbeitsorganisation durch Maßnahmen wie:

- Realisierung von Gruppenarbeit mit Übertragung von Verantwortung für die Arbeitsergebnisse, aber auch für Effizienz und Optimierung
- Befähigung der Mitarbeiter zum KVP-Prozess (Datenerfassung, Problemanalyse, Fehlervermeidung und -verbesserung)
- Arbeitsgestaltung nach ergonomischen Gesichtspunkten
- Qualitäts- und produktivitätsfördernde Entgeltgestaltung, in der Regel mit einer Mengen- und Qualitätsprämie oder einer Vergütung orientiert an den Gutteilen.

4.6 Bewertung der operativen Leistungserbringung

Am Ende der Leistungserbringung steht deren Bewertung. Diese erfolgt in mehreren Dimensionen:

- **Kundenzufriedenheit** steht für den wichtigsten Teil des Erfolgs. Ohne einen zufriedenen Kunden überlebt das Unternehmen langfristig nicht. Wesentliche Möglichkeiten zur Messung sind Befragung der Kunden in persönlichen Gesprächen oder mit Fragebogen.
- **Betriebswirtschaftliches Ergebnis** der Leistungserbringung. Unternehmen haben meist eine Gewinnerzielungsabsicht, ansonsten aber das Ziel eines ausgeglichenen Ergebnisses. Es sollte deswegen transparent werden, wie viel man am einzelnen Auftrag gewonnen oder verloren hat (Messung über die betriebswirtschaftlichen Instrumente des Controllings, siehe Abschnitt 5.3).
- **Qualität**.
  Im Rahmen von 6-Sigma-Programmen zur Qualität und Vermeidung von Verschwendung werden anspruchsvolle Fehlerraten und Zuverlässigkeiten erwartet. Diese sollten insbesondere bei größeren Aufträgen auftragsbezogen ermittelt werden (siehe Abschnitt 5.4.11).
  Ggf. ist auch eine Fehler- und Reklamationsauswertung durchzuführen, um Hinweise für notwendige Änderungen am Produkt, Prozess oder der Qualitätsplanung zu erhalten (siehe Abschnitte 5.7.2 und 5.7.3).

4.7 Managementmethoden in der operativen Wertschöpfungskette

In den folgenden Übersichten (Bilder 107 und 108) sind die Schritte der in den Kernprozessen ablaufenden Tätigkeiten nochmals zusammengefasst. Es erfolgt eine Darstellung des jeweils einsetzbaren Methodenspektrums, welches im folgenden Kapitel detailliert dargestellt wird.

In jedem Unternehmen ist für die verschiedenen Produktbereiche und Produkte entsprechend den jeweiligen Randbedingungen der Leistungserstellung ein optimaler Leistungserstellungsprozess festzulegen. Es ist auf einen adäquaten Methodeneinsatz zu achten. Dieses Kapitel, wie auch die im folgenden Kapitel folgende Darstellung der Qualitätsmanagementmethoden, will Hilfsmittel zur Verfügung stellen für eine optimale Prozessgestaltung.

In der Praxis werden natürlich in vielen Fällen die einzelnen Abschnitte der operativen Wertschöpfung parallel zueinander durchgeführt, um die Durchlaufzeit zu verkürzen und das Produkt schneller auf den Markt zu bringen. Dies wird durch den Managementmethoden-Einsatz nicht behindert, sondern tendenziell sogar noch begünstigt.

Die beiden Kapitel dieses Buches, Führungskreislauf (Kap. 3) sowie Steuerung der operativen Wertschöpfung (Kap. 4), sollten nur die allgemeinen Vorgehensstrukturen aufzeigen und dazu beispielhaft wesentliche Komponenten des Qualitätsmanagements und des Einsatzes der im folgenden Kapitel dargestellten Methoden.

Allgemeine Rezepte, geschlossene Lösungen und Standards sind heute nicht mehr lieferbar. Im Zeitalter eines globalen Wettbewerbs ist die individuelle Ausgestaltung von Organisation und Qualitätsmanagement ein Wettbewerbsfaktor.

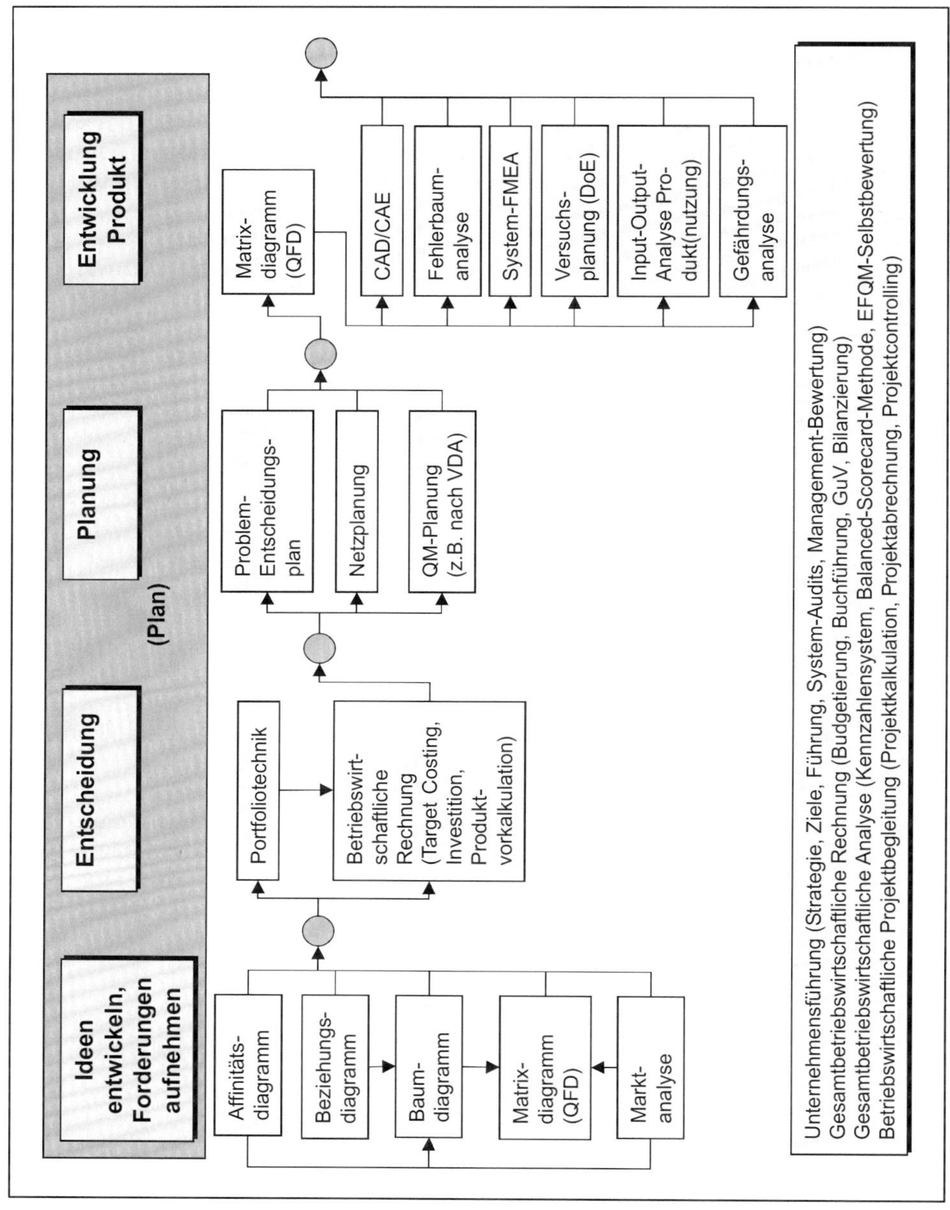

Bild 107: Managementmethoden im Zusammenspiel (von den Kundenanforderungen bis einschließlich Produktentwicklung)

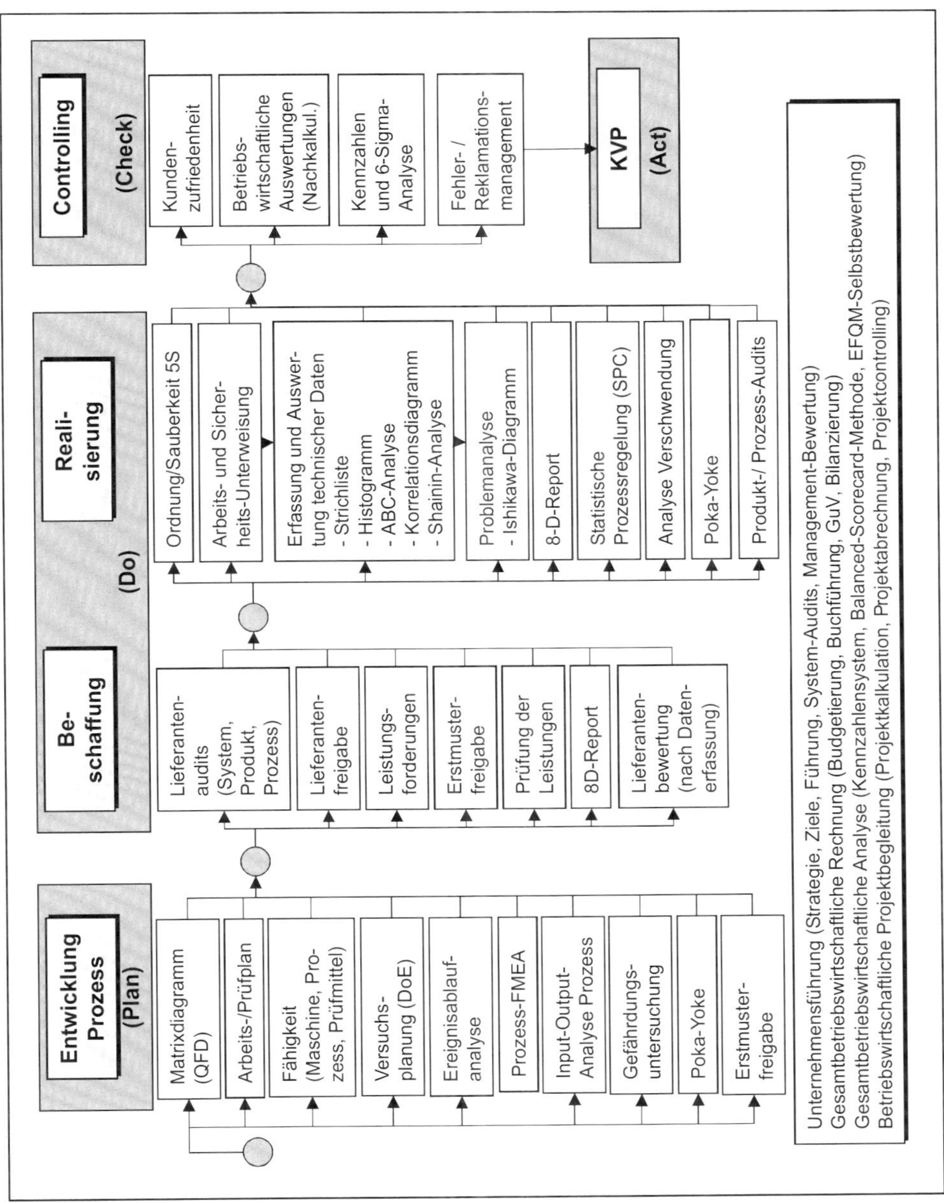

Bild 108: Managementmethoden im Zusammenspiel (von der Prozessentwicklung bis zum Controlling)

5 (Qualitäts-)Managementmethoden und -werkzeuge

5.1 Einführung und Methoden-Überblick

Nach dem Überblick über die Qualität (Kapitel 1), das Qualitätsmanagement und seine Dokumentation (Kapitel 2) wurden die Vorgehensweisen im Bereich der Führungs- (Kapitel 3) und Leistungsprozesse (Kapitel 4) anhand von Beispielen aufgezeigt. **Dieses Kapitel stellt die verschiedenen Managementmethoden und -werkzeuge im Detail vor**.

Beim Lesen dieses Kapitels gilt es, Anregungen für einen adäquaten und erfolgreichen Methodeneinsatz im eigenen Unternehmen zu erhalten. Hierbei helfen auch die Auswahlmatrizen für den Methodeneinsatz, für den Bereich der Unternehmensführung im Abschnitt 3.3 und für die operativen Prozesse im Abschnitt 4.7.

In empirischen Studien (siehe Bild 109) wurde festgestellt, dass die erfolgreichen Unternehmen stärker auf bewährte Methoden zurückgreifen und durch angepasste und durchgängige Systematiken bessere Ergebnisse erzielen.

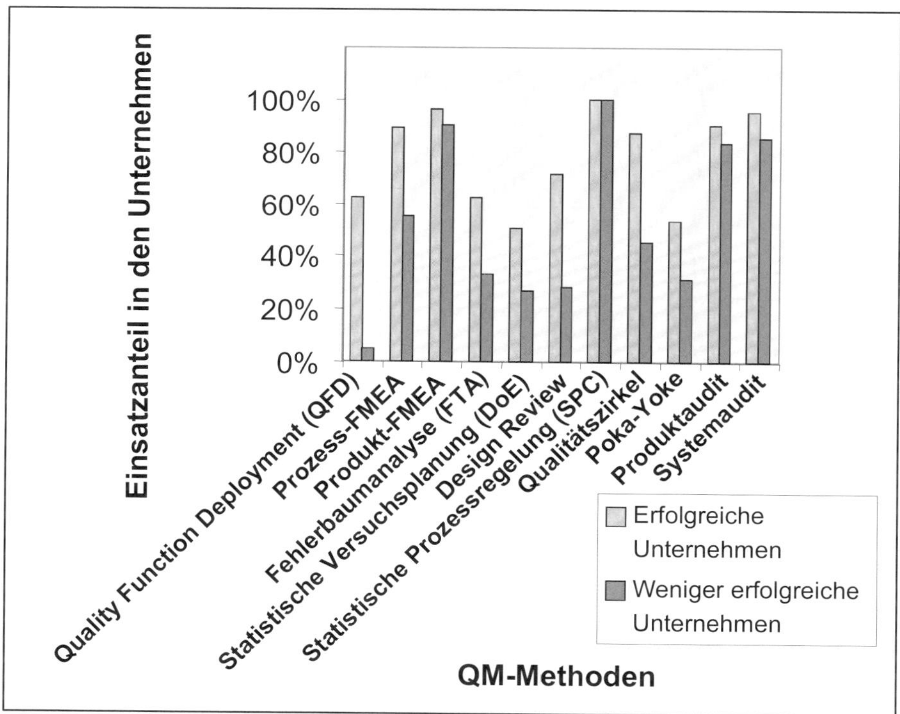

Bild 109: Methodeneinsatz führt zum Erfolg [REFA7]

Zur besseren Zuordnung soll das Bild 110 dienen, welches auch die folgende Kapitelstruktur aufzeigt.

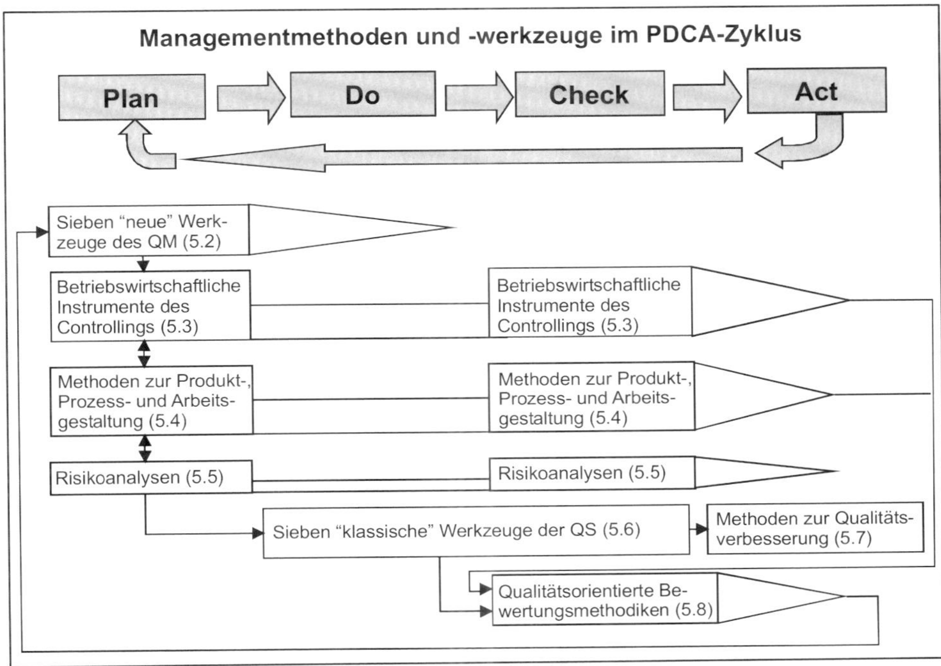

Bild 110: Zusammenfassende Darstellung über Methoden- und Werkzeugeinsatz im PDCA-Zyklus

Bei der Darstellung des gesamten, mit dem Qualitätsmanagement zusammenhängenden Methodenspektrums werden die klassischerweise dem QM zugeordneten Methoden ausführlich dargestellt, während die Methoden der Datenermittlung, der Arbeitsgestaltung und Methoden aus der Betriebswirtschaft nur ansatzweise und mit Verweisen auf weitergehende Literatur dargestellt werden.

Es wird für die folgenden Abschnitte der Methodenerläuterung durchgängig die folgende Gliederung verwendet:

- Grundzüge
- Anwendungsbereich
- Vorgehen
- Ergebnis.

5.2 QM-Planungswerkzeuge und Projektmanagement

5.2.1 Die sieben QM-Planungswerkzeuge

Die sieben QM-Planungswerkzeuge, teilweise sieben „neue" Qualitätswerkzeuge genannt, sind vielseitig anwendbare **Problemlösungstechniken**. Diese sind in frühen Planungs- und Projektphasen einsetzbar, in denen es kaum numerische Daten gibt. Sie zielen auf eine systematische Analyse und Planung der weiteren Vorgehensweise. Die Methoden (siehe Bild 111) sind als solche grundsätzlich bekannt, wurden aber in dieser Zusammenstellung vom japanischen Ausschuss, der „Japanese Union of Scientists and Engineers", aufbereitet [Miz].

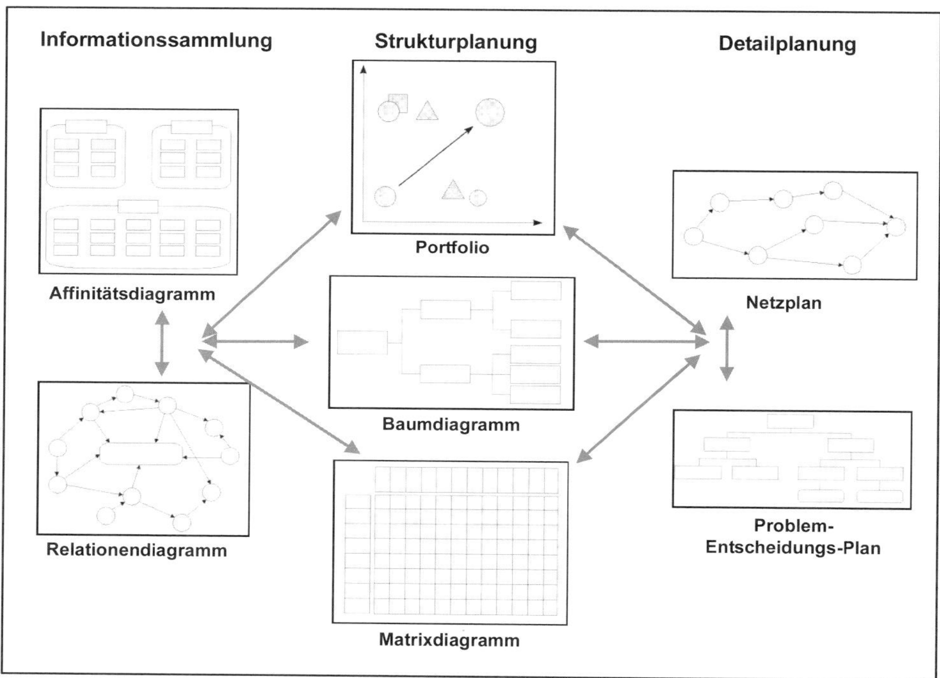

Bild 111: Überblick über die sieben neuen QM-Werkzeuge

Um Lösungsstrategien mit Hilfe der sieben neuen QM-Werkzeuge zu erarbeiten, ist es sinnvoll, diese in einer aufeinander aufbauenden Abfolge einzusetzen (siehe Bild 112). Die Ablauf-, Analyse- und Entscheidungsstrukturen werden klar, wenn man sich die einzelnen Schritte durch die dort gestellten Fragen und Lösungsstufen verdeutlicht.

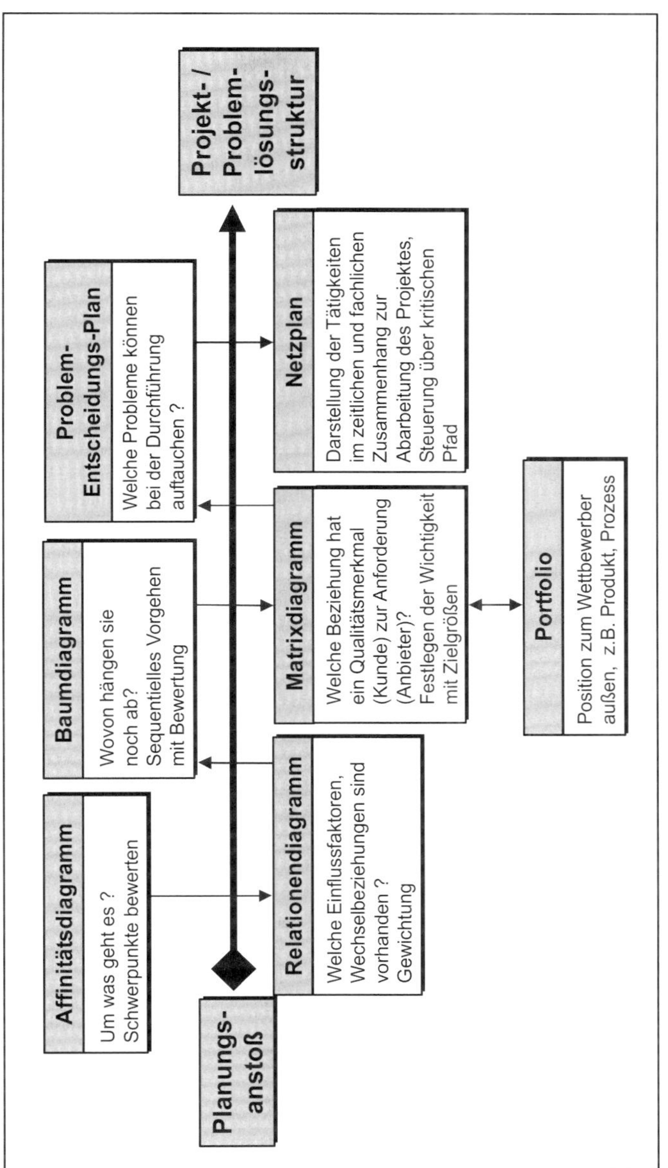

Bild 112: Lösungsstrategie mit Hilfe der sieben neuen QM-Werkzeuge

Im Rahmen von Planungen finden heute die Methoden breiten Einsatz, wobei häufig mehrere, aber natürlich meist nicht alle sieben QM-Werkzeuge bzw. Problemlösungstechniken zum Einsatz kommen. Alle sieben neuen Management-Werkzeuge sind auf die Bedürfnisse der Problemlösung in der Gruppe, also innerhalb von Qualitätszirkeln, zugeschnitten.

5.2.2 Das Affinitätsdiagramm

Grundzüge des Affinitätsdiagramms

Beim Affinitätsdiagramm (Affinität bedeutet Beziehung) werden zuerst Ideen zu einem Sachverhalt, zum Beispiel zur neuen Unternehmensstrategie, zu neuen Produkten, zu neuen Produktionsverfahren oder anderen Punkten gesammelt und dann hinsichtlich ihrer Beziehung betrachtet und gruppiert. Das Affinitätsdiagramm versucht, eine **Struktur in eine Vielzahl von Ideen** zu bekommen, um diese dann zu bewerten.

Anwendungsbereich des Affinitätsdiagramms

- Eine schwer überschaubare Anzahl von Ideen wird gesammelt oder liegt bereits in ungeordneter Form vor. Diese sollen bearbeitet werden.
- Es soll eine innovative Lösung für ein komplexes Problem gesucht werden.

Vorgehensweise

1) Der zu betrachtende Sachverhalt oder die entsprechende Problemfrage wird aufgeschrieben.
2) Über ein Brainstorming werden Ideen zu dem Sachverhalt oder der Problemfrage gesammelt.
3) Die Karten mit den Ideen werden auf die Pinnwand geheftet, wobei die Gruppe versucht, Karten mit einem engen inneren Zusammenhang, einer intensiven Beziehung oder einer hohen Affinität einander zuzuordnen und damit zu gruppieren. Teilweise sind auch mehrere Durchgänge des Zusammenlegens und Gruppierens durchzuführen.
4) Den entstandenen Gruppen werden Oberbegriffe auf Karten zugeordnet. Die Karten mit den Oberbegriffen sollten farblich von den Ideen abweichen. Erkennt man, dass eine eindeutige Wahl eines Oberbegriffes nicht möglich ist, sollte man überlegen, ob evtl. das Gruppierungskriterium im Schritt 3 unglücklich gewählt wurde. Trifft das zu, sollte das Ergebnis von Schritt 3 in Frage gestellt und zu diesem Schritt zurückgekehrt werden, um eine andere Gruppierung zu finden.
5) Die mit Oberbegriffen entstandenen Cluster (Einheiten) werden abschließend gegeneinander mit Hilfe einer Umrandung des Clusters abgegrenzt.
6) Die Cluster werden in einem weiteren Schritt hinsichtlich ihrer Bedeutung oder anderer Faktoren (z.B. Dringlichkeit) mit Klebepunkten bewertet, um eine Priorisierung bzw. Schwerpunktbildung zu erreichen.

Ergebnis

Es entsteht ein strukturierter, bewerteter Pool von Gedanken und Fakten (siehe Bild 113).

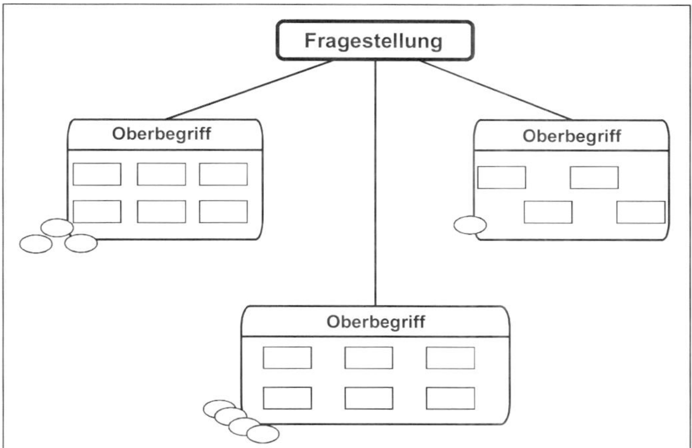

Bild 113: Bewertetes Affinitätsdiagramm

5.2.3 Das Relationendiagramm

Grundzüge

Das Relationendiagramm geht einen Schritt weiter. Relation bedeutet zwar ebenfalls Beziehung. Im Gegensatz zum Affinitätsdiagramm erfolgt jedoch nicht nur eine Gruppierung, sondern darüber hinaus eine explizite **Betrachtung der Wechselwirkungen zwischen verschiedenen Aspekten** eines Problems bzw. zwischen den Clustern.

Anwendungsbereiche

- Darstellung von Zusammenhängen und Hintergründen zu einem Bereich bzw. Oberbegriff
- Darstellung komplexer, nichtlinearer Zusammenhänge und Gedankengänge
- Darstellung multidimensionaler Problemstellungen
- Balanced Scorecard als Darstellung betriebswirtschaftlicher Zusammenhänge (siehe Abschnitt 5.3.6).

Vorgehensweise

1) Der Ausgangspunkt der Betrachtung, in der Regel ein Oberbegriff, wird auf eine Metaplankarte geschrieben und angeheftet.
2) Auf Karten werden entsprechend der Metaplantechnik Aspekte des Oberbegriffes geschrieben. Es kann auch das Ergebnis eines Affinitätsdiagramms betrachtet werden.
3) Die Gruppe stellt anschließend die Beziehungen zwischen den einzelnen Karten mit Hilfe von Pfeilen fest. Dabei werden hier nur Pfeile in einer Richtung festgelegt, wobei die Gruppe ggf. in einer Diskussion die stärkere Einflussrichtung bestimmt.
4) Abschließend werden die von einer Karte abgehenden und/oder eingehenden Pfeile gezählt.
5) Die Zahl der Pfeile wird auf die Karten geschrieben und stellt die Einflussstärke des jeweiligen Aspektes dar. Nach der Fertigstellung kann durch eine geschickte Anordnung der Karten auch optisch eine gelungene Darstellung der Zusammenhänge erreicht werden.

Ergebnis

Es entsteht eine anschauliche, strukturierte Darstellung der Wechselwirkungen verschiedener Gedanken und Aspekte (siehe Bild 114). Im betriebswirtschaftlichen Bereich wird das Ergebnis auch Balanced Scorecard (siehe Abschnitt 5.3.6) genannt.

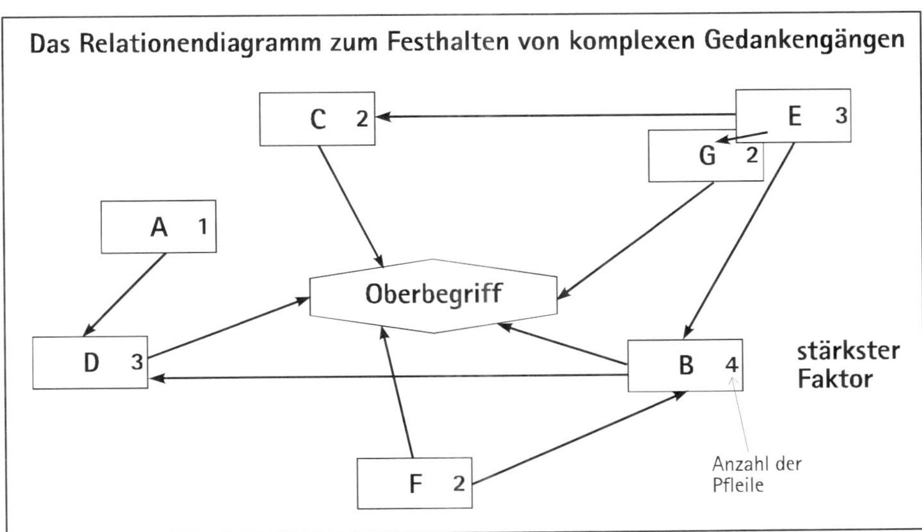

Bild 114: Ausgewertetes Relationendiagramm

Das multidimensionale Denken wird durch das Relationendiagramm gefördert und formalisiert. Das Denken in Beziehungen ist dabei nicht nur statisch, sondern bietet dynamisch immer weitere Denkrichtungen und Erweiterung an. Durch die Methode entstehen von einem Oberbegriff aus assoziierte Begriffe und nachfolgend weitere Unterbegriffe. Im Bereich der Dokumentation von Meetings ist diese Methode auch unter dem Begriff Mind-Mapping bekannt.

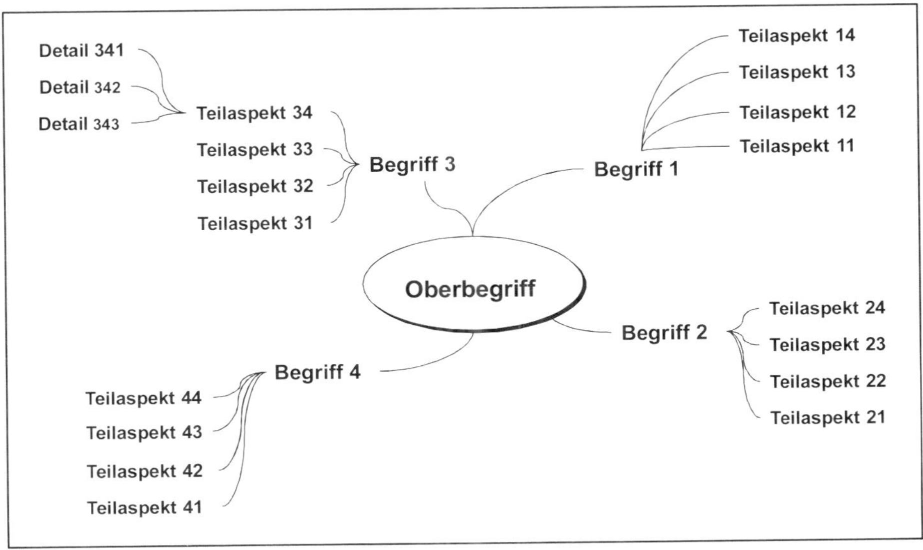

Bild 115: Struktur einer „Mind-Map“

5.2.4 Das Baumdiagramm

Grundzüge des Baumdiagramms

Im Rahmen des Baumdiagramms werden Maßnahmen, Tätigkeiten und Ursachen, die zu einem Gesamtziel führen, untersucht. Dabei kann sich eine **Kette von Ursachen und Wirkungen** ergeben. Jede Wirkung kann wieder Ursache werden. Das Baumdiagramm kann im speziellen ein Ishikawa-Diagramm (siehe Abschnitt 5.5.1) oder ein Fehlerbaum (siehe Abschnitt 5.5.2) sein.

Anwendungsbereiche

- Systematische Analyse von Einflüssen in aufeinanderfolgenden Schritten bei der Problemstrukturierung, Fehlerbetrachtung, Maßnahmendiskussion.

Vorgehensweise

1) Das Ziel der Betrachtung, der Oberbegriff oder der Schwerpunkt werden aus dem Affinitäts- oder Relationendiagramm entnommen.
2) Die für die Zielerreichung relevanten Teilziele (oder im Fehlerbaum möglichen Fehlerursachen) werden auf Karten geschrieben und entsprechend an der Metaplantafel zugeordnet (siehe Bild 116).
3) Zu der nächsten Gliederungsebene kommt man immer mit der Frage „Wie wird dieses Teilziel erreicht“ (oder „Wie kann dieser Fehler im Bereich des Fehlerbaums entstanden sein“). Die Anzahl der Detaillierungsebenen ist abhängig vom Problem und kann bei den verschiedenen Teilzielen auch unterschiedlich sein.
4) Die Gruppe bewertet die letzte Ebene der Tätigkeiten und Ursachen, die zu dem Ziel führen, mit Klebepunkten auf Durchführbarkeit (gut = 3, mittel = 2 oder schlecht = 1 Klebepunkten) bzw. Relevanz (sehr wichtig = 4, wichtig = 2, weniger wichtig = 1 Klebepunkt).

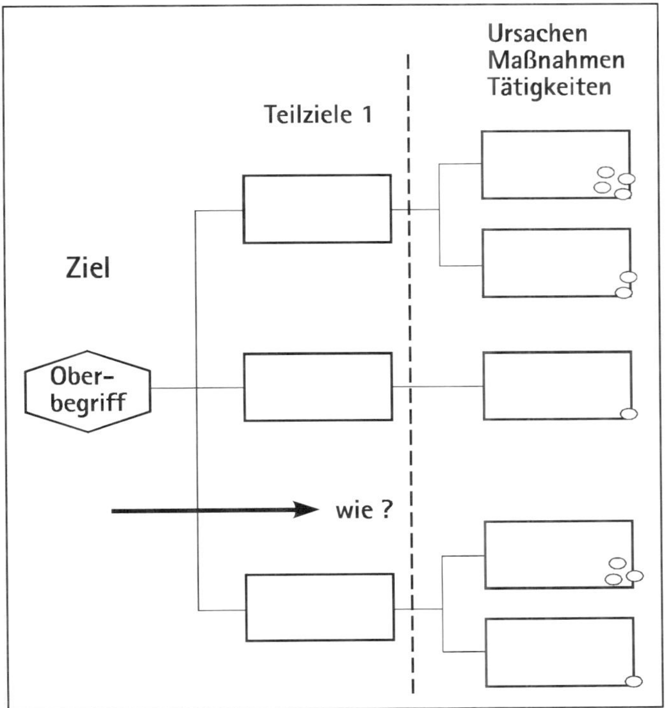

Bild 116: Struktur eines Baumdiagramms

Ergebnis
Es existiert eine übersichtliche, detaillierte Zusammenstellung der gewichteten Teilziele, ggf. Ursachen oder nötigen Maßnahmen und Tätigkeiten, um das angestrebte Ziel zu erreichen.

5.2.5 Das Matrixdiagramm und dessen Erweiterung zu QFD (Quality Function Deployment)

- **Matrixdiagramm**

Grundzüge des Matrixdiagramms

Eine Matrix stellt die Stärke von Beziehungen und Wechselwirkungen von mindestens zwei Dimensionen dar. Mit Hilfe des Matrixdiagramms wird beispielsweise aus den Kundenforderungen die relative Wertigkeit der verschiedenen Problemlösungskomponenten systematisch abgleitet. Dazu wird die Bedeutung jeder einzelnen Problemlösungskomponente in Bezug auf jede einzelne Kundenforderung bewertet.

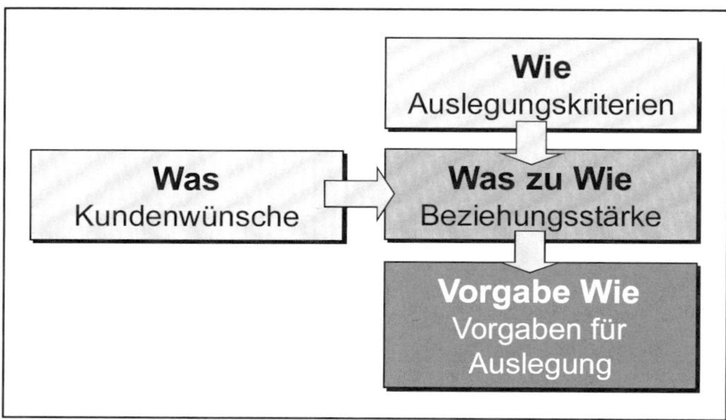

Bild 117: Grundzüge eines Matrixdiagramms

Anwendungsbereiche

- Kundenorientierung durch Ableiten von Prioritäten für die Systemgestaltung (Produkt, Prozess, Organisation) anhand der Kundenanforderungen.

Vorgehensweise Matrixdiagramm

1) Auf einem Flipchartbogen wird, entsprechend der gewünschten Darstellung, die Matrix (siehe Bilder 117 und 118) aufgetragen.
2) In der Dimension „Kunde“ werden die Ausprägungen (Wünsche, Teilziele, usw.) aus der letzten Ebene des Baumdiagramms übernommen.
3) In der Spalte „Bewertung“, wird eine Beurteilung der Bedeutung der Ausprägungen durchgeführt (3 = sehr wichtig, 2 = wichtig, 1 = weniger wichtig, oder von 10 bis 1).
4) In der Dimension „Anbieter“ werden die Ausprägungen der eigenen Lösungen, der geplanten Tätigkeiten, Maßnahmen oder Fähigkeiten eingetragen.

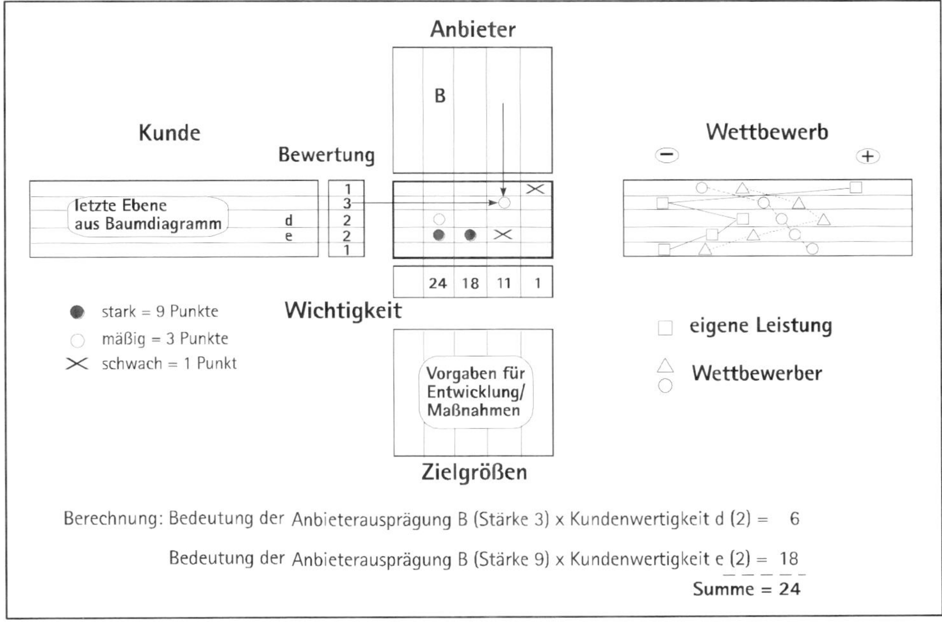

Bild 118: Matrixdiagramm und dessen Erstellung

5) In der Matrix werden in der jeweiligen Zelle die Stärke der Beziehungen von Ausprägungen der beiden Dimensionen „Kunde" und „Anbieter" mit Symbolen eingetragen. Es wird also bewertet, inwieweit ein Anbieterkriterium zur Erfüllung des Kundenwunsches beiträgt (ausgefüllter Kreis = starke Beziehung = 9 Punkte, leerer Kreis = mäßige Beziehung = 3 Punkte, Kreuz = schwache Beziehung = 1 Punkt, ohne Symbol = keine Beziehung = 0 Punkte oder direkt 10 bzw. 3 bis 0 Punkte).
6) In der Zeile „Wichtigkeit" wird das Ergebnis der Summe der jeweiligen Multiplikation des Matrixeintrages der Anbieterausprägung mit der Kundenwertigkeit eingetragen. Die Wichtigkeit gibt an, welche Aufmerksamkeit die einzelnen Komponenten des Anbieters aus der Kundensicht erfordern.
7) Abgeleitet aus den Wichtigkeiten, den derzeitigen und den zu erreichenden Anbieterausprägungen sind Maßnahmen für die Zielgrößen auszuarbeiten.
8) Optional kann die Konkurrenzanalyse aus Kundensicht weiter Hilfestellung bieten, um Entscheidungen vorzubereiten.

Ergebnis Matrixdiagramm

Mit Hilfe des Matrixdiagramms werden aus den Kundenforderungen für den Anbieter direkt Entwicklungszielgrößen und Maßnahmen abgeleitet. Es ergibt sich eine anschauliche Umsetzung der Kundenforderungen in interne Entwicklungszielgrößen. Diese lassen sich wesentlich besser überwachen.

- **Quality Function Deployment (QFD)**

QFD wird eine spezifische Erweiterung der Matrixdarstellung genannt.

Grundzüge des QFD-Diagramms
Die QFD-Analyse ist eine erweiterte Matrixanalyse, wie es das Bild 119 mit dem QFD-Vordruck zeigt. Hinzu kommt ggf. die Quantifizierung der Kundenwünsche (Wieviel – Soll-Werte), die Beziehungsmatrix zwischen den Auslegungs-Anforderungen (Inkompatibilitäten und sich unterstützende Kriterien), die internen Soll-Werte, die zu erreichen sind (Soll-Wert-Vergleich) und der technische Wettbewerbsvergleich.

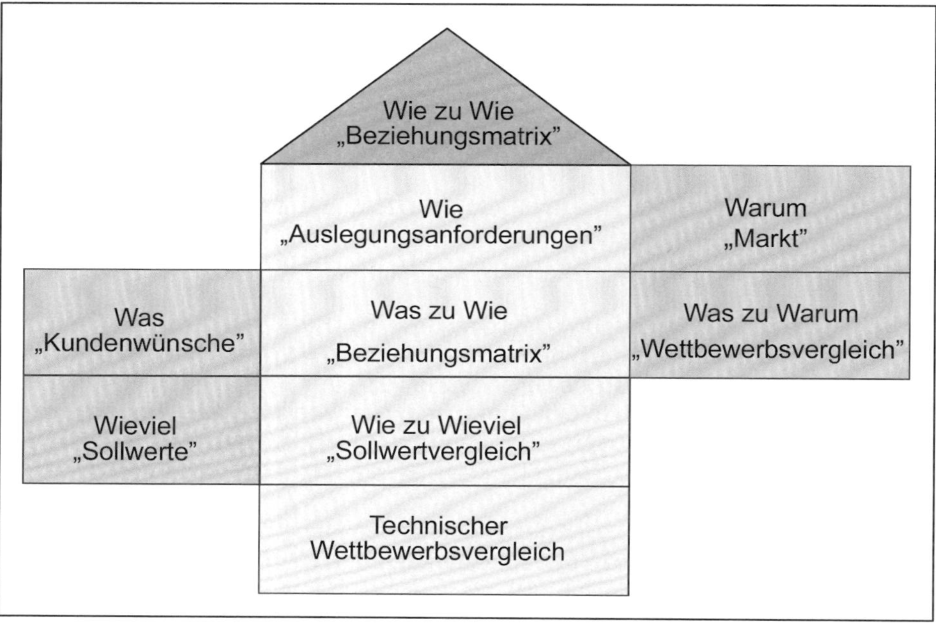

Bild 119: Struktur des QFD-Vordrucks

Anwendungsbereiche von QFD

- Die QFD-Analyse kann über mehrere Stufen als durchgängiges Planungsschema in der Entwicklung, Prozessplanung und Betriebsmittelplanung eingesetzt werden. QFD wird dann kaskadenförmig aufeinander aufbauend angewandt, so wie es Bild 120 zeigt.

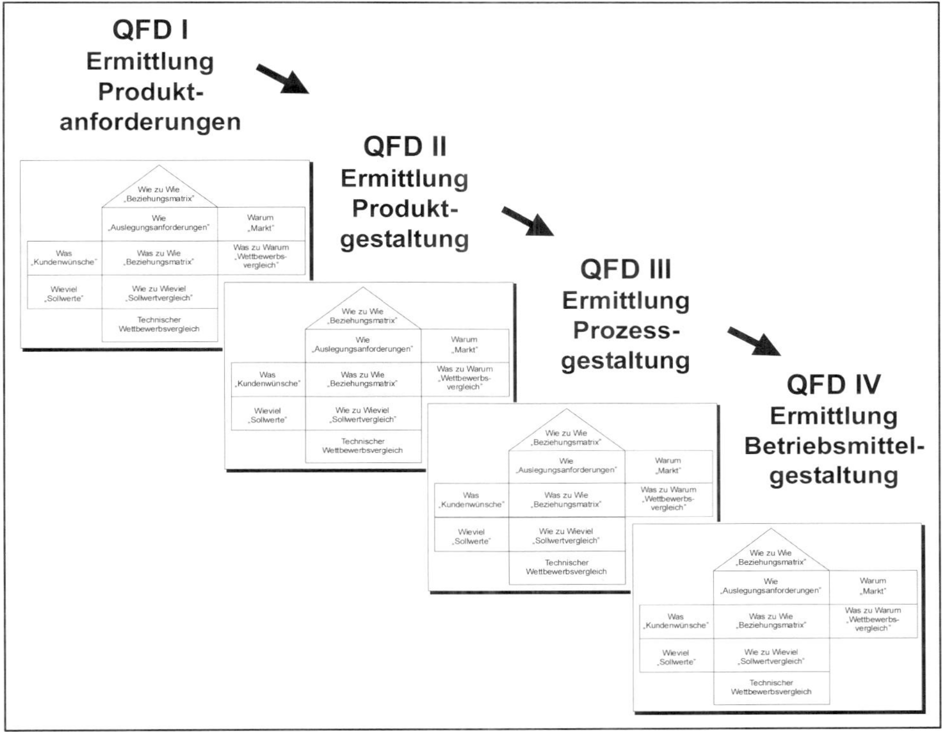

Bild 120: QFD als durchgängiges Planungshilfsmittel

Erweiterte Vorgehensweise (von Matrix zu QFD)

1) Bewertung der Beziehungen zwischen den verschiedenen Problemlösungskomponenten.
2) Es ist die Betrachtung des Schwierigkeitsgrades zum Erreichen der Zielgrößen vorzunehmen und die relative Bedeutung jeder Problemlösungskomponente zu berechnen.
3) Analyse weiterer Faktoren, wie z.B. eines Wettbewerbsvergleiches.

Ergebnis

Die QFD-Analyse ist eine noch detailliertere Umsetzung der Kundenwünsche in interne Vorgaben. Dies zeigt anschaulich ein vollständiges QFD-Beispiel für eine Armbanduhr, welches im Bild 121 dargestellt ist. Das Ergebnis wird vielfach „House of Quality“ genannt.

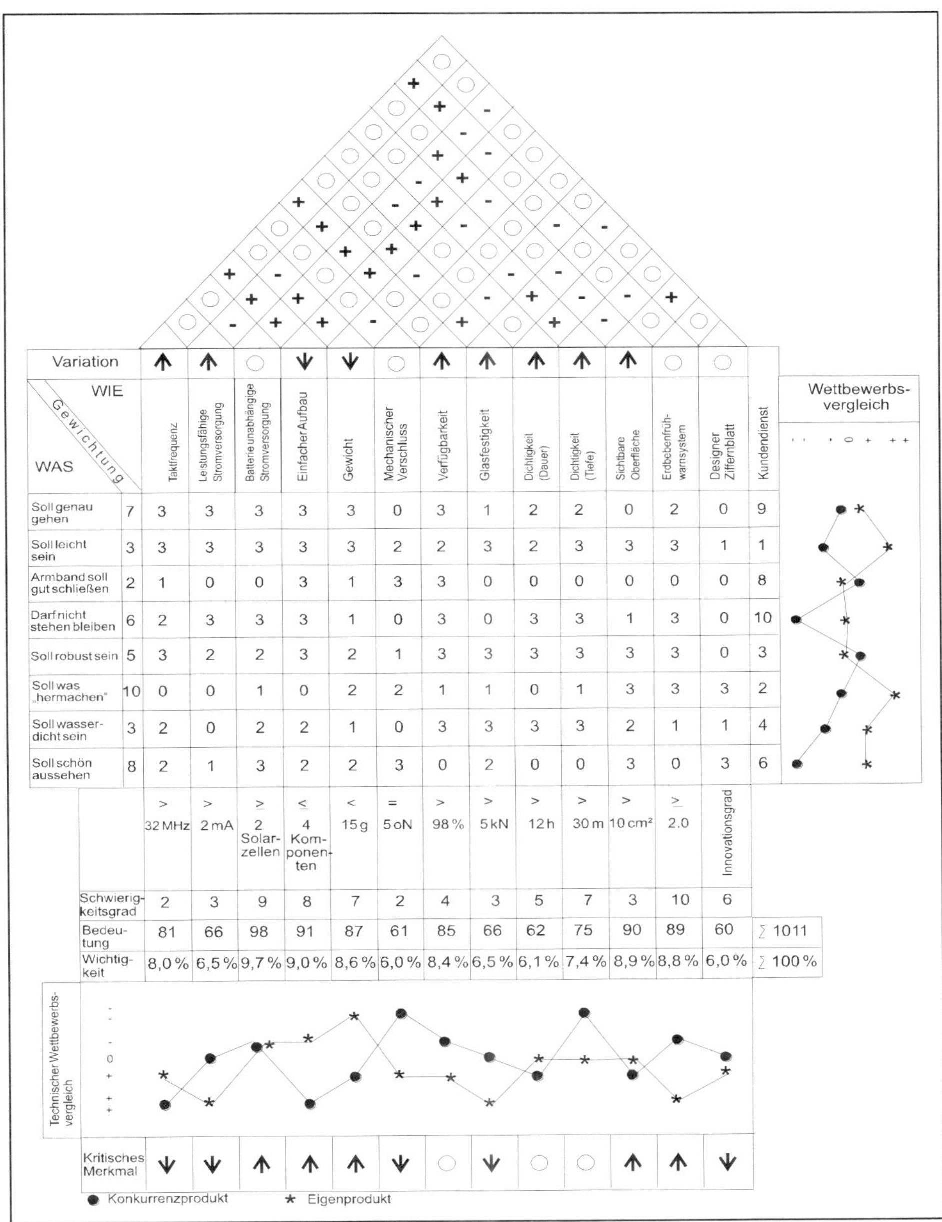

WAS \ WIE	Gewichtung	Taktfrequenz	Leistungsfähige Stromversorgung	Batterie unabhängige Stromversorgung	Einfacher Aufbau	Gewicht	Mechanischer Verschluss	Verfügbarkeit	Glasfestigkeit	Dichtigkeit (Dauer)	Dichtigkeit (Tiefe)	Sichtbare Oberfläche	Erdbebenfrühwarnsystem	Designer Ziffernblatt	Kundendienst
Variation		↑	↑	○	↓	↓	○	↑	↑	↑	↑	↑	○	○	
Soll genau gehen	7	3	3	3	3	3	0	3	1	2	2	0	2	0	9
Soll leicht sein	3	3	3	3	3	3	2	2	3	2	3	3	3	1	1
Armband soll gut schließen	2	1	0	0	3	1	3	3	0	0	0	0	0	0	8
Darf nicht stehen bleiben	6	2	3	3	3	1	0	3	0	3	3	1	3	0	10
Soll robust sein	5	3	2	2	3	2	1	3	3	3	3	3	3	0	3
Soll was „hermachen"	10	0	0	1	0	2	2	1	1	0	1	3	3	3	2
Soll wasserdicht sein	3	2	0	2	2	1	0	3	3	3	3	2	1	1	4
Soll schön aussehen	8	2	1	3	2	2	3	0	2	0	0	3	0	3	6
		> 32 MHz	> 2 mA	≥ 2 Solarzellen	≤ 4 Komponenten	< 15 g	= 5 oN	> 98 %	> 5 kN	> 12 h	> 30 m	> 10 cm²	≥ 2.0	Innovationsgrad	
Schwierigkeitsgrad		2	3	9	8	7	2	4	3	5	7	3	10	6	
Bedeutung		81	66	98	91	87	61	85	66	62	75	90	89	60	∑ 1011
Wichtigkeit		8,0 %	6,5 %	9,7 %	9,0 %	8,6 %	6,0 %	8,4 %	6,5 %	6,1 %	7,4 %	8,9 %	8,8 %	6,0 %	∑ 100 %
Kritisches Merkmal		↓	↓	↑	↑	↑	↓	○	↓	○	○	↑	↑	↓	

Bild 121: House of Quality für eine Armbanduhr

Vorteile von QFD

- Der Kunde steht zentral im Mittelpunkt der Überlegungen.
- Die Methodik zwingt zur interdisziplinären Teamarbeit und damit zur Nutzung des gesamten Wissens und vielfältigen Synergiepotenzialen.
- Es wird eine strukturierte Darstellung komplexer Zusammenhänge mit einer hohen Informationsdichte erreicht.
- Die Entscheidungen der Planung werden nachvollziehbar.

QFD ist eine ideale Basis für eine wirtschaftliche Steuerung des Ressourceneinsatzes über Target Costing (die Zielkostenrechnung). Bei der Planung werden vom Marketing die Zielkosten und der Zielverkaufspreis für ein Produkt festgelegt (vgl. Bild 122).

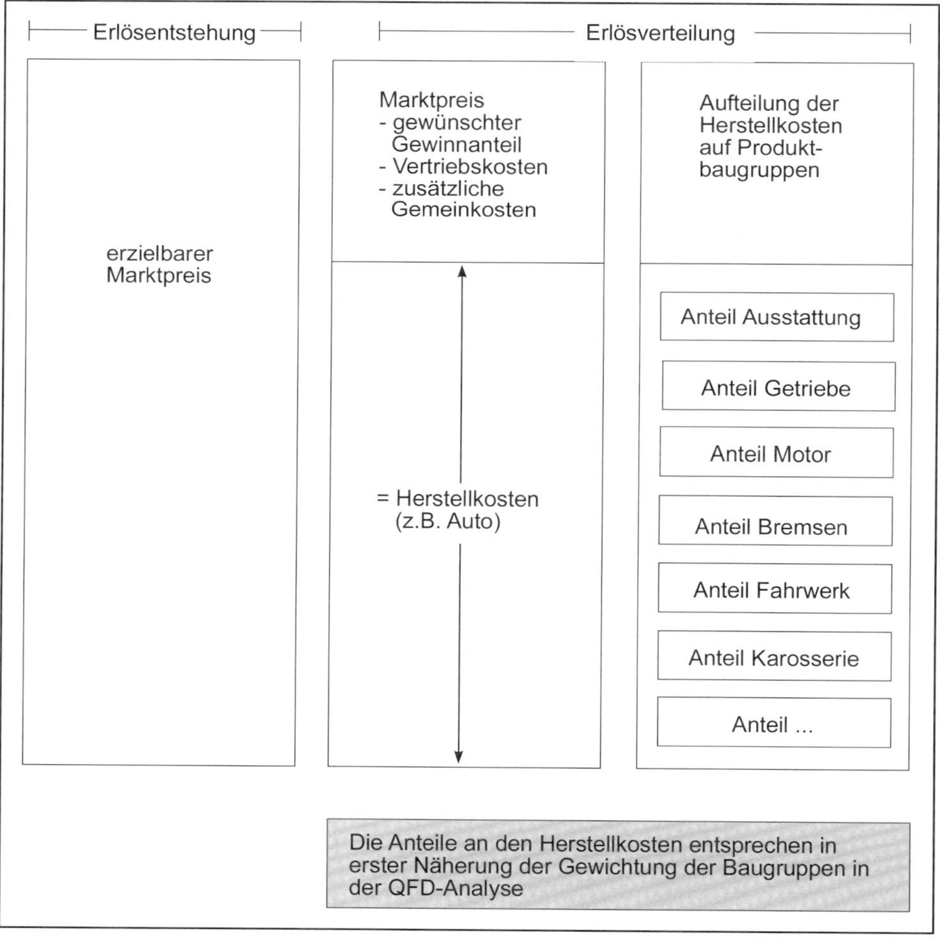

Bild 122: Herstellkostenvorgaben (Target Costing) auf der Basis der QFD-Analyse

Dieser Zielpreis ist nunmehr intern auch einzuhalten, um dem Produkt wirtschaftlich zum Erfolg zu verhelfen. Die Steuerung der verfügbaren Ressourcen erfolgt über die QFD-Matrix. Die Anteile an den Entwicklungs- und Herstellkosten sollten ungefähr der Gewichtung der Problemlösungskomponenten in der QFD-Matrix-Analyse entsprechen.

Durch die Schwierigkeitsbewertung der Realisierung einzelner Komponenten kann sich aber eine bestimmte Verschiebung bei den Zielwerten ergeben (siehe Bild 123).

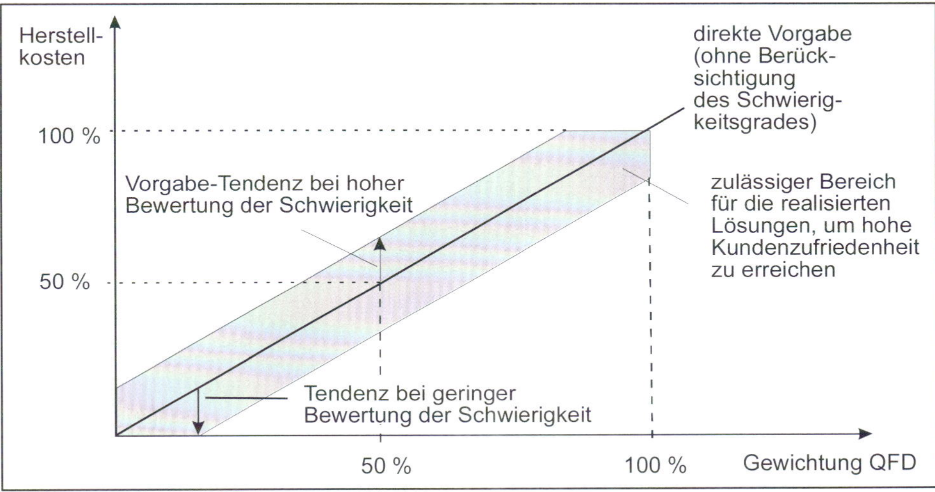

Bild 123: Integration der Schwierigkeit der Lösungsrealisierung in die Herstellkostenvorgabe

5.2.6 Das Portfolio

Grundzüge des Portfolios

Das Portfolio ist eine über die Wettbewerbsanalyse der Matrixdarstellung hinausgehende detaillierte Gegenüberstellung verschiedener Betrachtungsobjekte (z.B. Hersteller, Produkte, Prozesse, usw.) in Bezug auf zwei ausgewählte Dimensionen. Sinn und Zweck ist eine anschauliche Darstellung alternativer Strategien für das Positionieren eines Unternehmens, eines Markennamens, von Produkten, Dienstleistungen oder Prozessen.

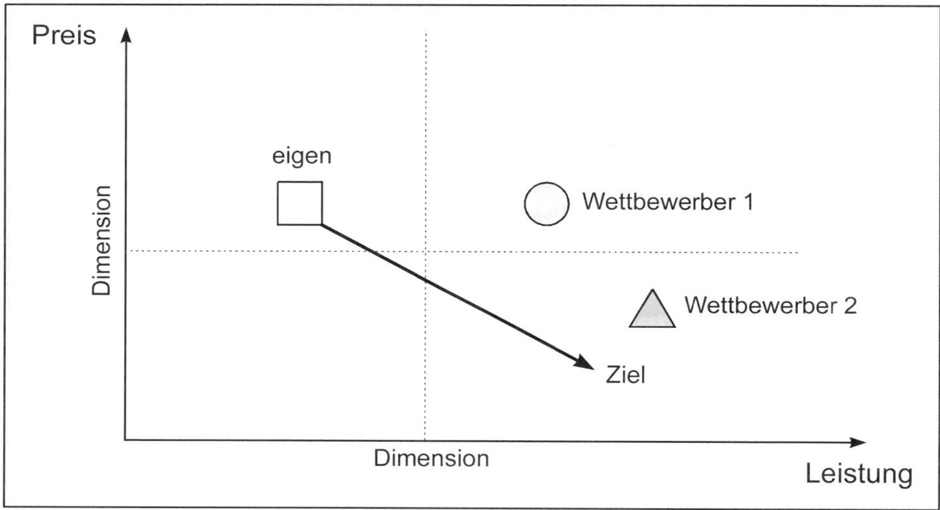

Bild 124: Portfolio als Instrument des (Qualitäts-)Managements

Anwendungsbereiche

- Marktsegmentierung
- Produktpositionierung und -entwicklung.

Das in Bild 125 dargestellte Portfolio-Beispiel zeigt die Stellung und Entwicklung der eigenen Produkte am Markt. Ziel ist es, mit den Cash-Cows Geld zu verdienen, um dies in die Weiterentwicklung von Fragezeichen-Produkten zu stecken, damit diese zu Stars werden. Die Stars werden nach dem Ende des Marktwachstums zu Cash-Cows. Die Stars benötigen – im Gegensatz zu den Cash-Cows – durch das Wachstum noch finanzielle Ressourcen, während Cash-Cows solche durch solide Erträge erzeugen. Poor Dogs, die armen Hunde, sind hingegen solche Produkte, bei denen man eine schlechte Marktstellung in einem schrumpfenden Markt besitzt und damit den Marktführern im Preiswettbewerb wegen der geringeren Größe meist unterlegen ist. Aus diesem Segment sollte man sich zurückziehen, entweder komplett durch Aufgabe oder Verkauf oder durch ein Ausweichen in eine Nische, wo man wiederum einer der Marktführer ist bzw. wird.

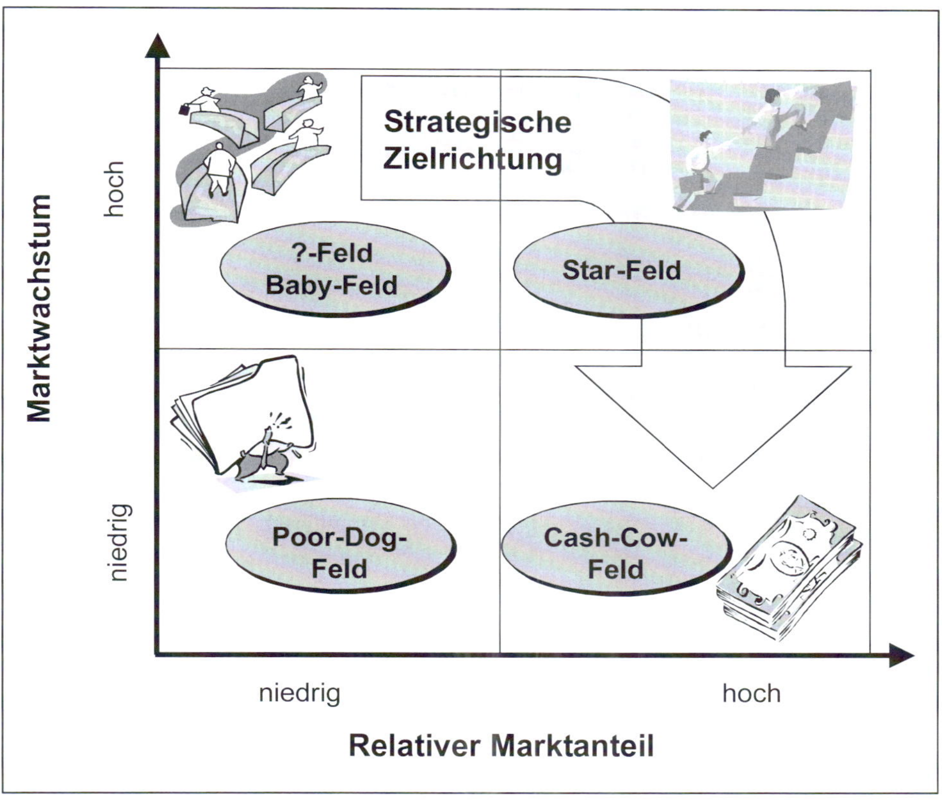

Bild 125: Strategie-Portfolio zur Entscheidung über Produktportfolio

Vorgehensweise

1) Festlegung der Dimensionen und ihrer Skalierung, mit denen die Gegenüberstellung durchgeführt wird.
2) Richtung und Stärke haben in der Regel einen kontinuierlichen Verlauf.
3) Positionierung der betrachteten Objekte.
4) Darstellung der eigenen Position.
5) Ableiten von Ergebnissen, Markierung der eigenen Entwicklungsmöglichkeiten oder -ziele mit Hilfe von Pfeilen, Aufstellung von Strategien und Entscheidungen über weitere Vorgehensweise.

Ergebnis

Es entsteht in der Regel ein anschauliches Bild der Problemkonstellation. Mit ihm lässt sich die inhaltliche Diskussion der Gruppe und der Entscheider visuell sehr gut unterstützen. Die Entwicklungsalternativen und mögliche strategische Ziele lassen sich transparent darstellen.

5.2.7 Der Problem-Entscheidungsplan

Grundzüge des Problem-Entscheidungsplans

Der Problem-Entscheidungsplan ist eine einfache Risikoanalyse-Methode (siehe Abschnitt 5.5), die aus drei wesentlichen Komponenten besteht:

1) Eine Darstellung, welche Teilschritte notwendig sind, um das Ziel der Kundenforderung zu erreichen, wobei die logische bzw. zeitliche Abfolge bereits beinhaltet ist.
2) Eine Analyse jedes einzelnen Teilschritts auf mögliche Schwierigkeiten, die sich bei der Ausführung und Umsetzung ergeben könnten.
3) Ein präventives Qualitätsmanagement, in dem zu jeder Schwierigkeit Überlegungen hinsichtlich Gegenmaßnahmen oder Alternativen angestellt und dokumentiert werden. So können potenzielle Probleme vorbeugend ausgeschlossen werden, bzw. kann nach deren Auftreten sofort reagiert werden.

Der Problem-Entscheidungsplan erarbeitet die verschiedenen Teilschritte, analysiert, welche potentiellen Hindernisse auftreten, und legt geeignete Gegenmaßnahmen fest. Damit ist die Vorgehensstruktur der einer FMEA (siehe Abschnitt 5.5.3), besonders einer Prozess-FMEA, sehr ähnlich. Es wird jedoch keine strenge Bewertung vorgenommen.

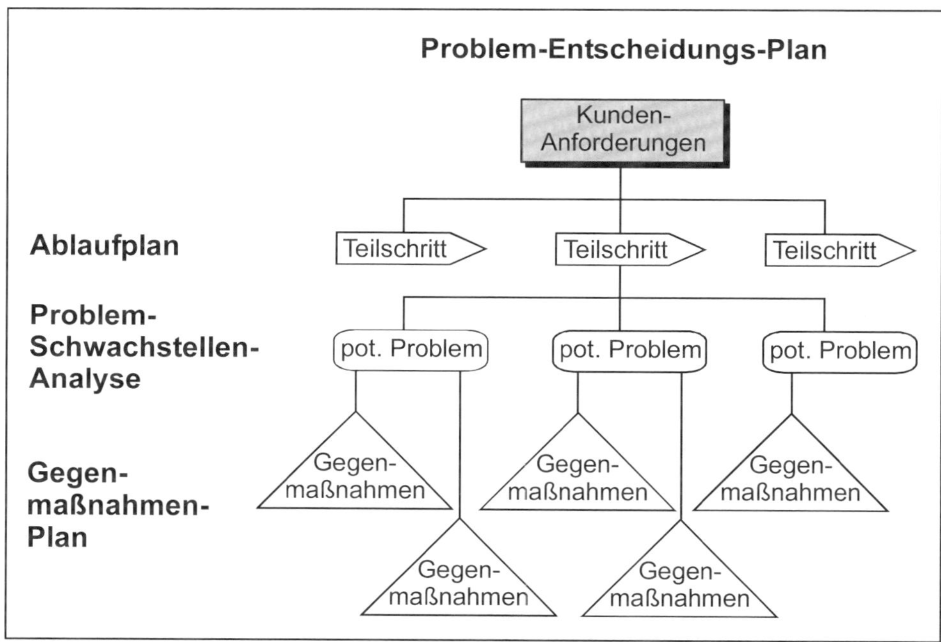

Bild 126: Problem-Entscheidungsplan

Anwendungsbereiche

- Prozess- und Projektbetrachtungen
- Prozess- und Projektoptimierungen.

Vorgehensweise

1) Die Basis stellen die Lösungen der letzten Ebene des Baumdiagramms, die Ausprägungen der Kundenforderungen aus dem Matrixdiagramm oder die einzelnen Teilproblemlösungen des Matrixdiagramms (sofern diese zusammen die Kundenforderungen ganzheitlich erfüllen) dar.
2) Die Teilschritte, die nötig sind, um das Ziel zu erreichen, leitet die Gruppe in einer Diskussion her. Die logische oder zeitliche Abfolge der Teilschritte ist ebenfalls zu definieren.
3) Man untersucht, welche Schwierigkeiten sich bei der Umsetzung der jeweiligen Tätigkeit der Teilschritte ergeben können.
4) Für jede einzelne Schwierigkeit sind im Brainstorming durch die Gruppe mögliche Gegenmaßnahmen zu erarbeiten.
5) Zum Schluss werden die Gegenmaßnahmen oder Alternativen noch hinsichtlich ihrer Durchführbarkeit bewertet (gut = 3, mittel = 2, schlecht = 1).

Ergebnis

Durch den Problem-Entscheidungsplan entsteht die Grundlage für einen detaillierten Projektplan. Gleichzeitig ermöglicht der Problem-Entscheidungsplan eine Abschätzung der Projektrisiken und bietet die Voraussetzung für eine schnelle und effiziente Reaktion auf Probleme während der Durchführung, weil Alternativen und Gegenmaßnahmen durchdacht vorliegen.

5.2.8 Der Netzplan

Grundzüge des Netzplans

Der Netzplan ist ein im Rahmen des Projektmanagements weit verbreitetes Werkzeug, welches bezogen auf modernes Management den Output der Planung darstellt, der im Folgenden als Input für die qualitätssichernden Maßnahmen, wie die Projektverfolgung und -kontrolle dienen kann. Der Netzplan dient der graphischen Darstellung des Ablaufs von Projekten und soll diese transparent und leichter verständlich machen. Zudem kann damit die Qualitätssicherung, z.B. über die Darstellung des kritischen Pfades, entscheidend unterstützt werden.

Anwendungsbereiche und Abgrenzung

- Projektstrukturierung und -optimierung
- Projektmanagement.

Die Netzplanung ist wichtig bei komplexen Projekten. Bei sequentiellen einfachen Projekten greift man zurück auf das Gantt-Diagramm (vlg. Bild 127) bzw. einen sequentiellen Projektplan (vgl. Bild 128).

Projektplanung Standort XX													
Aktivität	Aufwand und Kosten	Zeitachse											
		01	02	03	04	05	06	07	08	09	10	11	12
Bestimmung neuer Standortleiter	0,5 MM	x											
Einarbeitung und Übernahme bestehender Aufträge	1,5 MM	x	x										
Suche nach passendem Gebäude	1 MM			X	x	x							
Auslegung und Bestellung Infrastruktur	1 MM + 50.000						x	x					
Standortmarketing und Neukundenakquisition	5 MM + 20.000		x	X	x	x	x	x	x	x	x	x	x
Installation Infrastruktur	1 MM								x	x			
Einstellung Personal und Qualifizierung	2 MM + 20.000									x	x	x	x

Bild 127: Gantt-Diagramm für Projektplanung

Projektplan					
Projekttitel:			**Projektleiter:**		
Kunde:			**Ansprechpartner:**		
Art	**Ersteller**	**Aufwand/ Datum gepl.**	**Aufwand/ Datum Ist**	**Unterschrift**	**Bemerk./ QM-Planung**
Phase B Projekt/QM-Plan					
Phase B Pflichtenheft					
Phase B Freigabe					
Phase C Konzept					
…….					

Bild 128: Ausschnitt aus einem sequentiellen Projektplan, der gleichzeitig dem Projektmanagement dient

Vorgehensweise:

1) Auf der Basis des Problem-Entscheidungsplans oder des Matrix- und des Baumdiagramms gilt es, zuerst die Tätigkeiten und Vorgänge zu erfassen.
2) Die Vorgänge werden hinsichtlich ihrer Abhängigkeiten im Netzplan dargestellt. Über die Reihenfolgen und Abhängigkeiten entsteht der Netzplan (vgl. Bild 129).
3) Die Dauer der Vorgänge wird auf die Karten geschrieben.
4) Die Zeitpunkte (frühester Anfangszeitpunkt, frühester Endzeitpunkt) werden errechnet und auf den Karten notiert. Anschließend erfolgt rückwärts die Berechnung des spätesten Endzeitpunkts und damit des spätesten Anfangszeitpunkts. Die Differenz zwischen frühestem und spätestem Anfangszeitpunkt ist die gesamte Pufferzeit. Der kritische Weg liegt dort vor, wo keine Pufferzeit zur Verfügung steht.
5) Der kritische Pfad wird diskutiert und die nötigen Absicherungsmaßnahmen werden auf der Basis des Problem-Entscheidungsplans festgelegt.

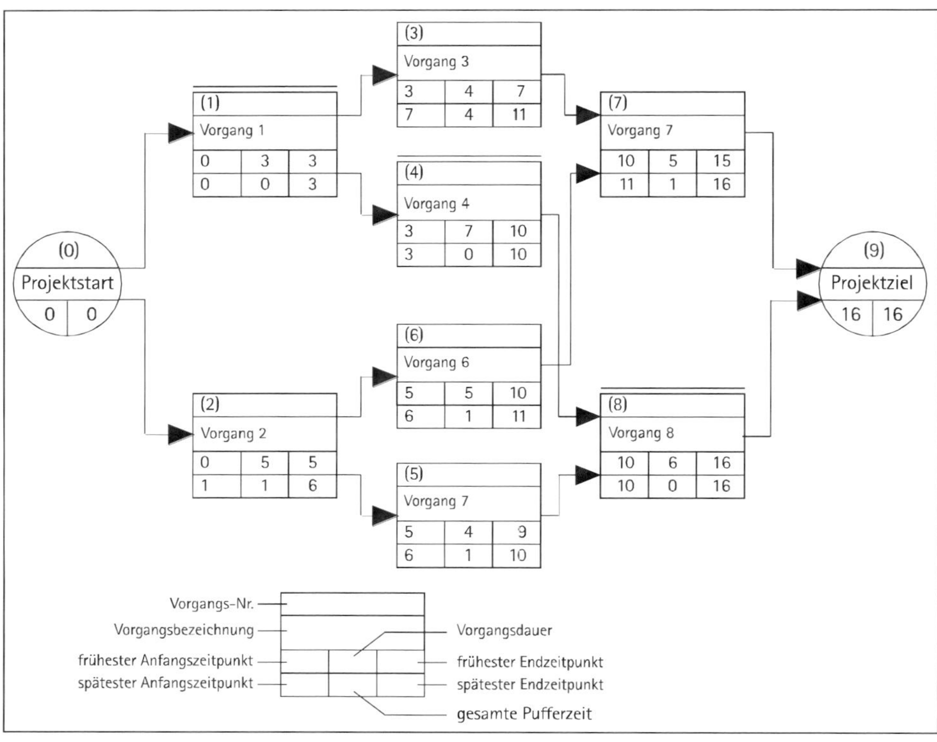

Bild 129: Grundstruktur eines Vorgangsknotennetzplans

Ergebnis

Das gesamte geplante zeitliche Vorgehen ist graphisch dargestellt. Die Dauer und die Abhängigkeiten der Vorgänge sind gut erkennbar. Der kritische Pfad ist im Rahmen der Projektdurchführung besonders sorgfältig zu überwachen. Wichtig ist, dass der Netzplan kontinuierlich zur Steuerung des Projektes eingesetzt und laufend gepflegt wird. Er ist dann die ideale Basis für das Projektmanagement und dessen Entscheidungen.

5.2.9 Projektmanagement

Grundzüge des Projektmanagements

Die Projektplanung liegt mit der Netzplanung bis auf ein bestimmtes Niveau vor. Ggf. gilt es, dieses zu detaillieren und die einzelnen Arbeitsschritte mit den sieben neuen QM-Werkzeugen konkreter auszuarbeiten. Anschließend geht es an die Umsetzung, wobei die zeitliche Planung über den Netzplan und die Erarbeitung von Maßnahmen bei zu erwartenden Problemen den Projekterfolg erhöht. Im Rahmen des Projektmanagements wird die Abarbeitung der erstellten Pläne überwacht und ggf. steuernd eingegriffen.

Anwendungsbereich

- Bei Investitionen, bei der Unternehmens-, der Produkt- und der Prozessentwicklung.

Vorgehen

1) Gegenüberstellung der Pläne mit dem Ist-Zustand (siehe Projektstatusbericht, Bild 130)
2) Feststellung der Abweichungen und Analyse für die Gründe
3) Erarbeitung von Maßnahmen zur Abstellung der Abweichungen auf Basis der erarbeiteten Risikoanalysen (Problem-Entscheidungsplan)
4) Verfolgung der Wirksamkeit der Reaktions- und Abstellmaßnahmen.

Ergebnis

Bestmögliche Einhaltung der Projektpläne und gleichzeitig effizientes, organisiertes Lernen bei der Durchführung der Projekte.

Als Basis für die Planung von Organisationsprojekten kann grundsätzlich die REFA-Planungssystematik angewandt werden. Diese ist fallspezifisch umzusetzen und zu konkretisieren.

<table>
<tr><td colspan="4">Projektstatusbericht</td><td colspan="2">Berichtszeitpunkt:</td></tr>
<tr><td colspan="4">Verteiler:</td><td colspan="2">Ersteller:</td></tr>
<tr><td>Projekt-Nr.:</td><td colspan="3">Projekt:</td><td colspan="2">Projektleiter:</td></tr>
<tr><td>AS-Nr.:</td><td colspan="3">Arbeitsschritt-Titel:</td><td colspan="2">AS-Verantw.:</td></tr>
<tr><td colspan="6">1. Technische Situation - Zusammenfassung:</td></tr>
<tr><td colspan="6">Stand der Arbeiten:</td></tr>
<tr><td colspan="6">Probleme / Risiken:</td></tr>
<tr><td colspan="6">Maßnahmen:</td></tr>
<tr><td colspan="6">2. Terminsituation – Zusammenfassung:</td></tr>
<tr><td>Zieltermin (Ursoll):</td><td colspan="2">Letzter Plan-Termin:</td><td colspan="2">Zu erwartender Termin:</td><td>Fertigstellungsgrad:</td></tr>
<tr><td colspan="6">Abweichungen / Risiken:</td></tr>
<tr><td colspan="6">Auswirkungen:</td></tr>
<tr><td colspan="6">Ursachen:</td></tr>
<tr><td colspan="6">Maßnahmen:</td></tr>
<tr><td colspan="6">3. Kostensituation – Zusammenfassung:</td></tr>
<tr><td colspan="2">Soll-Aufwand (Mann-Tage):</td><td colspan="2">Ist-Aufwand:</td><td colspan="2">Geschätzter Rest-Aufwand:</td></tr>
<tr><td colspan="2">Soll-Kosten (Budget):</td><td colspan="2">Ist-Kosten (verbucht)</td><td colspan="2">Geschätzte Rest-Kosten:</td></tr>
<tr><td colspan="2">Bereits verfügte Kosten:</td><td colspan="2">Ist-Kosten + verfügte Kosten:</td><td colspan="2">Voraussichtliche Gesamt-Kosten:</td></tr>
<tr><td colspan="6">Abweichungen / Risiken:</td></tr>
<tr><td colspan="6">Auswirkungen:</td></tr>
<tr><td colspan="6">Ursachen:</td></tr>
<tr><td colspan="6">Maßnahmen:</td></tr>
<tr><td colspan="3">Unterschrift Projektleiter:</td><td colspan="3">Unterschrift AS-Verantw:</td></tr>
</table>

Bild 130: Projektstatus-Bericht im Rahmen des Projektmanagements

5.3 Betriebswirtschaftliche Instrumente des Controllings im Qualitätsmanagement

5.3.1 Die Erfolgsrechnung auf Kostenartenbasis

Betriebswirtschaftliche Instrumente des Controllings werden in jedem Unternehmen auch für und im Rahmen des Qualitätsmanagements angewandt. Heute fordert die DIN EN ISO 9001 (vgl. Abschnitt 1.3.2) durch das Kapitel 8 „Messung, Analyse und Verbesserung" sowie die Abschnitte 5.4 „Planung" und 5.6 „Managementbewertung" ein angemessenes Controlling. Die hierfür grundlegenden betriebswirtschaftlichen Instrumente werden im Folgenden dargestellt.

Grundzüge der Erfolgsrechnung

Die Erfolgsrechnung ermittelt den betrieblichen Erfolg an sich, also das Betriebsergebnis, und im weiteren Sinne das Ergebnis der gewöhnlichen Geschäftstätigkeit.

Das wichtigste Ziel im Unternehmen ist neben dem Überleben und Wachstum die Gewinnerzielung. Die Erfolgsrechnung auf Kostenartenbasis ist die Methodik zur Gewinnermittlung im kleinen Unternehmen, bei der eine Periodenabgrenzung erfolgt. Die Gesamtleistung aus Umsatzerlösen und Bestandsveränderungen am Lager werden den verschiedenen Kosten (Kostenarten) gegenübergestellt. Man erkennt das Betriebsergebnis, welches dann – um Zinszahlungen und Sondereinflüsse bereinigt – das Geschäftsergebnis ergibt.

Anwendungsbereich

Jedes Unternehmen besitzt eine **Erfolgsrechnung**, zumindest in Form der Gewinnermittlung, die für die Steuererklärung benötigt wird. Im Kleinunternehmen ist die Erfolgsrechnung zur Führung ausreichend, bereits im mittelständischen Unternehmen jedoch mit Planungen für die einzelnen Produktbereiche (Kostenträgerrechnungen) und die einzelnen Organisationsbereiche (Kostenstellenrechnung) zu unterlegen. Dazu sind die im Unternehmen anfallenden Kosten verursachungsgerecht den Kostenstellen und Kostenarten zuzurechnen. Damit besteht die Möglichkeit, Detailanalysen vorzunehmen.

Vorgehen

Es erfolgt eine Buchung der auflaufenden Umsätze, der realisierten Ausgaben und Kosten entsprechend der ordentlichen Buchführung und dem jeweiligen Kontenrahmen. Die Gesamtsummen werden summiert und ergeben die einzelnen Positionen. Im Rahmen der Bilanzerstellung werden die Bestände ermittelt. Die Erfolgsrechnung wird meist monatlich, vierteljährlich, mindestens aber jährlich, für Kleinunternehmen vom Steuerberater, erstellt. In vielen Unternehmen gibt es eine ebensolche Erfolgsplanung, der dann die realen Erfolge gegenübergestellt werden. Die Abweichungsanalyse zeigt die Situation auf.

Ergebnis

Nachfolgend ist ein übliches Schema der Erfolgsrechnung zu sehen. Weitere Details finden sich in Büchern zum Finanz- und Rechnungswesen.

Erfolgsrechnung	**Planung Jahr**	**Ist 03**	**Ist 06**	**Ist 09**	**Ist 12**	**Hinweise zu Abweichungen**
Umsatzerlöse						
Bestandsveränderungen						
Gesamtleistung						
Materialaufwand						
Betrieblicher Rohertrag						
Sonstige betr. Erlöse						
Betrieblicher Rohertrag						
Personalaufwand - Festangestellte - Aushilfen						
Raumkosten						
Betriebliche Steuern						
Versicherung / Beiträge						
Besondere Kosten						
Kfz-Kosten						
Werbe-/Reisekosten						
Kosten Warenabgabe						
Abschreibungen - Gebäude - Fertigungsanlagen - Sonstiges						
Reparatur / Instandhaltung						
Sonstige Kosten						
Gesamtkosten						
Betriebsergebnis						
Zinsaufwand						
Übrige Steuern						
Sonst. neutr. Aufwand						
Zinserträge						
Sonstige neutr. Erträge						
Verrechn. kalk. Kosten						
Ergebnis der Geschäftstätigkeit						

Bild 131: Erfolgsrechnung für Kleinunternehmen

5.3.2 Kostenträgerrechnung

Grundzüge

Die Kostenträgerrechnung ermittelt den wirtschaftlichen Erfolg für einen Kostenträger, ein Produkt.

Hier ergeben sich zwei wesentliche Möglichkeiten:

1. **Die Deckungsbeitragsrechnung ermittelt für die einzelnen Kostenträger die Summe der Erlöse minus der Summe der für diesen Kostenträger angefallenen variablen Kosten.**

Der Deckungsbeitrag ist diejenige Summe, die zur Deckung der fixen, also konstant anfallenden, grundlegenden Kosten des Unternehmens zur Verfügung steht. Der nach der Fixkostendeckung verbleibende Betrag ist der Gewinn. Meist werden für die einzelnen Produktbereiche zu erreichende Deckungsbeiträge im Plan vorgegeben. Die Bereichsverantwortlichen werden häufig an der Erfüllung dieser Planzahlen gemessen.

Produktkalkulation (Deckungsbeitrag)				
Stückzahl	200			
	Produkt A	Produkt B	Summe Produkt A	Summe Produkt B
Verkaufspreis/Verkaufserlös	400	350	80 000	70 000
Minus Materialeinzelkosten	100	50	20 000	10 000
Minus Fertigungseinzelkosten	75	80	15 000	16 000
Minus SEK der Fertigung	10	10	2 000	2 000
Minus SEK des Vertriebs	10	12	2 000	2 400
Deckungsbeitrag	205	198	41 000	39 600
Produkt A erzielt einen höheren Beitrag zur Deckung der Fixkosten				
Produkt A erscheint damit etwas interessanter				

Bild 132: Beispiel einer einstufigen Deckungsbeitragsrechnung (SEK = Selbstkosten)

2. Die Vollkostenrechnung ermittelt das Ergebnis eines Kostenträgers (Produkts) über die Differenz von Erlösen minus den variablen Kosten minus den fixen Kosten, die sich über Zuschlagssätze oder im Umlageverfahren ergeben.

Das Resultat ist ein Gewinn oder Verlust je Kostenträger.

Die Herstellkosten (HK) wie die Produktkosten werden häufig auf Basis der **Vollkostenrechnung** berechnet. Hierzu werden die fixen Kosten in den jeweiligen Bereichen (Materialgemeinkosten auf Materialeinzelkosten (MEK), Fertigungsgemeinkosten auf Fertigungslohnkosten (FLK), Verwaltungsgemeinkosten, Vertriebsgemeinkosten) über Zuschlagssätze berücksichtigt.

Am Beispiel des Bildes 133 erkennt man, dass Deckungsbeitragsrechnung und Vollkostenrechnung zu zwei unterschiedlichen Ergebnissen kommen. Dies liegt daran, dass Produkt A bei der Vollkostenkalkulation wegen seiner höheren Kosten viel mehr Zuschläge erhält als Produkt B. Die reine Ausrichtung auf die Vollkostenkalkulation kann daher in der Praxis zu folgenreichen Fehlentscheidungen führen, insbesondere, wenn teure Produkte in der Praxis kaum mehr Gemeinkosten generieren.

Produktkalkulation (Vollkosten)					
Stückzahl		200			
			Zuschlags-satz	Produkt A	Produkt B
Materialeinzelkosten	Ermittlung direkt Zu-			100	50
Materialgemeinkosten	schlag auf MEK		50%	50	25
Materialkosten				**150**	**75**
Fertigungslohnkosten	direkt über Arbeitsplan			75	80
Fertigungsgemeinkosten	Zuschlag auf FLK		50%	38	40
Sondereinzelkosten der Fertigung		2000		10	10
Fertigungskosten				123	130
Herstellkosten				**273**	**205**
Verwaltungsgemeinkosten	**Zuschlag auf HK**		**15%**	**41**	**31**
Vertriebsgemeinkosten	**Zuschlag auf HK**		**25%**	**68**	**51**
Sondereinzelkosten Vertrieb pro Stück				**10**	**12**
Selbstkosten				**392**	**299**
		Summe A	Summe B	je Stück A	je Stück B
Verkaufspreis/Verkaufserlös		80 000	70 000	400	350
minus Selbstkosten		78 300	59 800	392	299
= Gewinn		**1 700**	**10 200**	**9**	**51**
Es scheint so, als wäre das Produkt B sehr viel interessanter					

Bild 133: Beispiel einer Produktkalkulation mit Zuschlagssätzen, anschließend erweitert zur Kostenträgervollkostenrechnung.

Anwendungsbereich

Die Kostenträgerrechnung ist das Informationsmedium für die Produktverantwortlichen und damit

- die Basis für die Angebotserstellung,
- die Basis für eine fundierte betriebliche Erfolgsplanung,
- die Basis für die Bewertung in einer produktorientierten Unternehmensorganisation (Welches Produktsegment liefert welchen Deckungsbeitrag oder welches Betriebsergebnis?),
- die Planung von Unternehmens- und Produktstrategien,
- die Bewertung des Erfolgs von Projekten, Produkten oder Produktbereichen.

Vorgehen

1) Festlegung der einzelnen Kostenträger (Produktgruppe, Einzelprojekt, usw.)
2) Budgetierung, Planung der Kosten für den Kostenträger für einen Auftrag / ein Stück bzw. das gesamte Produktions- / Absatzvolumen (variable Kosten, nötige Deckungsbeiträge, fixe Kosten über Zuschläge). Die Planung zeigt die zu erwartenden Gewinne / Verluste und dient der vorausschauenden Erfolgs- und Kostengestaltung sowie deren Optimierung.
3) Ermittlung der für den Kostenträger angefallenen variablen Kosten
4) Berechnung des Ergebnisses des Kostenträgers nach dem Deckungsbeitragsverfahren oder der Vollkostenkalkulation.
5) Analyse des Ergebnisses zur Optimierung in der Folgeperiode.

Ergebnis

Die Kostenträgerrechnung zeigt den produktbezogenen Erfolg auf und ist die Basis für die Produktentwicklung, die Produktion und auch das produktbezogene Marketing. Der Erfolg je Projekt oder Produktgruppe ist eine wesentliche Kenngröße zur Entwicklung von Unternehmensstrategien und zur Unternehmensplanung sowie des Controllings.

5.3.3 Kostenstellenrechnung

Grundzüge

Die Kostenstellenrechnung ermittelt den Erfolg für einen betrieblichen Teilbereich.

Die Kostenstellenrechnung läuft analog der Kostenträgerrechnung, wenn je Betriebsbereich jeweils ein Kostenträger vorhanden ist. Dies ist aber nur selten durchgängig der Fall. In größeren Organisationen werden deswegen für die einzelnen Verantwortungsbereiche (Kostenstellen) separate Planungen und darauf aufbauende Analysen durchgeführt. Die Kostenstellenrechnung zeigt die Kosten und die Erlöse bzw. Kostenentlastung durch innerbetriebliche Verrechnung für die jeweilige Kostenstelle (Organisationsteileinheit) an. Auch hierfür gibt es meist eine Planung, die mit den späteren Ist-Ergebnissen verglichen wird (vgl. Bild 134).

Anwendungsbereich

Die Kostenstellenrechnung ist das Informationsmedium für den Kostenstellenverantwortlichen und damit die Basis für

- seine Investitionsplanung und seine operativen Entscheidungen,
- eine frühzeitige Ermittlung von Problemen (durch Erkennen von Kostenabweichungen vom Plan),
- die Optimierung des eigenen betrieblichen Bereiches, der Kostenstelle,
- die Bewertung des Erfolgs der Kostenstelle im betrieblichen Vergleich.

Vorgehen

1) Festlegung der einzelnen Kostenstellen im Unternehmen (Kostenstellenplan).
2) Budgetierung, Planung der Kosten und Verrechnungen bzw. Erlöse der Kostenstelle für die nächste Periode. Die Planung ist gekoppelt mit den Projekten zur betrieblichen Veränderung und den funktionsorientierten Planungen, die hier auswirken. Die Planung zeigt das zu erwartende Ergebnis der Kostenstelle und dient der vorausschauenden Erfolgs- und Kostengestaltung sowie deren Optimierung.
3) Ermittlung der für die Kostenstelle anfallenden Kosten und Erlöse.
4) Berechnung des Ergebnisses der Kostenstelle.
5) Analyse des Ergebnisses zur Optimierung in der Folgeperiode.

Kostenstelle AB Monat März						
	Kosten	Umlage-schlüssel	Umlage-anteil	Soll	Ist	Diffe-renz
Abschreibung Ausstattung				5 000	5 000	0
Lohnkosten		direkt		50 000	45 000	-5 000
Sozialkosten	50%	Zuschlag auf Lohnkosten		25 000	22 500	-2 500
Energiekosten		Verbrauch		3 000	2 800	-200
Raumkosten		qm Fläche		6 000	6 000	0
Wasserkosten		Verbrauch		1 000	1 200	200
Kosten Beschaffung		direkt		20 000	22 000	20 00
Umlage Einkauf	10%	Zuschlag auf Beschaffung		2 000	2 200	200
Umlage DV-Kosten	100 000	Zahl Rechner	5%	5 000	5 000	0
Umlage Verwaltungskosten	200 000	MA-Zahl	5%	10 000	10 000	0
Summe Kosten				**127 000**	**121 700**	**-5 300**
	Erlös je h	Anzahl h Soll	Anzahl h Ist	Soll	Ist	Diffe-renz
Gutschrift für Produkte/Leistungen	60	2 300	2 100	138 000	126 000	-12 000
Betriebsergebnis Kostenstelle				11 000	4 300	-6 700
Kalkulatorische Zinskosten				5 000	5 000	0
Ergebnis der Geschäftstätigkeit				6 000	-700	-6 700

Analyse:
Die zurückgehende interne Nachfrage wurde teilweise kompensiert durch Versetzung eines Mitarbeiters und damit geringeren Lohnkosten. Allerdings wurde zuviel beschafft, und auch die anderen Kosten gingen nicht in gleichem Maße zurück.
Daraus ergibt sich letztendlich ein Verlust auf der betrachteten Kostenstelle.

Bild 134: Beispiel für Kostenstellenrechnung (inkl. Budgetierung / Soll-Ist-Vergleich).

Ergebnis

Die Kostenstellenrechnung ist das betriebswirtschaftliche Führungsinstrument für den Kostenstellenverantwortlichen und die Unternehmensführung. Sie zeigt den Erfolg der Kostenstelle.

5.3.4 Kennzahlensysteme

Grundzüge

Neben der Planung quantitativer Kosten- und Erlösvorgaben erfolgt häufig auch eine detaillierte **Planung weiterer betrieblicher Kennzahlen**, z.B. der Ausschussquote, die Vorgaben für die operativen Bereiche in den verschiedenen Prozessen darstellen. Die betrieblichen Kennzahlen und die Budgetierung stehen in einem direkten Zusammenhang und müssen stimmig sein. Es entsteht ein technisches und betriebswirtschaftliches Kennzahlensystem, wie in Bild 135 dargestellt.

Betriebliches Kennzahlensystem								
Kenn-zahl	Bereich / Prozess	Grund / Ziel	Ver-antwort-licher	Daten-ermitt-lung	Daten-speiche-rung	Ermitt-lungs-/ Auswerte-frequenz	Durch-führung durch	Bericht / Verteiler
Was?	Wo? Welcher?	Wofür? Warum?	Wer?	Wie?	Wie und wo?	Wann? Wie oft?	Wer?	An wen?

Bild 135: Dokumentation Kennzahlensystem

Wichtig ist die Konstanz bei der Datenermittlung und beim Kennzahlensystem, da sich die meisten Aussagen aus der zeitlichen Entwicklung der Kennzahlen ergeben. Im Rahmen von Six Sigma (siehe Abschnitt 5.4.11) werden die Prozesse über ihre Kennzahlen systematisch auf ihre Zuverlässigkeit und Güte bewertet. Dies ist die Basis für einen kontinuierlichen Verbesserungsprozess. Weitere Aussagen ergeben sich aus Kennzahlenvergleichen, dem sogenannten Benchmarking (siehe folgender Abschnitt).

Anwendungsbereich

Kennzahlensysteme werden in fast allen Unternehmen und Bereichen angewandt und dienen als Information den Führungskräften zur Vorbereitung ihrer Entscheidungen und damit zur Steuerung des Unternehmens.

Vorgehen

1) **Aufbau des Kennzahlensystems**: Ziel sollte es sein, die wesentlichen, von den Führungskräften benötigten Unternehmensinformationen in diesem System abzubilden. Dabei ist jeweils auf eine einfache Ermittelbarkeit der Daten und Kennzahlen zu achten.
2) **Ermittlung der Kennzahlen und Arbeiten mit ihnen**: Hierbei ist die Kontinuität des Kennzahlensystems wichtig, damit man im Laufe der Zeit eine Entwicklung erkennen kann.

Ergebnis

Kennzahlensysteme ermöglichen sehr leicht eine Definition von Zielen über die Planung der gewünschten Kennzahlengrößen in der nächsten Periode. Plankennzahlen sind die geforderten messbaren Zielgrößen. Kennzahlen stellen die Entwicklung und die Situation dar und sind auch Basis für Vergleiche mit anderen Organisationen, dem Benchmarking.

5.3.5 Benchmarking

Grundzüge

Ein Benchmark ist ein Messpunkt, mit dessen Hilfe eine Vergleichsmessung möglich wird (aus der Vermessungstechnik).

Benchmarking ist damit der Vergleich von Leistungsdaten mit internen und externen Wettbewerbern, möglichst den stärksten Mitbewerbern oder Firmen, die als Industrieführer angesehen werden (Best Practice).

Die Vergleiche mit internen und externen Wettbewerbern führen zu einer Einordnung der eigenen Leistung. Erst diese zeigt die Güte der Prozesse, der Produkte und damit den wirklichen Erfolg. Benchmarking ist ein wesentliches Instrument des Verbesserungsmanagements, da es eigene Schwachstellen im Vergleich zu anderen offensichtlich werden lässt.

Anwendungsbereiche

- **Generisches Benchmarking** = Vergleich mit Unternehmen außerhalb der angestammten Branche, um optimale Erfolge anderer auf die Belange des eigenen Unternehmens zu übertragen. Ein Beispiel wäre der Vergleich der Kosten für die Personalbetreuung je Mitarbeiter zwischen Unternehmen verschiedener Branchen. Best-Practice-Beispiele dieses Bereiches lassen sich meist problemlos übertragen.
- **Wettbewerbsorientiertes Benchmarking** = Vergleich mit direkten Wettbewerbern. Diese Form des Benchmarking wird meist durch Dritte (Beratungsunternehmen, Verbände, usw.) durchgeführt. Die teilnehmenden Unternehmen erhalten ihre eigene Position im Wettbewerb dargestellt, allerdings ohne Nennung der Positionen anderer beteiligter Unternehmen.
- **Internes Benchmarking** = Vergleich zwischen Tochterfirmen oder Divisionen eines Unternehmens. Dies ist in Konzernen und großen Unternehmensstrukturen sehr gut möglich und wird meist intensiv angewandt, da in der Regel ein einheitliches Controlling-System vorliegt und damit auch vergleichbare Daten vorliegen und zwar bezogen auf:
  - **Produkte**, z.B. durchgeführt durch die Stiftung Warentest
  - **Prozesse**, z.B. Prozesskosten für die Beschaffung oder spezifische Logistikprozesse, Durchlaufzeiten der Aufträge, usw.
  - **Organisationsstrukturen** und deren Erfolg, z.B. Vergleich des Unternehmensaufbaus, der Zufriedenheit der Mitarbeiter in verschiedenen Organisationen
  - **Strategien**, z.B. Vergleich der Einkaufsstrategien im Verhältnis zu Einkaufskosten und -qualität.

Vorgehen

1) **Planung des Benchmarkings.** Festlegung des Zieles und Bestimmung des Benchmarking-Objektes. Bestimmung der Verantwortlichen für die Durchführung.
2) **Datensammlung**
   - **Interne Analyse.** Die vorhandenen eigenen Daten und Kennzahlen sind zu ermitteln. Die Herleitung und Ableitung der Daten ist eine wichtige Basis für einen angemessenen Vergleich. Äpfel vergleicht man ja auch nicht mit Birnen (umgangssprachlich).
   - **Auswahl des Benchmarking-Partners.** In der Regel sollte man versuchen, Vergleiche mit hervorragenden Unternehmen vorzunehmen, um daraus lernen zu können, was häufig schwierig ist. Gerade für externe Benchmarks ist es nicht einfach, Partner zu finden.
   - **Planung der Benchmarking-Daten**
   - **Datensammlung** beim Benchmarking-Partner und ggf. zusätzliche Datenermittlung im eigenen Unternehmen.
3) **Analyse der Daten**
   - **Analyse der Daten, insbesondere des Benchmarking-Partners.** Die Kennzahlen des Partners sind zu verstehen und in Bezug auf Gleichheit mit den eigenen Strukturen zu analysieren.
   - **Ergebnisse der Benchmarking-Studie und deren Bewertung**. Nunmehr ist eine Gegenüberstellung der Daten und eine Bewertung bezüglich der Abweichungsursachen vorzunehmen.
4) **Anpassung und Verbesserungsanstrengungen**, abgeleitet aus Benchmarking-Ergebnissen. Die erkannten Potenziale aus dem Benchmarking sind zu nutzen, um sich zu verbessern. Idealerweise erhalten alle Benchmarking-Partner Anregungen aus dem Vergleich. Die Umsetzung der Maßnahmen zum Nutzen der Potenziale sind zu überwachen und zu verfolgen. Weitere Benchmarks können zeigen, inwieweit man Erfolge verzeichnet.

Ergebnis

Benchmarking ermöglicht die Einschätzung der eigenen Situation im Wettbewerb. Es muss vermieden werden, lange Zeit „nur im eigenen Saft zu schmoren“, d.h. es müssen neue Ideen über Benchmarking integriert werden. Der Transfer von Ideen wird durch Benchmarking systematisiert.

Bild 136 zeigt, dass Anbieter A wohl Know-how-, Qualitäts- und Marktführer ist, während Unternehmen B wohl als lokaler Anbieter mit einem gutem Preis-Leistungs-Verhältnis sehr positiv eingeschätzt wird. Das Unternehmen A hat noch seine Schwächen im Bereich Schnelligkeit, Flexibilität und beim Preis. Hieran kann man arbeiten, insbesondere an Schnelligkeit und Flexibilität.

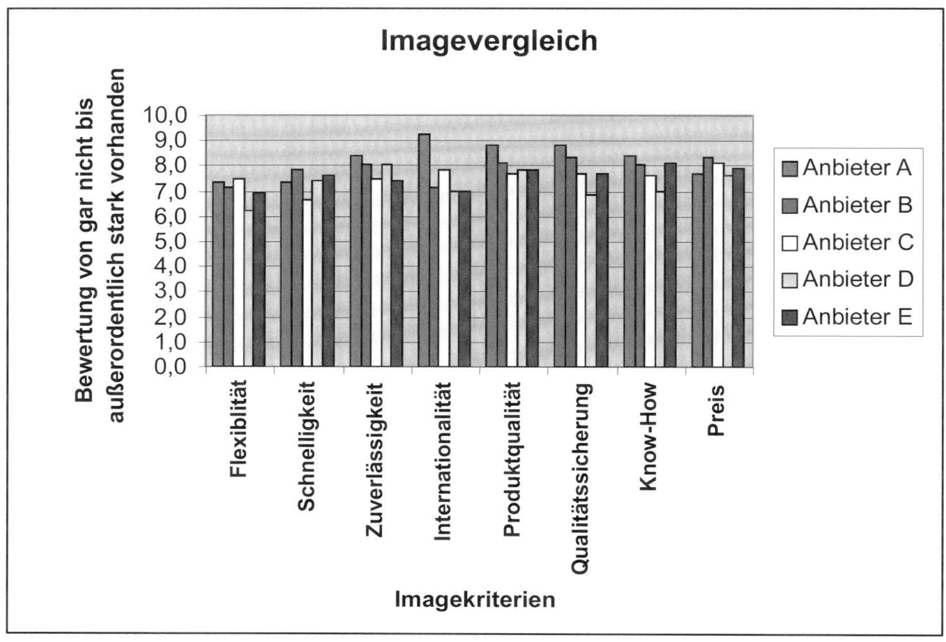

Bild 136: Beispiel für Benchmarking-Ergebnisse

5.3.6 Balanced Scorecard

Grundzüge

Die Balanced Scorecard stellt die bekannten bzw. vermuteten Beziehungen zwischen einzelnen Stellgrößen und Ergebnissen einer Organisation dar.

Die Balanced Scorecard [Kap] ist eine sehr wirkungsvolle Basis zur Erfassung und Analyse der Wechselwirkungen zwischen den verschiedenen betrieblichen Maßnahmen, Stellhebeln der Führung und den daraus resultierenden Veränderungen der Ergebnisse (vgl. Bild 137). Als solche dient sie auch dem Aufzeigen der Wechselwirkungen und der Integration der Kriterien im Rahmen des EFQM-Modells.

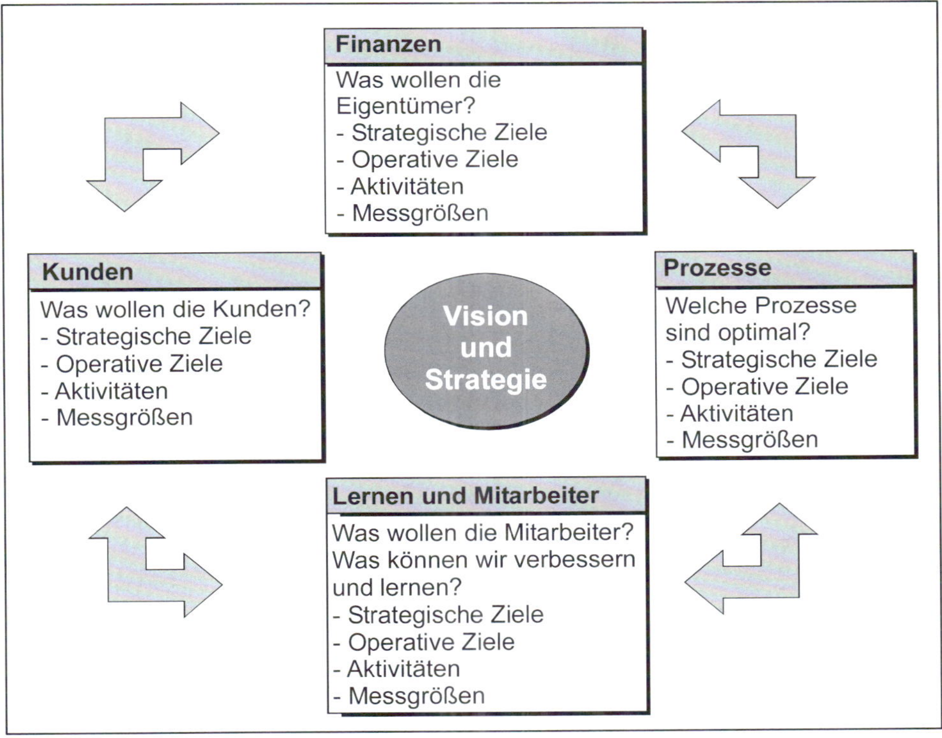

Bild 137: Vier Perspektiven der Balanced Scorecard (nach [Kap])

Bei Vorliegen der verschiedenen Kennzahlen kann man deren Veränderung aufgrund von Projekten und einzelnen Maßnahmen sehr schön beobachten, analysieren und zur Effizienzsteigerung verwenden. Weiterhin lassen sich mit Hilfe der Statistik die Beziehungen über die Korrelationsanalysen auch quantitativ verifizieren oder falsifizieren. Daraus resultiert das entsprechende Relationendiagramm, was die Balanced Scorecard im eigentlichen Sinne darstellt (siehe Bild 138).

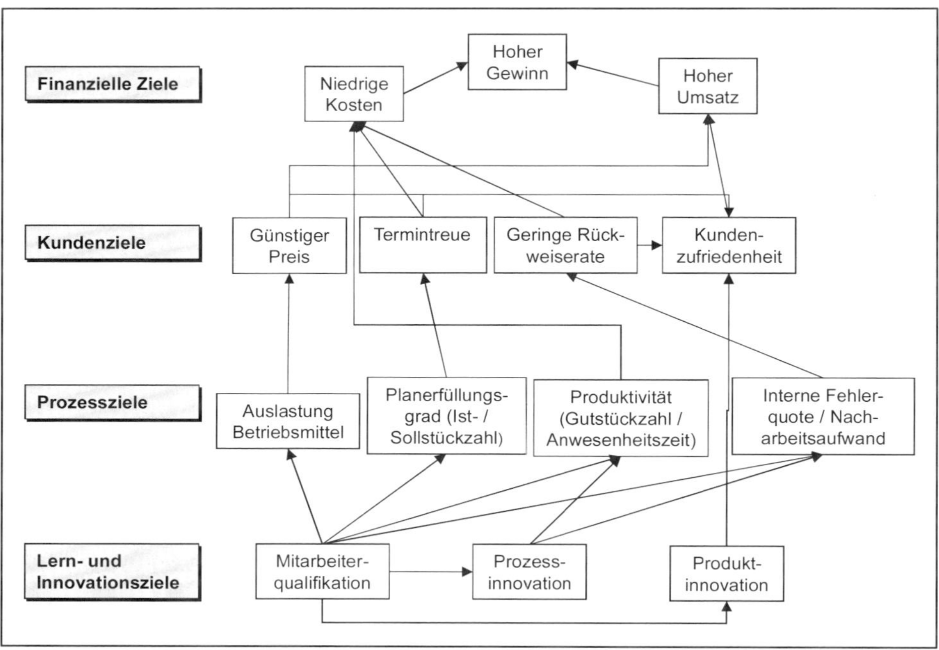

Bild 138: Balanced Scorecard mit den vier Stufen zur Erreichung des wirtschaftlichen Erfolgs

Anwendungsbereich

Die Balanced Scorecard findet heute breite Anwendung im Rahmen der Unternehmensführung zur Umsetzung und Untersetzung einer Strategie durch zielführende Aktivitäten und Handlungsbereiche, also im planenden Bereich. Sie zwingt zum Nachdenken über die Folgen von Handlungen, die erwünschten und die unerwünschten und bietet damit rückblickend die Möglichkeit der Analyse der real aufgetretenen Auswirkungen von Einflüssen, Handlungen oder Ereignissen.

Vorgehen

1) Definition der einzelnen Parameter und Zielgrößen.
2) Aufstellung von möglichen Zusammenhängen zwischen den Parametern und Zielgrößen (Erstmaliger Aufbau der Balanced Scorecard).
3) Bewertung des Zusammenhangs auf seine Bedeutung hin, sehr klarer und eindeutiger, entscheidender Zusammenhang versus geringer Einfluss.
4) ggf. Nachweis der Zusammenhänge mit Hilfe der Vergangenheitsdaten (Vereinbarte Balanced Scorecard)
5) Durchführung strategischer Planungen für die Zukunft auf Basis der ermittelten Zusammenhänge.
6) Umsetzung der strategischen Planungen und Beobachtung der Ergebnisse; Nachweis der realisierten Entwicklungen und Zusammenhänge.
7) ggf. Verbesserung der Balanced Scorecard aufgrund der real aufgetretenen Entwicklungen (überarbeitete, verifizierte Balanced Scorecard).

Ergebnis

Die Balanced Scorecard führt zu einer Durchdringung der Wirkmechanismen im Unternehmen und damit zu einem besseren Systemverständnis. Dies wiederum ist die Basis für optimale Entscheidungen im Rahmen der komplexen Unternehmensführung. Die Aufstellung und Analyse einer Balanced Scorecard bietet eine Chance zum Lernen und zur Verbesserung.

5.3.7 Qualitätscontrolling

Grundzüge

Das Qualitätscontrolling ist die betriebswirtschaftliche Analyse des Qualitätsmanagements und der Qualitätssicherung im Unternehmen.

In diesen Bereich fließen alle bisherigen betriebswirtschaftlichen Betrachtungen ein, denn sie können auch dem Qualitätsmanager helfen, seine Tätigkeit betriebswirtschaftlich zu optimieren. Dafür ist die Betrachtung der Qualitätskosten von zentraler Bedeutung. Eine Qualitätskosten-Betrachtung ist inzwischen für die Automobilindustrie in deren QM-Normen festgeschrieben. Sinnvoll ist das Qualitätscontrolling allerdings auch für andere mittelständische und größere Unternehmen. Die Grundstrukturen sind im Bild 139 aufgezeigt.

Die Qualitätskostenrechnung ist eine klassische Kostenartenrechnung (d.h. eine Darstellung gewisser unterschiedlicher Kostentypen). Man kann natürlich diese Kostenartenrechnung als Gesamtrechnung eingrenzen auf einzelne Kostenstellen und Kostenträger. Aus den Qualitätskosten und der Qualität können dann betriebswirtschaftlich die derzeitigen Schwachstellen und die zukünftigen Handlungsbereiche abgeleitet werden.

Anwendungsbereich

Jedes Unternehmen sollte eine angemessene Qualitätskostenrechnung und ein darauf aufbauendes Qualitätscontrolling besitzen, damit die Aktivitäten des Qualitätsmanagements betriebswirtschaftlich erfolgreich ausgerichtet werden können. Die Bedeutung der Qualitätskostenrechnung haben leider noch nicht alle Unternehmen erkannt. Dabei bietet das Qualitätsmanagement ein enormes Potential zur Verbesserung der Wirtschaftlichkeit.

Qualitätscontrolling Jahr:						
Kostenart	**Planung**	**Ist 03**	**Ist 06**	**Ist 09**	**Ist 12**	**Bemerkungen**
Fehlerverhütung Audit-Kosten						
Fehlerverhütung KVP-Kosten						
Fehlerverhütung FMEA-Kosten						
Fehlerverhütung Sonstige Kosten						
Summe Fehlerverhütung						
Prüfkosten WE-Prüfung						
Prüfkosten SPC-Prüfungen						
Prüfkosten Sortierprüfungen						
Prüfkosten Prüfmittelkosten						
Summe Prüfkosten						
Fehlerkosten Ausschusskosten						
Fehlerkosten Reklamationen						
Fehlerkosten Sonstige Kosten						
Fehlerkosten Korrekturen						
Summe Fehlerkosten						
Darlegungskosten						
Gesamtsumme Qualitätskosten						

Bild 139: Qualitätskosten

Vorgehen

1) Festlegung der Qualitätskostenarten und deren Erfassungsmethoden
2) Ermittlung der Qualitätskosten, bezogen auf die verschiedenen Kostenstellen und -träger
3) Analyse der Qualitätskosten zur Steuerung des Qualitätsmanagements.

Wichtig für die Steuerung des Qualitätsmanagements sind die folgenden Betrachtungen:

- **Anteile der verschiedenen Kostenarten von Qualitätskosten je Kostenträger bzw. beim Gesamtunternehmen.**

Ein Beispiel gibt Bild 140. Es zeigt auf, inwieweit ausreichend Fehlerverhütung betrieben wird. Überwiegen die Fehlerkosten anteilig, ergibt sich ein dringender Handlungsbedarf. Während bei Produkt A die meisten Fehler bereits intern entdeckt werden und damit die internen Fehlerkosten den größten Anteil darstellen, ist es bei Produkt C noch schlimmer. Hier beschweren sich die Kunden, und es kommt zu erheblichen externen Verlusten. Bei A und C war die vorbeugende Fehlerverhütung mangelhaft. Beim Produkt B hingegen wurde entsprechender Aufwand getrieben, der zu einem sinnvollen Prüfumfang führte und so die wenigen verbleibenden Fehler erkennt und damit auch insgesamt zu den geringsten Kosten führt.

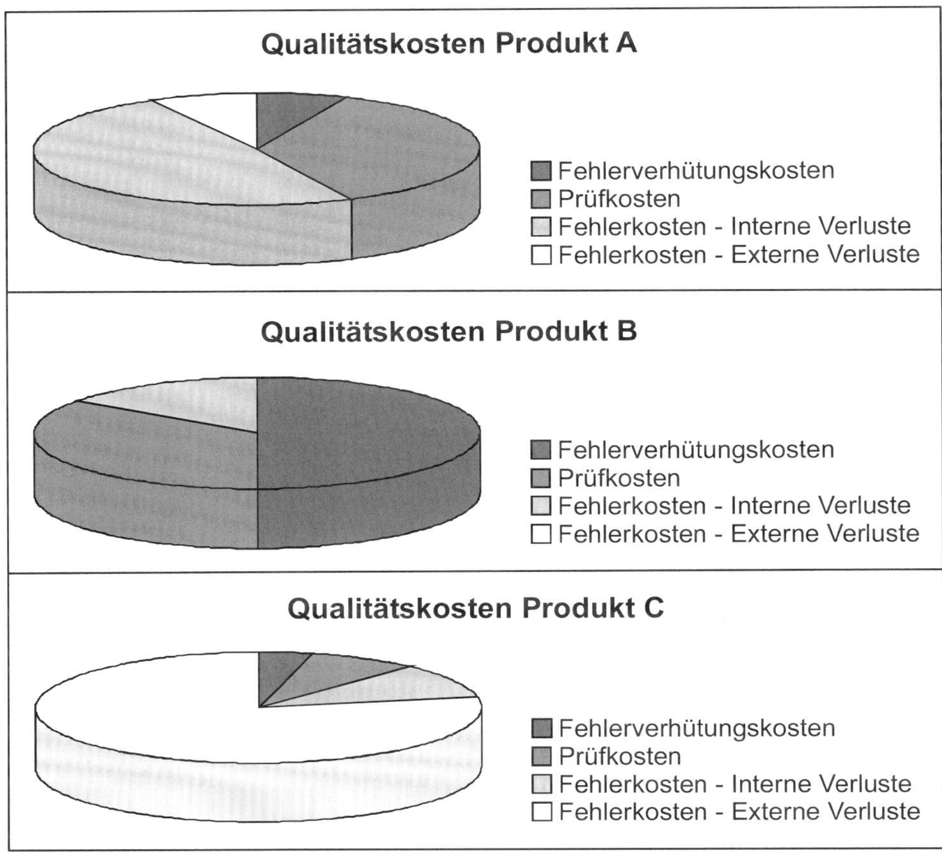

Bild 140: Beispiele für Verteilung der Qualitätskosten

Insbesondere im Bereich der Serienfertigung oder bei immer wieder identischem Auftreten von Arbeitsgängen oder Situationen kann man sehr schön auch die möglichen fehlervorbeugenden Investitionsvolumina errechnen. Dies zeigt Bild 141.

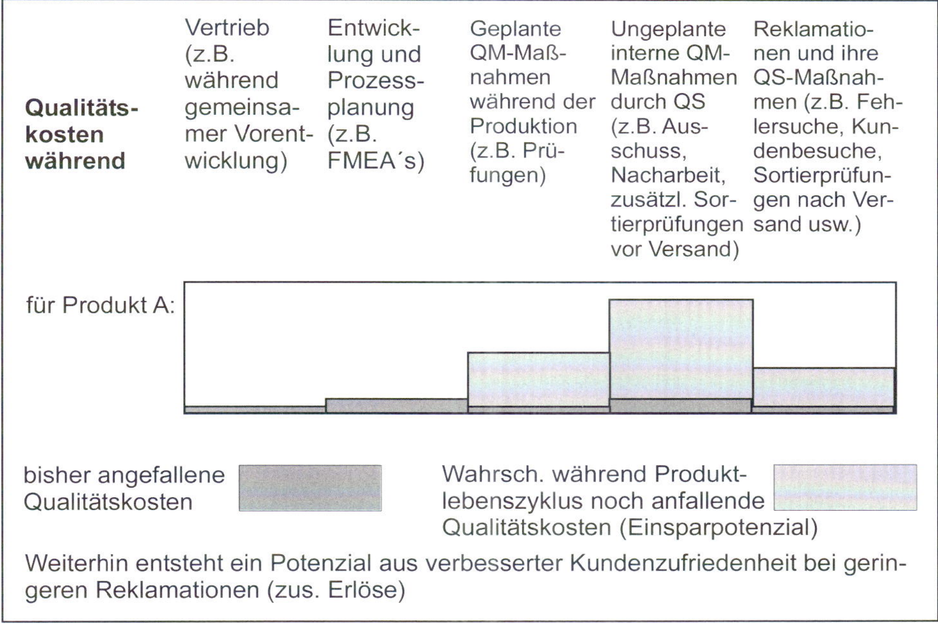

Bild 141: Beispiel für Potenzialanalyse präventiver QM-Maßnahmen während der Serienproduktion

- **Absolute Qualitätskosten bzw. Verschwendungskosten je Kostenstelle und Kostenträger.** Diese Analyse zeigt hier die absoluten Handlungsschwerpunkte für das Qualitätsmanagement.
- **Qualitätskosten bzw. Verschwendungskosten / Umsatz je Kostenträger und das gesamte Unternehmen** (relative Handlungsschwerpunkte).
- **Prozessbezogene Analyse der Verschwendungskosten je Kostenträger**. Manchmal zeigt sich ein einzelner Prozess für den Kostenträger als alleiniger Handlungsschwerpunkt auf. Dort sollte eine technische Analyse mit dem später aufgezeigten Methodenspektrum folgen.

Ergebnis

Das Qualitätscontrolling führt zu einer optimalen Steuerung der Aktivitäten des Qualitätsmanagements durch eine technische und betriebswirtschaftliche Analyse. Diese verdeutlicht nochmals Bild 142.

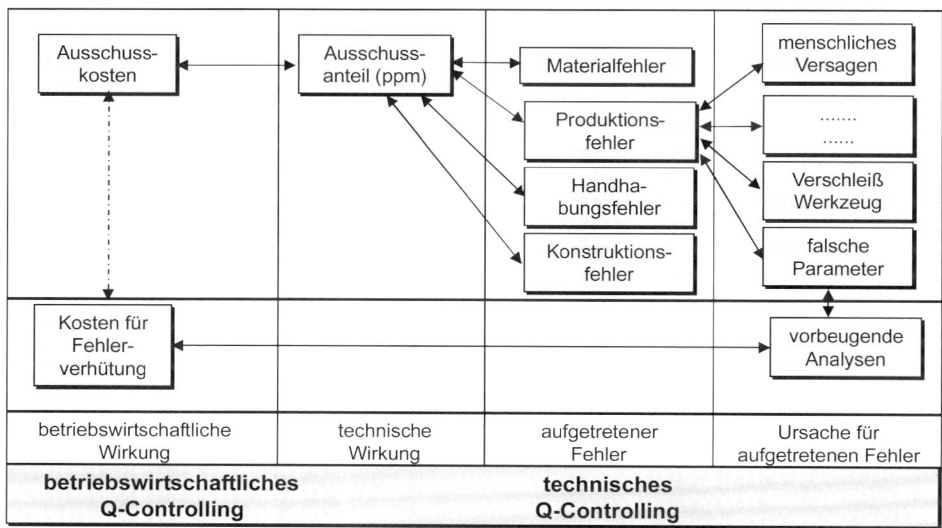

Bild 142: Zusammenhänge zwischen betriebswirtschaftlichem und technischem Qualitätscontrolling

Aus der Kostenanalyse kann man ökonomisch wichtige Handlungsbereiche ermitteln und – von dort aus kommend – in das technische Qualitätscontrolling einsteigen, um mit minimalem Aufwand zu maximalen Erfolgen zu gelangen.

Übrigens ist in analoger Weise auch ein Umweltcontrolling aufbaubar, welches das Umweltmanagement steuert.

5.4 Methoden zur Produkt-, Prozess- und Arbeitsgestaltung

Die klassischen REFA-Methoden betreffen den Bereich der Produkt- und besonders den der Prozess- und Arbeitsgestaltung [REFA1, REFA3, REFA4, REFA5]. Sie nehmen im heutigen Qualitätsmanagement einen sehr großen Raum ein. Aus diesem Spektrum werden diejenigen, mit den sieben (neuen) QM-Werkzeugen und den sieben (klassischen) QS-Werkzeugen gut harmonierenden, Methoden im Folgenden näher dargestellt.

5.4.1 Methoden zur Datenbestimmung und -ermittlung (Qualitäts-, Zeit- und Kostendaten)

Grundzüge
Bei bzw. spätestens nach der (kreativen) Erarbeitung eines Handlungsfeldes mit Hilfe der sieben (neuen) QM-Werkzeuge benötigt man konkrete Informationen, also Daten, zur endgültigen Entscheidung.

Daten sind nach REFA Ziffern, Buchstaben und Sonderzeichen oder daraus zusammengestellte Kombinationen, die einen bestimmten Sachverhalt beschreiben. [REFA4]

Daten stehen im Rahmen solcher Überlegungen meist nicht direkt in der geeigneten Form zur Verfügung, sondern müssen ermittelt werden. Hierfür bietet sich ein breites Methodenspektrum an:

Methoden der Ablaufermittlung und Ist-Daten-/Ist-Zeitbestimmung (Check)
1) Auswertung von vorhandenen Unterlagen, insbesondere Aufschreibungen, aus denen die Tätigkeiten, ihre Charakteristika und Zeiten ableitbar sind (siehe [REFA4]).
2) Ermittlung durch Fragebogen (schriftliche Interviews) (siehe [REFA4]).
3) Durchführung von mündlichen Interviews zur Erhebung der nötigen Daten bei den Mitarbeitern und ggf. auch Kunden und Lieferanten, u.a. Audits (siehe Abschnitt 2.2.1).
4) Durchführung von Team-Evaluierungen, z.B. EFQM-Selbstbewertung (siehe (Abschnitt 2.2.2), Reviews (siehe Abschnitt 2.2.5.2), in vielen Fällen auch bei der Management-Bewertung.
5) Beobachtung (siehe [REFA4])
   - Form der Multimomentaufnahme als Stichprobenverfahren,
   - Aufnahme der Zeiten als kontinuierliche Beobachtung der Abläufe,
   - REFA-Zeitaufnahme als spezifische kontinuierliche Beobachtung.
6) Selbstaufschreibung durch die Ausführenden (siehe [REFA4]).
7) Automatische, maschinelle Erfassung von Ist-Daten (z.B. Scanning von Daten, Zählung in automatisierten Prozessen, Maschinendatenerfassung).

Methoden der Soll-Datenbestimmung (Plan)

1) Vergleichen und Schätzen von Daten aus der eigenen Erfahrung heraus. Die Genauigkeit der Daten lässt sich hierbei durch ein methodisches Vorgehen (siehe [REFA4]) erheblich verbessern.
2) Soll-Daten systematisch ermitteln (siehe [REFA4])
   - Berechnung von Soll-Daten (siehe Abschnitte 2.5.2 –2.5.5)
   - Soll-Zeiten in Form der Systeme vorbestimmter Zeiten, bei denen Zeiten für die einzelnen Handgriffe bekannt sind. Aus diesen kann man dann neue Tätigkeiten zusammensetzen und deren Zeiten entsprechend ermitteln (siehe [REFA4]).
   - Planzeiten als Zeittabellen, abgeleitet aus bestimmten Ist-Zeiten, für bestimmte Tätigkeiten (siehe [REFA4]).
3) Simulation von Prozessen (technischen Prozessen, Abläufen) zur Berechnung von Soll-Daten (Zeiten, Qualität und Kosten) (siehe auch Abschnitte 2.5.3 - 2.5.6).
4) Risikoanalysen (siehe Abschnitt 2.2.6).

Anwendungsbereiche

Die Methoden werden bei jeder Datenermittlung angewandt. Die folgende Charakterisierung (Bild 143) soll die Methodenauswahl erleichtern.

Die Methodenauswahl ist stark abhängig vom Einsatzgebiet und den Randbedingungen, wie z.B. den Aufgabenbereichen (vgl. Bild 144).

	Charakteristikum / Methode	Personalaufwand	Maschineller Aufwand	Kosten	Datengenauigkeit (grob/exakt)	Belastbarkeit der Daten	Verfügbarkeit der Daten in Praxis
Ist-Datenermittlung	**Auswertung von existierenden Daten**	• - ••••	• - •••	meist ••	abhängig von Daten	abhängig von Daten	•••••
	Ermittlung durch Fragebogen	•••	••	••	abhängig von Fragen	abhängig von Fragen	•
	Interviews, Audits	•••••	•	••• - •••••	variabel, bis hoch	unter-schiedlich	•• - •••• (Termine)
	Team-Evaluierungen / Reviews	•••••	•	•••• - •••••	variabel, bis hoch	unter-schiedlich	••••
	Multimoment-aufnahmen	••• - ••••	•	•••	variabel, evtl. sehr hoch	abhängig von Stichprobe	•
	Kontinuierliche Beobachtung	•••••	•	•••••	bis sehr hoch	abhängig von Dauer	•••
	Selbstaufschreibung	•• - •••	•	••	variabel, bis hoch	höchst unter-schiedlich	•••
	Maschinelle Datener-fassung	•	••• - •••••	• - •••	variabel, evtl. sehr hoch	sehr hoch	•••
Soll-Datenermittlung	**Vergleichen und Schätzen**	••	•	••	gering	personen-abhängig	•••••
	Berechnung von Soll-Daten (einfache Methoden)	•••	•••	•••	mittel - hoch	mittel bis hoch	•••
	Soll-Zeiten zusammen-setzen	•••••	•• - •••	•••••	sehr hoch	sehr hoch	•
	Planzeit-Tabellen	••••	•• - •••	••• - ••••	mittel - hoch	mittel bis hoch	••• - ••••
	Simulation von Pro-zessen (einmalig)	••••	•••••	••• - •••••	mittel bis hoch	abhängig von Modell	•
	Simulation von Pro-zessen (im Betrieb)	••	•••••	•••	sehr hoch	hoch bis sehr hoch	•••••
	Risikoanalysen	••• - ••••	••	••• - •••••	abhängig	mittel bis sehr hoch	••
	Legende: • sehr gering, •• gering, ••• mittel, •••• hoch, ••••• sehr hoch						

Bild 143: Charakterisierung der Methoden zur Datenbestimmung und -ermittlung

Aufgabe / Methode	Erfassen von Forderungen	Erfassung und Planung von Strukturen	Planung Einzelproduktion	Datenplanung manuelle Massenproduktion	Datenplanung automat. Massenproduktion	Erfassung von Daten bei Einzelfertigung	Datenerfassung manuelle Massenproduktion	Datenerfassung automat. Massenproduktion	Bewertung von Strukturen (Lieferanten, Produkte, ..)	Erfassung Zufriedenheit (Kunde, Mitarbeiter, ...)
Auswertung von existierenden Daten	••	•••							•••	•••
Ermittlung durch Fragebogen	•••	••							•	•••
Interviews, Audits	•••	•••				•	•		•••	•••
Team-Evaluierungen / Reviews	••	•••				•	•		•••	
Multimomentaufnahmen	•	•		••		•	••			
Kontinuierliche Beobachtung	•	•		•••						
Selbstaufschreibung		•••		•		•••	•••			
Maschinelle Datenerfassung		•••				••• (BDE)	••• (BDE)	•••		
Vergleichen und Schätzen		••	•••							
Berechnung von Soll-Daten (einfache Methoden)		•••	•	•••	•••					
Soll-Zeiten zusammensetzen				•••						
Planzeit-Tabellen			••	•						
Simulation von Prozessen (einmalig)		••• (MF)			••• (TE)					
Simulation von Prozessen (im Betrieb)			••• (PPS)	•• (PPS)	••• (PPS)					
Risikoanalysen		••	•	•••	•••					

Legende: • einsetzbar, •• gut einsetzbar, ••• sehr gut einsetzbar
PPS = Simulationsmodul des Produktionsplanungs- und -steuerungssystems, TE = Technische Simulation, MF = Materialflusssimulation, BDE = Betriebsdatenerfassung

Bild 144: Charakterisierung der Methoden zur Datenbestimmung und -ermittlung

Vorgehen

1) **Festlegung der benötigten Daten.** Der Bedarf an Daten ist zu begründen.
2) **Ermittlung der Methode zur Gewinnung der Daten**. Die voranstehenden Tabellen bieten hier eine sehr gute Möglichkeit zur Methodenauswahl.
3) **Durchführung der Datenermittlung**. Hier wird auf die entsprechenden Beschreibungen der Methoden in der REFA-Methodenlehre Datenermittlung [REFA4] verwiesen.
4) **Nutzung der Daten und Bewertung von Aufwand und Nutzen der Datenermittlung.** Der Nutzen der ermittelten Daten muss den betriebenen Aufwand der Datenermittlung rechtfertigen. Die Begrenzung auf wenige, zentrale Daten ist sinnvoll. Der Umfang der Daten hängt sehr stark ab von der jeweiligen betrieblichen Situation.

Ergebnisse

Daten sind die Basis für rationale Entscheidungen im Rahmen der Unternehmensführung und des Qualitätsmanagements. Die Genauigkeit der Datenermittlung ist damit eine wesentliche Voraussetzung für Erfolg, da schlechte Daten unweigerlich zu Fehlentscheidungen führen. Die REFA-Methoden der Datenermittlung [REFA4] gewährleisten ein Höchstmaß an Effizienz und Qualität bei jeglicher Datenermittlung.

5.4.2 Statistische Versuchsplanung – Design of Experiments (DoE)

Grundzüge

Die statistische Versuchsplanung – Design of Experiments – ist die Planung und Auswertung von Versuchen nach statistischen Methoden. Ziel ist es, die gesuchten Informationen mit minimalem Versuchsaufwand zu ermitteln.

Der Mensch versucht häufig, sich durch Experimente Gewissheit zu verschaffen, den optimalen Punkt zu ermitteln und gleichzeitig Risiken zu vermeiden. Allerdings kosten Versuche Geld und benötigen Zeit. Von daher gilt es, ihre Zahl minimal zu halten.

Bei der statistischen Versuchsplanung werden – im Gegensatz zur Einfaktor-Methode, bei der man die Beziehung für jede Einflussgröße separat ermittelt – die Faktoren gleichzeitig verändert. Damit erhält man schneller die gewünschte Optimierung (vgl. Bild 145).

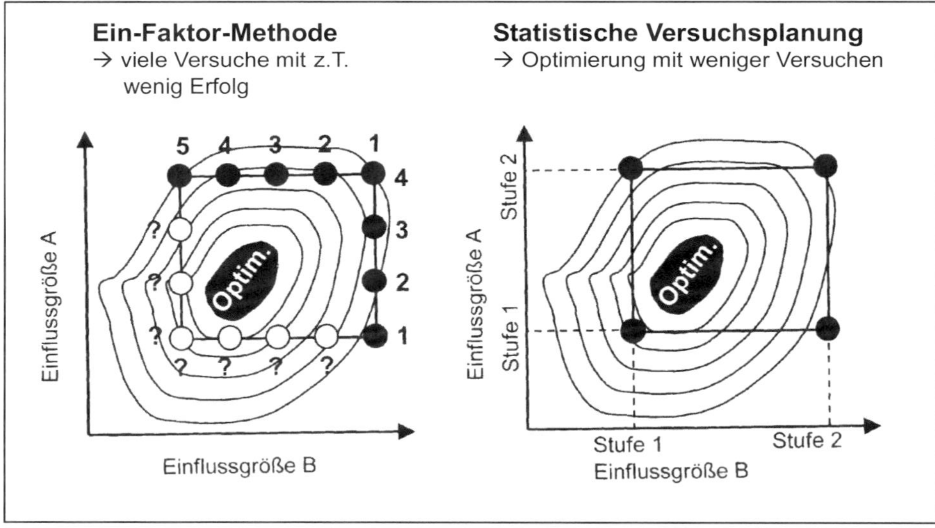

Bild 145: Ein-Faktor-Methode versus statistische Versuchsplanung

Anwendungsbereich

Zur schnellen und effizienten Bestimmung der Wirkzusammenhänge bei verschiedenen Einflussgrößen. Je größer die Anzahl der Einflussgrößen, umso schwieriger wird die Optimierung.

Vorgehen

1) **Systemanalyse** zur Ermittlung der verschiedenen Produkt-/Prozessmerkmale, der potenziellen Einfluss- und Störgrößen sowie deren wahrscheinliche und zu belegende Wechselwirkung.
2) **Versuchsstrategie festlegen.** Hier bieten sich häufig mehrstufige Analysestrategien an:
   - **Screening Experiments** zur Eingrenzung der signifikanten Faktoren aus den zahlreichen potenziellen Einflussfaktoren (z.B. über faktorielle Versuchspläne)
   - **Experimentelle Optimumsuche** für jede wesentliche Einflussgröße, z.B. mit der Einfaktormethode, um einen guten Ausgangspunkt für die folgende Untersuchung im Optimalgebiet zu erhalten
   - **Untersuchung im Optimalgebiet** mit vollfaktoriellen Versuchsplänen zur Beschreibung der Zielgröße über einen entsprechenden Regressionsansatz.
3) **Versuchsdurchführung** mit der Abarbeitung des Versuchsplanes, dem Erfassen der Versuchsergebnisse unter der Beobachtung der Randbedingungen und der Störgrößen.
4) **Versuchsauswertung** zur Ermittlung und Darstellung der statistischen Kenngrößen.

Ergebnis

Optimale Versuche führen zu besseren Ergebnissen.

5.4.3 Die Input-Output-Analyse

Grundzüge

Die Input-Output-Analyse, auch Öko-Bilanz genannt, stellt die Eingangsstoffe sowie die entstehenden Ausgangsstoffe dar.

Man unterscheidet die Input-Output-Analyse für die Produktion eines Produktes, für ein Unternehmen bzw. ein Werk sowie die Input-Output-Analyse über die Produktlebenszeit. Bild 146 zeigt exemplarisch die Struktur einer Analyse.

Öko-Bilanz	
Input	**Output**
1 Liegenschaften	**1 Produkte**
1.1 Boden	1.1 Halbzeuge
1.2 Gebäude	1.2 Fertigprodukte
2 Anlagegüter	**2 Abgänge**
2.1 betriebstechnische Anlagen	2.1 Liegenschaften
2.2 elektr. Kommunikation	2.2 Anlagen
2.3 Einrichtungen	
2.4 Fuhrpark	
3 Umlaufgüter	**3 Abfälle**
3.1 Rohstoffe	3.1 Wertstoffe
3.2 Halb- und Fertigwaren	3.2 Reststoffe
3.3 Hilfsstoffe	3.3 Sonderabfälle
3.4 Betriebsstoffe	
4 Wasser	**4 Abwasser**
4.1 Trinkwasser	4.1 Menge
4.2 Brauchwasser	4.2 Belastung
4.3 Regenwasser	
5 Luft	**5 Abluft**
5.1 Menge	5.1 Menge
5.2 Belastung	5.2 Belastung
6 Energie	**6 Energieabgabe**
6.1 Strom	6.1 Strom
6.2 Heizöl	6.2 Heizenergie
6.3 Erdgas	6.3 Restenergie
6.4 Ferndampf	
6.5 Treibstoffe	

Bild 146: Struktur einer Input-Output-Analyse

Anwendungsbereich
Die Input-Output-Analyse ist die Basis für das Umweltmanagement, weil bei ihr quantitativ die Stoffe, aber auch Anlagen und Flächen, dargestellt werden und offensichtlich ist, wo Umweltbelastungen ent- oder bestehen. Diese gilt es anschließend zu reduzieren.

Vorgehen (bei Stoffen)
1) Abgrenzung des Untersuchungsbereichs (z.B. bestimmtes Produktionswerk, bestimmter Produktionsprozess, Gesamterstellung inklusive Zulieferungen, usw.)
2) Ermittlung der Eingangs- und Ausgangsstoffe
3) Messung der jeweiligen Mengen innerhalb eines bestimmten Zeitraumes
4) Analyse zur Ermittlung von Optimierungspotenzialen, ggf. Vergleichsrechnungen für alternative Prozesse und Einsatzformen.

Ergebnis
Darstellung des derzeitigen Faktoreinsatzes und Outputs, um diesen für die Zukunft optimieren zu können. Sehr gutes Instrument im Bereich des Umweltmanagements.

5.4.4 Fehlerverhütung durch Ordnung und Sauberkeit (5S-bzw. 5A-Methodik)

Grundzüge

Bei Fehlerstatistiken und Fehleranalysen stellt man immer wieder fest, dass die Fehlerzahl eng mit den Arbeits- und Umgebungsbedingungen korreliert ist. Je ordentlicher und sauberer das Umfeld ist, umso weniger Fehler sind zu verzeichnen. Dies führt zur Strategie, über Ordnung und Sauberkeit Fehlerverhütung zu betreiben. In Japan heißt das **5S-Methodik**, in Deutschland **5A-Methodik.**

Seiri (japanisch: Ordnung schaffen) = Aussortieren der nicht mehr benötigten Gegenstände:

Ziel ist es, Notwendiges von Unnötigem zu unterscheiden und alles Unnötige am Arbeitsplatz zu beseitigen. Es gilt, hohe Umlaufbestände, unnötiges Werkzeug, alte, fehlerhafte Teile, überflüssige Papiere und Dokumente und damit Probleme zu vermeiden.

Als sinnvolles Hilfsmittel dazu hat sich die „Rote Karte" erwiesen. Es wird eine Markierung auf alle Gegenstände geklebt, bei denen man vermutet, dass sie gar nicht oder sehr selten bei der Arbeit verwendet werden. Diese Gegenstände werden für einen bestimmten Zeitraum (z.B. einen Monat) vom Arbeitsplatz entfernt und an einem gesonderten Ort aufbewahrt. Die Gegenstände sind endgültig vom Arbeitsplatz zu entfernen, wenn während dieser Zeit kein Zugriff erfolgte.

Seiton (japanisch: Ordnungsliebe) = Aufräumen der benötigten Gegenstände

Die notwendigen Arbeitsmittel sollen in einwandfreien Zustand gebracht und zum Gebrauch bereitgestellt werden. Dabei hat jeder Gegenstand griffbereit an seinem richtigen Platz zu liegen (siehe Bild 147). Ordnungsliebe vermeidet Verwechslungen und beschleunigt nach einer gewissen Gewöhnungsphase durch die Automatisierung des Findens und des Ablegens von Arbeitsmitteln die Arbeit sehr stark. Damit erhöht sich die Effizienz und reduzieren sich zudem die Fehler.

Seiso (japanisch: Sauberkeit) = Arbeitsplatz einschließlich Maschinen und Werkzeugen sauber halten.

Die generelle Sauberkeit führt direkt zu einer höheren Arbeitsgenauigkeit und zu einem verbesserten Wohlbefinden am Arbeitsplatz.

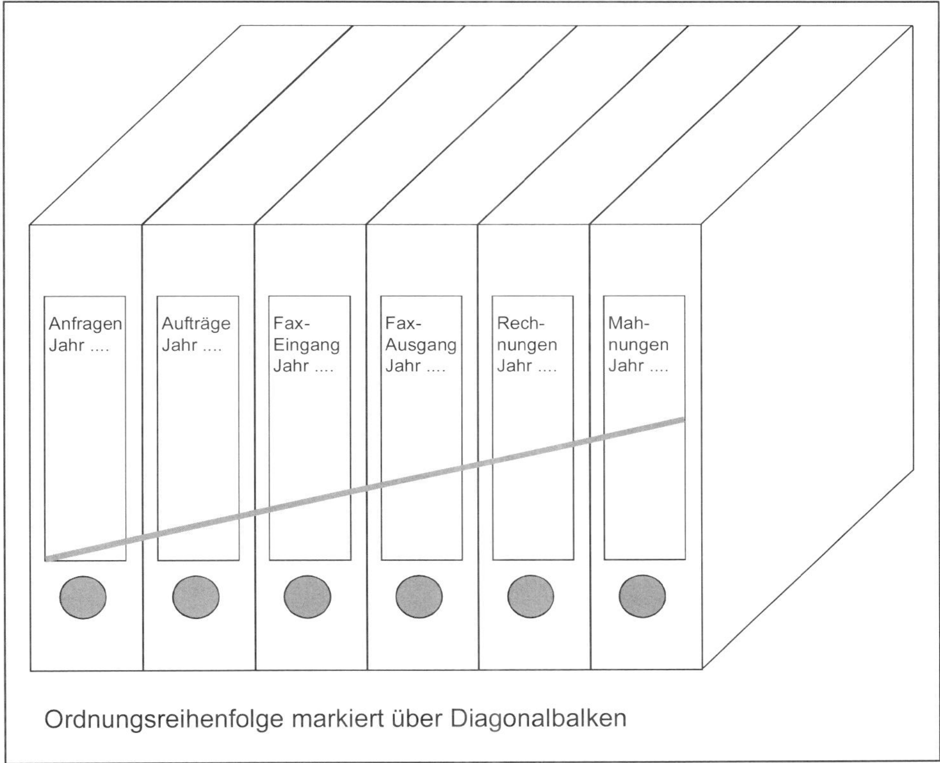

Bild 147: Beispiel für Anordnungsstandard

Seiketso (japanisch: persönlicher Ordnungssinn) = Anordnung zur Regel machen.

Für jeden Mitarbeiter sollen Sauberkeit und Ordnung zur Gewohnheit gemacht werden. Jeder Mitarbeiter beginnt bei sich selbst und an seinem Arbeitsplatz und ist für die Qualität verantwortlich. Dies gilt auch für die Ordnung. Ansonsten haben alle anderen Mitarbeiter viel Zeit in die Wiederherstellung der Ordnung zu investieren. Ordnung sorgt für reibungsloses Arbeiten.

Shitsuke (japanisch: Disziplin) = Alle Schritte wiederholt durchlaufen und verbessern.

Einmal aufgestellte Regeln und Abläufe sind konsequent einzuhalten. Die immer wieder gleiche Wiederholung bestimmter Abläufe führt zur Übung und damit zur Beschleunigung und Fehlerfreiheit der Arbeit. Regeln fördern die Fehlerfreiheit langfristig.

Anwendungsbereich

Bei jeder Arbeit, im Unternehmen wie zu Hause. Ordnung, Sauberkeit und Disziplin erleichtern das Leben ungemein.

Vorgehen

1) **Darstellung der mangelhaften Ist-Situation** anhand von Aufnahmen der Arbeitsumgebung, Ursachenanalysen von Fehlern, usw.
2) **Initiative für Ordnung, Sauberkeit und Disziplin** starten
   - Schulung der Mitarbeiter
   - Zielsetzung der Verbesserung der Ordnung, Sauberkeit und Disziplin verkünden
   - Gemeinsame Maßnahmen zur Verbesserung der Ordnung und Sauberkeit (Aufräumen, Markierung von Lagerplätzen für Arbeitsmittel, Beschaffung von Hilfsmitteln zur sauberen, ordentlichen Lagerung, ...) definieren.
3) **5S bzw. 5-A-Methodik umsetzen**
   - **A**ussortieren der nicht benötigten Gegenstände = **S**eiri
   - **A**ufräumen der benötigten Gegenstände = **S**eiton
   - **A**rbeitsplatz sauber halten = **S**eiso
   - **A**nordnung zur Regel machen = **S**eiketso
   - **A**lle Schritte wiederholt durchlaufen = **S**hitsuke
4) **Regelmäßige Überwachung der Ordnung, Sauberkeit und Disziplin über Begehungen und Audits,** gekoppelt mit Lob und Sanktionen bei Defiziten, zuerst häufiger, später weniger häufig.

Ergebnis

Bessere Qualität, weniger Fehler, Zeitersparnis und höhere Zufriedenheit bei der Arbeit durch Ordnung, Sauberkeit und Disziplin.

5.4.5 Fehlerverhütung durch Poka-Yoke

Grundzüge

Poka bedeutet auf japanisch „zufällige, unbeabsichtigte Fehler". Yoke steht für „Vermeidung, Verminderung".

Poka-Yoke ist, etwas fehlhandlungs- bzw. irrtumssicher zu gestalten, um (menschliche) Fehler zu kompensieren.

Poka-Yoke ist als Methodik entstanden bei Shigeo Shingo, dem Mitentwickler des Toyota-Produktionssystems, und bedeutet die Gestaltung von Prozessen, Produkten und Betriebsmitteln in einer solchen Form, dass Bedienungsfehler nicht möglich sind bzw. nicht zu fehlerhaften Produkten oder sonstigen schädigenden Ereignissen führen.

Poka-Yoke ist notwendig, da Irren menschlich ist. Typische menschliche Fehler sind: Arbeitsgänge und Montageteile auslassen, Bearbeitungs- und Montagefehler machen, Fehler beim Einlegen von Werkstücken machen, falsche Teile verbauen oder falsches Werkstück bearbeiten, Fehlbedienung machen, Einstellfehler und Einrichtefehler machen, unzureichende Vorbereitung von Vorrichtungen und Werkzeugen, usw..

Die vom Menschen erreichten Fehlerraten sind viel höher (vgl. Bild 148) als die heute in vielen Industriebranchen akzeptierten Fehlerraten von 0-100 ppm (parts per million). Von daher besteht die Notwendigkeit, menschliche Handlungsfehler über Maßnahmen wie Poka-Yoke auszuschließen.

Fehlhandlungsart	Häufigkeit ppm	%
Unkorrektes Ablesen von Messgeräten	5 000	0,50
Unkorrektes Löten von Verbindungsklemmen	6 500	0,65
Fehlerhaftes Anziehen von Schraubmuttern und Bolzen	4 800	0,48
Falsche Einstellung mechanischer Verbindungen	16 700	1,67
Unkorrektes Verbinden von Schläuchen	4 700	0,47
Verfahrensfehler beim Lesen von Instruktionen	64 500	6,45

Bild 148: Typische menschliche Fehlhandlungsraten

Das Poka-Yoke-System besteht aus

- **Detektions- und Auslösemechanismus**
  über Sensoren und Sensorsysteme, End- und Näherungsschalter, Sensoren für Position/Dimension/Form/Druck/Temperatur/Vibration/Strom, Zähler, Zeitüberwachungs-Einrichtungen, Checklisten. Diese dienen der
  - Kontaktmethode, bei der geometrische Abweichungen über Kenngrößen erkannt werden (z.B. Führungsstift oder andere).
  - Fixwert-Methode, bei der Fehler durch das Überprüfen des Erreichens einer Zahl von Teil-Arbeitsschritten oder eines bestimmten Verbrauchs von Teilen festgestellt werden (z.B. Zahl verbauter Teile).
  - Schrittfolgen-Methode mit dem Check von erforderlichen Standardbewegungsfolgen (z.B. Endschalter, Näherungsschalter für Prüfung Teileentnahme).
- **Reguliermechanismus** über
  - Steuern / Eingriff, indem die fehlerträchtige Situation direkt ausreguliert wird (z.B. falsches Einlegen ist unmöglich).
  - Abschalten, wodurch bei Abweichungen die Maschinen abgeschaltet bzw. Spann- oder Transportvorrichtungen blockiert werden (sofortige Fehlerkorrektur möglich).
  - die Alarmmethode durch optische und akustische Hinweise auf eine fehlerträchtige Situation bzw. das Auftreten eines Fehlers (Ampelprinzip, Alarmton).

Es entstehen u.a. folgende grundlegende Varianten:

- **Poka-Yoke-Design-Lösung (=Fehlervorbeugung)**. Zum Beispiel verhindert die fehlende Symmetrie Fehler, weil nur eine Möglichkeit des Einlegens von Teilen in Vorrichtungen existiert. Ein weiteres Beispiel ist der Schlitz am Tankverschluss, der an der Tankklappe eingehängt werden kann, um ein Vergessen, insbesondere bei Fahrzeugen mit Zentralverriegelung, nicht mehr möglich zu machen. Als Poka-Yoke-Design beim Auto gibt es häufig Schalter, bei denen Nebelscheinwerfer und Nebelschlussleuchte nur zusätzlich zum Licht einschaltbar sind. Beim Ausschalten des Lichtes werden diese automatisch ausgeschaltet. **Poka-Yoke-System als Fehlerquelleninspektion** (= Erkennen von Fehlhandlungen, bevor diese zum Fehler bzw. Problem werden). Ein Beispiel hierfür ist der Summer, der das Vergessen des Ausschaltens des Lichtes beim Verlassen des Autos signalisiert.
- **Poka-Yoke-System mit Eingriffsfunktion** (= Vermeidung von Fehlern durch das System). Beim Auto lässt sich die Automatik-Fahrstellung nur einlegen, wenn die Bremse betätigt ist, um ein sofortiges Wegrollen zu verhindern.

- **Poka-Yoke-System als Selbstprüfung** (= Selbstprüfung, ob Tätigkeit korrekt ausgeführt ist). Hier führt eine Kontrolle, ob alle Kontrolllampen nach einer Tätigkeit aus sind, zu einer Prüfung, ob die Arbeit vollständig und fehlerfrei ausgeführt ist.

- **Poka-Yoke-System als sukzessive Prüfung** (= Prüfung durch nachfolgenden Arbeitsschritt). Ein nachfolgender Mitarbeiter prüft die korrekte Vormontage durch einen Einlegevorgang, der nur dann ausgeführt werden kann, wenn die Vormontage o.k. ist. Oder ein Mitarbeiter liest ein Merkmal und führt eine Eingabe durch, bevor ein Zweiter den gleichen Arbeitsgang wiederholt. Nur wenn beide Eingaben identisch sind, erfolgt eine Freigabe.

Anwendungsbereich
Poka-Yoke kann bei menschlichen Fehlhandlungen vielfach ideal eingesetzt werden:

Menschliche Fehlhandlung: Einsatzmöglichkeit:
- Arbeitsgänge und Montageteile auslassen sehr häufig
- Bearbeitungsfehler häufig
- Montagefehler sehr häufig
- Fehler beim Einlegen von Werkstücken sehr häufig (Design-Poka-Yoke)
- Falsche Teile verbauen sehr häufig
- Falsches Werkstück bearbeiten häufigFehlbedienung häufigEinstellfehler und Einrichtfehler häufig (Checklisten)
- Unzureichende Vorbereitung von Vorrichtungen und Werkzeugen häufig (Checklisten)

Vorgehen
1) Abgrenzung des betrachteten Bereiches (Produkt, Prozess). Analyse der Fehler und ihrer Ursachen. Über Risikomethodik (beispielsweise FMEA) oder aufgetretene Fehler Poka-Yoke-Bedarf erkennen. Hierzu sollten Fehlhandlung oder Risiko auf menschliche Fehlhandlung oder maschinellen Zufallsfehler zurückzuführen sein. Entwicklung von Lösungsansätzen. Über Poka-Yoke mit einem Detektions- bzw. Auslöse- bzw. Regulier-Mechanismus nachdenken.
2) Entwicklung und Bewertung von Lösungsvarianten. Wenn einfach machbar, Poka-Yoke realisieren, wenn nicht machbar, andere Strategien, wie beispielsweise die Vollautomatisierung zur Fehlervermeidung benutzen.
3) Festlegung von Maßnahmen zur Umsetzung der ausgewählten Lösung (To-Do-Liste und deren Verfolgung).
4) Umsetzung der Poka-Yoke-Lösung.
5) Poka-Yoke-System auf Fehlerfreiheit prüfen und anschließend einsetzen.

Ergebnis

Poka-Yoke ist intelligentes Vermeiden von (menschlichen) Fehlern. Es gilt, mit Feingefühl über Lösungen nachzudenken, die wenig kosten, aber effizient und fehlerfrei funktionieren. Dies ist die Aufgabe der Konstrukteure und Prozessplaner.

5.4.6 Das Review – Allgemeine Bewertungsmethodik zur Arbeits-, Prozess- und Produktgestaltung

Grundzüge

Review (Bewertung) ist – nach der DIN EN ISO 9000 – jegliche Tätigkeit zur Ermittlung der Eignung, Angemessenheit und Wirksamkeit der Betrachtungseinheit, festgelegte Ziele zu erreichen. Die Bewertung kann auch die Ermittlung der Effizienz enthalten.

In der Praxis wird der englische Begriff „Review" fast ausschließlich verwendet für teamorientierte Bewertungen. Diese sind gekennzeichnet durch:

- Beteiligung der betroffenen Bereiche und Mitarbeiter sowie Führungskräfte am Review
- (Zusammengefasste) Vorstellung der Ergebnisse zum relevanten Gebiet durch die Verantwortlichen
- Zuordnung der Ergebnisse zu den gestellten Forderungen (Pflichtenheft, Ziele, usw.)
- Kritisches Hinterfragen der Ergebnisse im Hinblick auf die Erfüllung der gestellten Forderungen
- Erarbeiten von noch notwendigen Qualitätssicherungsmaßnahmen und verbleibenden Handlungsbereichen
- Abschließende Bewertung und ggf. Freigabe des Ergebnisses
- Angemessene Dokumentation des Reviews.

Anwendungsbereiche

In der Praxis unterscheidet man insbesondere:

- die Managementbewertung (management review) = Begutachtung der realisierten Ergebnisse der letzten Geschäftsperiode.
- die Entwicklungsbewertung (design review) = Begutachtung des Entwicklungsergebnisses eines bestimmten Entwicklungsschrittes, also eine (Zwischen-) Abnahme, die Prüfung zu einem bestimmten definierten Meilenstein eines Projektes.
- die Prozessbewertung (process review) = Begutachtung einer Projektplanung oder eines laufenden Prozesses.
- die Bewertung von Kundenforderungen (review of customer requirement) = Bewertung der ermittelten Kundenwünsche als Eingangsbasis für die eigene Entwicklung. Hier sind häufig zu Entwicklungsbeginn Entscheidungen über die Zielgruppe zu treffen, die angesprochen werden soll, und die daraus resultierenden spezifischen Anforderungen. Abgrenzungen sind nötig, um die Produkte einfach und bezahlbar zu halten. Falsch definierte Funktionalitäten und Anforderungen führen schnell zum Scheitern des Produktes am Markt, weil eine zentrale Kundenforderung nicht mehr erfüllt wird.

Vorgehen

1) Festlegung des Betrachtungsbereichs und der Zielsetzung des Reviews.
2) Auswahl der Teilnehmer des Reviews.
3) Verstehen der realisierten Ergebnisse und deren Vergleich mit den Forderungen und Zielsetzungen.
4) Ermittlung von Handlungsnotwendigkeiten aus noch bestehenden Schwächen (Erstellung einer To-Do-Liste).

Ergebnis

Das Ergebnis eines Reviews ist eine Prüfung der Zielerreichung. Review ist damit eine Qualitätsprüfung im Team, um komplexe Ergebnisse umfassend zu bewerten. Es werden alle Beteiligten berücksichtigt, auch um allgemeine Zustimmung zum Arbeitsergebnis zu erhalten und spätere Änderungswünsche zu vermeiden. Einvernehmen im Review sorgt für eine solide Ausgangsbasis hinsichtlich der weiteren gemeinsamen Arbeiten an den verbleibenden Aufgaben oder in der nächsten Periode.

5.4.7 Bewertungsmethodiken zur technischen Qualitätsbewertung – Berechnungen und Simulationen

Grundzüge

Die Entwicklung von Produkten und Prozessen stützt sich immer stärker auf rechnerische Methoden zur Auslegung und Prüfung der Qualität. Durch die rasante Verbesserung der EDV-Leistung haben sich hier in den letzten beiden Jahrzehnten erhebliche Weiterentwicklungen und neue Möglichkeiten ergeben. Für die Entwicklung materieller Produkte und Prozesse sollen hier in der Reihenfolge aufsteigender Komplexität genannt werden:

- Einfache kalkulatorische Berechnungen (z.B. Getriebeauslegung)
- Komplexe kalkulatorische Berechnungen (z.B. Finite-Element-Kalkulation)
- Dynamische Simulationen von Produkten (z.B. Robotersimulation)
- Simulation von Bearbeitungsprozessen (z.B. Simulation Schmiedeproduktion)
- Simulation von Nutzungsprozessen (z.B. Crash-Simulationen)
- Cyber-World, virtuelle Nutzung der Produkte (z.B. virtuelle Hausbesichtigung).

Anwendungsbereiche

Die Anwendung von Berechnungen ist heute vielfältigst und immer stärker steigend. Die Simulation am Rechner ist meist viel preiswerter als ein realer Versuch, insbesondere der Prototypenbau. Von daher nimmt die Beurteilung des Produktes und des Prozesses als virtuelles Modell immer stärker zu. Vorteil des virtuellen Modells ist zudem die leichte Veränderbarkeit und die Möglichkeit, verschiedene Berechnungen und Überlegungen zeitgleich ausführen zu können.

Vorgehen

1) **Spezifizierung der gewünschten Berechnung** (Simulation der Bewegung eines Produktes oder Layoutsimulation einer Produktionsstraße, usw.).
2) **Aufbau eines virtuellen Modells des Produktes oder Prozesses.** Hier gilt es häufig, besonders zu Beginn, die geplante Realität zu vereinfachen, weil ansonsten die Komplexität zu groß und nicht mehr akzeptabel berechenbar ist.
3) **Durchführung der Berechnungen**.
4) **Übertragung der Ergebnisse auf die Realität** im Hinblick auf die nötigen Entscheidungen. Treffen der Entscheidungen zur Produkt- bzw. Prozessverbesserung.
5) Ggf. neue Berechnung mit den veränderten Daten.

Ergebnis

Ergebnis ist ein verbessertes Produkt bzw. verbesserter Prozess. Diese Methoden der technischen Qualitätsbewertung von Planungen bieten die folgenden Vorteile:

- Frühzeitiges Erkennen von Qualitätsproblemen
- Beschleunigung der Entwicklung, bei einer Reduzierung des Prototypenbaus.
- Reduzierung der Veränderungen in späten Entwicklungsphasen, was erhebliche Kosten einspart
- Verbesserung der Qualität des Produktes

5.4.8 Ergonomische Bewertung von Arbeitsprozessen

Grundzüge

Die ergonomische Bewertung von Arbeitsprozessen ist die Analyse von Arbeitssystemen, inwieweit die Abmessungen des Menschen, dessen physiologische Leistungsfähigkeit sowie psychologische Bedingungen berücksichtigt werden. (nach REFA)

Ziel ist die Erfüllung ergonomischer Mindestanforderungen und die Optimierung des Arbeitsumfeldes des Menschen, um dessen Leistung zu steigern.

Die Ergonomie bietet eine Vielzahl von Hilfsmitteln zur ergonomischen Bewertung von Arbeitsplätzen und Produkten an. Ein Wesentliches ist die Berechnung für den Bereich der zulässigen Belastungen für körperliche Arbeit, insbesondere zulässige Maximalkräfte. Hier wird verwiesen auf die Software-Werkzeuge zur ergonomischen Arbeitsgestaltung von Landau [Lan].

Anwendungsbereich

Eingesetzt werden sollte die ergonomische Bewertung von Arbeitsprozessen bei jeder Arbeitsplatz- und Prozessgestaltung.

Vorgehen (nach REFA-Methodenbeschreibung)

1) **Ausführbarkeitsprüfung**. Es wird geprüft, ob der Mensch aufgrund seiner körperlichen Eigenschaften überhaupt in der Lage ist, eine Arbeit zu verrichten und die Normen und Grenzwerte zur Arbeitssicherheit eingehalten werden.
2) **Erträglichkeitsprüfung**. Erträglichkeit bezeichnet die Leistungsabgabe, die ausführbar und ohne Gesundheitsschäden über das Arbeitsleben hinweg möglich ist. Es gilt also, den Menschen nicht dauerhaft zu überlasten.
3) **Zumutbarkeits- und Zufriedenheitsprüfung**. Die Zumutbarkeit ist abhängig von der Gesellschaft und ihren Vorstellungen und häufig gesetzlich und tarifvertraglich geregelt (z.B. täglich zulässige Arbeitszeit). Die Zufriedenheit hängt vom Mitarbeiter selber ab.

Ergebnis

Ziel ist der langfristige Erhalt der Leistungsfähigkeit und des Leistungswillens durch Erkennen und Beseitigen von Ursachen leistungsmindernder Belastungen und die Herstellung einer als angenehm empfundenen Arbeitsumgebung.

5.4.9 Prozesskostenrechnung als statische Bewertungsmethodik für Prozesse

Die klassische Produktkalkulation basiert auf der Berechnung der direkten, der Produkterstellung einfach zurechenbaren Kosten. Diese Kosten, auch Einzelkosten genannt, werden beaufschlagt mit Gemeinkostenzuschlägen. Die Materialgemeinkosten stehen für die Beschaffung und Logistik der Roh-, Hilfs- und Betriebstoffe, die Fertigungsgemeinkosten ergeben sich aus den nicht direkt verrechenbaren Stunden der Produktion, usw..

Die Gemeinkosten haben in den letzten Jahren immer mehr Raum eingenommen. In dieser Situation schafft die Methodik der Prozesskostenrechnung mehr Transparenz.

Grundzüge
Grundlage der Prozesskostenrechnung sind die Prozessbeschreibungen des Qualitätsmanagement-Handbuches. Es gilt dann zu überlegen, wodurch die Kosten der einzelnen Prozessschritte beeinflusst werden. Der **Hauptkostentreiber** ist herauszuarbeiten. Die Berechnung der Prozesskosten ist nachfolgend beispielhaft in Bild 149 dargestellt.

Struktur der Prozesskostenermittlung (am Beispiel)				
Prozessschritt	Kostentreiber	Gesamtkosten / Jahr	Anzahl Durchführungen	Kosten je Durchführung
Betreuung Lieferanten und Einholen von Angeboten (strategischer Einkauf)	Anzahl Teile	40 000 €	100 Teile	400 €
Bestellung inkl. Buchung	Anzahl Bestellungen	20 000 €	2 000 Bestellungen	10 €
Warenannahme inkl. Buchung	Anzahl Bestellungen	20 000 €	2 000 Bestellungen	10 €
Wareneinlagerung / Warenauslagerung	Anzahl Einlagerungen	800 000 €	40 000 Vorgänge	20 €

Bild 149: Beispiel für Prozesskostenrechnung

Auf Basis der Ergebnisse der Prozesskostenrechnung kann man nunmehr einen Auftrag neu ohne Gemeinkostenzuschläge durchkalkulieren.

Man erkennt am Beispiel in Bild 150 die teilweise gravierenden Unterschiede zwischen der Zuschlagskalkulation und einer Prozesskostenrechnung.

Vergleich von konventioneller Zuschlagskalkulation und Prozesskostenrechnung (am Beispiel mit Zuschlagssatz von 10%)			
Beispiel 1: Es wird ein Teil zum Preis von 2000 EURO bei einer Gesamtmenge von 1000 Stück pro Jahr über 10 Bestellungen beschafft. Es erfolgen insgesamt 80 Ein- und Auslagerungen.			
Zuschlagskalkulation mit 10%		Prozesskostenrechnung	
Einstandspreis 2 000 · 1 000 =	2 000 000	Einstandspreis 2 000 · 1 000 =	2 000 000
Zuschlagssatz 10% für Materialgemeinkosten	200 000	Betreuung Lieferanten und Angebote	400
		10 Bestellungen · 10 €	100
		80 Lagerbewegungen · 20 €	1 600
Gesamtsumme	2 200 000	Gesamtsumme	2 002 100
Prozesskostenrechnung führt zu 9% geringeren Kosten			
Beispiel 2: Es wird ein Teil zum Preis von 2 EURO bei einer Gesamtmenge von 10 000 Stück pro Jahr über 10 Bestellungen beschafft. Es erfolgen insgesamt 400 Ein- und Auslagerungen.			
Zuschlagskalkulation mit 10%		Prozesskostenrechnung	
Einstandspreis 2 · 10 000 =	20 000	Einstandspreis 2 · 10 000 =	20 000
Zuschlagssatz 10% für Materialgemeinkosten	2 000	Betreuung Lieferanten und Angebote	400
		10 Bestellungen · 10 €	100
		400 Lagerbewegungen · 20 €	8 000
Gesamtsumme	22 000	Gesamtsumme	28 500
Prozesskostenrechnung führt zu 29,5% höheren Kosten			

Bild 150: Vergleich Zuschlagskalkulation versus Prozesskostenrechnung

Man stellt folgende Veränderungen fest:

- Verbesserte Kostentransparenz bei den Gemeinkosten durch eine verursachungsgerechte Umlage (Allokationseffekt).
- Teure Teile verursachen meistens nicht die ihnen bei der Zuschlagskalkulation auferlegten Gemeinkosten.
- Verbessertes Verhalten im Markt hinsichtlich Mengeneffekten.
- Kleinere Losgrößen sorgen grundsätzlich für höheren Aufwand im Gemeinkostenbereich. Für zusätzliche Produktvarianten sind zusätzliche Angebote einzuholen. Der höhere Aufwand wird über den Zuschlagssatz nicht berücksichtigt. Deswegen bietet man bei der Zuschlagskalkulation kleinere Mengen meist zu billig und große Mengen zu teuer an. Als Folge erhält man häufig die Kleinaufträge, welche mehr Aufwand verursachen. Stellt man entsprechend Personal ein, hat man weniger Gewinn oder sogar Verlust eingefahren.
- Die Prozesskostenrechnung ist die optimale Basis für Überlegungen hinsichtlich Prozessveränderungen, da die Einsparpotentiale deutlich werden.
- Man erkennt, dass im Beispiel 2 die Ein- und Auslagerkosten einen wesentlichen Anteil an den Gesamtkosten ausmachen. Es ist zu überlegen, inwieweit man das viel benötigte kleine Teil nicht direkt am Arbeitsplatz lagern kann und damit den Aufwand im Bereich Materialhandling deutlich reduziert.

Anwendungsbereich

- Im Bereich der Gemeinkosten, insbesondere bei hohen Gemeinkostenzuschlägen.
- Im Bereich des Prozessmanagements und der -verbesserung.

Vorgehen

1) Analysephase (Ermittlung der Kosteneinflussgrößen für die Prozesse, insbesondere bei Vorliegen von Gemeinkosten)
2) Ermittlung der Kosten je Durchführung der Teilprozesse (Prozessschritte)
3) Anstellen von Überlegungen zur Optimierung der Prozesse und ihrer Kosten
4) Einsatz der Prozesskosten bei der Kostenverrechnung, damit (Gemein-)Kosten verursachungsgerecht verteilt werden und sich Kosteneinsparung lohnt.

Ergebnis

Durch die Anwendung der Prozesskostenrechnung werden Kostenreduzierung durch Prozessverbesserungen und verursachungsgerechte Kostenzuordnung erreicht.

5.4.10 Prozess- und Materialflusssimulation als dynamische Bewertungsmethodik für Prozesse

Grundzüge

Die Prozesskostenberechnung und Überlegungen zur Kapazitätsnutzung der Ressourcen bei den einzelnen Prozessschritten stellen eine statische Bewertung von Systemen dar. Die Realität ist allerdings dynamisch. Durch das Zusammenspiel der einzelnen Ressourcen bei einer Leistungserstellung stellt man bei gleichmäßiger Kapazitätsbeaufschlagung über die Periode hinweg in der Praxis Engpässe mit Warteschlangen und an anderen Stellen gleichzeitig Leerlauf und Ressourcenverschwendung fest. Teilweise führen auch konzeptionelle Fehler der Systemgestaltung zu solchen Problemen. Diese lassen sich vielfach bereits in der Planung mit Hilfe einer Prozesssimulation erkennen.

Simulation ist die Nachbildung eines dynamischen Prozesses in einem Modell, um zu Erkenntnissen zu gelangen, die auf die Wirklichkeit übertragbar sind (VDI-Richtlinie 3633).

Damit unterscheidet sich die Simulation als virtuelles Experiment vom normalen Experiment, dass ein Prozess nicht in Realität, sondern in einem Modell nachgebildet wird.

Anwendungsbereich

Die Simulationsprogramme haben sich durch einfach zu handhabende Oberflächen zur menügestützen, interaktiven Erstellung von Simulationsmodellen für verschiedene Anwendungsgebiete weiterentwickelt.

Damit erfolgt heute eine Anwendung der Simulationstechnik bei der Optimierung von Unternehmensprozessen durch Organisations- und Simulationsexperten. Sie dient dem Erkennen von Wechselwirkungen in Abläufen und damit der Schaffung von Transparenz für alle Beteiligten. Die Simulationstechnik ermöglicht Überlegungen zur Prozessoptimierung, insbesondere im Bereich der Steuerung.

In der Zukunft wird die Simulationstechnik auf Basis von Prozessdokumentationen ein einfaches, in QM- und PPS-Systeme integriertes Analyse- und Gestaltungsinstrument für alle qualifizierten Mitarbeiter sein.

Vorgehen

1) **Abstraktion vom real existierenden oder geplanten System hin zu einem virtuellen Simulationsmodell.**

Real existierende Systeme sind sehr komplex. Es ist unmöglich, deren Komplexität vollständig in das Simulationsmodell zu übernehmen. Man muss deswegen Vereinfachungen vornehmen. Jede Reduktion der Komplexität kann aber dazu führen, dass die im Modell gefundenen Ergebnisse nicht auf das real existierende Modell übertragbar sind. Das Modell muss in allen entscheidenden Größen die Realität darstellen.

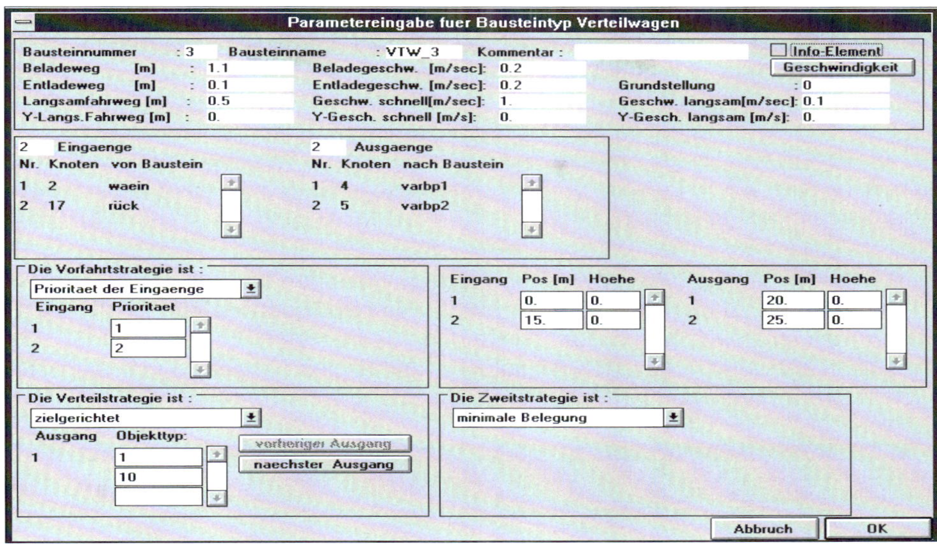

Bild 151: Beispiel für Eingabemaske für Simulationsmodell (Quelle SDZ)

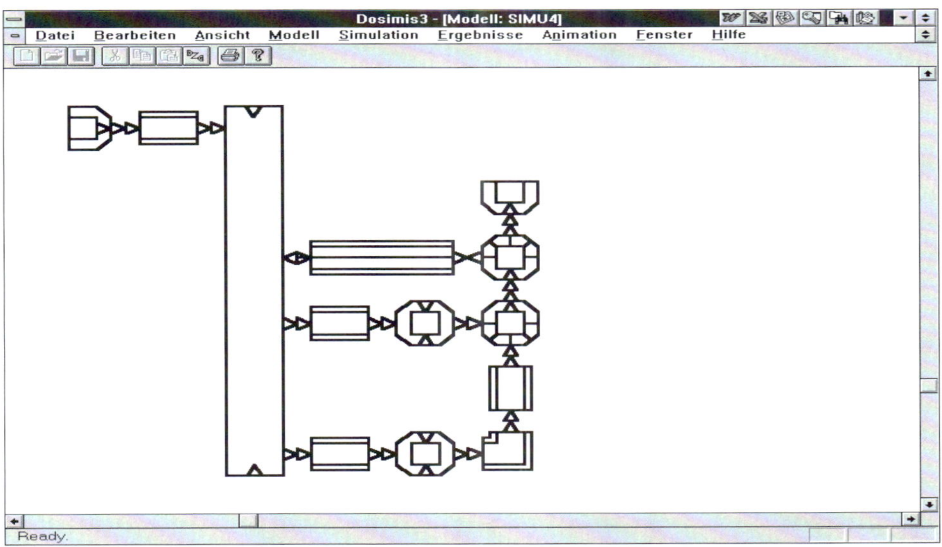

Bild 152: Beispiel für Simulationsmodell (Quelle SDZ)

Es gilt beispielsweise zu überlegen, inwieweit es ausreichend ist, bei dem Modell von einem Lager mit einer bestimmten Anzahl von Lagerplätzen auszugehen oder ob es nötig ist, dieses Hochregallager mit seinem Regalbediengerät und den verschiedenen Lagerplätzen exakt zu simulieren. Sollte das Regalbediengerät zum Engpass werden können, ist das Hochregallager genau zu simulieren. Ansonsten ist dies nicht nötig. Dieser Schritt der Übertragung der Realität in das Modell ist der Wichtigste und Schwierigste bei der Simulation. Von ihm hängt die Güte der Ergebnisse entscheidend ab.

2) **Durchführung von Experimenten an dem virtuellen Modell, um dieses konsequent zu optimieren hinsichtlich der gewünschten Ziele.**

Besitzt man eine virtuelle Realität, so kann man deren Verhalten beobachten. Dabei sollten die verschiedensten Situationen durchspielt werden, damit möglichst auch in Grenzsituationen ein vertiefter Eindruck gewonnen wird.

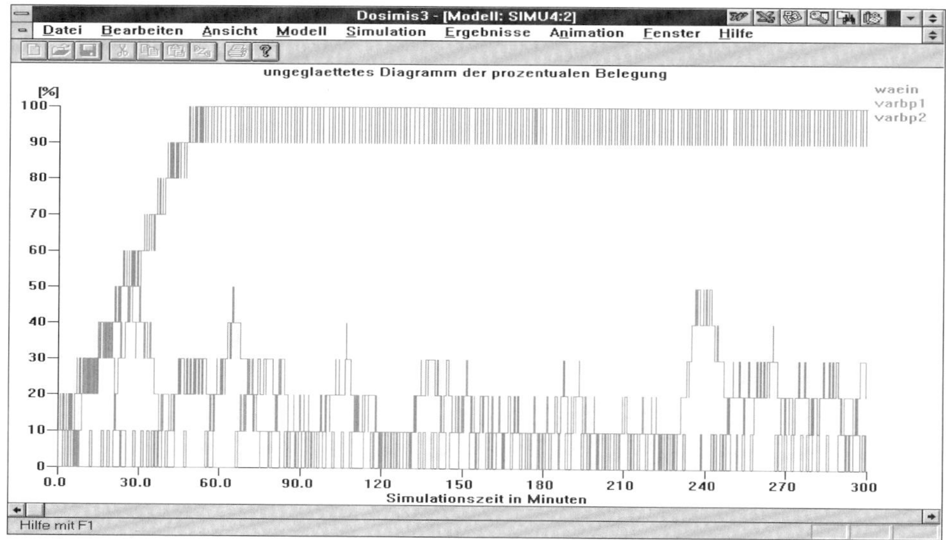

Bild 153: Entwicklung verschiedener Warteschlangen während der Simulation (in dem Beispiel läuft der Wareneingang (waein) voll) (Quelle SDZ)

3) **Übertrag der am virtuellen Modell gewonnenen Erkenntnisse auf das reale System.**

Hat man nun die virtuelle Realität durchdrungen, so gilt es, die Erkenntnisse auf das reale, viel komplexere System zu übertragen. Es ist zu überlegen, welche Unterschiede zu erwarten sind, und man kann nunmehr die eigenen Planungen zur (Weiter-) Entwicklung der Realität kompetent vornehmen. Im Beispiel des voll gelaufenen Wareneinganges (Bild 153) ist das System nicht aufnahmefähig genug. Der Engpass muss gefunden und erweitert werden, solange bis die gewünschten Ergebnisse erreicht werden.

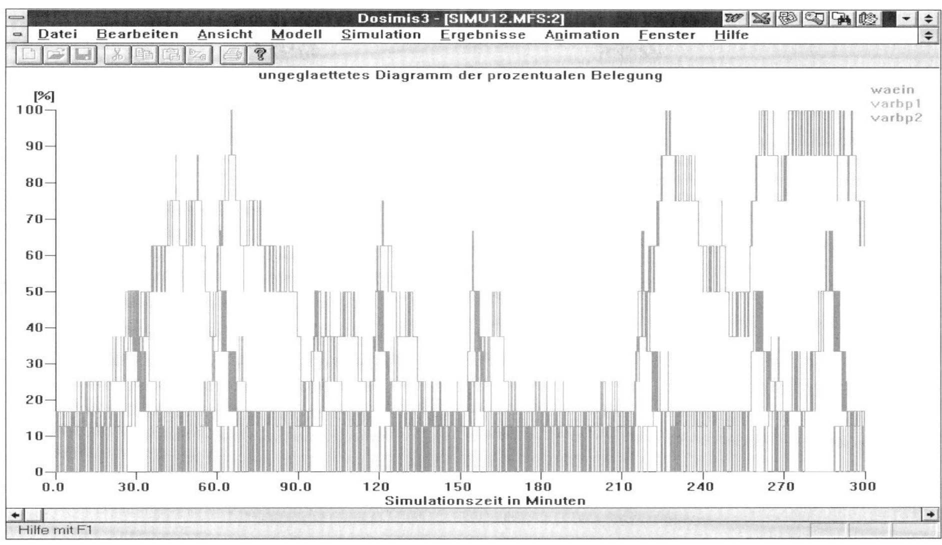

Bild 154: Beispiel für identische Warteschlangen nach Systemverbesserung. Wareneingang läuft nicht mehr voll. System verträgt die Auftragslast nunmehr (Quelle SDZ).

4) **Einführung des neuen Systems in der Realität.**
Mit der Einführung des neuen Systems in der Realität erlebt man anschließend, inwieweit die Simulationsergebnisse eintreten. Hieraus können wichtige Hinweise für nachfolgende Simulationen, insbesondere das adäquate Bilden von geeigneten Modellen, gewonnen werden.

Das Vorgehen bei Simulationsstudien ist in Bild 155 nochmals zusammengefasst.

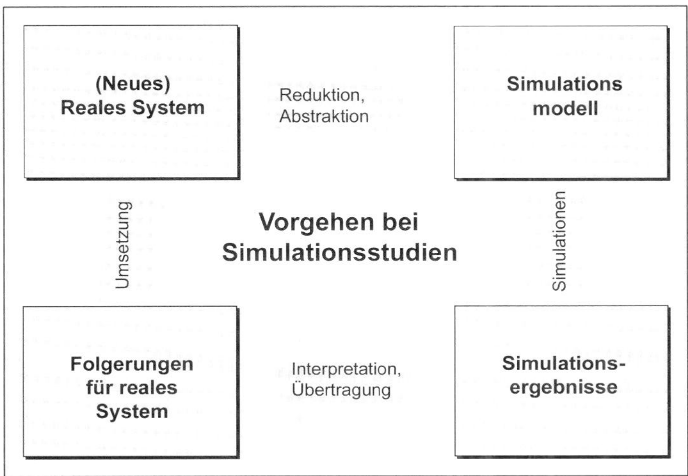

Bild 155: Zusammenfassung: Vorgehen bei Simulationsstudien

Ergebnis

Die **Vorteile der Simulationstechnik** sind:

- **Sicherheitsgewinn bei Planungen**. Es erfolgt eine Bestätigung der Planungsvorhaben, der Funktionalitäten und Steuerung, und damit eine Minimierung des unternehmerischen Risikos.
- **Kostengünstigere Lösungen bei der Fabrikplanung.** Mit Hilfe von Simulationen lassen sich häufig Einsparungen erzielen und eine Vereinfachung von Systemen durchführen. Man kann bereits im Modell die Wirkung von Steuerungsvarianten erkennen und die Puffergrößen und Lagerbestände ebenso wie die Transportmittel optimieren. Verschiedene Planungsalternativen lassen sich damit betriebswirtschaftlich vergleichen.
- **Ein besseres Systemverständnis.** Durch die Simulation entwickelt man eine sehr gute Kenntnis über die Probleme verschiedener Planungslösungen und kann dadurch Engpässe vermeiden bzw. eliminieren. Die Auswirkungen von Strategien und Handlungen beim Betrieb eines komplexen Fertigungssystems kann man sehr gut darstellen und erleben. Von daher können Mitarbeiter an Simulationsmodellen sehr gut geschult werden für den späteren Einsatz bei der Steuerung und Überwachung der Systeme. Ein besseres Anfahren von komplexen Produktionssystemen ist damit realisierbar.
- **Eine günstigere Prozessführung**. Ist ein Simulationsmodul bei der Planung und Steuerung von Vorgängen vorhanden, so ermöglicht dieses die Unterstützung der Mitarbeiter beim Treffen von Entscheidungen in Problemsituationen des Alltags. Damit lässt sich die Effizienz auch beim Systembetrieb durch Simulationen verbessern.

Nachteile und Grenzen von Simulationen sind:

- **Grenzen der Software- und Rechnerleistung**. Die Grenzen der Software- und Rechnerleistung spielen heute eine bei weitem geringere Rolle als früher, vorhanden sind sie jedoch sicherlich noch.
- **Grenzen des vorhandenen Datenmaterials**. Fehler in den Ausgangsdaten führen natürlich zu Fehlern bei der Simulation und deren Interpretation für die Realität.
- **Modellfehler führen zu Fehleinschätzungen**. Fehler bei der Reduktion der komplexen Realität in ein einfaches Simulationsmodell führen zwangsläufig zu falschen Simulationsergebnissen.
- **Aufwand zur Erstellung des Modells**. Zur Erstellung der Simulationsmodelle und bei der Simulation fallen ein gewisser Aufwand und damit entsprechende Kosten an. Diese rechnen sich nur bei entsprechenden Nutzenvorteilen. Deswegen hat die Simulationstechnik zuerst bei der Fabrikplanung Einzug gehalten.

5.4.11 Six Sigma – Allgemeine Bewertungsmethodik und Qualitätskonzept

Grundlagen

Six Sigma ist ein Programm mit dem Ziel, jedes Produkt, jeden Prozess und jede Transaktion nahezu fehlerfrei zu gestalten. Six Sigma misst die Prozessleistung über eine Kennzahl, die Fehlerrate auf eine Millionen Möglichkeiten (FpMM).

Six Sigma geht davon aus, dass die Prozessgüte bestimmt wird durch die Faktoren

- **Variation** – Abweichung vom Zielwert
- **Durchlaufzeit** – wie schnell
- **Nutzungsgrad** – wie viel

Die Variation ist letztendlich der zentrale Wert, da auch die beiden Faktoren Durchlaufzeit und Nutzungsgrad über die Variation, ihre Abweichung vom Zielwert, gemessen werden können. Damit lässt sich die Prozessgüte durch die Größe der Variation messen, also die Anzahl der Abweichungen vom Zielbereich, z.B. durch die Fehlerrate auf eine Millionen Möglichkeiten (FpMM) oder durch die Fehlerrate auf eine Millionen Teile (Parts per Million, ppm).

Ausgehend von einer Normalverteilung und einer durchschnittlichen Langzeitveränderung von +/-1,5 σ (Standardabweichung) ergibt sich bei +/- 6σ vom Mittelwert eine Fehlerrate von 3,4 Fehlern auf eine Millionen Möglichkeiten (vgl. Bild 156). Dies ist der derzeitige Zielwert der Optimierung der Prozesse (Six Sigma).

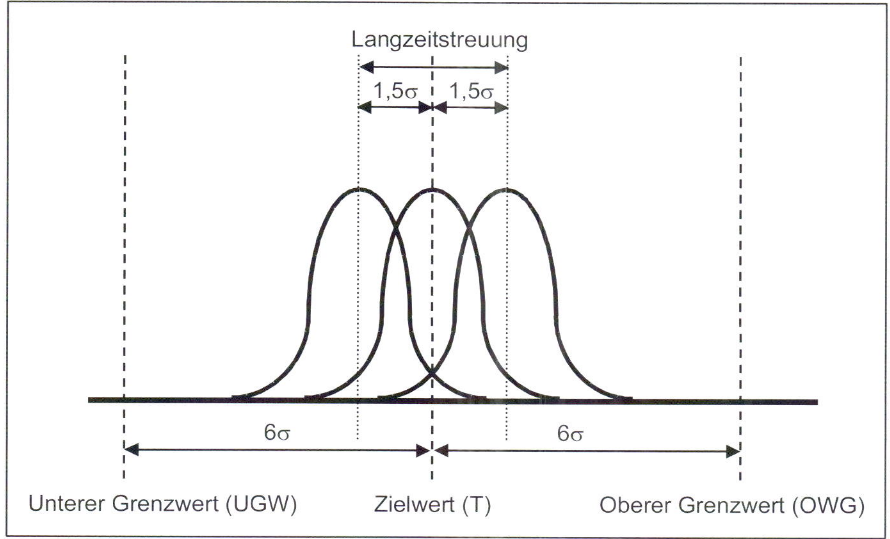

Bild 156: Zielsituation bei Six Sigma

Der Six Sigma-Anspruch relativiert sich, wenn man die folgende Tabelle (Bild 157) über den Anteil fehlerfreier Produkte im Verhältnis zur Anzahl der Merkmale in einem Prozess oder Produkt betrachtet.

Anzahl von Merkmalen	2 Sigma = 308537 FpMM	3 Sigma = 66807 FpMM	4 Sigma = 6210 FpMM	5 Sigma = 233 FpMM	6 Sigma = 3 FpMM
1	69,14% o.k.	93,32% o.k.	99,379% o.k.	99,977% o.k	99,9997% o.k
10	2,5% o.k.	50,08% o.k.	93,96% o.k	99,767% o.k	99,997% o.k
60		2,58% o.k.	68.81% o.k	98,61% o.k	99,982% o.k
100		0,10 % o.k	53,64% o.k	97,70% o.k	99,970 % o.k
1 000			0,20% o.k	79,21% o.k	99,700 % o.k
17 000				1,9% ok.	95,03% o.k
50 000					86,07% o.k
100 000					74,08% o.k

Bild 157: Anteil fehlerhafter Produkte im Verhältnis zur Anzahl der Merkmale in einem Prozess oder Produkt bei den verschiedenen Sigma- und FpMM-Werten

Bei einer konsequenten Six Sigma-Einführung wird für jeden Prozess die Prozessleistung und für jedes Produkt die Produktleistung über die Fehler pro Million Möglichkeiten (FpMM) gemessen. Dieser Kennwert zeigt dann das Potenzial zur Verbesserung. Die Zielerreichung Six Sigma = 3,4 FpMM wird jeweils gefordert, da dies dem Unternehmenserfolg dient.

Die systematische Verfolgung und Erreichung von Six Sigma führt zu einer Erfolgsspirale (siehe Bild 158).

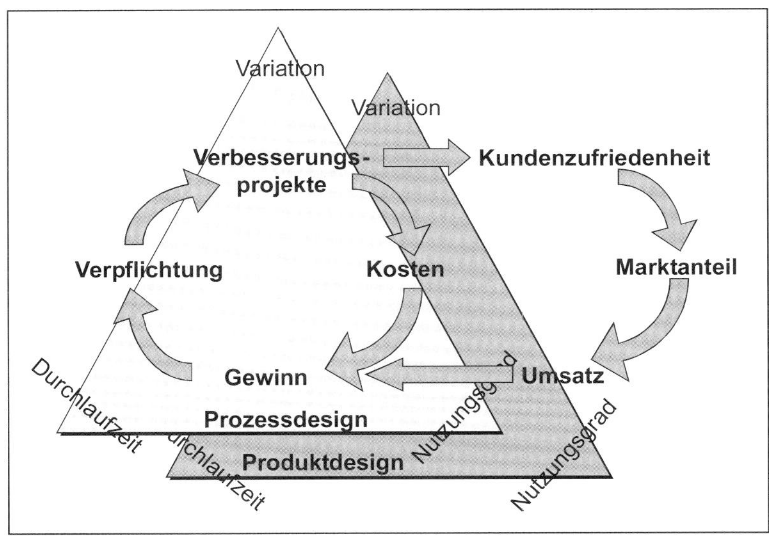

Bild 158: Wirkweise und Erfolg von Six Sigma

Anwendungsbereich

Six Sigma wird sehr stark angewandt in der Elektronik- und Luftfahrtindustrie, findet aber inzwischen auch Einsatz im Bereich der Automobilindustrie, bei Banken und anderen Dienstleistern.

Vorgehen

1) Verpflichtung der Leitung zu SIX SIGMA.
2) Einbeziehung aller Interessensgruppen, besonders der Mitarbeiter, der Lieferanten und der Kunden.
3) Ausbildungsprogramm zur Verbesserung der Wissensbasis zur Prozess- und Qualitätsoptimierung (insbesondere Statistik, Versuchsplanung und Prozessmanagement). Dieses besteht aus Seminaren zum weißen, dem grünen und dem schwarzen Gürtel sowie spezifischen Kursen zum Engineering und für das Management.
4) Messung der Produkt- und Prozessleistung über FpMM.
5) Verbesserungsmethodik mit
   - Define – Definieren der wichtigen Verbesserungsprojekte mit den höchsten Potenzialen
   - Measure – Messen der Einflussfaktoren als Regelfaktoren, die steuerbar sind
   - Analyze – Analysieren der Daten, um Verbesserungsmöglichkeiten zu erkennen (auch über statistische Versuchsplanung)
   - Improve – Verbessern, z.B. über Ermittlung von Abhängigkeiten und Verbesserung der Prozesse
   - Control – Überprüfen der Ergebnisse und ggf. Übernahme auch für andere Fälle.

Ergebnis

Unternehmen, die Six Sigma konsequent umgesetzt haben, erzielen teilweise erstaunliche Verbesserungen. Der Erfolg von Six Sigma (siehe Six Sigma umsetzen) liegt im Zusammenspiel von:

- **Einer einzigen anspruchsvollen Kennzahl.** Durch die Anwendung einer einzigen Kennzahl, deren Optimierung sehr schwer ist, stellen sich kaum Selbstzufriedenheit und Trägheit ein.
- **Anspruchsvolle Schulungskurse zum Schwarzen Gürtel.** Hier werden fundierte Statistik-Kenntnisse anwendungsbezogen und mit praktischen Aufgaben unterlegt vermittelt.
- **Rotation zwischen vollzeitbeschäftigten Trägern des Schwarzen Gürtels und dem mittleren Management.** Arbeiten an Verbesserungen werden als Erfahrung für den betrieblichen Aufstieg angesehen und umgekehrt. Dadurch wird Verbesserung aktiv gelebt, ausgestattet über entsprechende Ressourcen, die sich darum kümmern.
- **Datenerfassung und Messung erfolgt zur Verbesserung.** Man richtet die Datenerfassung auf die Bedürfnisse der Prozessoptimierung aus und erreicht diese dadurch.
- **Frühe Kostenreduzierungen**. Wichtig ist es, die Projekte auch konsequent abzuschließen und daran die Verbesserungen zu belegen. Dies geschieht durch Hausaufgabenprojekte im Rahmen der Seminare.
- **Ausdauer bei der Arbeit an Verbesserungen**. Man benötigt einen langen Atem trotz möglicher kurzfristiger Verbesserungen, um wirklich Six Sigma zu realisieren.
- **Verpflichtung der Unternehmensleitung**. Neben der formalen Verpflichtung ist die aktive Beteiligung des Top-Managements und dessen Vorleben äußerst wichtig.

5.5 Risikoanalysen zur Vorbeugung und Fehleranalyse

Risikoanalysen sind Methoden, um Gefahren frühzeitig zu erkennen und damit zu vermeiden.

Diese Methoden sollten bereits während der Planungsphase zum Einsatz kommen. Potenzielle Fehler sollen erkannt und abgestellt werden, um Kosten zu vermeiden. Je später man Fehler entdeckt, umso teurer werden diese für das Unternehmen (vgl. Bild 159).

Die Risikoanalyse hilft aber auch nach dem Auftreten von Fehlern, weil diese die Ursachenanalyse vereinfacht. In der Realität stellt man aber vielfach fest, dass die Risikoanalysen erst im Nachgang erstellt werden. Dies ist nicht sinnvoll.

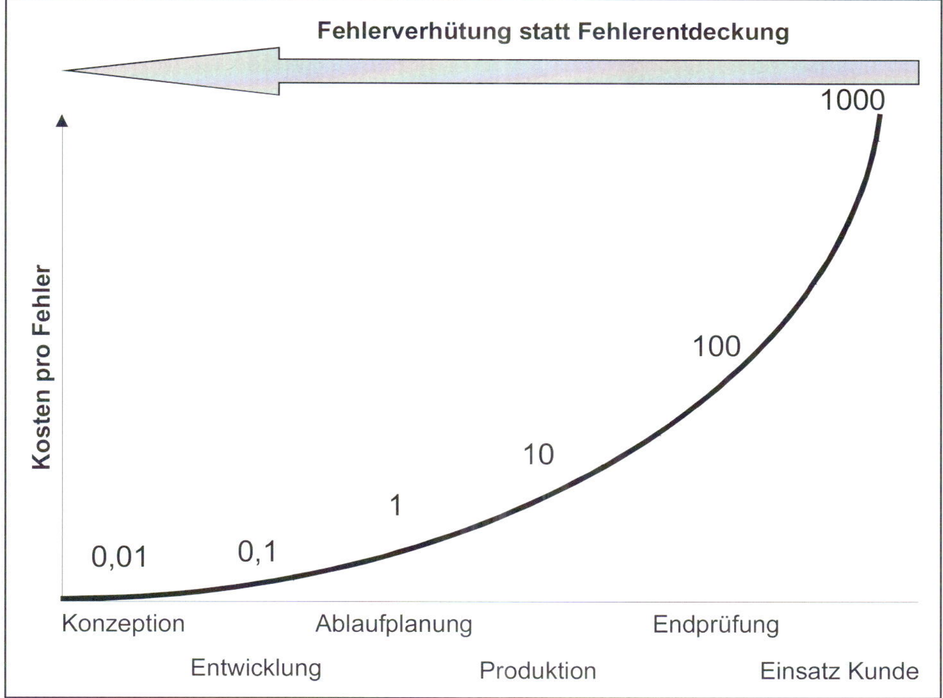

Bild 159: Fehlerverhütung ist sehr viel günstiger als späte Fehlerentdeckung

Im Anschluss werden verschiedene Methoden dargestellt, wobei die FMEA neben der gesetzlich vorgeschriebenen Gefährdungsanalyse in der Industrie am durchgängigsten angewandt wird.

5.5.1 Das Ursache-Wirkungs-Diagramm (Ishikawa-Diagramm)

Grundzüge

Das Ursachen-Wirkungs-Diagramm (Ishikawa-Diagramm oder auch Fischgrätendiagramm genannt) ist eine einfache Technik zur Problemanalyse, bei der Ursachen (Einflüsse) und Wirkung (Problem) dargestellt werden.

Das Ursache-Wirkungs-Diagramm verwendet Pfeile, um eine unmittelbare Ursachen-Wirkungs-Beziehung zu veranschaulichen. Das Vorgehen zur Erstellung des Diagramms beginnt mit einem horizontalen Pfeil, der auf das zu untersuchende Qualitätsmerkmal gerichtet ist. Darauf stoßen die Pfeile der Haupteinflussgrößen dieses Merkmals in der Art eines Fischgrätenmusters. Für den Fall eines Prozesses wird häufig mit der 7-M-Methode begonnen, die als grundsätzliche Ursachen die Begriffe **M**anagement (inklusive Dokumentation / Unterlagen), **M**ensch, **M**aterial, **M**essbarkeit, **M**aschine, **M**ilieu bzw. Mitwelt / Umwelt und **M**ethode vorsieht (siehe Bild 160). Die Messbarkeit zwingt zur Reflexion der Güte der Datenerfassung und der Messverfahren. Es gilt, fehlerhafte Messungen als mögliche Ursache von „erkannten Fehlern“ zu erkennen.

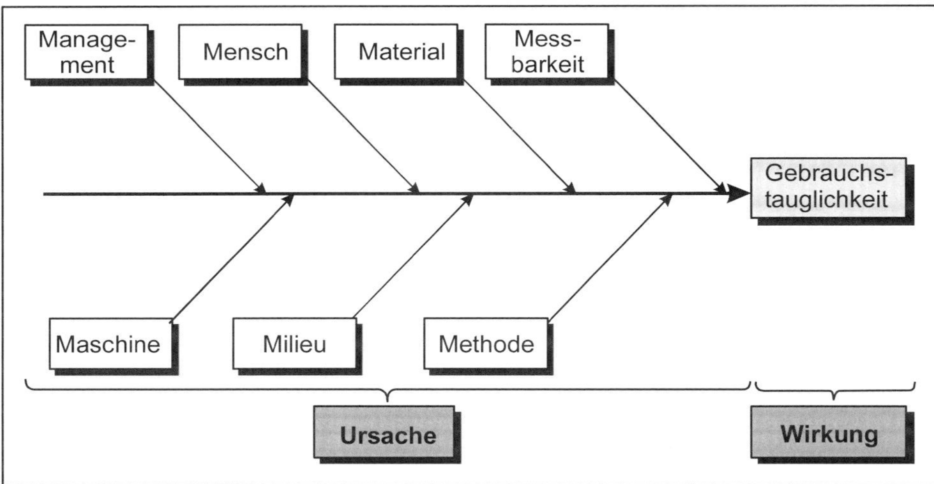

Bild 160: Allgemeiner Ishikawa-Ansatz nach der 7M-Methode

Die Haupteinflussgrößen sind nunmehr systematisch weiter zu analysieren. Wie Zweige an den Ast eines Baumes werden die Nebenursachen als kleinere Pfeile an die Hauptursache herangeführt, wodurch sich mit immer weiteren Unterursachen eine immer feinere Verästelung ergibt (siehe Bild 161).

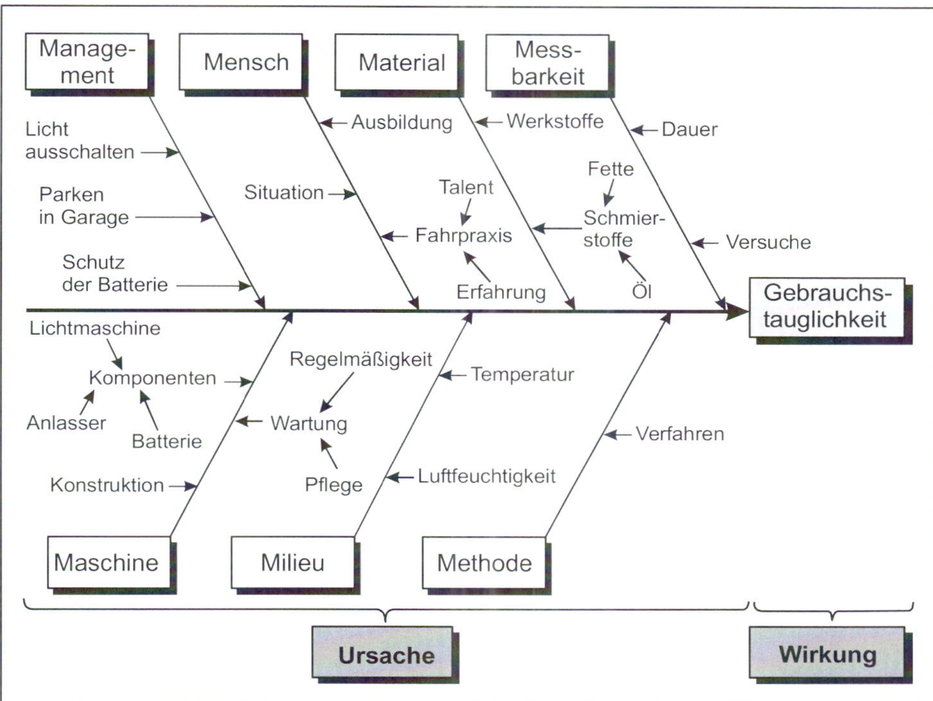

Bild 161: Beispiel für Ishikawa-Diagramm

Anwendungsgebiete

Das Ursachen-Wirkungs-Diagramm ist insofern eine Risikomethodik, weil es vorbeugend zur systematischen Ermittlung aller potenziellen Probleme eingesetzt werden kann. Ein weiteres Gebiet ist die Fehleranalyse.

Vorgehen

1) **Problemformulierung**. Festlegung des Betrachtungsbereiches, also des (potenziellen) Problems, Schreiben in den Bereich Wirkung (Fischkopf)
2) **Festlegung der Ursachenklassen**. Brainstorming-Suche nach (potenziellen) Fehlerursachen, Systematisierung der Fehlerursachen als Fischgrätendiagramm.
3) **Sammeln möglicher Ursachen.**
4) **Bewertung und Einordnung der Ursachen.** Schrittweise immer tiefergehende Suche nach Gründen für die Entstehung der Fehlerursachen. Prüfung auf Vollständigkeit und Richtigkeit der Darstellung der Beziehungen.
5) **Auswertung**. Das Ziel besteht darin, die wesentlichen Ursachen zu erkennen, beispielsweise über eine ABC-Zuordnung; anschließend gilt es, im Hinblick auf Verbesserungen weiterzuplanen.

Ergebnis:

Fischgrätendiagramm, welches systematisch in Mind-Map-Form die potenziellen Fehlerursachen aufzeigt. Das Ursache-Wirkungs-Diagramm mit den 7-M-Ursachen dient der Analyse von Fehlerursachen bei Prozessen.

5.5.2 Der Fehlerbaum

Grundzüge

Die Fehlerbaum und dessen Analyse ist nach der DIN 25424 Teil 1 eine Methode der systematischen Fehleruntersuchung, die auf die Identifikation der möglichen Fehlerursachen und die Ermittlung von Eintrittshäufigkeiten abzielt.

Die zur Darstellung des Fehlerbaumes verwendeten Symbole sind Bild 162 zu entnehmen.

Die Symbole der Fehlerbaumanalyse	
Symbol	**Erklärung**
Standardeingang (Kreis)	Das Symbol steht für den Eingang eines Primärausfalls.
Kommentar (Rechteck)	Beschreibung von Ein- bzw. Ausgängen.
Oder-Verknüpfung ≥ 1	Die Oder-Verknüpfung steht für die Vereinigung mehrerer Ausfallarten, die zu einem gemeinsamen, übergeordneten Fehler führen.
Und-Verknüpfung &	Die Und-Verknüpfung steht für die Schnittmenge mehrerer Ausfallarten, die gleichzeitig zu einem gemeinsamen, übergeordneten Fehler führen.
Sekundäreingang (Raute)	Das Symbol steht für den Eingang eines Sekundärausfalls.
Übertragung (Dreiecke)	Mit einem Übertragungsbildzeichen wird der Fehlerbaum abgebrochen bzw. an einer anderen Stelle fortgesetzt.
Negierung (Punkt am Rechteck)	Das Symbol steht für einen negierten Eingang.

Bild 162: Die Symbole des Fehlerbaumes

Der Fehlerbaum entsteht durch Drehung des Ursachen-Wirkungs-Diagramms.

Seine Stärke bezieht der Fehlerbaum (siehe Bild 163) dadurch, dass über das Ursachen-Wirkungsdiagramm hinausgehend die Beziehungen (Und-Beziehung und Oder-Beziehung) zwischen den (möglichen) Fehlerursachen eindeutig analysiert und festgelegt werden. Darauf aufbauend ist eine quantitative Analyse der sich ergebenden Gesamtfehlerrate über festgestellte bzw. geschätzte Einzelfehlerraten möglich. Bild 164 zeigt hierfür die Berechnungsgrundlagen.

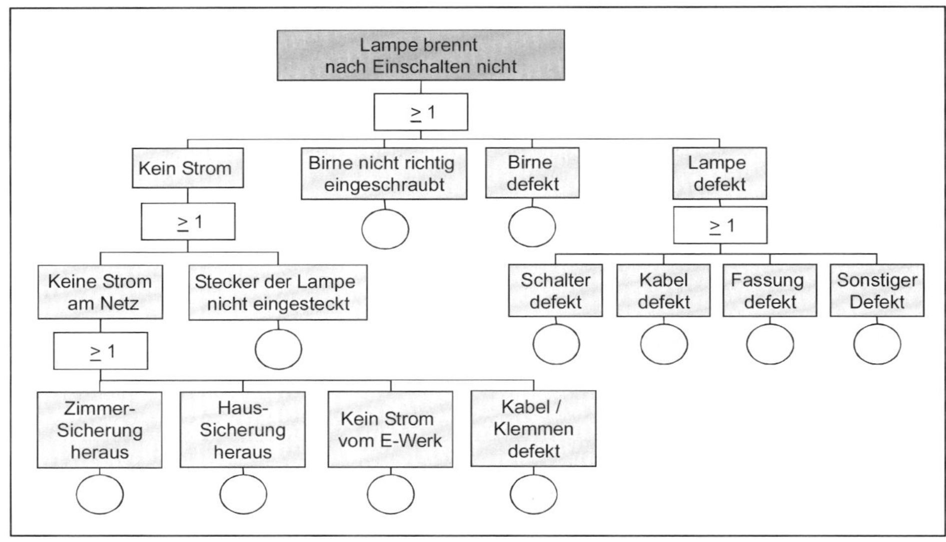

Bild 163: Einfacher Fehlerbaum

Anwendungsgebiete

- Risikoanalyse im Produktbereich
- Basis zur Fehlersuche im Bereich der Instandsetzung von Maschinen und Anlagen.

Vorgehen bei Einsatz als Risikoanalyse

1) Grundlage ist das Ursachen-Wirkungs-Diagramm (oder analoges Vorgehen zum Erreichen der Ursache-Wirkungs-Beziehungen). Ist ein solches nicht vorhanden, lassen sich ausgehend von der resultierenden Fehlerfolge über wiederholtes Fragen „Warum kann dies auftreten“ über die verschiedenen Stufen hinweg die letztendlichen Fehlerursachen ermitteln.
2) Ermittlung der Verknüpfungen (Und- bzw. Oder) und Erstellung des Fehlerbaumes.
3) Ermittlung oder Abschätzung der jeweiligen Fehlerraten der Primär- und Sekundärereignisse.
4) Berechnung der Gesamtfehlerrate(n) des Fehlerbaumes (siehe Formeln im Bild 164).
5) Analyse der Ergebnisse im Hinblick auf den Handlungsbedarf. Woher kommt die höchste Fehlerrate? Wie kann man diese Fehlerursache abstellen?

Quantitative Fehlerbaumanalyse		
Art der Verknüpfung	**UND-Verknüpfung ($\cap$)**	**ODER-Verknüpfung ($\cup$)**
Praktisches Beispiel für Verknüpfung	Ihre Garage lässt sich über die Fernbedienung (Ereignis A, Ausfallrate 0,001) und über einen Schlüsselschalter (Ereignis B, Ausfallrate 0,0002) öffnen und schließen. Wie hoch ist die Wahrscheinlichkeit, dass Sie nicht in die Garage kommen, wenn keine anderen Möglichkeiten in Betracht kommen (Ereignis C) ?	Sie wollen fernsehen. Jedoch kann ihr Fernseher ausfallen (Ereignis 1, Ausfallrate 0,0003), aber auch die SAT-Anlage mit dem Receiver (Ereignis 2, Ausfallrate 0,0001). Mit welcher Wahrscheinlichkeit können Sie nicht mehr fernsehen (Ereignis 3) ? Wie hoch ist damit die Wahrscheinlichkeit (Ereignis 4), dass ferngesehen werden kann ?
Berechnung der resultierenden Wahrscheinlichkeit	$P(C) = p(A) \cdot p(B)$ $P(C) = 0{,}001 \cdot 0{,}0002$ $= 0{,}0000002$	$P(3) = P(1) + P(2) - P(1 \cap 2)$ $P(3) = 0{,}0003 + 0{,}0001 - (0{,}0003 \cdot 0{,}0001)$ $= 0{,}0004 - 0{,}00000003$ $P(3) = 0{,}00039997 \cong 0{,}0004$ $P(4) = 1 - P(3) \cong 0{,}9996$

Bild 164: Quantitative Fehlerbaumanalyse, Berechnung der UND- und ODER-Verknüpfungen

Vorgehen bei Einsatz zur Fehlersuche

1) Beginn an der Spitze des Fehlerbaumes
2) Prüfung, welche der direkten Fehlerursachen zutrifft, so lange, bis man zu dem oder den ursächlichen Primär- oder Sekundär-Ereignis(sen) gelangt ist.
3) Abstellung des Fehlers.

Ergebnis

Der Fehlerbaum ist eine durchgängige Darstellung aller möglichen Ursache-Wirkungsketten für einen auftretenden Endfehler. Dadurch eignet sich diese Methodik sehr gut zur Fehlerursachenanalyse bei einem im Betrieb aufgetretenen Fehler, also bei der Instandsetzung von ausgefallenen Maschinen und Anlagen. Gleichzeitig kann die Erstellung im Rahmen der Konstruktion helfen, vorbeugend Fehlerquellen zu erkennen und auszuschalten.

5.5.3 FMEA (Failure Mode und Effects Analysis)

Grundzüge

FMEA (Failure Mode and Effects Analysis) ist eine Analyse von (potenziellen) Fehlerursachen und ihren Auswirkungen.

Man unterscheidet verschiedene Typen, u.a.

- **die System-FMEA** (inkl. Entwicklungs- oder Konstruktions-FMEA) bezogen auf das Produkt bzw. ein Betriebsmittel und
- **die Prozess-FMEA**, bezogen auf den Prozess.

Grundsätzlich ist diese Methodik sehr eng verwandt mit der Fehlerbaumanalyse und baut ebenfalls eine Ursache-Wirkungs-Beziehung auf. Allerdings wird jeweils nur ein Ausschnitt der gesamten, in der Fehlerbaumanalyse aufgezeigten Kette in einer einzelnen FMEA bearbeitet. Mit Hilfe mehrerer, teilweise verschieden bezeichneter FMEA´s kann man den gesamten Fehlerbaum abdecken. Dies zeigt Bild 165.

Die Ursache-Fehler-Folge-/Wirkungs-Ketten werden bei der FMEA niedergeschrieben. Anschließend erfolgt, ebenso wie bei der Fehlerbaumanalyse, eine quantitative Bewertung der einzelnen Fehler und damit der Risiken. Der Unterschied zur Fehlerbaumanalyse liegt in der Form der Quantifizierung, die bei der FMEA stärker das Umfeld und den Kontext berücksichtigt. Dies zusammen mit der einfacheren Handhabbarkeit führt zum häufigen Einsatz der FMEA in der betrieblichen Praxis.

Die Bewertung erfolgt in drei Dimensionen mit Punkten zwischen 1 und 10:

- Bedeutung des Fehlers bzw. Fehlerfolgen.
- Wahrscheinlichkeit des Auftretens
- Wahrscheinlichkeit des Entdeckens.

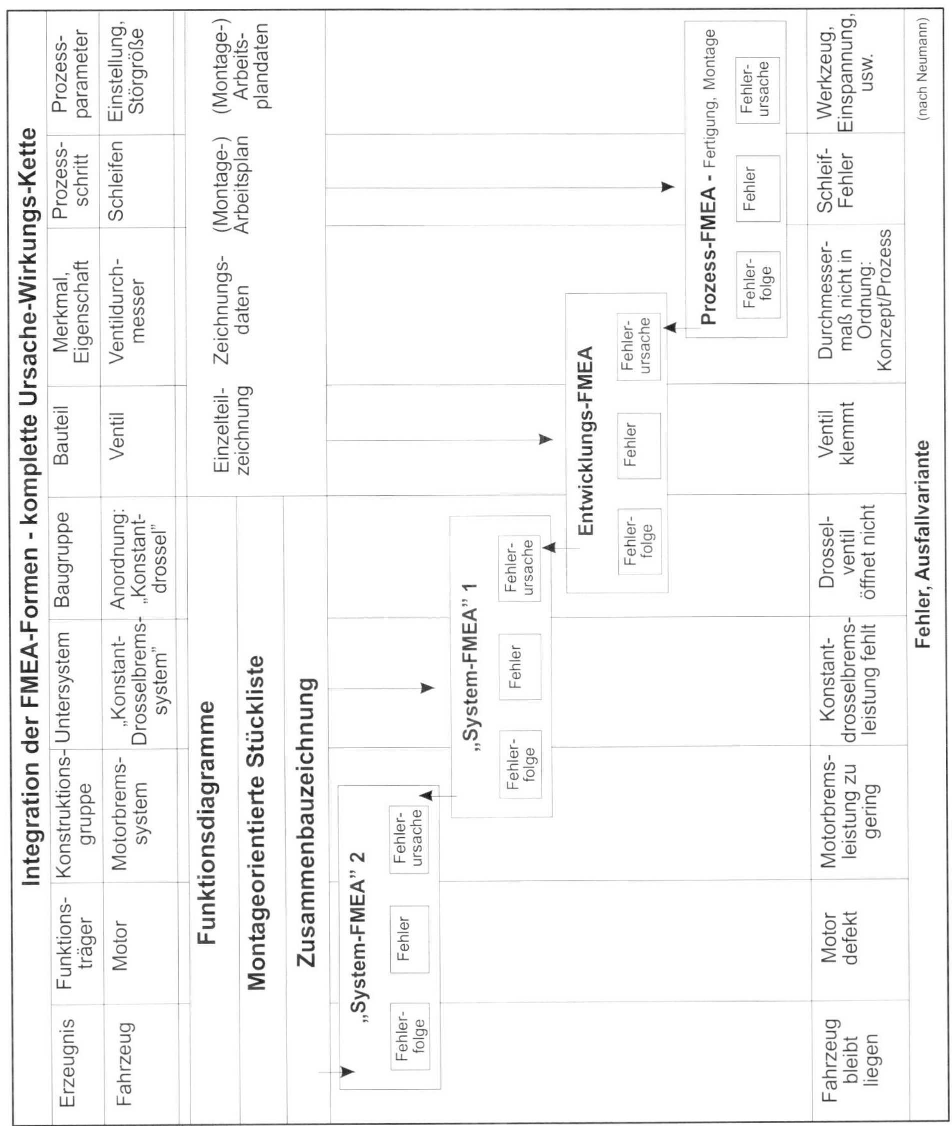

Bild 165: Integration der FMEA-Formen am Beispiel einer Ursache-Wirkungs-Kette

Als Leitfäden zur Beurteilung haben sich in der Automobilindustrie (VDA) die in den Bildern 166 und 167 dargestellten Tabellen bewährt.

Kriterien für Bewertungszahlen der System – FMEA (Produkt)								
Bewertungszahl für die Bedeutung B		**Bewertungszahl für die Auftretenswahrscheinlichkeit A**		**Fehleranteil ppm**	**Bewertungszahl für die Entdeckungswahrscheinlichkeit E**		**Sicherheit**
sehr hoch		**sehr hoch**			**sehr gering**		
10 9	Sicherheitsrisiko, Nichterfüllung gesetzlicher Vorschriften, Komplettausfall	10 9	Sehr häufiges Auftreten der Fehlerursache, unbrauchbares Konzept	100.000 50.000	10 9	Entdecken der aufgetretenen Fehlerursache ist unwahrscheinlich, Zuverlässigkeit der Auslegung wurde nicht / kann nicht nachgewiesen werden, unsichere Nachweisverfahren	90%
hoch		**hoch**			**gering**		
8 7	Funktionsfähigkeit stark eingeschränkt, sofort Reparatur notwendig, Funktionseinschränkung wichtiger Teilsysteme	8 7	Fehlerursache tritt wiederholt auf, problematische, unausgereifte Konstruktion	20.000 10.000	8 7	Entdecken der aufgetretenen Fehlerursache ist weniger wahrscheinlich, Zuverlässigkeit der Auslegung kann wahrscheinlich nicht nachgewiesen werden Nachweisverfahren sind unsicher	98%
mäßig		**mäßig**			**mäßig**		
6 5 4	Funktionsfähigkeit System eingeschränkt, sofortige Reparatur nicht zwingend, Funktionseinschränkung wichtiger Bedien-/Komfortsysteme	6 5 4	Gelegentlich auftretende Fehlerursache, geeignete, im Reifegrad fortgeschrittene Konstruktion	2.000 500 100	6 5 4	Entdecken der aufgetretenen Fehlerursache ist wahrscheinlich, Zuverlässigkeit der Auslegung könnte vielleicht nachgewiesen werden Nachweisverfahren sind relativ sicher	99,7%
gering		**gering**			**hoch**		
3 2	Geringe Funktionsbeeinträchtigung. Beseitigung bei nächster Wartung, Funktionseinschränkung der Bedien-/Komfortsysteme	3 2	Auftreten der Fehlerursache ist gering, bewährte konstruktive Auslegung	10 1	3 2	Entdecken der aufgetretenen Fehlerursache ist sehr wahrscheinlich, durch mehrere unabhängige Nachweisverfahren bestätigt...	99,9%
sehr gering		**sehr gering**			**sehr hoch**		
1	Sehr geringe Funktionsbeeinträchtigung, nur vom Fachpersonal erkennbar	1	Auftreten der Fehlerursache ist unwahrscheinlich	0	1	Aufgetretene Fehlerursache wird sicher entdeckt....	99,99%

Bild 166: Kriterien für Bewertungszahlen der Produkt-FMEA (nach VDA)

Kriterien für Bewertungszahlen der Prozess – FMEA							
Bewertungszahl für die Bedeutung B		**Bewertungszahl für die Auftretenswahrscheinlichkeit A**		**Fehleranteil ppm**	**Bewertungszahl für die Entdeckungswahrscheinlichkeit E**		**Sicherheit**
sehr hoch		**sehr hoch**			**sehr gering**		
10 9	Sicherheitsrisiko, Nichterfüllung gesetzlicher Vorschriften, Komplettausfall	10 9	Sehr häufiges Auftreten der Fehlerursache, unbrauchbarer Prozess	100.000 50.000	10 9	Entdecken der aufgetretenen Fehlerursache ist unwahrscheinlich, die Fehlerursache wird oder kann nicht geprüft werden. Zuverlässigkeit der Auslegung wurde nicht / kann nicht nachgewiesen werden, unsichere Nachweisverfahren	90%
hoch		**hoch**			**gering**		
8 7	Funktionsfähigkeit stark eingeschränkt, sofort Reparatur notwendig, Funktionseinschränkung wichtiger Teilsysteme	8 7	Fehlerursache tritt wiederholt auf, ungenauer Prozess	20.000 10.000	8 7	Entdecken der aufgetretenen Fehlerursache ist weniger wahrscheinlich, wahrscheinlich nicht zu entdeckende Fehlerursache, unsichere Prüfungen	98%
mäßig		**mäßig**			**mäßig**		
6 5 4	Funktionsfähigkeit System eingeschränkt, sofortige Reparatur nicht zwingend, Funktionseinschränkung wichtiger Bedien-/Komfortsysteme	6 5 4	Gelegentlich auftretende Fehlerursache, wenig genauer Prozess	2.000 500 100	6 5 4	Entdecken der aufgetretenen Fehlerursache ist wahrscheinlich, Prüfungen sind relativ sicher	99,7%
gering		**gering**			**hoch**		
3 2	Geringe Funktionsbeeinträchtigung. Beseitigung bei nächster Wartung, Funktionseinschränkung der Bedien-/Komfortsysteme	3 2	Auftreten der Fehlerursache ist gering, genauer Prozess	10 1	3 2	Entdecken der aufgetretenen Fehlerursache ist sehr wahrscheinlich, Prüfungen sind sicher, z.B. durch mehrere voneinander unabhängige Prüfungen...	99,9%
sehr gering		**sehr gering**			**sehr hoch**		
1	Sehr geringe Funktionsbeeinträchtigung, nur vom Fachpersonal erkennbar	1	Auftreten der Fehlerursache ist unwahrscheinlich	0	1	Aufgetretene Fehlerursache wird sicher entdeckt....	99,99%

Bild 167: Kriterien für Bewertungszahlen der Prozess-FMEA (nach VDA)

Nach den Einzelbewertungen erfolgt die Ermittlung des Risikos, der **R**isiko-**P**rioritäts-**Z**ahl (RPZ) durch die Multiplikation der Bewertungen von „**B**edeutung", „**A**uftreten" und „**E**ntdeckung" (RPZ = B · A · E). Die Höhe der RPZ gibt das Risiko an.

Dann gilt es, die schwerwiegendsten Risiken (vgl. auch Bild 169), also diejenigen mit den höchsten Risikoprioritätszahlen, anzugehen und gezielt über entsprechende Maßnahmen zu reduzieren. Diese sind systematisch zu verfolgen. Es ergibt sich dann die mit den Veränderungen komplett ausgefüllte FMEA (vgl. Bild 168).

Firma (Stempel, Warenzeichen)	Fehler-Möglichkeits- und Einfluss-Analyse Konstruktions-FMEA [ ] Prozess-FMEA [X]	Teil-Name *Ansaugkrümmer*	Teil-Nummer *1 2234 567*
	Bestätigung durch betroffene Abteilungen und/oder Lieferant: Name/Abt./Lieferant; Name/Abt./Lieferant	Modell/System/Fertigung	Techn. Änderungsstand
		Erstellt durch (Name/Abt.)	Datum; Überarbeitet Datum

Systeme/Merkmale&Schritte	Potenzielle Fehler	Potenzielle	D	Potenzielle Fehlerursach	DERZEITIGER ZUSTAND: Vorgesehene Verhütungs-/Prüfmaßnahmen	Auftreten	Bedeutung	Entdeckung	Risikoprioritätszahl (RPZ)	Empfohlene Abstellmaßnahmen	Verantwortlichkeit (Abt.-Kurzz.)	VERBESSERTER ZUSTAND: Getroffene Maßnahmen	Auftreten	Bedeutung	Entdeckung	Risikoprioritätszahl (RPZ)
Gewinde-Deckellöcher	Wasserkanal angeschnitten	Undichtigkeit (Kühlmittel und Wasser) Motor läuft heiß, Ventilschäden		Wandstärkenunterschreitung und Kernversatz am Rohteil (Kernkastenverschleiß)	Stichprobenprüfung (50-0) der Dichtheit pro Fertigungslos	3	10	5	150	Statistische Prozessregelung	Fa. Aluguss	X̄/R-Karte für Merkmale mit höchstem Verschleiß bei Kernherstellung (Eins. Jan. 20..)	1	10	5	50
Fräsen Dichtfläche	Dichtfläche uneben	Undichtigkeit (Luft), rauer und ungleichmäßiger Lauf des Motors		Druck der Spannvorrichtung nicht ausreichend	Stichprobenprüfung (50-0) der Dichtheit pro Fertigungslos	3	8	5	120	Spanndrucküberwachung	Werktechnik	Druck der Spannvorrichtung wird automatisch überwacht. Maschine stoppt bei nicht erreichtem Spanndruck (Eins. Dez. 20..)	1	8	5	40
				Schmutz und Späne in der Spannvorrichtung	zusätzlich zu oben visuelle Prüfung bezüglich Sauberkeit	2	8	5	80	Ständiges Reinigen der Vorrichtung	Werktechnik/ Fertigung	Autom. Ausblasen der Vorrichtung mit Druckluft (Eins. Dez. 20..)	1	8	5	40
										Statistische Prozessregelung	Fertigung	X̄/R-Karte (5/Std.) für Ebenheit (Eins. Jan. 20..)	1	8	2	16

Wahrscheinlichkeit des Auftretens

unwahrscheinlich	= 1
sehr gering	= 2 - 3
gering	= 4 - 6
mäßig	= 7 - 8
hoch	= 9 - 10

Bedeutung (Auswirkungen auf den Kunden)

kaum wahrnehmbare Auswirkungen	= 1
unbedeutender Fehler, geringe Belästigung des Kunden	= 2 - 3
	= 4 - 6
mäßig schwerer Fehler	= 7 - 8
schwerer Fehler, Verärgerung des Kunden	= 9 - 10

Wahrscheinlichkeit der Entdeckung (vor Auslieferung an Kunden)

hoch	= 1
mäßig	= 2 - 5
gering	= 6 - 8
sehr gering	= 9
unwahrscheinlich	= 10

Priorität (RPZ)

hoch	= 1000
mittel	= 125
keine	= 1

Bild 168: Beispiel für Prozess-FMEA

Inzwischen gibt es eine Diskussion, ob die Risikoprioritätszahl für die Prioritätsreihenfolge optimal ist und es wird nach dem neusten VDA / AIAG-Band eine spezifische „Aufgabenpriorität" definiert, welche sich stärker aus Bedeutung und Auftreten speist.

Aufgabenpriorität für System- und Prozess-FMEA (AIAG / VDA 2019)			
Auswirkung	Auftreten	Entdeckung	Aufgabenpriorität
9-10	6-10	1-10	Hoch
	4-5	2-10	Hoch
		1	Mittel
	2-3	7-10	Hoch
		5-6	Mittel
		1-4	Niedrig
	1	1-10	Niedrig
7-8	8-10	1-10	Hoch
	6-7	2-10	Hoch
		1	Mittel
	4-5	1-10	Mittel
	2-3	5-10	Mittel
		1-4	Niedrig
	1	1-10	Niedrig
4-6	8-10	5-10	Hoch
		1-4	Mittel
	6-7	2-10	Mittel
		1	Niedrig
	4-5	7-10	Mittel
		1-6	Niedrig
	1-3	1-10	Niedrig
2-3	8-10	5-10	Mittel
		1-4	Niedrig
	1-7	1-10	Niedrig
1	1-10	1-10	Niedrig

Priorität Hoch: Hohe Maßnahmenpriorität – Das Team muss entweder angemessene Maßnahmen festlegen um das Auftreten und / oder die Entdeckung zu verbessern oder gegründen und dokumentieren, warum die getroffenen Maßnahmen ausreichend sind.

Priorität Mittel: Mittlere Maßnahmenpriorität – Das Team sollte angemessene Maßnahmen identifizieren, um das Auftreten und / oder die Entdeckung zu verbessern oder nach Ermessen des Unternehmens begründen und dokumentieren, warum die getroffenen Maßnahmen ausreichend sind.

Priorität Niedrig: Niedrige Maßnahmenpriorität – Das Team kann Maßnahmen identifizieren, um Vermeidungs- oder Entdeckungsmaßnahmen zu verbessern.

Anwendungsgebiete

- Risikoanalyse im Produktentwicklungsbereich
- Risikoanalyse im Prozessbereich
- Risikoanalyse im Bereich der Maschinenzuverlässigkeit
- Risikoanalyse im Bereich Arbeitssicherheit.
- Risikoanalyse im Bereich Unternehmen.

Die FMEA ist eine einfache, sehr gut handhabbare Methodik, die sehr breit angewandt wird.

Vorgehen

1) **Systemstrukturierung** zur Eingrenzung des Untersuchungsgebietes.
2) **Funktionszuordnung**, als Basis für die spätere Bedeutung von Fehlern.
3) **Fehler- oder Risikoanalyse**: Ermittlung aller potenziellen Ursache-Fehler-Folge-/Wirkungs-Ketten durch Brainstorming, ggf. mit Hilfe des Ursache-Wirkungs-Diagramms bzw. der Darstellung aller aufgetretenen Fehler und deren Ursachen. Eintrag dieser Ursache-Wirkungs-Ketten in das FMEA-Formblatt.
4) **Risikobewertung**.
    - Bewertung aller Ursache-Fehler-Fehlerfolge-Ketten (**B**edeutung, **A**uftreten und **E**ntdeckung entsprechend dargestellter Bewertungsmethoden)
    - Berechnung der Risikoprioritätszahlen (Multiplikation von Bedeutung, Auftreten und Entdeckung) und Entscheidung über Handlungsbedarf (= höchste Risikoprioritätszahlen) (vgl. Bild 169).
5) **Risikominimierung bzw. Optimierung**.
    - Veränderungen planen, verfolgen und durchführen. Die Planung und Verfolgung kann auf dem FMEA-Formblatt erfolgen, aber auch in einem separaten Formblatt oder in der allgemeinen To-Do-Liste des Unternehmens. Risiken sind über Vorbeugungsmaßnahmen auf ein erträgliches Niveau zu reduzieren. Häufig wird als maximal zulässige Risikoprioritätszahl 100 akzeptiert.
    - Die erfolgten Veränderungen sind in die FMEA einzupflegen (siehe Beispiel) und dabei jeweils die neue Risikoprioritätszahl zu errechnen. Ist ein akzeptables Niveau erreicht ist die Arbeit beendet, ansonsten wiederholt man den vorhergehenden Arbeitsschritt.
6) **Wirksamkeitskontrolle**. Es ist zu prüfen, ob die getroffenen Maßnahmen in der Umsetzung auch die gewünschte Wirkung zeigen.

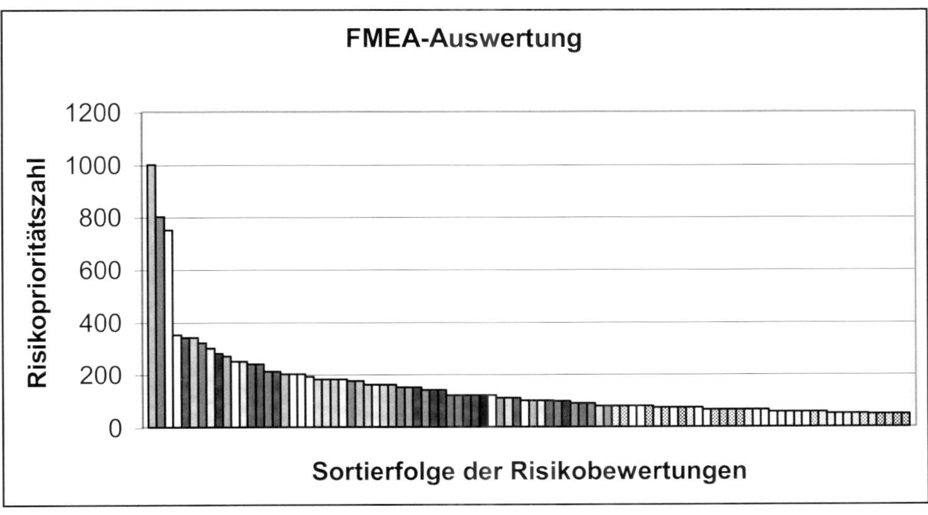

Bild 169: Risikoprioritätszahlen sortiert nach ihrer Größe. Höchste Prioritätszahlen sind über Vorbeugungsmaßnahmen zu reduzieren [VDA].

Ergebnis

Ausgefülltes FMEA-Formblatt, ggf. zusätzliche Formulare zur Maßnahmenverfolgung bei eingeleiteter Verbesserung. Die FMEA führt zu geringeren Risiken und Fehlerraten, schafft also Qualität.

5.5.4 Gefährdungsanalyse im Bereich Arbeitssicherheit

Grundzüge

Eine für alle Unternehmen in der Europäischen Gemeinschaft durchzuführende Risikoanalyse ist die Gefährdungsanalyse für alle Arbeitsplätze, welche bei mehr als 10 Mitarbeitern im Unternehmen schriftlich zu dokumentieren ist. Auch sonst ist es ratsam, eine solche Dokumentation aus Haftungsgründen heraus vorzunehmen.

Alternativ können entweder das FMEA-Formblatt, von der Berufsgenossenschaft zur Verfügung gestellte Formblätter oder andere adäquate Risikomethoden eingesetzt werden.

Teilweise bieten die Berufsgenossenschaften für typische Branchenarbeitsplätze einfach zu individualisierende Standard-Gefährdungsanalysen in EDV-Form an. Darauf aufbauend kann man sehr schnell das eigene Unternehmen analysieren.

Gefährdungsbeurteilung und festgelegte Schutzmaßnahmen nach ArbSchG § 6					
Arbeitsbereich: **Büro**		Verantwortlicher:	Datum:	gültig bis:	
Tätigkeit (an/in/mit)	Gefährdung	Schutzmaßnahme	Handlungsbedarf ?	weitere Infos	Realisierung wer/ wann
Allgemeine Büroarbeiten/ Arbeiten am Bildschirm	• Verletzungen durch Stolper- und Sturzunfälle	• Kabel in Kabelkanäle verlegen oder abdecken • Fußboden eben / rutschhemmend ausführen • Bewegungsfläche am Arbeitsplatz mind. 1,5 m^2 • Raumgröße mind. 10 m^2 (ohne Bildschirm 8 m^2) • Benutzen von Aufstiegen oder Tritten bei hohen Schränken		BGV D36 BGI 742 ZH 1/535	
	• Augenbeschwerden	• Blendungen, Reflexionen und Spiegelungen durch matte Oberflächen vermeiden • Beleuchtungskörper parallel zum Fenster anbringen • Schutz gegen Sonneneinstrahlung durch senkrechte Textillamellen, auf Südseite zusätzlich horizontale Metalljalousien • Aufstellen des Bildschirms so, dass Blickrichtung parallel zum Fenster • Positiv-(dunkle Zeichen auf hellem Grund) und kontrastreiche Bildschirmdarstellung • Bildwiederholfrequenz bei 15-Zoll-Bildschirmen 85 Hz, bei 17-Zoll-Bildschirmen ca. 90 Hz • Bildschirmgröße bei Windows und Textverarbeitung 17 Zoll, bei Bildverarbeitung 21 Zoll • Unterbrechen der Bildschirmarbeiten durch andere Tätigkeiten oder Pausen • Ggf. Vorsorgeuntersuchung G37		BGI 650 ZH 1/618 BGI 504 ZH 1/535 BGI 742	

<table>
<tr><th colspan="6">Gefährdungsbeurteilung und festgelegte Schutzmaßnahmen nach ArbSchG § 6</th></tr>
<tr><td colspan="2">Arbeitsbereich: Büro</td><td>Verantwortlicher: Datum:</td><td colspan="3">gültig bis:</td></tr>
<tr><td>Tätigkeit (an/in/mit)</td><td>Gefährdung</td><td>Schutzmaßnahme</td><td>Handlungsbedarf ?</td><td>weitere Infos</td><td>Realisierung
wer/ wann</td></tr>
<tr><td></td><td>• Erkrankungen oder Beschwerden des Muskel- und Skelettsystems</td><td>• Bürostuhl nach DIN, mit fünf gebremsten Rollen, Sitzfläche oberschenkellang, höhenverstellbar, Lehne bis Mitte Schulterblatt, Lendenunterstützung
• Tischhöhe ca. 72 – 75 cm, wenn höhenverstellbar, dann 68 – 76 cm
• Ggf. Verwenden eines Sitzkeils und einer Fußstütze für kleine Mitarbeiter

• Bildschirm leicht dreh- und neigbar ausgeführt
• Tastatur getrennt vom Bildschirm, Auflagemöglichkeit für Handballen
• Einstellen von Stuhl- und Tischhöhen oder Verwendung von Fußstütze so, dass Winkel zwischen Ober- und Unterschenkel sowie Ober und Unterarm ca. 90° ist
• Beinfreiheit
• Blickwinkel zwischen Schreibvorlage und Bildschirm gering halten (z.B. Anbringen eines Vorlagenhalters)
• Dynamisches Sitzen (häufige Veränderungen der Sitzposition)
• Häufige und längere Dateneingabe durch Pausen oder andere Tätigkeiten unterbrechen</td><td></td><td>BGI 650
BGI 523</td><td></td></tr>
</table>

Bild 170: Beispiel für Standard-Gefährdungsanalyse der Berufsgenossenschaft (Quelle: Metall-BG)

Anwendungsbereich

Anwendung auf alle Arbeitsplätze in jedem Unternehmen der Europäischen Union verpflichtend vorgeschrieben.

Vorgehen

1) Systemabgrenzung des Arbeitsplatzes vornehmen.
2) Ermittlung der in Frage kommenden Gefährdungen (vgl. Bild 171).

Mechanische Gefährdungen	**Ungeschützte bewegte Maschinenteile**	**Teile mit gefährlichen Oberflächen**	**Bewegte Transportmittel, bewegte Arbeitsmittel**	**Unkontrolliert bewegte Teile**	**Sturz auf der Ebene, Ausrutschen, Stolpern, usw.**	Absturz
Elektrische Gefährdungen	**Gefährliche Körperströme**	Lichtbögen				
Gefahrstoffe	**Gase**	**Dämpfe**	Aerosole	**Flüssigkeiten**	Feststoffe	durchgehende Reaktionen
Biologische Gefährdungen	Infektionsgefahr durch Mikroorganismen	gentechnisch veränderte Organismen	allergene und toxische Stoffe von Mikroorganismen, usw.			
Brand- und Explosionsgefährdungen	**Brandgefahr durch Feststoffe, Flüssigkeiten, Gase**	Explosionsfähige Atmosphäre	Explosivstoffe	Elektrostatische Aufladung		
Thermische Gefährdung	**Kontakt mit heißen Medien**	Kontakt mit kalten Medien				
Gefährdung durch spezielle physikalische Einwirkungen	**Lärm**	Ultraschall	**Ganzkörperschwingungen**	Hand-Arm-Schwingungen	**nichtionisierende Strahlung**	ionisierende Strahlung
	Elektromagnetische Felder	Arbeiten in Unter- oder Überdruck				
Gefährdung durch Arbeitsumgebungsbedingungen	**Klima**	**Beleuchtung**	**Raumbedarf / Verkehrswege**			
Physische Belastung / Arbeitsschwere	schwere dynamische Arbeit	einseitig dynamische Arbeit	**Haltungsarbeit / Haltearbeit**	Kombination aus statischer und dynamischer Arbeit		
Wahrnehmung und Handhabbarkeit	**Informationsaufnahme**	Wahrnehmungsumfang	erschwerte Handhabbarkeit von Arbeitsmitteln			
Sonstige Gefährdungen / Belastungen	**persönliche Schutzausrüstung (PSA)**	Hautbelastung	durch Menschen	durch Tiere	durch Pflanzen	
Psychische Belastungen	Arbeitstätigkeit	Arbeitsorganisation	**soziale Bedingungen**			
Organisation	Arbeitsablauf	Arbeitszeit	**Qualifikation**	**Unterweisung**	**Verantwortung**	

Bild 171: Übersicht über mögliche Gefährdungsklassen (fett und kursiv) und Gefährdungen (an einem bestimmten Schmiedearbeitsplatz relevante Gefährdungen sind fett dargestellt).

3) Suche nach gesetzlichen Vorschriften und Bewertung der relevanten Gefährdungen (Aufstellung der Gefährdungsanalyse-Tabelle). Hierbei gilt es, besonders die kritischen Gefährdungen zu ermitteln und auch bei sonstigen Gefährdungen Potenziale zur Reduktion zu erkennen.
4) Festlegen der Schutzziele bei kritischen Gefährdungen und sonstigen Verbesserungspotenzialen. Es muss festgelegt werden, was an Reduktion mindestens erreicht werden muss.
5) Auswahl von Schutzmaßnahmen, hier gilt die TOP-Regel (vgl. Bild 172).

Maßnahmen zur Schaffung von Arbeitssicherheit

Legende:
T = Technische Maßnahmen — G = Gefahr
O = Organisatorische Maßnahmen — P = Person
P = Persönliche Arbeitsschutzmaßnahmen

	Maßnahme	
technisch	**1. Gefahr beseitigen** • Kann die Gefährdung / Belastung durch eine nach dem Stand der Technik funktionstechnisch sichere Lösung (gefahrlose Technik) verhindert werden ? • Ggf. Ersatz von gefährlichen Verfahren und Stoffen durchführen	(G) → P
technisch	**2. Auswirkungen der Gefährdungen / Belastungen technisch verhindern** • Personen von der Gefahr entfernen, z.B. durch Automatisierung gefährlicher Prozesse • Gefahr kapseln, Zwischenschaltung technischer Schutzeinrichtungen, z.B. Verkleidung, Verdeckung, Umzäunung, Umwehrung, ortsbindende Schutzeinrichtungen, abweisende Schutzeinrichtungen, Schutzeinrichtungen mit Annäherungsreaktion, fangende Schutzeinrichtungen, kombiniert mit Verriegelung oder Verriegelung mit Zuhaltung	G → (P) (G) → P
organisatorisch	**3. Einwirkung auf den Menschen verhindern** • Änderung der Arbeitsorganisation • Arbeitszeitgestaltung	G X P
personenbezogen	**4. Persönliche Schutzausrüstung (PSA) verwenden** z.B. Atemschutzgerät, Gesichtschutzmittel, Kopfschutzmittel, Gehörschutzmittel, Schutzhandschuhe, Fußschutz, Hautschutzmittel, usw.	G → (P)
personenbezogen	**5. Hinweisende Sicherheitstechnik anwenden** z.B. Schilder, Betriebs-/ Bedienungsanweisungen, Warnleuchten, Warnkennzeichnung	G→ ← P
personenbezogen	**6. Beschäftigte unterweisen** Sicherheitsbelehrung in regelmäßigen Abständen, mindestens jährlich, bei gefährlichen Maschinen mindestens halbjährlich	G → ← P

Bild 172: Maßnahmen zum Arbeitsschutz nach dem TOP-Prinzip, erst technisch, dann organisatorisch, dann personenbezogen (nach Metall-BG).

6) Durchführung der festgelegten Maßnahmen des Arbeitsschutzes nach dem TOP-Prinzip
7) Überprüfung der Wirksamkeit der Maßnahmen zur Vermeidung von Gefährdungen und Unfällen.

Ergebnis

Darstellung der Gefährdungen und Planung der Maßnahmen zum Ausschluss von Gefährdungen durch TOP, technische, organisatorische und persönliche Schutzmaßnahmen. Die Gefährdungen müssen im akzeptierbaren Rahmen verbleiben. Die dokumentierte Gefährdungsanalyse dient der Absicherung der Führungskräfte im Falle von Arbeitsunfällen oder anderen negativen Arbeitsfolgen für die Mitarbeiter.

5.5.5 Unternehmens-Risk-Management

Grundzüge

Ziel des Unternehmens-Risk-Managements ist die Abwehr von Gefahren für das Unternehmen. Dazu gilt es, die potenziellen Gefahren für das Überleben des Unternehmens zu ermitteln und diese dann vorbeugend durch angemessene Maßnahmen zu reduzieren.

Auch hierfür ist die FMEA-Methodik sehr gut einsetzbar.

Anwendungsbereich

Jedes Unternehmen sollte eine solche Analyse durchführen. Bild 173 zeigt beispielhaft einen Ausschnitt einer Unternehmens-Risk-Analyse mit der FMEA-Methodik.

Vorgehen

Entsprechend der Vorgehensweise bei der FMEA-Durchführung.

Ergebnis

Risikominderung für das Unternehmen.

Fehler-Möglichkeits- und Einflussanalyse (System-FMEA)

- Systemeinheit: Berufsakademie
- Versionsnummer: 1
- Erstellungsdatum: 10.02.20..
- Erstellt durch (Name/Bereich): Neumann und Weiße
- Name | Name | Name
- Bestätigung des Betroffenen Bereichs
- Überarbeitungsdatum

Systemteil-element/Risiko	Potenzielle Fehler	Potenzielle Fehlerfolgen	Potenzielle Fehlerursachen	**Derzeitiger Zustand** Vorgesehene Prüf-/Verhütungsmaßnahmen	B	A	E	RPZ	Empfohlene Gegenmaßnahmen	Verantwortlichkeit/Termin	Verbesserter Zustand B	A	E	RPZ
1.1 Management	Fehlplanung	Negativer zukünftiger Fortbestand	Fehleinschätzungen, Informationsmangel	Interne Absprachen, Kompetenzabgrenzungen Dokumentationen	8	3	7	168						
1.2 Gemeinrisiko	Blockadehaltung	Negative Impulse für die Ausbildungsbetriebe	Fehlbesetzungen (falsche Personen)		5	3	2	30						
1.3 Infrastrukturrisiko	Brand Gebäude 2	Fehlende Räume, ein Serverraum zerstört	Verseuchung durch Rauchbildung, Großbrand	Bildung von Brandabschnitten, Brandschutzmaßnahmen	7	3	10	210	Einbau von vernetzten Rauchmeldern		7	3	7	147
	Brand Gebäude 1	Fehlende Räume, Laboratorien, Serverraum, Verwaltungsräume	Verseuchung durch Rauchbildung, Großbrand	Bildung von Brandabschnitten, Brandschutzmaßnahmen	10	5	10	500	Einbau von vernetzten Rauchmeldern, Sprinkleranlage		10	4	6	240
	B) Elementarschäden	Teiweise nicht nutzbare Räume	Mangelnde Reparaturen/Vorsicht	Int. Kommunikation und Reparaturen	5	3	4	60						

Bild 173: Beispiel für Unternehmens-Risiko-FMEA

5.5.6 Fehlerfortpflanzung über Prozessanalyse

Grundzüge

Bei Kenntnis der Genauigkeiten der Teilprozesse kann man mit der Fehlerfortpflanzungsrechnung die prozessbezogen entstehenden Fehlerraten, analog zu den produktbezogenen Fehlerraten des Fehlerbaumes, exakt berechnen.

Kennzeichnend für die einzelnen Teilprozesse ist der jeweilige **Ausbringungsgrad a,** der durch das Verhältnis der nicht-fehlerhaften Teile (Gutteile) zur Eingabemenge festgelegt ist. Dagegen beschreibt die **Fehlerquote f** das Verhältnis zwischen der Anzahl der produktionsbedingten Fehlprodukte und der Anzahl der hergestellten Produkte. Zwischen der Fehlerquote f und dem Ausbringungsgrad a eines Fertigungselementes besteht der einfache Zusammenhang: **a + f = 1.**

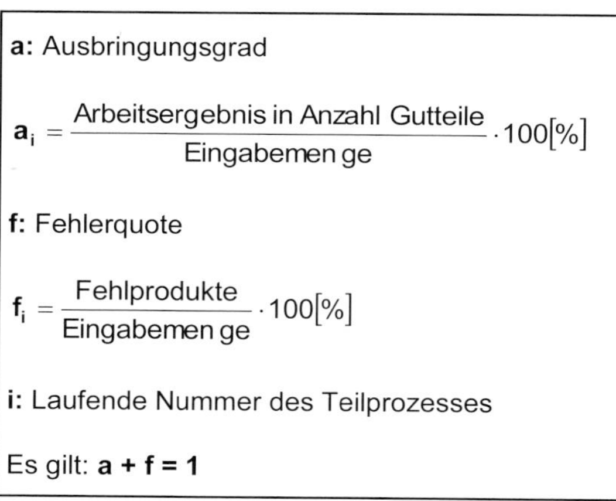

Bild 174: Ausbringungsgrad und Fehlerquote

Sind mehrere Fertigungselemente hintereinander geschaltet, ergibt sich die Gesamtausbringung über die Und-Verknüpfung der Wahrscheinlichkeitsrechnung.

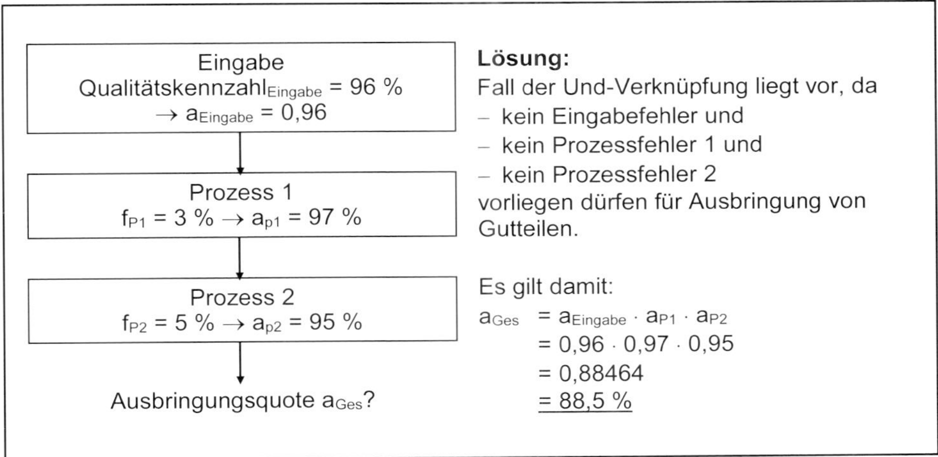

Bild 175: Beispiel Berechnung Fertigungselement

Man erkennt, dass über die verschiedenen Produktionsprozesse die Qualität kontinuierlich absinken wird. Um dies zu verhindern, kann man Prüfungen vornehmen (**Prüfelement** innerhalb des Prozesses).

Allerdings sind auch Prüfungen nicht fehlerfrei. Bei Kontrollen werden auf der einen Seite Fehler teilweise nicht erkannt (**Fehlerschlupf** σ), auf der anderen Seite können aber auch in Wirklichkeit gute Teile als fehlerhaft aussortiert werden (**Güteschlupf** τ).

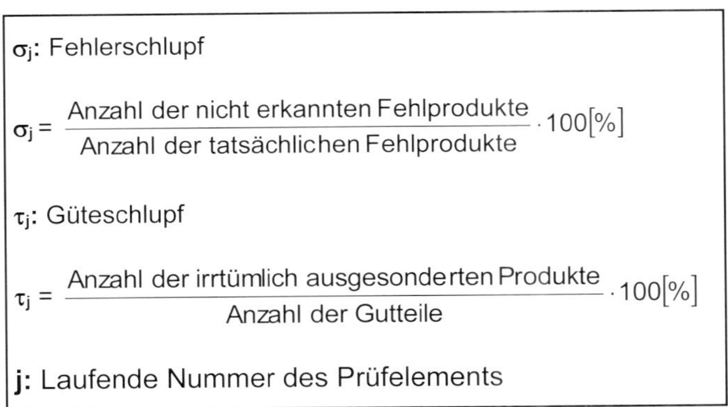

Bild 176: Fehler- und Güteschlupf

Die Anzahl der nicht erkannten Fehler (Fehlerschlupf) wird vor allem durch die Auswertung der Kundenreklamationen transparent, während der Güteschlupf τ nur aus einer Nachprüfung der Fehlprodukte hervorgehen kann. Die Zusammenhänge bei der Prüfung zeigt Bild 177.

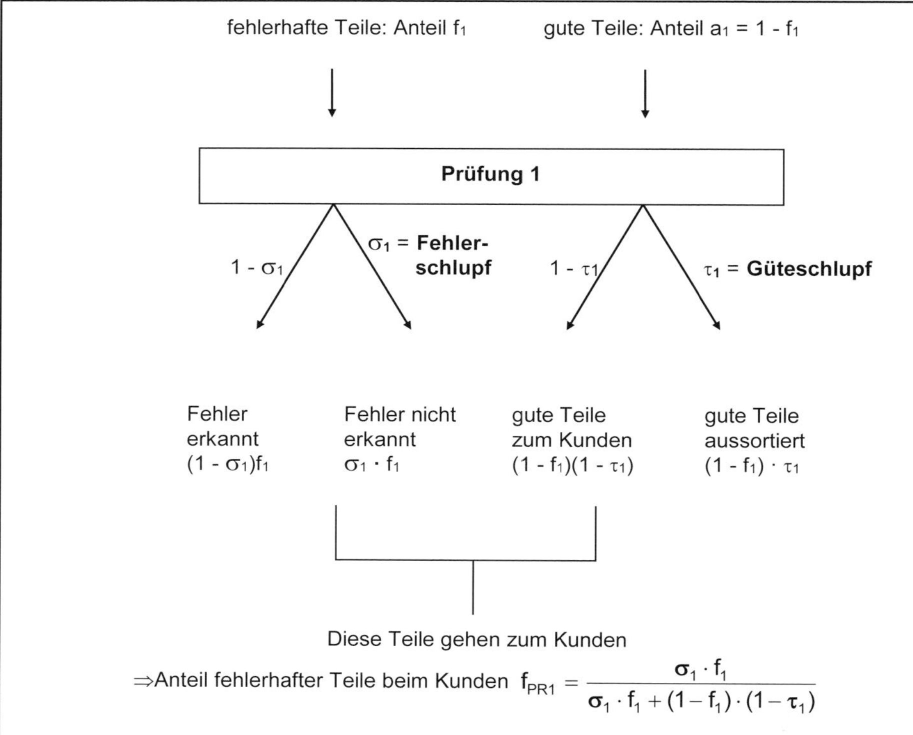

Beispiel für Wirkung einer Prüfung:

Aus der Auswertung der jährlichen Reklamationsdaten ist zu erkennen, dass der Fehlerschlupf σ_{ENP} der Endprüfung durchschnittlich 0,9 % beträgt, während aufgrund der Nachprüfungen ein Güteschlupf τ_{ENP} von 0,05 % ermittelt wurde. Wie groß ist der Anteil fehlerhafter Produkte beim Kunden, wenn vor der Prüfung eine Fehlerquote von 3 % vorgelegen hat?

$$f_{PR1} = \frac{\sigma_1 \cdot f_1}{\sigma_1 \cdot f_1 + (1-f_1)\cdot(1-\tau_1)} =$$

$$f_{PR1} = \frac{0{,}03 \cdot 0{,}009}{0{,}03 \cdot 0{,}009 + (1-0{,}03)\cdot(1-0{,}0005)} = 0{,}0002784$$

f_{PR1}= *0,028 %*

Bild 177: Zusammenhänge bei der Prüfung

Man erkennt, dass mit entsprechenden 100%-Prüfungen der Anteil fehlerhafter Teile drastisch reduziert werden kann. Automatische 100%-Prüfungen werden aus diesem Grund in viele Massenproduktionen eingebaut.

Anwendungsgebiete

Produktneueinführung bei einer Massenproduktion mit statistischer Prozessregelung (SPC), wodurch wahrscheinliche Fehlerquoten ähnlicher Prozesse oder der Pilotproduktion bekannt sind.

<table>
<tr><td colspan="2">Praxisbeispiel:
Vorgabe: 100 ppm maximale Fehlerquote für Kunststoffgehäuse für Fensterheber mit eingespritzter Dichtung und eingestecktem Achsbolzen</td></tr>
<tr><td colspan="2">Prozessablauf:
Spritzen Gehäuse, Spritzen Dichtung, Eindrücken des Achsbolzens und Endprüfung</td></tr>
<tr><td colspan="2">Planungsüberlegungen 1</td></tr>
<tr><td>Eingangsqualität Granulat 1: a = 99,8%
Eingangsqualität Granulat 2: a = 99,7%
Eingangsqualität Achsbolzen: a = 99,85%

Prozessqualität Spritzen Gehäuse: a = 99,90%
Prozessqualität Spritzen Dichtung: a = 99,92%
Prozessqualität Eindrücken Achsbolzen: a = 99,95
Endprüfung Fehlerschlupf: $\sigma = 2{,}5\%$
Endprüfung Güteschlupf: $\tau = 0\%$</td><td>Fehlerfortpflanzungsrechnung bis zur Prüfung:
$a_{\text{Vor Prüfung}} = 0{,}998 \cdot 0{,}997 \cdot 0{,}9985 \cdot 0{,}999 \cdot 0{,}9992 \cdot 0{,}9995$
$a_{\text{Vor Prüfung}} = 0{,}9912$
$f_{\text{Vor Prüfung}} = 1$
Fehleranteil nach der Prüfung:
$a_{\text{Nach Prüfung}} = 1 - (0{,}025 \cdot 0{,}00877 / (1 + 0{,}00877 \cdot (0{,}025 - 1)))$
$a_{\text{Nach Prüfung}} = 0{,}99978$ gleich 220 ppm
→ Ziel wird nicht erreicht</td></tr>
<tr><td colspan="2">Planungsüberlegungen 2:
Abschluss von strengeren Qualitätsvereinbarungen mit Zulieferern</td></tr>
<tr><td>Eingangsqualität Granulat 1: a = 99,99%
Eingangsqualität Granulat 2: a = 99,99%
Eingangsqualität Achsbolzen: a = 99,99%

Prozessqualität Spritzen Gehäuse: a = 99,90%
Prozessqualität Spritzen Dichtung: a = 99,92%
Prozessqualität Eindrücken Achsbolzen: a = 99,95%
Endprüfung Fehlerschlupf: $\sigma = 2{,}5\%$
Endprüfung Güteschlupf: $\tau = 0\%$</td><td>Fehlerfortpflanzungsrechnung bis zur Prüfung:
$a_{\text{Vor Prüfung}} = 0{,}9999 \cdot 0{,}9999 \cdot 0{,}9999 \cdot 0{,}999 \cdot 0{,}9992 \cdot 0{,}9995$
$a_{\text{Vor Prüfung}} = 0{,}9974$
$f_{\text{Vor Prüfung}} = 1$
Fehleranteil nach der Prüfung:
$a_{\text{Nach Prüfung}} = 1 - (0{,}025 \cdot 0{,}0026 / (1 + 0{,}0026 \cdot (0{,}025 - 1)))$
$a_{\text{Nach Prüfung}} = 0{,}999935$ gleich 65 ppm
→ Ziel wird erreicht</td></tr>
</table>

Bild 178: Beispiel für Anwendung der Fehlerfortpflanzungsrechnung

Vorgehen

1) Prozessplanung durchführen.
2) Ermittlung der jeweiligen Fehlerquoten über Prozessfähigkeitsuntersuchungen oder Abschätzungen aus Ergebnissen ähnlicher Produktionen.
3) Berechnung der wahrscheinlich entstehenden Produktqualität (ggf. verschiedener Alternativen).
4) Analyse von Schwachstellen und Planung notwendiger Veränderungen (Prozessveränderungen oder Einführung von sortierenden Prüfungen).
5) Freigabe des Prozesses.
6) Beobachtung der Fehlerquoten in der Praxis, Integration der Ergebnisse in die Berechnung.
7) Ggf. Durchführung notwendiger Veränderung der Prozesse zur Sicherstellung der geforderten Qualität.

Ergebnis

Berechnung der wahrscheinlichen Ausschussmengen im Stadium der Prozessplanung, Ableitung sinnvoller Optimierungen der Prozesse und Prüfaktivitäten und damit Sicherstellung einer wirtschaftlichen Produktion.

5.6 Klassische QS-Werkzeuge zur Realisierung von Qualität

5.6.1 Überblick über die sieben klassischen QS-Werkzeuge

Die klassischen QS-Werkzeuge dienen dazu, die im Rahmen der wertschöpfenden Tätigkeiten entstehenden Probleme prüfend und regelnd in den Griff zu bekommen, ggf. durch entsprechende Prozessveränderungen.

Der Schwerpunkt liegt bei diesen stärker im prüfenden Bereich (=check) und dem angemessenen Reagieren auf Probleme (=act) und weniger in einer vorbeugenden Qualitätsplanung. In der klassischen Qualitätssicherung beginnt man folgerichtig den Kreislauf auch bei der Messung (check), analysiert dann, um zielgerichtet die Fehlerursachen zu ermitteln und diese abzustellen (act). Ist dies nicht möglich, versucht man geplant (plan) über Prüfungen (do) Fehlerfolgen zu vermeiden.

Diesen Ablauf zeigt auch das Überblicksbild über die sieben QS-Werkzeuge (Bild 179).

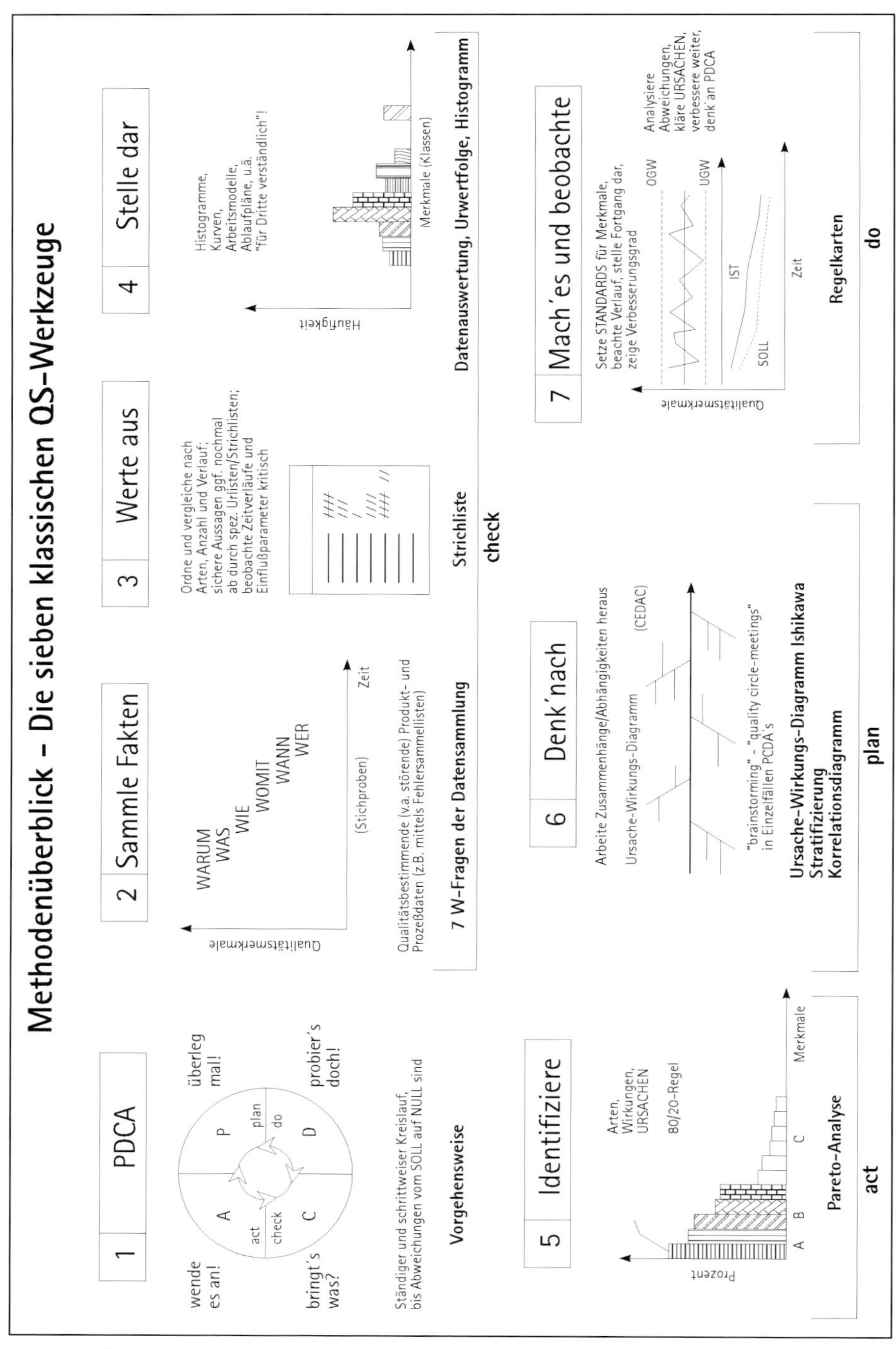

Bild 179: Überblick über sieben klassische QS-Werkzeuge

5.6.2 Das PDCA-Modell

Grundzüge

Gerade in der Realisierung ist auch die Qualitätsspirale (siehe Abschnitt 2.1.1), häufig auch PDCA-Modell und Deming-Kreis/-Rad/-Zyklus genannt, die Basis der Qualitätssicherung.

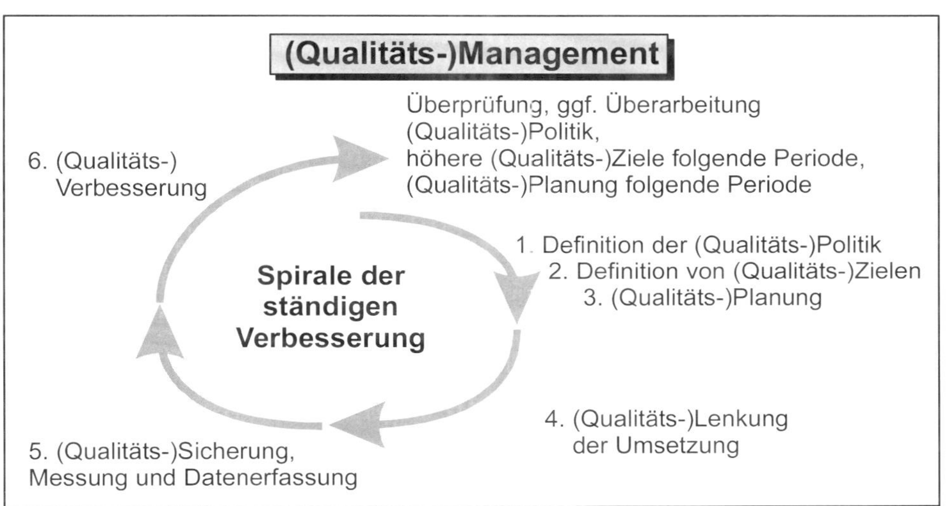

Bild 180: PDCA-Zyklus als Spirale der kontinuierlichen Verbesserung [Dem]

Anwendungsgebiete

Grundsätzliche Methodik des Vorgehens beim Qualitätsmanagement und auch der operativen Qualitätssicherung.

Vorgehen

1) **plan** – Plane Überlege, wie man etwas erreichen will
2) **do** – Tun Tue es
3) **check** – Checke Prüfe, ob es erfolgreich war und welchen Nutzen es hat
4) **act** – Agiere Wende die Erkenntnisse an und lasse sie in den nächsten Zyklus einfließen.

Ergebnis

Es wird eine konstante Verbesserung und eine angemessene Überwachung der Leistungserbringung erreicht.

5.6.3 Sieben W-Fragen zur Datenermittlung

Grundzüge
Sieben W-Fragen sind die Basis für eine umfassende Datenermittlung als Entscheidungsgrundlage für die Qualitätsanalyse.

1. Warum?
Der Nutzen der Datenermittlung muss eindeutig erkennbar sein. Daten dienen der Problemerfassung und Analyse. Sie werden aber auch aus Sicherheits- und Vertragsgesichtspunkten (gesetzliche und vertragliche Auflagen) erfasst und dokumentiert.

2. Was?, Welche?
Die Erforschung von Problemursachen erfordert die „richtigen" Daten. Dabei gilt es zu bedenken, dass Daten nur im Zusammenhang, z.B. welches Ergebnis unter welchen Randbedingungen zu welcher Zeit, wertvoll sind, ansonsten ist die Prüfung häufig wertlos.

3. Wie viel?
Datenerfassung verursacht Kosten. Es ist immer ein angemessener Datenumfang zu wählen. Dieser muss ausreichend sein für eine eindeutige Interpretierbarkeit im Hinblick auf die Anforderungen der Datenermittlung. Gleichzeitig ist es meist sinnvoll, weniger Messungen durchzuführen, aber bei diesen alle Randbedingungen mit zu erfassen, um dann in beliebiger Weise Abhängigkeiten feststellen zu können. Auch die nötige Sicherheit, der erforderliche Vertrauensbereich der Aussagen und die Signifikanz der Daten ist zu berücksichtigen.

4. Wo?, Wie?
Die Daten müssen untereinander vergleichbar und ggf. auch reproduzierbar sein. Der Ort und die Art und Weise der Messung spielen häufig, z.B. bei Schallmessungen, eine entscheidende Rolle.

5. Womit?
Prüf-, Mess- und sonstige Datenermittlungshilfen sind problemorientiert auszuwählen. Sie müssen über die geeigneten Möglichkeiten, z.B. eine geeignete Auflösung und Genauigkeit verfügen.

6. Wann?
Die Prüfzeitpunkte sind ebenfalls geeignet zu wählen, und zwar im Zusammenhang mit den vermuteten Abhängigkeiten.

7. Wer?
Neben der automatischen Datenerfassung sind häufig auch Mitarbeiter mit dieser betraut. Es sollte jeweils dokumentiert werden, wer die Daten ermittelt hat. Auf eine ausreichende Qualifikation und Information ist Wert zu legen.

Anwendungsgebiete

Diese Fragen sind im Hinblick auf alle Prüfungen und Datenerfassungen zu beantworten. Grundsätzlich sollte Wert darauf gelegt werden, möglichst kostengünstig viele Randbedingungen mit zu erfassen, die später von Interesse sein könnten (z.B. Datenerfasser über Unterschrift unter Messprotokoll).

Vorgehen

1) Gründe und Ziele der Datenerfassung festlegen
2) W-Fragen abarbeiten
3) Dokumentation der Datenerfassungsplanung.

Ergebnis

Optimale Datenerfassung. Wichtig ist die Erkenntnis, dass es bei Qualitätsproblemen immer günstig ist, alle Randbedingungen bestehender Prüfungen zu kennen, um dann einfach und ohne erneute Versuche eine Fehleranalyse durchführen zu können.

5.6.4 Datenerfassung mit Strichliste und Urwertfolge

Grundzüge

Strichlisten dienen der Zähldatenerhebung. Die Häufigkeit des Auftretens von bestimmten Ereignissen (z.B. eines Fehlers) wird erfasst, wobei nach Art, Ort oder anderen Kriterien unterschieden werden kann.

Strichlistenformulare finden sich im alltäglichen Leben, angepasst an die jeweilige Erfassungsproblemstellung.

Strichliste							
Merkmalsausprägungen	**Häufigkeit des Auftretens der Merkmalsausprägung**						
A	III	𝍸 I	IIII				
B	𝍸	III					
C	𝍸						
D	II						

Bild 181: Prinzip der Strichliste

Die Urwertfolge erfasst quantitative Messdaten in ihrer zeitlichen Reihenfolge und stellt sie häufig zusätzlich graphisch dar.

Ziel der graphischen Darstellung ist es, bereits bei der Datenerfassung über eine erste optische Analyse Besonderheiten im zeitlichen Verlauf zu erkennen. Die Daten müssen hierfür natürlich zeitlich geordnet anfallen (vgl. Bild 182).

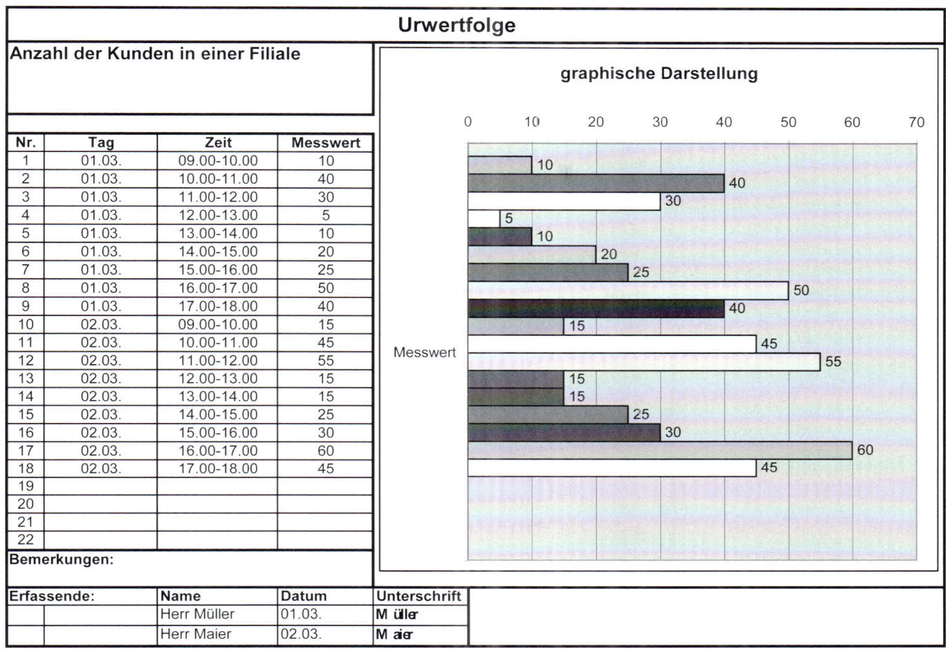

Urwertfolge

Anzahl der Kunden in einer Filiale

Nr.	Tag	Zeit	Messwert
1	01.03.	09.00-10.00	10
2	01.03.	10.00-11.00	40
3	01.03.	11.00-12.00	30
4	01.03.	12.00-13.00	5
5	01.03.	13.00-14.00	10
6	01.03.	14.00-15.00	20
7	01.03.	15.00-16.00	25
8	01.03.	16.00-17.00	50
9	01.03.	17.00-18.00	40
10	02.03.	09.00-10.00	15
11	02.03.	10.00-11.00	45
12	02.03.	11.00-12.00	55
13	02.03.	12.00-13.00	15
14	02.03.	13.00-14.00	15
15	02.03.	14.00-15.00	25
16	02.03.	15.00-16.00	30
17	02.03.	16.00-17.00	60
18	02.03.	17.00-18.00	45
19			
20			
21			
22			

Bemerkungen:

Erfassende:	Name	Datum	Unterschrift
	Herr Müller	01.03.	Müller
	Herr Maier	02.03.	Maier

Bild 182: Beispiel für Urwertfolge mit graphischer Darstellung (EXCEL) zur Bestimmung der optimalen Personalbesetzung einer Filiale

Anwendungsgebiete

Strichliste und Urwertfolge sind üblich für die Erfassung und erste Darstellung von Prüfdaten. Dabei kann die Erfassung manuell oder per DV erfolgen.

Vorgehen

1) Gründe und Ziele der Datenerfassung festlegen
2) W-Fragen abarbeiten
3) Dokumentation der Planung der Datenerfassung
4) Datenerfassung mit Hilfe von Strichfolge bzw. Urwertfolge.

Ergebnis

Saubere und klare Dokumentation der Datenerfassung.

5.6.5 Datenauswertung und Datendarstellung mit Hilfe des Histogramms

Grundzüge
Wesentliche Kennzahlen der Datenauswertung sind:

- **Zentralwert (Median)**

Der Median ist der Wert, der in der Mitte einer der Größe nach geordneten Zahlenfolge steht. Bei einer geraden Anzahl von Werten ist der Median der Mittelwert der beiden mittleren Werte.

Bsp: 1,2,6,7,9,12,15 → Median = 7
Bsp: 1,2,6,9,12,15 → Median = (6+9)/2 = 7,5

- **Arithmetischer Mittelwert**

Der arithmetische Mittelwert ist die Summe aller Zahlen, dividiert durch die Anzahl der Zahlen.

- **Spannweite (Range)**

Die Spannweite ist die Differenz zwischen dem größten und dem kleinsten Wert.

- **Standardabweichung** s

Die Standardabweichung ist die Quadratwurzel aus der Summe der quadrierten Differenzen zwischen Einzel- und Mittelwert dividiert durch die Anzahl der Messwerte minus 1.

Statistische Auswertung der Urwertfolge	
Zentralwert /Median	27,5
Mittelwert	29,72
Spannweite	56
Standardabweichung	16,84

Bild 183: Statistische Auswertung der Urwertfolge des Bildes 182

Neben der Datenauswertung erleichtert eine anschauliche Datendarstellung das Verständnis der Problemsituation.

Das Histogramm ist eine Darstellung gruppierter Daten durch aneinandergereihte Rechtecke, wobei die Rechteckfläche der auf die jeweiligen Klassen entfallenden Datenhäufigkeiten entspricht.

Das Histogramm erleichtert dem Menschen die Vorstellung der Messwertverteilung. Sehr schnell erkennt man die Art der vorliegenden Verteilung.

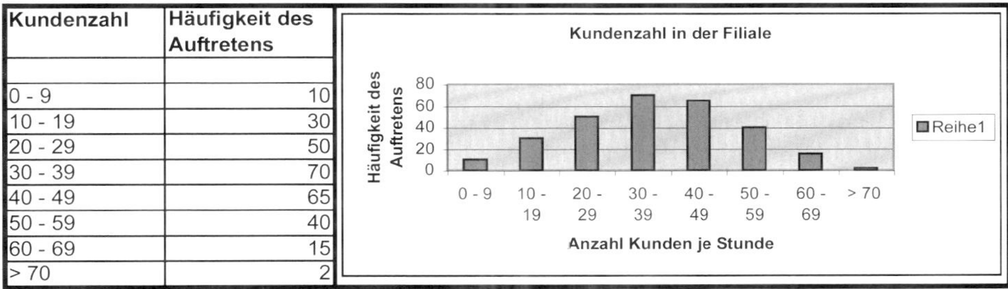

Kundenzahl	Häufigkeit des Auftretens
0 - 9	10
10 - 19	30
20 - 29	50
30 - 39	70
40 - 49	65
50 - 59	40
60 - 69	15
> 70	2

Bild 184: Häufigkeitsverteilung und Histogramm

Anwendungsgebiete

Kennzahlen und Darstellungen sind die Basis für jede Datenanalyse.

Vorgehen

1) Gründe und Ziele der Datenerfassung festlegen
2) W-Fragen abarbeiten
3) Dokumentation der Datenerfassungsplanung
4) Datenerfassung mit Hilfe von Strichfolge bzw. Urwertfolge
5) Ermittlung von Kennzahlen und Darstellungen.

Ergebnis

Erste einfache Auswertung der ermittelten Daten.

5.6.6 Pareto-Analyse zur Identifikation von Handlungsschwerpunkten

Grundzüge

Im Wirtschaftsprozess sollte sich jedes Handeln, auch im Qualitätsmanagement, am ökonomischen Prinzip orientieren, nämlich mit minimalem Aufwand ein bestimmtes Ergebnis oder mit gegebenem Aufwand ein bestmögliches Ergebnis zu erreichen. Von daher müssen die ermittelten Prozessdaten wirtschaftlich, also mit Kosten, bewertet werden (vgl. Bild 185).

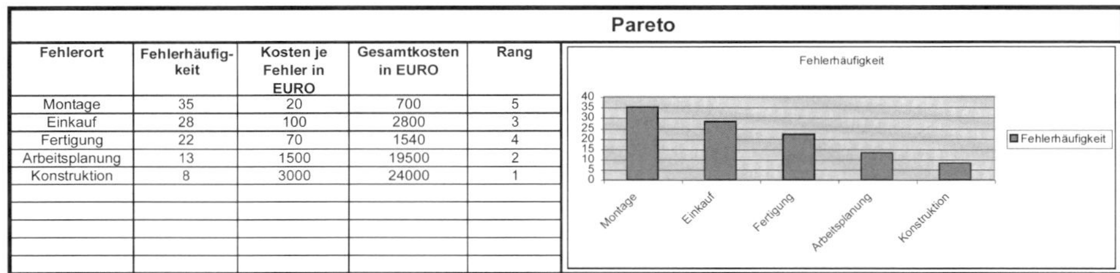

Pareto

Fehlerort	Fehlerhäufigkeit	Kosten je Fehler in EURO	Gesamtkosten in EURO	Rang
Montage	35	20	700	5
Einkauf	28	100	2800	3
Fertigung	22	70	1540	4
Arbeitsplanung	13	1500	19500	2
Konstruktion	8	3000	24000	1

Bild 185: Fehlerstatistik, geordnet nach Fehlerhäufigkeit

Die Pareto-Analyse ist eine ABC-Klassifikation nach den Qualitätskosten.

In der Praxis muss mit qualitätssichernden Maßnahmen nicht dort begonnen werden, wo die meisten Fehler auftreten, sondern die höchsten Kosten. Von daher ist die Fehlerstatistik nach den Kosten umzusortieren (vgl. Bild 186).

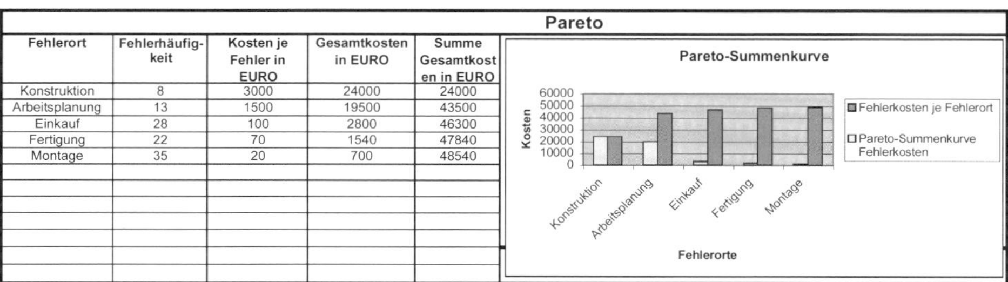

Pareto

Fehlerort	Fehlerhäufigkeit	Kosten je Fehler in EURO	Gesamtkosten in EURO	Summe Gesamtkosten in EURO
Konstruktion	8	3000	24000	24000
Arbeitsplanung	13	1500	19500	43500
Einkauf	28	100	2800	46300
Fertigung	22	70	1540	47840
Montage	35	20	700	48540

Bild 186: Pareto-Summenkurve = Fehlerstatistik geordnet nach Fehlerkosten

Es ergibt sich die Pareto-Grafik, angeführt hier von den Bereichen Konstruktion und Arbeitsplanung. Dort fallen die höchsten Kosten an; hier muss mit Vorbeugungsmaßnahmen begonnen werden.

Anwendungsgebiete
Betriebswirtschaftliche Steuerung der Qualitätssicherungsaktivitäten im gesamten Unternehmen.

Vorgehen
1) Ermittlung der Fehlerstatistiken
2) Ermittlung der Kosten je Fehler
3) Ermittlung der Gesamt-Fehlerkosten für die einzelnen Fehlerarten
4) Bildung der Pareto-Summenkurve
5) Ableitung von prioritären Handlungsbereichen.

Ergebnis
Maximierung des betriebswirtschaftlichen Nutzens von qualitätssichernden Aktivitäten.

5.6.7 Problemanalyse (Korrelationsanalyse, Stratifizierung und Gut-Schlecht-Vergleich)

Zur Problemanalyse kann insbesondere das Ursache-Wirkungs-Diagramm eingesetzt werden, welches im Abschnitt 5.5.1 dargestellt wurde. Es dient zur Ermittlung möglicher Ursachen für die aufgetretenen Fehler. Es gilt, die Hypothesen dann zu belegen. Hierzu dient die Korrelationsanalyse.

Grundzüge

Die Korrelationsanalyse ist ein Instrument der Statistik und dient dazu, vermutete Beziehungen zwischen zwei Größen nachzuweisen.

Vor dem mathematischen Nachweis der Abhängigkeit ist die Darstellung gepaarter Daten in einem Korrelationsdiagramm (siehe Bild 187) der einfache und sehr anschauliche Weg, Vermutungen über einen sachlichen Zusammenhang zweier Größen nachzuweisen. Mathematisch lässt sich der Korrelationskoeffizient bestimmen, der Werte zwischen –1 (sehr negativ) und +1 (sehr positiv) annehmen kann. Es ist darauf zu achten, dass Korrelationen zum Teil vielfältige Gründe haben können und auch zufällig für eine Situation entstehen können, ohne dass wirklich ein ursächlicher Zusammenhang vorliegt.

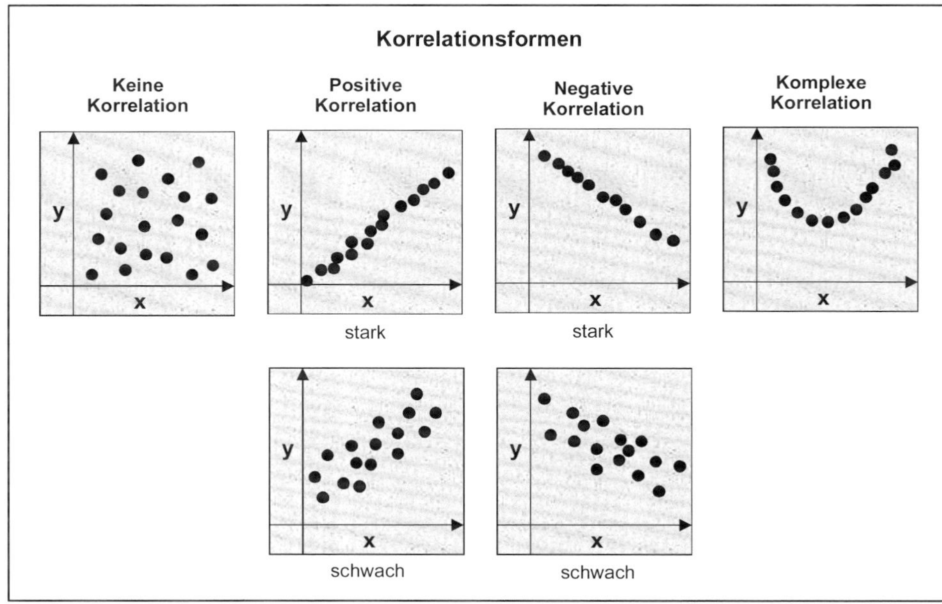

Bild 187: Korrelationsformen im Überblick

Eine spezifische Korrelationsanalyse ist die Stratifizierung.

Stratifizierung bedeutet, Daten nach festgelegten Unterscheidungsmerkmalen zur Analyse zu trennen.

Als Unterscheidungsmerkmale kommen die möglichen Einflussfaktoren in Frage. Dies sind beispielsweise der Ort, der Bediener, die Maschine, das Werkzeug, die Temperatur. Wesentlich ist es, die Stratifizierungsmerkmale schon bei der Datenerhebung zu berücksichtigen und die Randbedingungen wie den Ort, die Maschine, das Werkzeug, die Temperatur und weitere Faktoren gleich mit aufzuzeichnen (vgl. Bild 188). Dadurch ist später ohne großen Mehraufwand eine Zuordnung und Auswertung des Kriteriums möglich. Ansonsten wird eine weitere Datenerhebung mit entsprechenden Kosten und Zeitverzögerungen benötigt.

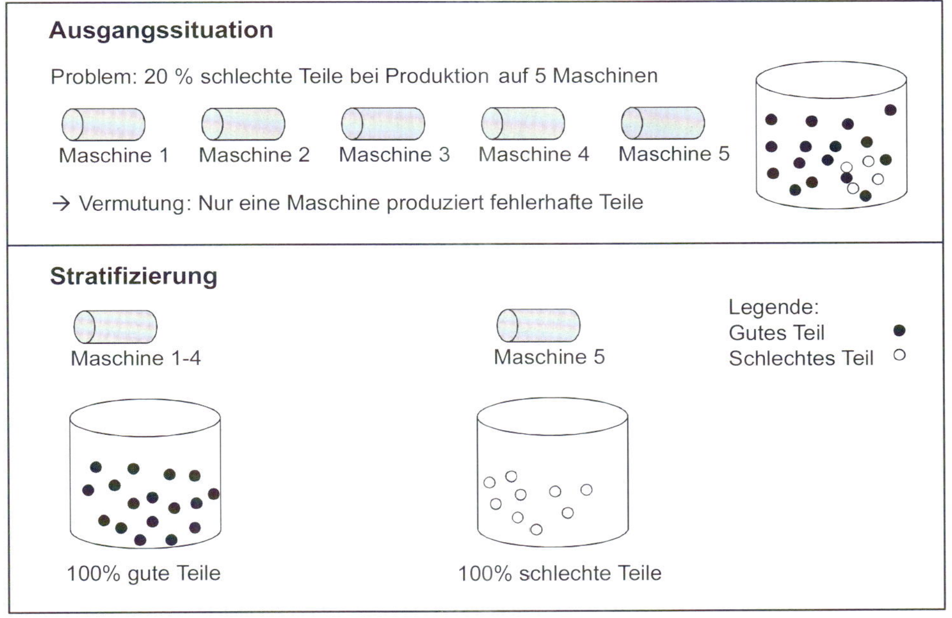

Bild 188: Beispiel für Stratifizierung

Ein weiteres Hilfsmittel der Korrelationsanalyse ist der sogenannte Gut-Schlecht-Vergleich.

Auf der Systemebene führt man heute zur Fehleranalyse häufig den **Komponententausch** durch. Man zerlegt sowohl die gute als auch die schlechte Einheit auf die gleiche Art und Weise und baut beide genauso wieder zusammen. Damit ist der Nachweis erbracht, dass die Montage keinen Einfluss auf das Problem hat. Man tauscht nun die als Fehlerverursacher in Frage kommenden Komponenten gegen funktionierende (neue) Komponenten jeweils aus, bis das System wieder funktioniert.

Auf der Bauteil-Ebene dagegen wird vielfach ein technisch-, qualitätsorientierter **paarweiser Vergleich** durchgeführt. Dabei betrachtet man jeweils ein gutes und ein schlechtes Bauteil und versucht, die Unterschiede zu ermitteln, diese dann durch die Untersuchung weiterer Paare zu erhärten und damit die signifikanten Unterschiede endgültig zu ermitteln.

Anwendungsgebiete
Korrelationsanalyse dient der Fehleranalyse.

Vorgehen
1) Exakte Beschreibung der aufgetretenen Fehler
2) Durchführung von Ursache-Wirkungs-Überlegungen zur Ermittlung potenzieller Fehlerursachen (siehe Abschnitt 5.5.1)
3) Korrelationsanalyse für in Frage kommende Ursachen vornehmen. Zuerst Stratifizierung und entsprechende statistische Korrelationsanalysen auf der Basis des vorhandenen Datenmaterials, ggf. bei Systemen auch Komponententausch oder bei Einzelteilen ein paarweiser Vergleich
4) Für ermittelte Fehlerursache Vermeidungs- oder Überwachungsstrategien planen und umsetzen.

Ergebnis
Ermittlung der Fehlerursache als Basis für erfolgreiche Verbesserungsaktivitäten. Die Problemverbesserung gelingt über die im Abschnitt 5.7.1 beschriebene 8D-Methodik oder die im Abschnitt 3.2.1 beschriebenen To-Do-Listen sehr gut.

5.6.8 Statistische Prozessregelung

Grundzüge

Die statistische Prozessregelung basiert auf Regelkarten. Dies sind Formblätter zur Sammlung und graphischen Darstellung von Messwerten im Vergleich zu vorab festgelegten Eingriffsgrenzen. Bei Überschreiten der Eingriffsgrenzen sind Maßnahmen durchzuführen, um den gewünschten Zustand wieder zu erreichen.

Ziel der Regelkarten ist es, die Fertigung so zu steuern, dass sie immer innerhalb der Grenzwerte vorliegt und der Nachweis der Fähigkeit und Beherrschbarkeit der Fertigungsprozesse vorhanden ist.

Dazu werden die Ergebnisse von stichprobenartig durchgeführten Messungen verarbeitet und graphisch aufbereitet in Form der übersichtlichen Regelkarten (siehe Bild 189). Bei Über- oder Unterschreiten der Eingriffsgrenzen erfolgt unmittelbar eine Prozesskorrektur. Sollte konstant eine Verletzung der Eingriffsgrenzen, also keine Prozessfähigkeit und -sicherheit vorliegen, so gilt es, den Prozess grundlegend zu überdenken und zu verbessern.

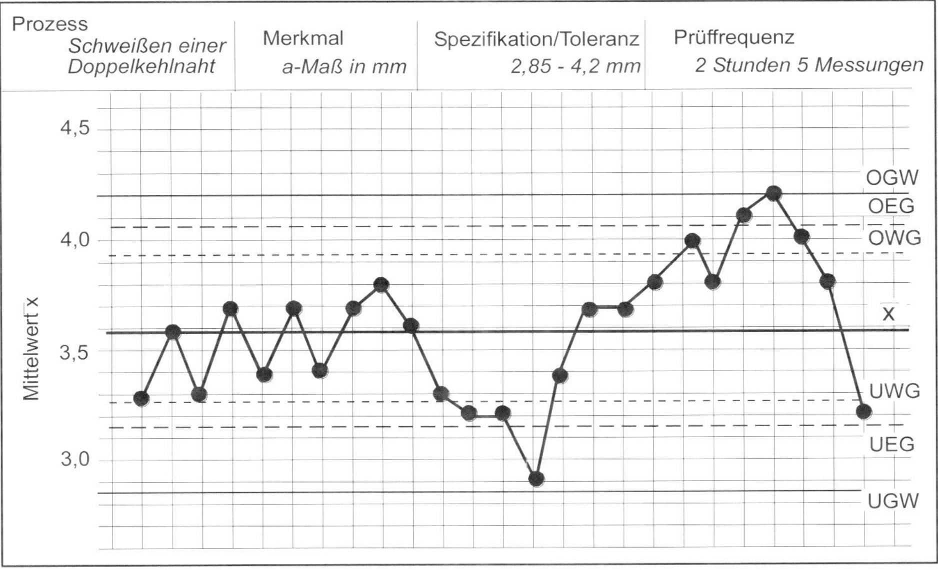

Bild 189: Beispiel einer Regelkarte

Anwendungsgebiete

Die statistische Prozessregelung findet bei Prozessen Anwendung, die grundsätzlich geeignet sind, fehlerfreie Produkte zu produzieren, bei denen aber mit der Zeit Veränderungen durch Abnutzung oder Verschleiß stattfinden. Voraussetzung ist weiterhin das Vorliegen einer Normalverteilung.

Vorgehen

1) Festlegung der Anlagen mit bestimmten Prozessen, Erzeugnissen und Parametern, für die SPC eingeführt werden soll
2) Vorbereitung von SPC. Ermittlung der Einflüsse, Festlegung der Kenngrößen mit ihren Grenzwerten und den Prüfmethoden, Regelung der Verantwortung für die Durchführung
3) Einführung von SPC
   - Ermittlung der Prozessfähigkeit und Prozesssicherheit
   - Ermittlung der Warn- und Eingriffsgrenzen und Festlegen des nötigen Stichprobenumfangs für die Prüfungen
   - Prozess durchführen mit Prüfungen unter Anwendung der Regelkarte. Ggf. Eingreifen in den Prozess und dessen Lenkung
4) Periodische Überprüfung. Nach definierten Abständen Neuberechnung der Warn- und Eingriffsgrenzen. Ggf. auch grundlegende Überlegungen zur Prozessverbesserung durchführen.

Ergebnis

Fehlerfreie Produkte durch rechtzeitige Eingriffe in die Produktion über korrigierende Aktivitäten (Nachstellen der Prozessparameter, Wechsel Werkzeug bzw. sonstige Verschleißteile, usw.).

5.7 Weitere Methoden zur Qualitätsverbesserung

5.7.1 8D-Methode

Grundzüge

Der 8D-Methode ist eine Systematik zur Analyse und Beseitigung der Ursachen eines zu Tage getretenen Fehlers, Mangels oder einer anderen als unerwünscht betrachteten Situation. Die Dokumentation erfolgt in einem Formblatt für den 8D-Report (vgl. Bild 190).

8D-Report				
Kunde:	Kunden-Nr.:			
Stellungnahme zu:	vom:			
Teile-Nr.:	Teilebezeichnung:			
Liefermenge:	Reklamationsmenge:			
Team des 8D-Reports: **Schritt Nr. 1**				
Problembeschreibung: **Schritt Nr. 2**				
Kurzfristige Maßnahmen: **Schritt Nr. 3**	Verantwortlich	Bis Datum:	Erledigt Datum Unterschrift	Ange- fallene Kosten
Ergebnisse der Ursachenanalyse: **Schritt Nr. 4**				
Festlegung der Abstellmaßnahmen: **Schritt Nr. 5**	Verantwortlich	Bis Datum	Erledigt: Datum, Unterschrift	Ange- fallene Kosten
Durchführung der Abstell- maßnahmen: **Schritt Nr. 6**	Verantwortlich	Bis Datum	Erledigt: Datum, Unterschrift	Ange- fallene Kosten
Maßnahmen zur Verhinderung des Wiederauftretens: **Schritt Nr. 7**	Verantwortlich	Bis Datum	Erledigt: Datum, Unterschrift	Ange- fallene Kosten
Maßnahme bewerten auf Erfolg: **Schritt Nr. 8**	Verantwortlich	Bis Datum	Erledigt: Datum, Unterschrift	Ange- fallene Kosten

Bild 190: Formblatt für 8D-Report

Anwendungsbereich

Der 8D-Report wurde in der Automobilbranche entwickelt und dort sehr systematisch eingesetzt, insbesondere bei der Bearbeitung von Reklamationen der Kunden, aber auch für interne Reklamationen und Lieferantenreklamationen. Sie wird eingesetzt bei der Teamarbeit, um komplexe Fehler systematisch zu analysieren und deren Ursachen zu finden und abzustellen.

Vorgehen (8 x Do)

1) **Team zusammenstellen.** Das Team muss angemessen interdisziplinär aus Personen bestehen, die die nötigen Prozess- und Produktkenntnisse besitzen, um das aufgetretene Problem wahrscheinlich lösen zu können. Für das Team muss ein Teamleiter ernannt werden und allen Teammitgliedern muss die nötige Zeit zur Mitwirkung eingeräumt werden. Sie müssen aktiv mitwirken wollen unter Einsatz ihrer Kompetenzen und Kenntnisse.
2) **Beschreibung des Fehlers bzw. des Problems**. Eine möglichst exakte Eingrenzung und Darstellung des Problems sind die Basis für die Problemlösung. Hierfür sind die notwendigen Daten zu ermitteln.
3) **Sofortmaßnahmen zur Schadensbegrenzung und kurzfristigen Problemlösung für den Kunden durchführen und sofort auf Wirkung überprüfen**. Gerade bei Reklamationen muss man sofort handeln, um den Kunden kurzfristig zufriedenzustellen und weitere Schäden abzuwenden (z.B. Stillstand einer Produktionslinie durch fehlende Teile). Der Erfolg der kurzfristigen Aktivitäten ist zu prüfen, bevor man sich intensiv an die Fehleranalyse begibt.
4) **Fehlerursachen ermitteln.** Die grundlegende Ursache des Problems ist herauszufinden. Ggf. sind Experimente zur Absicherung der Hypothese durchzuführen.
5) **Abstellmaßnahmen festlegen.** Wirkungsvolle und betriebswirtschaftlich sinnvolle Abstellmaßnahmen sind zu ermitteln und in Kraft zu setzen. Die Wirksamkeit der Abstellmaßnahme sollte möglichst nachgewiesen sein.
6) **Abstellmaßnahmen dauerhaft einführen.** Mit der Einführung ist sofort an die Prüfung der Wirksamkeit zu denken.
7) **Wiederauftreten verhindern.** Die gewonnenen Erkenntnisse sind zu sichern und in das Managementsystem zu integrieren. Es muss verhindert werden, dass ähnliche Probleme wieder auftreten.
8) **Bewertung der Teamarbeit.** Nach einiger Zeit ist der Erfolg der Teamarbeit zu bewerten, die dauerhafte Fehlervermeidung fest- sowie der wirtschaftliche (Miss-)Erfolg des Problems und der Fehlerbeseitigung darzustellen. Das Team ist ausreichend zu beglückwünschen, um es für weitere 8D-Maßnahmen zu gewinnen und zu motivieren.

Ergebnis

Systematische Reklamationsbearbeitung, die häufig Schritt für Schritt sofort an den Reklamierenden kommuniziert wird. Es ergibt sich eine dauerhafte Problemlösung über eine gute Systematik und ausreichende Dokumentation.

5.7.2 Beschwerde-, Reklamations- und Fehlermanagement

Grundzüge

Beschwerde ist eine negative Meinungsäußerung eines (potenziellen) Kunden über das Unternehmen.

Reklamation ist eine formale produktbezogene Beschwerde.

Fehler ist jede Abweichung vom gewünschten Soll-Zustand.

Hinter all diesen negativen Dingen steckt eine Chance für das Unternehmen, nämlich die des Erkennens und der Verbesserung, die systematisch zu nutzen sind. Hierfür ist sicherlich die 8D-Methode ein wichtiges Hilfsmittel.

Wichtig ist die Erkenntnis, dass ein Kunde, solange er sich beschwert, zum Unternehmen noch eine Bindung besitzt und nicht verloren ist.

Eine positive Beschwerde- und Reklamationsbearbeitung sorgt sogar langfristig für eine stärkere Bindung zum Unternehmen. Eine negative Beschwerde- und Reklamationsbearbeitung hingegen sorgt für unzufriedene, endgültig abwandernde Kunden.

Grundsätzlich gibt es verschiedene **Wege der Beschwerdeäußerung** durch den externen wie den internen Kunden:

- Mündliche Beschwerde
- Schriftliche Beschwerde (per Post, per Fax, per E-Mail, usw.).

Natürlich gibt es auch **verschiedene Adressaten der Beschwerde**:

- Direkte Beschwerde oder Reklamation beim zuständigen Sachbearbeiter
- Beschwerde oder Reklamation beim Vorgesetzten des zuständigen Sachbearbeiters
- Direkte Beschwerde oder Reklamation bei der Geschäftsführung oder einer zentralen Reklamationsstelle, meist dem QMB . Hierzu gehört beispielsweise auch die Mitwirkung bei einer zentralen Kundenzufriedenheitsbefragung.

Im Hinblick auf die **Schwere der Reklamation** gibt es verschiedene Fälle:

- Geringfügige Beschwerde, deren Abstellung dem Sachbearbeiter direkt möglich ist
- Geringe Beschwerde, deren Abstellung zusammen mit dem jeweiligen direkten Vorgesetzten möglich ist
- Beschwerde, deren Abstellung und Ursachenbehebung nur über das Zusammenspiel mehrerer Bereiche und ggf. Änderungen in den Prozessen und damit dem QM-System möglich ist.

All diese Fälle müssen vom System angemessen gehandhabt werden. Kritisch ist besonders die Erfassung der mündlichen, geringfügigen und geringen Beschwerden, die gerne direkt bearbeitet und abgestellt werden, ohne diese offensichtlich werden zu lassen. Fehler sind etwas Negatives und von daher versucht man, diese zu vertuschen. Dies führt aber langfristig nicht zu einer Systemverbesserung.

Es gilt, die Mitarbeiter für das Beschwerde-, Reklamations- und Fehlermanagement zu sensibilisieren und das Aufzeigen von Problemen und Potenzialen zu belohnen. Wichtig ist es, Wiederholungsfehler zu vermeiden und die Anzahl der Beschwerden und Reklamationen langfristig zu senken.

Die grundsätzliche Struktur eines Beschwerde-, Reklamations- und Fehlermanagements zeigt Bild 191.

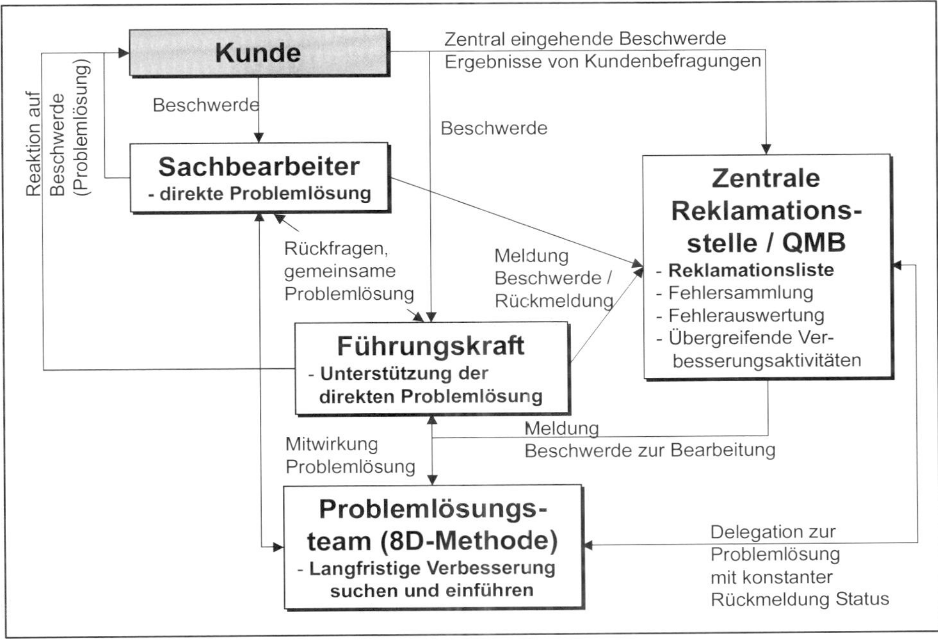

Bild 191: Systematik für Beschwerde- und Reklamationswesen

Entscheidend ist eine zügige Reklamationsbearbeitung. Optimal wäre eine direkte Problemlösung vor Ort oder innerhalb eines kurzen Zeitraums. Sollte dies nicht möglich sein, so ist der Kunde über den Eingang der Reklamation, die zentrale Bearbeitungsnummer und den Stand der Abarbeitung sehr schnell zu informieren. In regelmäßigen Abständen wäre er über die laufenden Aktivitäten bis zur endgültigen Problemlösung zu unterrichten.

Anwendungsbereich
Ein systematisches Beschwerde-, Reklamations- und Fehlermanagement sollte in jedem Unternehmen übergreifend bestehen.

Vorgehen
1) Planung eines Beschwerde-, Reklamations- und Fehlermanagements
2) Umsetzung des Beschwerde-, Reklamations- und Fehlermanagements
3) Stimulierung der Meldung von Beschwerden und Reklamationen sowie Fehlern an die zentrale Stelle
4) Auswertung der Beschwerden, Reklamationen und Fehler im Rahmen des Qualitätscontrollings zur systematischen Steuerung von Verbesserungen.

Ergebnis

Gewissenhafter Umgang mit Beschwerden, Reklamationen und Fehlern zum Wohle des Unternehmens und im Sinne der Kunden (externe und auch interne). Dabei ist Wert zu legen auf Transparenz und Schnelligkeit gegenüber dem Kunden und intern auf die grundlegende Abstellung der Fehlerursachen.

5.7.3 Betriebliches Vorschlagswesen

Grundzüge

Das betriebliche Vorschlagswesen lässt sich in der Praxis sehr gut mit dem Beschwerde- und Reklamationsmanagement verknüpfen. Daher sollte es einen betrieblichen Ansprechpartner/Koordinator geben, der das Management und die Auswertung übernimmt. Auch hier wird die Bewertung des Vorschlages und die Vorbereitung der Umsetzung meist über ein Mitarbeiterteam, einen Qualitätszirkel, oder aber über einen Fachgutachter stattfinden.

Das betriebliche Vorschlagswesen dient der Verbesserung im Unternehmen. Die Mitarbeiter sollen über ihren eigenen Verantwortungsbereich hinaus für das Unternehmen mitdenken und werden hierfür durch Prämien belohnt. Ziel ist es, das Kreativ- und Ideenpotenzial der Mitarbeiter umfassend auszuschöpfen und für das Unternehmen gewinnbringend zu nutzen. Die Strukturen für ein systematisches betriebliches Vorschlagswesen zeigt Bild 192.

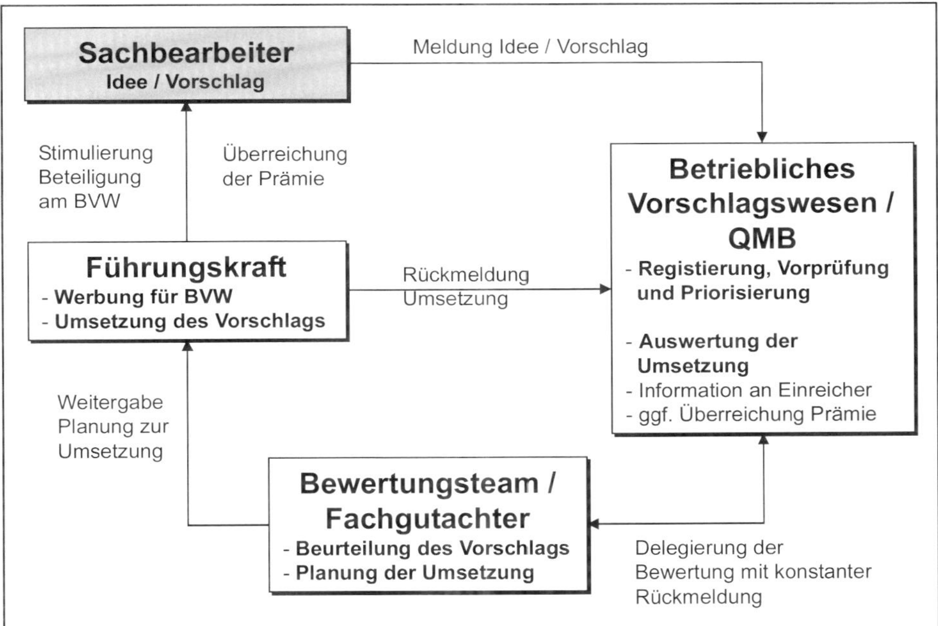

Bild 192: Struktur für Betriebliches Vorschlagswesen (BVW)

Anwendungsbereich

In jedem Unternehmen ab einer gewissen Mindestgröße sollte ein systematisches betriebliches Vorschlagswesen eingeführt werden.

Vorgehen

Für einen Vorschlag sind die folgenden Schritte zu durchlaufen:

1) Einreichung des Vorschlags durch einen Mitarbeiter oder ein Team (z.B. über Kästen für BVW, die regelmäßig geleert werden)
2) Vorprüfung des Vorschlags. Registrierung des Vorschlags und Meldung des Eingangs, Bewertung der Zulässigkeit für Prämie, Priorisierung und Festlegung der Zuständigkeit
3) Beurteilung des Vorschlags durch Team oder Fachgutachter auf Umsetzbarkeit und Einsparmöglichkeiten / Verbesserungen / Handhabbarkeit
4) Bewertung des Vorschlags. Oft gibt es eine Kommission, die endgültig über die Prämienberechtigung und Prämienhöhe, insbesondere anhand des Erfolges der Verbesserung und deren finanzieller Bewertung, befindet
5) Umsetzung des Vorschlags (wenn erfolgreich möglich), ggf. Zurückstellung oder Ablehnung
6) Information des Einreichers über die Umsetzung und den Erfolg
7) Prämierung. Überreichung der Prämie durch die Vorgesetzen oder den Zuständigen des betrieblichen Vorschlagswesen, in kleineren Unternehmen häufig eine Führungskraft oder evtl. der QM-Beauftragte. Vielfach erfolgt die Übergabe öffentlich, um die Motivation für andere Mitarbeiter und weitere Vorschläge zu steigern.

Ergebnis

Nutzung der Ideen der Mitarbeiter zur Erzielung von Einsparungen und Erarbeitung von verbesserten Produkten/Dienstleistungen durch die Mitarbeiter. Die meisten Vorschläge beziehen sich in der Regel auf die Vereinfachung von Arbeitsprozessen, die Einsparung von Material und Energie, die Erleichterung der Arbeitsbedingungen und des Arbeitsumfeldes und auch die Erhöhung der Arbeitssicherheit.

In erfolgreichen Unternehmen beteiligen sich fast alle Mitarbeiter am betrieblichen Vorschlagswesen und dadurch viele, bis zu 20 Vorschläge je Mitarbeiter, erreicht, was ein interessantes Einsparvolumen ergibt.

5.7.4 Qualitätszirkel und KVP

Grundzüge

Im Rahmen der Teambildung, aber auch der Beschwerde-/Reklamationsbearbeitung und des betrieblichen Vorschlagswesens, werden heute Qualitätszirkel gebildet.

Ein Qualitätszirkel ist eine kleine Gruppe, meist zwischen 3 und maximal 10 Mitarbeitern, die sich in regelmäßigen Abständen treffen, um aktiv Verbesserungen durchzuführen.

Geleitet werden die Qualitätszirkel jeweils von einem Moderator. Die Gruppe analysiert Probleme, meist aus ihrem Arbeitsbereich, aber auch aus Beschwerden oder Anregungen.

Es ist das Ziel, Problemlösungen und Verbesserungsvorschläge zu erarbeiten, zu verwirklichen und damit den Kontinuierlichen Verbesserungsprozess zu fördern und am Leben zu halten.

KVP steht für kontinuierlichen Verbesserungsprozess und die konstante Weiterentwicklung des Unternehmens, seiner Produkte/Dienstleistungen und Prozesse im Sinne der Kunden.

Für KVP und für Qualitätszirkel muss das Unternehmen angemessen Ressourcen und Arbeitszeit allen interessierten und konstruktiv mitwirkenden Mitarbeitern zur Verfügung stellen. Dies liegt im zentralen Überlebensinteresse des Unternehmens, da nur Verbesserung auf Dauer den Erfolg sichert.

Anwendungsbereich

In jedem Unternehmen ist KVP zu betreiben. Die Integration einer möglichst großen Anzahl von Mitarbeitern über erfolgreich arbeitende Qualitätszirkel ist das Erfolgsrezept für KVP.

Vorgehen

1) Auftrag der Unternehmensleitung zur Bildung von Qualitätszirkeln, abgestimmt und unterstützt durch den Betriebsrat
2) Schulung von Moderatoren für Qualitätszirkel, unterstützt durch die Unternehmensleitung und das mittlere Management
3) Bildung von Qualitätszirkeln, wobei Freiwilligkeit der Teilnahme gewährleistet sein sollte
4) Regelmäßige Sitzungen mit Protokollierung der Ergebnisse.
   - Vorbereitung der Sitzung / des Workshops. Abstecken des Problemfeldes, ggf. vorherige Datensammlung, Planung zur Sitzung und Vorbereitung des Arbeitsumfeldes
   - Bekanntmachung / Einladung an Teilnehmer
   - Eröffnung des Workshops (Ablauf und Spielregeln klären entsprechend PDCA-Zyklus (siehe Abschnitt 5.6.2)
   - Checken der Situation (Analyse der bestehenden Erfahrungen)
   - Act – Agieren im Sinne der Ermittlung von Handlungsnotwendigkeiten mit den zugehörigen Verbesserungspotenzialen
   - Plan – Planung der Lösungen und der Umsetzungsmaßnahmen
   - Do – Abarbeitung der Umsetzungsmaßnahmen verbunden mit einer Überwachung der erreichten Ergebnisse
5) Darstellung der Erfolge des Qualitätszirkels und Messung der erreichten Verbesserungen
6) Rückmeldung und Optimierung der Qualitätszirkelarbeit. Qualitätszirkel müssen sich für das Unternehmen durch erzielte Vereinfachungen und Verbesserungen rechnen. Dies muss den Mitarbeitern transparent gemacht werden.

Ergebnis

Einsparung für das Unternehmen durch den Verbesserungsprozess zum Erhalt der Wettbewerbsfähigkeit. Qualitätszirkel sorgen auch für ein Lernen und eine Förderung der Mitarbeiter zum eigenständigen Handeln. Dies ist ein dynamischer, auch die Führungskräfte fordernder Prozess, der letztendlich das Unternehmen sehr erfolgreich voranbringen kann.

Auf der anderen Seite können Qualitätszirkel schnell zu nutzlosen Zusammenkünften verkommen und damit dem Unternehmen schaden, was zu verhindern ist.

5.7.5 Vermeidung der sieben Arten der Verschwendung

Grundzüge

Im Rahmen der Qualitätszirkel und des Kontinuierlichen Verbesserungs-Prozesses geht es neben grundsätzlichen Innovationen häufig um kleine Optimierungen, die Vermeidung von Verschwendung. Als sieben Arten der Verschwendung werden genannt:

1) **Überproduktion**: Das Produzierte wird nicht direkt gebraucht und verdirbt teilweise.
2) **Bestände**: Es gilt zu ermitteln, welche Bestände wirklich prozessbedingt nötig sind. Meist ist dies sehr viel weniger als der reale Lagerbestand. Hier lässt sich die Kapitalbindung reduzieren.
3) **Transport**: Ist jeder Handhabungs- und Transportvorgang wirklich nötig, muss eingelagert werden oder kann man das Material direkt bereitstellen? Durch die Reduzierung der Handhabungs- und Transportkosten lassen sich teilweise erhebliche Kostenreduzierungen erreichen.
4) **Wartezeiten**: Wartezeiten von Mitarbeitern sind unproduktive Zeiten. Diese gilt es zu vermeiden. Fallen Wartezeiten prozessbedingt an, ist zu überlegen, welche anderen Tätigkeiten während dieser Zeit durchführbar sind. Arbeitsverdichtung erhöht die Leistung bzw. reduziert die jeweiligen Prozesskosten.
5) **Ausschuss und Nacharbeit**: Fehler bedeuten zusätzlichen Aufwand und Kosten. Fehlerursachen sind zu ermitteln, um diese grundlegend abzustellen.
6) **Bewegung**: Es ist zu überlegen, ob alle Tätigkeiten und Bewegungen der Wertschöpfung dienen und für diese nötig sind. Weniger Bewegungen bedeuten eine Zeit- und Kostenersparnis.
7) **Herstellungsprozess**: Über Prozessvereinfachungen, z.B. über weniger Rüsten, einfachere Verfahren, usw. ist nachzudenken.

Anwendungsbereich

Überlegungen zu den sieben Arten der Verschwendung helfen Verbesserungspotenziale zu erkennen und zu nutzen. Im Rahmen der Prozessgestaltung und des KVP sind die Kriterien sinnvoll einsetzbar.

Vorgehen

1) Abgrenzung des Arbeitssystems und dessen Untersuchung im Hinblick auf die sieben Arten der Verschwendung
2) Bewertung der ermittelten Verschwendungsarten im Hinblick auf Potenziale
3) Finden geeigneter Maßnahmen zur Verringerung der Verschwendung
4) Bewertung und ggf. Umsetzung der ermittelten Verbesserungsansätze.

Ergebnis

Verschwendungsreduzierung für das Unternehmen. Dies dient dem Erhalt der Wettbewerbsfähigkeit.

5.8 Qualitätsorientierte Bewertungsmethoden

5.8.1 Audits

Grundzüge

Audit ist ein systematischer, unabhängiger und dokumentierter Prozess zur Erlangung von Auditnachweisen (Aufzeichnungen, Tatsachenfeststellungen oder anderen Informationen) und zu deren objektiven Auswertung, um zu ermitteln, inwieweit Auditkriterien erfüllt sind (DIN EN ISO 9000:2015).

Das Audit ist damit eine gezielte Befragung, Anhörung und Untersuchung der jeweils betrachteten Einheit im Hinblick auf die jeweiligen Forderungen.

Anwendungsbereiche

Man unterscheidet vom Betrachtungsobjekt her:

- **System-Audit** als Prüfung der Organisation eines Unternehmens
- **Produkt-Audit** zur Prüfung eines Produktes
- **Prozessaudit** zur Prüfung der Prozesse und dazugehörenden technologischen Verfahren
- **Öko-Audit** zur Prüfung des Umweltmanagements eines Unternehmens
- **Arbeitsplatz-Audit** zur Prüfung der Ergonomie und Arbeitsbedingungen an einem Arbeitsplatz
- **Logistik-Audit** zur Prüfung der Logistik eines Unternehmens
- weitere Auditarten.

Weiterhin unterscheidet man zwischen:

- **externen Audits**, bei welchen einem Externen die Moderation obliegt. Beispiele hierfür sind:
    - Lieferantenaudits zur Prüfung der Organisation und Qualitätsfähigkeit eines Lieferanten
    - Kundenaudits für diejenigen, die von Lieferantenaudits betroffen sind.
    - Zertifizierungs- und Überwachungsaudits als besondere Form des System-Audits, bei der ein neutraler Dritter in Form der Zertifizierungsorganisation die Begutachtung durchführt.
- **internen Audits**, die vom eigenen Unternehmen durchgeführt werden.

Audits haben inzwischen einen sehr hohen Stellenwert, da sie von den Normen zum Qualitäts- und Umweltmanagement zwingend gefordert werden. Hinzu kommen Zertifizierungs- sowie Kunden- und Lieferantenaudits.

Vorgehen

Näher eingegangen wird im Weiteren auf das externe QM-System-Audit, wobei die Grundzüge der Audittechnik für alle Bereiche gleich und somit übertragbar sind. Die wesentlichen Schritte eines QM-System-Audits sind in Bild 193 zusammengefasst.

<table>
<tr><th colspan="2">Vorgehen bei Audits</th></tr>
<tr><td>Schritt 1: Veranlassung des Audits</td><td>• Aufstellung einer (aktualisierten) Audit-Jahresplanung
• Außerplanmäßige Beauftragung einer Auditdurchführung</td></tr>
<tr><td>Schritt 2: Vorbereitung des Audits</td><td>• Planung des spezifischen Audits
  • Planung von Zielen, Zeitraum und Ablauf
  • Terminvereinbarung mit Betroffenen
• Erstellung/Anpassung eines spezifischen Audit-Fragenkatalogs</td></tr>
<tr><td>Schritt 3: Durchführung des Auditgesprächs</td><td>• Einführungsgespräch
  • Kennenlernen
  • Ggf. Durchsprache der Dokumentenprüfung
  • Abstimmung des Vorgehens und Zeitplans
• Auditgespräch
  • Befragen der Mitarbeiter
  • Überprüfung der Angaben vor Ort
  • Erfassung der Antworten und insbesondere der Abweichungen vom gewünschten Soll</td></tr>
<tr><td>Schritt 4: Auswertung des Audits</td><td>• Auswertung des Audits
  • Bewertung der Auditergebnisse
  • Erarbeitung eines Audit-Protokolls ggf. mit Abweichungsprotokollen
• Abschlussgespräch
  • Darstellung der Auditergebnisse durch den Auditor
  • Diskussion und Vereinbarung der Auditergebnisse
  • Ggf. Diskussion und Festlegung von geeigneten Korrektur- und Vorbeugungsmaßnahmen
  • Unterschreiben des Auditprotokolls</td></tr>
<tr><td>Schritt 5: Nachbereitung des Audits und Umsetzung der Auditergebnisse</td><td>• Erstellen des ausführlichen Audit-Berichts
• Vereinbarung und Dokumentation der notwendigen Korrektur- und Vorbeugungsmaßnahmen
• Veranlassen der festgelegten Korrektur- und Vorbeugungsmaßnahmen</td></tr>
</table>

Bild 193: Vorgehen bei der Auditdurchführung

Schritt 1: Veranlassen der Audits
Um eine zeitliche Arbeitsplanung über das Jahr hinweg zu erhalten und im Rahmen der Normforderungen, wird ein Auditjahresplan erstellt, der meist Bild 194 ähnelt.

Von der Planung her ist es sinnvoll, die Audits über das Jahr zu verteilen und in ruhigeren Geschäftsperioden mehrere durchzuführen.

Auditjahresplan Jahr:				
zu prüfende/r Einheit/Prozess	Zeitpunkt	Auditleiter	Weitere Auditoren	Audit-Art und Audit-Ziele
....				

Bild 194: Beispiel für Auditjahresplanung

Weiterhin können Audits aus einem aktuellen Handlungsbedarf heraus entstehen, beispielsweise aufgrund von Fehlerhäufungen, Kundenbeschwerden oder anderen Indizien.

Schritt 2: Vorbereitung des Audits
Zur Durchführung von Audits werden häufig standardisierte Fragelisten benutzt, die häufig geschlossene, mit ja/nein-beantwortbare Fragen umfassen. Besser als die standardisierten, eng an die Norm angelehnten Fragelisten der Zertifizierer (= externe Begutachtungsorganisationen) sind auf das jeweilige Unternehmen ausgerichtete spezifische prozessorientierte Fragelisten. Allerdings ist der Aufwand für deren Erstellung erheblich.

Audit-Frageliste (Checkliste zum Audit und dessen Vorbereitung)			
Nr.	Frage	Bemerkungen	Ergebnis
1	Gibt es ein definiertes Verfahren zur		

Bild 195: Beispiel für Aufbau einer Auditfragenliste

Die Checklisten können gleichzeitig als Basis für die Dokumentation des Audits verwendet werden. Neben der Auditfrageliste gilt es, für das jeweilige Audit individuell einen Auditplan zu erarbeiten. Nur bei kurzen Audits (bis ca. 4 Stunden) in einem einzelnen Bereich sollte auf die schriftliche Fixierung verzichtet werden, da ansonsten häufig die Verfügbarkeit der Teilnehmer in der Praxis beim Audit nicht gewährleistet ist.

Audit-Plan		
Auditiertes Unternehmen: Audit am:		Auditoren: Ansprechpartner Auditierter:
Uhrzeit von - bis	Thema	Teilnehmer/Abteilung
	Einführungsgespräch	
	Auditgespräch über ...... in Bereich	
	Auditgespräch über ...... in Bereich	
	Auswertung des Audits durch Auditoren	
	Abschlussgespräch	

Bild 196: Beispiel für die Planung eines spezifischen Audits

Der Audit-Plan wird generell dem auditierten Bereich, genauer dessen Ansprechpartner, zugesandt und zusammen mit dem Termin noch einmal abgestimmt.

Schritt 3: Durchführung des Auditgesprächs
Beim Einführungsgespräch gilt:

- Es sollten immer die Führungskräfte des Unternehmens oder des betroffenen Bereichs sowie der Qualitätsmanagement-Beauftragte, die Leiter der zu prüfenden Funktionseinheiten/Prozesse und die Auditoren anwesend sein.
- Nach allgemeinen einleitenden Worten über Wohlbefinden, Reise, Aktuelles, usw. zur Schaffung einer angenehmen Atmosphäre sollte die Geschäftsleitung/Bereichsleitung die offizielle Begrüßung der Auditoren übernehmen und kurz die Auditziele und die Wünsche der Leitung im Hinblick auf das Audit darstellen.
- Es sollte eine gegenseitige persönliche Vorstellung mit dem Hinweis auf Tätigkeitsbereich und die Funktion erfolgen. Die Auditoren sollten hier ihre Qualifikation kurz schildern.
- Der Auditleiter kann dann Zweck und Ziel des Audits aus seiner Sicht erläutern, die angedachte Vorgehensweise und den Zeitplan zur Diskussion stellen.
- Es folgt bei Zertifizierungsaudits der Bericht über die erfolgte Unterlagenprüfung durch den Auditleiter. Zuerst sollten die positiven Elemente, dann die Abweichungen dargestellt werden. Daraus resultierende Auditschwerpunkte sind darzustellen und zu begründen.
- Bei Erstaudits sollte evtl. auch die Frageliste erläutert werden, vor allem aber das zu erstellende Auditprotokoll mit den Eintragungsregeln und der gemeinsamen Bestätigung durch die Unterschriften angesprochen werden.

Bei der **Durchführung des Audits** gilt Folgendes zu beachten:

- Es sollten für den Auditor klare Annahmekriterien festliegen (bei Kenntnis des Unternehmens). Vor Beginn des Audits muss feststehen, welche Feststellungen zum Urteil "i.O." und welche zum Urteil "nicht i.O." führen.
- In der Regel geht man von der Struktur und den Zielsetzungen des überprüften Bereichs/Hauptprozesses aus, um ein Verständnis dafür zu gewinnen.
- Anschließend ermittelt man die vorhandenen Abläufe und die zugehörigen Prüfaktivitäten. Damit schafft man sich das Bild, die Prozesse und das Arbeitsergebnis bewerten zu können. Man achtet dabei auf fehlende Prüffunktionen.
- Nachdem man den Überblick erhalten hat, setzt man den Umfang des Audits und des zu überprüfenden Gebietes ins Verhältnis.
- Es ist wichtig, sich als Auditor bei Feststellungen an die Tatsachen zu halten. Die Aussagen müssen belegbar sein. Man darf das Urteil nur auf dem aufbauen, was man selbst gesehen und nicht auf dem, was man nur gehört hat.
- Außerhalb des Zertifizierungsaudits, bei internen Audits, sind die Ursachen von Fehlern zu ermitteln. Das Ziel ist die Eliminierung von Fehlerquellen, nicht die Feststellung von Fehlern.
- Audits sind nur kleine Stichprobenprüfungen. Deshalb muss man sich auf wesentliche Dinge konzentrieren. Abweichungen, die keine Auswirkungen haben, interessieren nicht, schon gar nicht das Management.
- Der Auditor hat sich beim Audit partnerschaftlich zu verhalten und nicht den Polizisten zu spielen. Ziel ist es, dass das Audit eine gemeinsame Arbeit wird, weswegen auch die positiven Feststellungen und Eindrücke zu würdigen sind.

Vom Auditor und seiner Gesprächsführung hängt der Auditerfolg maßgeblich ab.

Wichtig sind:

- Klare und angemessene Fragen. Dies sind offene, aber ziel- und sachbezogene Fragen, die präzise formuliert sind (z.B. Wie sichern Sie ab ... ?). Ggf. sind bei Unverständnis der befragten Mitarbeiter die Fragen nochmals in anderer Form zu wiederholen. Es sind keine Suggestivfragen (Haben Sie gestern nicht gesagt, dass ...?) und keine Alternativfragen (Haben Sie das gesagt oder nicht?) zu stellen. Von daher sind Fragelisten mit geschlossenen Auditfragen auch nur eine Richtschnur für das Audit, können aber nicht direkt zur Durchführung verwendet werden.
- Es gilt, immer nur eine Frage zu klären. Dabei sollte eine Bestätigung der Aussagen durch praktische Prüfungen (Inaugenscheinnahme) stattfinden.
- Aktives Zuhören mit kurzen Zusammenfassungen der verstandenen Sachverhalte hilft, Missverständnisse zu vermeiden.
- Erst nach dem aktiven Zuhören sind Ergebnisse handschriftlich niederzuschreiben, ohne direkt ein Urteil vor Ort abzugeben. Urteil und Diskussion finden erst in der Schlussbesprechung statt.
- Es gilt, Blickkontakt zu wahren und alle Teilnehmer einbinden. Die Namen der Gesprächspartner sind für den Auditbericht zu notieren.

- Beim Audit im eigentlichen Sinne erfolgt eine rein sachliche, nie personenbezogene Gesprächsführung. Es geht um die Sache, nicht um die Personen.
- Eigene Fehler bei der Gesprächsführung oder dem Gesprächsinhalt zugeben. Es dürfen allerdings nicht zu viele auftreten. Beim Gespräch einen angemessenen Abstand wahren.
- Es hilft, die Auditierten zu Beginn darauf hinzuweisen, dass es im Hinblick auf die knappe Zeit und den großen, zu bewältigenden Umfang geschehen kann, dass man als Auditor unterbricht, um präzise nachfragen oder zum nächsten Themenbereich eine Frage stellen zu können.
- Es gilt, als Auditor unparteiisch und frei von Einflüssen zu sein und die Objektivität zu wahren, indem man immer Nachweise sammelt, sowie die nötige Diskretion.

Schritt 4: Auswertung des Audits

Nach der Auditdurchführung nehmen die Auditoren eine **Auswertung des Audits direkt vor Ort** vor und dokumentieren diese im Audit-Protokoll.

<table>
<tr><th colspan="4">Audit-Protokoll</th></tr>
<tr><td colspan="3">Auditiertes Unternehmen:
Audit am:</td><td>Auditoren:
Ansprechpartner Auditierter:</td></tr>
<tr><td colspan="4">Generelle Auditfeststellungen:</td></tr>
<tr><td>Nr.</td><td>Element</td><td>Beschreibung der Abweichung</td><td>Art der Abweichung</td></tr>
<tr><td></td><td></td><td></td><td></td></tr>
<tr><td></td><td></td><td></td><td></td></tr>
<tr><td colspan="3">Auditoren:</td><td>Auditierte:</td></tr>
</table>

Bild 197: Beispiel für Auditprotokoll

Dabei beurteilen die Auditoren die Ausprägung des QM-Systems und ermitteln die vorliegenden Abweichungen. Eine Abweichung ist eine tatsächlich festgestellte Differenz zwischen dem von der Norm geforderten bzw. in der Systemdokumentation festgelegten und dem real vorliegenden Zustand der Organisation.

Man unterscheidet:

- **Zufällige Abweichungen** als durch die Streuung der Prozesse bedingte Abweichungen
- **Systematische Abweichungen** als grundsätzliche, systembedingt immer auftretende Abweichungen.

- **Geringe Abweichung** als noch akzeptable Abweichung, die nur berichtet wird, wenn sie an Ort und Stelle nicht sofort bereinigt werden kann (C-Abweichung)
- **Größere Abweichung** als nicht mehr akzeptable Abweichung, die unbedingt abgestellt werden muss (B-Abweichung)
- **Erhebliche Abweichung** als Fehler bzw. Mangel, der von so grundsätzlicher Natur ist, dass es die Funktion des QM-Systems nachhaltig beeinträchtigt (A-Abweichung).

- **Abweichung von der Dokumentation.** In diesem Fall werden die in der QM-Dokumentation dargelegten Verfahren und Regeln nicht angewendet und umgesetzt. Theorie und Praxis fallen auseinander. Dies ist bei Audits sehr häufig der Fall.
- **Ausreichende Normerfüllung in der Praxis, bei Abweichung der Dokumentation von der Norm.** Gewisse Bereiche sind in der QM-Dokumentation nicht ausreichend beschrieben, aber beim Audit stellt man fest, dass die Normforderungen erfüllt werden.
- **Grundsätzliche Abweichungen, wo weder die Dokumentation noch die Praxis die Norm erfüllt.** In diesem Fall existieren keine Verfahren und Regeln und es sind die Normforderungen auch nicht durch und bei den gewohnheitsmäßigen Abläufen erfüllt.

Nach der Auswertung und Dokumentation des Audits durch die Auditoren erfolgt das **Abschlussgespräch.** Teilnehmer sind die Mitglieder der Geschäftsleitung oder des Bereiches, der QM-Beauftragte und die Leiter der auditierten Funktionseinheiten/Prozesse sowie die Auditoren. Generell gilt:

- Die Auditoren weisen auf den Stichprobencharakter des Audits vor Ort hin sowie auf die Tatsache, dass aufgrund der Aufgabenstellung des Audits vorwiegend Abweichungen vom QM-Regelwerk angesprochen werden.
- Die Auditoren fassen die Auditergebnisse zusammen. Dabei beginnt man mit der Erwähnung der positiven Ergebnisse des Audits. Es folgt die detaillierte Angabe der Abweichungen. Mit Ausnahme der Zertifizierungsaudits werden evtl. auch Fehlerursachen benannt und Verbesserungsempfehlungen gegeben.
- Über die Abweichungen muss dann Einvernehmen erzielt werden. Dieses ist durch die Auditierten und die Auditoren mit ihrer Unterschrift auf dem Auditprotokoll zu dokumentieren.
- Zum Schluss kann man auf sonstige Beobachtungen und Empfehlungen außerhalb der Norm hinweisen und ggf. die Vereinbarung von Terminen für die Durchführung und Verifizierung der Korrekturmaßnahmen vornehmen.

Schritt 5: Nachbereitung des Audits und Umsetzung der Auditergebnisse
Ein wesentlicher Schritt der Nachbereitung ist die Erstellung eines detaillierten Auditberichtes. Dieser sollte viel mehr Details, Hintergrundinformationen und auch Hinweise umfassen als das Auditprotokoll. Ein umfassender Auditbericht ist üblich im Rahmen der Zertifizierungs-, Überwachungs- und der Lieferantenaudits, häufig aber auch teilweise überdimensioniert bei internen Audits.

In jedem Fall müssen von dem Auditierten Verbesserungsmaßnahmen für die aufgedeckten Defizite geplant und durchgeführt werden. Die Abarbeitung der Maßnahmen ist angemessen zu überwachen und zu dokumentieren.

Ergebnis
Audits sind nutzbringend, wenn:

- die Auditankündigung dafür sorgt, dass notwendige (organisatorische) Arbeiten erledigt werden und damit Qualität realisiert wird. Audits zwingen zur Einhaltung von Mindeststandards. Arbeiten, die im Tagesgeschäft untergehen, werden dadurch erledigt.
- im Rahmen des Audits operative Qualitätsmängel und Schulungsdefizite aufgedeckt werden und damit ein Verbesserungsprozess einsetzt.
- durch die Diskussion Verbesserungspotenziale erkannt werden und erste Überlegungen zur Optimierung entstehen.
- neue, kreative Ideen geboren werden zur Geschäftsausweitung und -optimierung.

Bedingung dafür sind qualifizierte Auditoren und eine offene, konstruktive Auditatmosphäre.

5.8.2 Unternehmensbewertung nach dem EFQM-Modell

Grundzüge

Das im Abschnitt 1.4 beschriebene EFQM-Modell bietet sich als eine weitere Methode der Standortbestimmung an.

Anwendungsbereich

Die EFQM-Bewertung eines Unternehmens kann in Form einer **Selbstbewertung oder einer Fremdevaluierung** im Rahmen des Europäischen Qualitätspreises oder eines anderen Qualitätspreises erfolgen.

Bei der Durchführung einer Selbstbewertung gibt es die folgenden Möglichkeiten:

- Eine checklistenorientierte Grobeinschätzung des EFQM-Status des Unternehmens. Hier besteht allerdings sehr stark die Gefahr der Selbsttäuschung durch eine zu positive Sichtweise.
- Selbstbewertung über einen moderierten Workshop durch Führungskräfte und Mitarbeiter.
- Selbstbewertung durch die Simulation einer Bewerbung um einen Qualitätspreis.

In der Regel wird die erste Selbstbewertung in einem Workshop des Management-Teams, der von einem bis zwei Moderatoren geleitet wird, innerhalb von zwei Tagen (inklusive der Schulung) durchgeführt.

Später wird man möglichst dazu übergehen, im Rahmen des Controllings eine Dokumentation zu den einzelnen Kriterien des EFQM-Modells und damit formal eine Bewerbungsmappe zum European Quality Award (EQA) zu erstellen. Diese wird anschließend von einem Assessorenteam ausgewertet und führt zu einer Selbstbewertung. Alles zusammen fließt dann ein in die Management-Bewertung, wo bereits Maßnahmenbündel aus der Analyse abgeleitet sind.

Vorgehen

Ein sinnvolles Vorgehen bei einer EFQM-Selbstbewertung zeigt Bild 198.

Schritt 1: Überzeugung für eine EFQM-Selbstbewertung

Wichtig ist, dass die Unternehmensführung den Nutzen der EFQM-Selbstbewertung erkannt hat, diese unterstützt und auch aktiv selber an dieser mitwirkt.

Schritt 2: Selbstbewertung planen und Team bestimmen

Die Selbstbewertung sollte innerhalb eines überschaubaren Rahmens durchgeführt werden. Das Team sollte aus einem Moderator und Koordinator, den Führungskräften und wesentlichen Fachkräften sowie dem Betriebsrat bestehen. Es ist interdisziplinär zusammenzusetzen.

Schritt 3: Schulung der Teammitglieder
In der Schulung müssen die Teammitglieder an einer bestehenden Fallstudie das EFQM-Modell kennenlernen und auch die Bewertungsmethodik üben. Des Weiteren ist mit der Schulung die Verantwortung zur Sammlung der Daten für die jeweiligen Kriterienbereiche zu verteilen, damit der anschließende Bewertungsworkshop effizient verlaufen kann. Ggf. sind diese Teammitglieder auch für die Vorbereitung der Bewerbungsbroschüre zur Selbstdarstellung verantwortlich.

Schritt 4: Selbstbewertung durchführen
Wesentlich für den Erfolg der Selbstbewertung ist die strukturierte Vorgehensweise bei der Einschätzung des eigenen Unternehmens. Nur die systematische Analyse und Bewertung der einzelnen Elemente unabhängig voneinander führt zu guten Ergebnissen. Bei der summarischen Bewertung des gesamten Kriteriums wird ansonsten viel zu positiv abgeschnitten. Die Elemente der Bewertung sind für die im Abschnitt 1.4 genannten Befähiger-Kriterien im Bild 199 dargestellt.

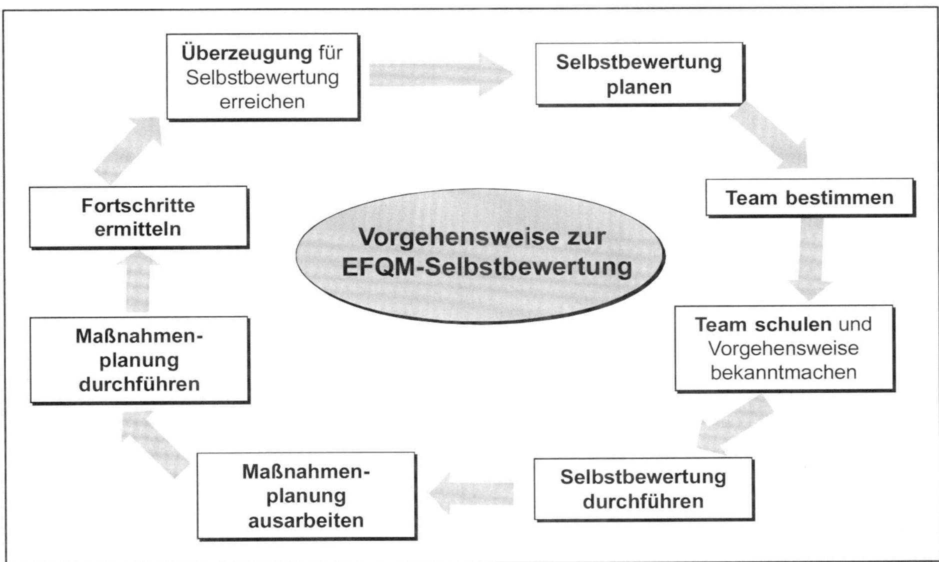

Bild 198: Vorgehensweise bei der EFQM-Selbstbewertung

Vorgehen	Erklärung	Keine Nachweise	Einzelne Nachweise	Nachweis	Klare Nachweise	Durchgängig Vorbildlich
fundiert	Das Vorgehen ist klar begründet und zielt darauf ab, die Bedürfnisse der für Zweck, Vision und Strategie wichtigen Interessensgruppen zu erfüllen. Es ist angemessen beschrieben und zukunftsfähig gestaltet.					
Umsetzung	Erklärung	Keine Nachweise	Einzelne Nachweise	Nachweis	Klare Nachweise	Durchgängig Vorbildlich
eingeführt	Das Vorgehen wird in den relevanten Bereichen in angemessenem Zeitraum und in effektiver Weise umgesetzt.					
Bewertung & Verbesserung	Erklärung	Keine Nachweise	Einzelne Nachweise	Nachweis	Klare Nachweise	Durchgängig Vorbildlich
Analyse	Rücmeldungen zu Effizienz und Effektivität des Vorgehens und der Umsetzung werden eingeholt, verstanden und geteilt.					
Lernen und Verbessern	Erkenntnisse aus Trendanalyssen, Messungen, Lernen und Benchmarking werden genutzt um Kreativität anzuregen und in angemessenen Zeitabschnitten innovative Lösungen für die Verbesserung der Leistungsfähigkeit zu entwickeln.					
Massstab		0%	25%	50%	75%	100%
Gesamt						
Hinweis: Gesamtbewertung pro Teilkriterium darf die Bewertung für Vorgehen nicht übersteigen.						

Bild 199: Bewertungsmaßstab für Kriterien der Ausrichtung beim EFQM-Modell

Vorgehen	Erklärung	Keine Nachweise	Einzelne Nachweise	Nachweis	Klare Nachweise	Durchgängig Vorbildlich
fundiert	Das Vorgehen ist klar begründet und zielt darauf ab, die Bedürfnisse der für Zweck, Vision und Strategie wichtigen Interessensgruppen zu erfüllen. Es ist angemessen beschrieben und zukunftsfähig gestaltet.					
abgestimmt	Das Vorgehen unterstützt die Ausrichtung der Organisation und ist mit anderen relevanten Vorgehensweisen verknüpft und abgestimmt					
Umsetzung	Erklärung	Keine Nachweise	Einzelne Nachweise	Nachweis	Klare Nachweise	Durchgängig Vorbildlich
eingeführt	Das Vorgehen wird in den relevanten Bereichen in angemessenem Zeitraum und in effektiver Weise umgesetzt.					
flexibel	Die Art der Umsetzung ermöglicht Flexibilität und Anpassung					
Bewertung & Verbesserung	Erklärung	Keine Nachweise	Einzelne Nachweise	Nachweis	Klare Nachweise	Durchgängig Vorbildlich
Analyse	Rücmeldungen zu Effizienz und Effektivität des Vorgehens und der Umsetzung werden eingeholt, verstanden und geteilt.					
Lernen und Verbessern	Erkenntnisse aus Trendanalyssen, Messungen, Lernen und Benchmarking werden genutzt um Kreativität anzuregen und in angemessenen Zeitabschnitten innovative Lösungen für die Verbesserung der Leistungsfähigkeit zu entwickeln.					
Massstab		0%	25%	50%	75%	100%
Gesamt						
Hinweis: Gesamtbewertung pro Teilkriterium darf die Bewertung für Vorgehen nicht übersteigen.						

Bild 200: Bewertungsmaßstab für Kriterien der Realisierung beim EFQM-Modell

Die Bewertung nach dem EFQM-Modell erfolgt für die Bereiche Ausrichtung und Realisierung in der folgenden Reihenfolge:

1) Fundiertheit des Vorgehens durch eine einzelne Bewertung von 0-100%
2) Ggf. Abgestimmtheit des Vorgehens durch eine einzelne Bewertung von 0-100%
3) Summenbildung für den Bereich Vorgehen, wobei die negative Bewertung überwiegen sollte
4) Einführungsgrad der Umsetzung durch eine einzelne Bewertung von 0-100%
5) Systematik und Flexibilität bei der Umsetzung durch eine einzelne Bewertung von 0-100%
6) Summenbildung für den Bereich Umsetzung, wobei die negative Bewertung überwiegen sollte
7) Messung und Analyse des Vorgehens und der Umsetzung durch eine einzelne Bewertung von 0-100%
8) Lernen und Verbesserung aus der Bewertung durch eine einzelne Bewertung von 0-100%
9) Summenbildung für den Bereich Bewertung und Verbesserung, wobei die negative Bewertung überwiegen sollte
10) Gesamtsummenbildung für das Kriterium, wobei eine sehr stark negative Bewertung in einem Bereich übergewichtet werden sollte. Auf keinen Fall darf die Gesamtbewertung die Bewertung des Vorgehens übersteigen.

Die Bewertung für die Ergebnisse ist ebenfalls in mehrere Schritte gegliedert (vgl. Bild 201).

Auch in diesem Bereich des EFQM-Modells ist eine differenzierte, schrittweise Bewertung nötig, um zu einer optimalen Einschätzung der Situation zu gelangen:

1) Trend der Ergebnisse durch eine einzelne Bewertung von 0-100%
2) Ziele (Erreichung und Angemessenheit) durch eine einzelne Bewertung von 0-100%
3) Vergleiche als Ergebnis von Benchmarks über eine einzelne Bewertung von 0-100%
4) Ursachen im systematischen Vorgehen über eine einzelne Bewertung von 0-100% mit dem Fokus auf die Zukunft
5) Summenbildung für den Bereich Ergebnisse, wobei die negative Bewertung immer überwiegen sollte
6) Umfang und Relevanz der Ergebnisse über eine einzelne Bewertung, die den jeweiligen Umfang der dargestellten Ergebnisse kommentiert
7) Verwendbarkeit der Daten
8) Bildung der Summe für Relevanz und Nutzen.
9) Gesamtsummenbildung für das gesamte Kriterium wobei eine sehr stark negative Bewertung in einem Bereich wiederum übergewichtet werden sollte. Auf keinen Fall darf die Gesamtbewertung die Bewertung vom Umfang und Relevanz übersteigen.

Relevanz & Nutzen	Erklärung	Keine Nachweise	Einzelne Nachweise	Nachweis	Klare Nachweise	Durchgängig Vorbildlich
Umfang & Relevanz	Ein Set von Ergebnissen, welche klar mit dem Zweck, der Vision und der Strategie der Organisation verbunden sind, ist identifiziert. Es wird im Laufe der Zeit überprüft und angepasst.					
Verwend-bare Daten	Die Ergebnisse werden zeitgerecht erhoben, sind aussagekräftig, genau und angemessen segmentiert. Sie ermöglichen aussagekräftige Einblicke und Erkenntnisse in Leistungsverbesserungen und Transformation.					
Leistung	Erklärung	Keine Nachweise	Einzelne Nachweise	Nachweis	Klare Nachweise	Durchgängig Vorbildlich
Trends	Es liegen positive Trends oder nachhaltig herausragende Leistungen über einen strategischen Zyklus vor.					
Ziele	Angemessene, im Einklang mit der Strategie stehende Ziele werden gesetzt und durchgängig erreicht.					
Vergleiche	Es werden relevante externe Vergleiche angestellt, um die eigene Leistung in Bezug auf die strategische Richtung beurteilen zu können. Diese fallen günstig aus.					
Fokus auf die Zukunft	Basierend auf den aktuellen Ursache-Wirkungs-Beziehungen sowie der Analyse von Daten, Leistungsmustern und Vorhersagen versteht die Organisation die Treiber für herausragende Leistungsfähigkeit in der Zukunft.					
Massstab		0%	25%	50%	75%	100%
Gesamt						
Hinweis: Gesamtbewertung pro Teilkriterium sollte dessen Bewertung für Umfang&Relevanz nicht übersteigen.						

Bild 201: Bewertungsmaßstab für Ergebnis-Kriterien beim EFQM-Modell

Insgesamt ergibt sich aus der Bewertung der Teilergebnisse dann die EFQM-Gesamtbewertung, für deren Ermittlung sich die Tabelle von Bild 202 eignet.

Auswertung Selbstbewertung									
Kriterium / Teilkriterium	Wichtung zu anderen Kriterien	MA 1	MA 2	MA 3	MA 4	MA 5	Range	Mittel Teilkriterium	Punkte Kriterium
1 Zweck, Vision, Strategie	1	43	35	36	41	40		39	39
1.1		40	30	35	40	40	10	37	
1.2		50	35	40	55	40	20	44	
1.3		35	30	25	25	40	15	31	
1.4		45	45	45	45	40	5	44	
1.5		43	35	36	41	40	8	39	
2 O-Kultur und O-Führung	1	44	41	40	41	44		42	34
....									
Gesamt		380	355	373	445	440			399

Bild 202: Beispiel für eine EFQM-Gesamtbewertung (Ausschnitt)

Schritt 5: Maßnahmenplanung durchführen
Nach der durchgeführten Selbstbewertung gilt es, die Defizite herauszuarbeiten, für deren Abstellung Maßnahmen zu definieren und diese zu priorisieren.

Schritt 6: Maßnahmenplanung abarbeiten
Die wesentlichen Verbesserungspotenziale sind systematisch zu verwirklichen.

Schritt 7: Erfolge ermitteln
Wichtig ist es, die Erfolge der Maßnahmenumsetzung zu ermitteln. Wird die EFQM-Selbstbewertung ein regelmäßiges Instrument der Unternehmensführung, so ist man bestrebt, über die Jahre hinweg eine immer höhere Bewertung zu erzielen. Noch deutlicher werden die Ergebnisse durch Teilnahmen an Qualitätspreis-Wettbewerben.

Ergebnis
Es gibt inzwischen eine Reihe von Konzernen, die intern eine EFQM-Selbstbewertung aller Unternehmenseinheiten durchführen und damit intern einen eigenen Qualitätswettbewerb veranstalten. Die internen Ergebnisse fließen ein in die Bewertung und Entlohnung der Führungskräfte auf der einen Seite, und die beste Unternehmenseinheit darf am Deutschen oder am Europäischen Qualitätspreis teilnehmen.

Im Rahmen des Kontinuierlichen Verbesserungsprozesses ist die dynamische EFQM-Bewertung ein wichtiges Instrument und sollte fester Bestandteil des Controllings werden. Die Arbeiten des Controllings müssen in die EFQM-Selbstbewertung münden. Erst dann bringt dieses Werkzeug seinen vollen Nutzen und rechtfertigt sich der hohe Aufwand.

6 Zusammenfassung und Ausblick

Das Qualitätsmanagement hat sich in den letzten Jahren rapide entwickelt und stark an Bedeutung in den Unternehmen gewonnen (vgl. Bild 203). Während in den sechziger Jahren noch die Inspektion als Endprüfung im Vordergrund gestanden hat, war in den siebziger und den achtziger Jahren die Ausweitung auf laufende Fertigungsprüfungen und die Einführung einer schnellen Beseitigung der Fehler in der Produktion im Vordergrund gestanden. Der Begriff Qualitätssicherung setzte sich durch, weiterhin stand aber die Prüfung, nunmehr allerdings stärker angereichert durch statistische Methoden, im Vordergrund der betrieblichen Umsetzung. 1987 wurde die ISO 9000 ff. zum ersten Male verabschiedet, welche die neunziger Jahre dominierte mit dem Trend hin zu Qualitätsmanagementsystemen, zuerst mit sehr standardisierten, funktionsorientierten, anschließend lernend mit individualisierteren und immer stärker prozessorientierten Systemen. Die DIN EN ISO 9001:2000 markierte hier endgültig die Veränderung hin zu stärker vorbeugenden, mit einem systematischen geschlossenen Regelkreis der Verbesserung ausgestatteten QM-Systemen.

QM-Entwicklung – gestern, heute und in Zukunft

Umfassendes Unternehmensmanagement - Business Excellence (ab 2005)	Ganzheitliches, individuelles Unternehmensmanagement auf Basis des Controllings und Qualitätsmanagements.
Integriertes Qualitätsmanagement DIN EN ISO 9001:2000 (bis 2005):	Unternehmensweites prozessorientiertes Qualitätsmanagement, orientiert am PDCA-Zyklus, beginnend mit vorbeugender Planung
Qualitätsmanagement DIN EN ISO 9001:1987/ 1994 (bis 2000):	Durchgängig qualitätssichernde Maßnahmen in allen Abteilungen, auch vorbeugend im Entwicklungsbereich
Qualitätssicherung (bis 1990):	Prüfungen in der Produkterstellung und statistische Prozessregelung helfen, Qualität zu verbessern
Inspektion (bis 1970):	Nachgelagerte Prüfung der Produkte

Bild 203: Historische Entwicklung des Qualitätsmanagements eröffnet Perspektiven

Ziel der Entwicklung ist aber ganz klar das **„Führungsorientierte Qualitätsmanagement“**, ein umfassendes Unternehmensmanagement mit dem Ziel von Business Excellence, welches individuell, Qualitätsmanagement und Controlling integrierend, das Unternehmen zielgerichtet systematisch steuert und lenkt.

Das vorliegende Buch enthält die Methoden, Werkzeuge und Vorgehensweisen für die Unternehmensweiterentwicklung und Organisationen hin zu Business Excellence. Der Weg dorthin ist steinig und anstrengend, aber gekoppelt mit vielen neuen Erfahrungen, einem konstanten Lernen und Befriedigung über die erreichten Erfolge.

Ohne Führungsorientiertes Qualitätsmanagement gibt es langfristig keinen Unternehmenserfolg. Viel Erfolg bei der Umsetzung!

7 Anhang

7.1 Abbildungsverzeichnis

7.2 Literaturverzeichnis

Bücher:

[Dem] Deming, W.E: Out of the crises, 1995, Massachusetts Institute of Technology.

[DGQ1] Deutsche Gesellschaft für Qualität e.V., Arbeitsgruppe 131 „FMEA“: DGQ-Band 13-11, 2001, Beuth-Verlag.

[DWG] Deutsche Wissenschaftliche Gesellschaft für Erdöl, Erdgas und Kohle e.V, SCC (Sicherheits-Certifikat-Contraktoren), 1998.

[EFQM] EFQM: EFQM Excellence Modell, 2020, European Foundation for Quality Management, Brüssel.

[Ford] Ford, General Motors, Chrysler: Forderungen an Qualitätsmanagementsysteme: QS-9000, 3. Auflage, 1999, Carwin, West Thurrock, Grays.

[Imai] Imai, M.: Kaizen, 1992, Langen-Müller.

[Kapl] Kaplan R. S., Norton D. P.: Balanced Scorecard – Aus dem amerikanischen von Peter Horvath, 1997, Schäffer-Poeschel Verlag.

[Lan] Landau, K.; Luczak, H.; Laurig, W. (Hrsg.): Software-Werkzeuge zur ergonomischen Arbeitsgestaltung, 1. Auflage 1997, 332 Seiten, ISBN 3-932160-00-2, IFAO.

[Magn] Magnussen, K., Kroslid, D.; Bergmann, B.: Six Sigma umsetzen, 2001, Hanser Verlag.

[Mas] Masing, W.: Handbuch Qualitätsmanagement, 1999, Hanser Verlag.

[Miz] Mizuno M.,Shigeru, A.: Management of Quality Improvement, The 7 New QC-Tools, 1988, Cambridge Productivity Press.

[Neu] Neumann, A: Integrierte Managementsysteme, RKW-Verlag, 2002.

[REFA1] REFA-Methodenlehre, Grundlagen der Arbeitsgestaltung, Hanser Verlag, 1991

[REFA2] REFA-Methodenlehre, Arbeitspädagogik, Hanser Verlag, 1987

[REFA3] REFA Methodenlehre, Arbeitsgestaltung in der Produktion, Hanser Verlag, 1991

[REFA4] REFA-Methodenlehre, Datenermittlung, Hanser Verlag, 1997

[REFA5] REFA-Methodenlehre Planung und Gestaltung komplexer Produktionssysteme, Hanser Verlag, 1990.

[REFA6] REFA-Methodenlehren Planung und Steuerung Band 1-4, Hanser Verlag, 1990.

[Rom] Rommel, G: Brück, F.: Diedrichs, R.: Kempis, R.-D.: Kaas, H.-W.: Fury, G: Qualität gewinnt – Mit Hochleistungskultur und Kundennutzen an die Weltspitze. Schäffer-Poeschel, Stuttgart, 1995.

[Schö] Schönbach; G: Keine Angst vor ISO 9000:2000, Leitfaden für Manager, Beauftragte und Prozesseigner zur Umstellung auf die 2. Normenrevision, 3. Auflage, 2001, RKW-Verlag.

[Sieb] Siebert, G.; Kempf, S.: Benchmarking: Leitfaden für die Praxis, 1998, Hanser Verlag.

[Take] Takeda, H.: Das System der Mixed Production, 1996, Verlag Moderne Industrie.

[VDA1] VDA (Verband der deutschen Automobilindustrie): Qualitätsmanagement in der Automobilindustrie Band 4 Teil 2 System-FMEA, 1999, VDA.

[VDA2] VDA (Verband der deutschen Automobilindustrie): Qualitätsmanagement in der Automobilindustrie Band 6 Teil 1 harmonisiert – ISO/TS: 16949, 2. Auflage, 2002 VDA.

[VDA3] VDA (Verband der deutschen Automobilindustrie): Qualitätsmanagement in der Automobilindustrie Band 6 Teil 1, 4. Auflage, 1998, VDA.

[VDA4] VDA (Verband der deutschen Automobilindustrie): Qualitätsmanagement in der Automobilindustrie Band 6 Teil 3 Prozessaudit, 1998, VDA.

[VDA5] VDA (Verband der deutschen Automobilindustrie): Qualitätsmanagement in der Automobilindustrie Band 6 Teil 4 QM-Systemaudit, 1999, VDA.

[VDA6] VDA (Verband der deutschen Automobilindustrie) Qualitätsmanagement in der Automobilindustrie Band 4 Teil 1, 1999, VDA.

[VDA8] VDA (Verband der deutschen Automobilindustrie) Fehler-Möglichkeits- und Einfluss-Analyse FMEA-Handbuch, 2019, VDA.

Zeitschriftenartikel und Studien:

[Sin] Singhai, V.; Hendrick, K., Schnauber, H.: Mit Geduld zum Erfolg. US-Studie zur wirtschaftlichen Entwicklung von TQM-Unternehmen. QZ (Qualität und Zuverlässigkeit) 45 (2000) 12, Hanser Verlag.

[REFA7] REFA-IPA-Studie

Gesetze und Normen:

DIN EN ISO 9000:2015,

DIN EN ISO 9001:2008,

DIN EN ISO 9001:2015,

DIN EN ISO 9004,

DIN EN ISO 14001:2015

DIN ISO 19011

DIN ISO/IEC 27001:2015

Arbeitssicherheitsgesetz,

Arbeitsschutzgesetz

Internet-Quellen:

[EFQM1] European Foundation for Quality Management: http://www.efqm.org, http://www.deutsche-efqm.de

[KTQ] Kooperation für Transparenz und Qualität: http://www.ktq.de, homepage.

[REFA7] REFA-Verband: http://www.refa.de

[VDA6] Verband der Deutschen Automobilindustrie: http://www.vda-qmc.de, homepage

7.3 Stichwortverzeichnis